蛇足石杉 *Huperzia serrate*　　藤石松 *Lycopodiastrum casuarinoides*

垂穗石松 *Lycopodium cernuum*

深绿卷柏 *Selaginella doederleinii*

芒萁 *Dicranopteris pedata*

华南紫萁 *Osmunda vachellii*

海金沙 *Lygodium japonicum*

刺齿半边旗 *Pteris dispar*

傅式凤尾蕨 *Pteris fauriei*

中华隐囊蕨 *Notholaena chinensis*

凤了蕨 *Coniogramme japonica*

中日金星蕨 *Parathelypteris nipponica*

国家科技基础性工作重点专项“罗霄山脉地区植物多样性及植被调查”成果
湖南省重点学科（吉首大学“生态学”）资助项目

武功山地区
维管束植物物种多样性编目

Inventory of Species Diversity of Vascular Plants in Wugongshan Areas

陈功锡　张代贵　肖佳伟
向晓媚　王冰清　孙　林／编著
袁志忠　廖文波

西南交通大学出版社
Southwest Jiaotong University Press
·成　都·

图书在版编目（CIP）数据

武功山地区维管束植物物种多样性编目 / 陈功锡等编著. —成都：西南交通大学出版社，2019.5
ISBN 978-7-5643-6844-9

Ⅰ. ①武… Ⅱ. ①陈… Ⅲ. ①武功山－维管植物－生物多样性－编目 Ⅳ. ①Q949.408

中国版本图书馆 CIP 数据核字（2019）第 077253 号

WUGONGSHAN DIQU WEIGUANSHU ZHIWU WUZHONG DUOYANGXING BIANMU

武功山地区维管束植物物种多样性编目

陈功锡 张代贵 肖佳伟
何晓媚 王水清 孙 林 **编著**
袁志忠 廖文波

责任编辑 李晓辉
封面设计 墨创文化

出版发行 西南交通大学出版社
（四川省成都市金牛区二环路北一段 111 号
西南交通大学创新大厦 21 楼）
邮政编码 610031
发行部电话 028-87600564 028-87600533
网址 http://www.xnjdcbs.com
印刷 成都勤德印务有限公司

成品尺寸 185 mm × 260 mm
印张 22 插页：16
字数 540 千
版次 2019 年 5 月第 1 版
印次 2019 年 5 月第 1 次
书号 ISBN 978-7-5643-6844-9
定价 120.00 元

披针新月蕨 *Pronephrium penangianum*

耳状紫柄蕨 *Pseudophegopteris aurita*

倒挂铁角蕨 *Asplenium normale*

顶芽狗脊 *Woodwardia unigemmata*

斜方复叶耳蕨 *Arachniodes rhomboidea*

曲边线蕨 *Colysis elliptica* var.*flexiloba*

江南星蕨 *Neolepisorus fortunei*

盾蕨 *Neolepisorus ovatus*

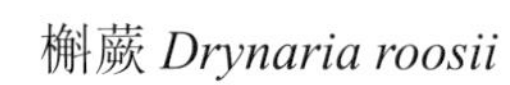

槲蕨 *Drynaria roosii*

友水龙骨 *Polypodiodes amoena*

石韦 *Pyrrosia Lingua*

中华剑蕨 *Loxogramme chinensis*

黄山松 *Pinus taiwanensis*

三尖杉 *Cephalotaxus fortunei*

南方红豆杉 *Taxus chinensis*

草珊瑚 *Sarcandra glabra*

紫柳 *Salix wilsonii*

雷公鹅耳枥 *Carpinus viminea*

苦槠 *Castanopsis sclerophylla*

甜槠 *Castanopsis eyrei*

水青冈 *Fagus longipetiolata*

矮小天仙果 *Ficus erecta*

薜荔 *Ficus pumila*

珍珠莲 *Ficus sarmentosa*

构棘 *Cudrania cochinchinensis*

粗齿冷水花 *Pilea sinofasciata*

柘 *Maclura tricuspidata*

骤尖楼梯草 *Elatostema cuspidatum*

赤车 *IPellionia radicans*

桑寄生 *Taxillus sutchuenensis*

白木通 *Akebia trifoliata* subsp.*austrails*

牛藤果 *Stauntonia elliptica*

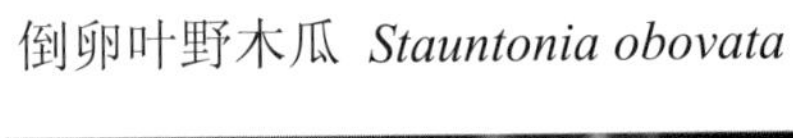

倒卵叶野木瓜 *Stauntonia obovata*

尾叶那藤 Akebia quinata

大屿八角 *ILLicium angustisepalum*

金荞 *Fagopyrum dibotrys*

峨眉繁缕 *Stellaria omeiensis*

粗齿铁线莲 *Clematis argentilucida*

中华萍蓬草 *Nuphar pumila* subsp.*sinensis*

红毒茴 *ILLicium lanceolatum*

异形南五味子 *Kadsura heteroclita*

鹅掌楸 *Liriodendron chinense*

南五味子 *Kadsura longipedunculata*

翼梗五味子 *Schisandra henryi*

望春玉兰 *Magnolia biondii*

落叶木莲 *Manglietia decidua*

深山含笑 *Michelia maudiae*

乌药 *Lindera aggregata*

伯乐树 *Bretschneidera sinensis*

武功山阴山荠 *Yinshania hui*

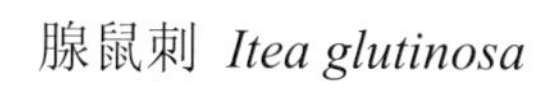

腺鼠刺 *Itea glutinosa*

草绣球 *Cardiandra moellendorffii*

莽山绣球 *Hydrangea mangshanensis*

常山 *Dichroa febrifuga*

蜡莲绣球 *Hydrangea strigosa*

西南绣球 *Hydrangea davidii*

水丝梨 *Sycopsis sinensis*

虎耳草 *Saxifraga stolonifera*

合欢 *Albizia julibrissin*

藤黄檀 *Dalbergia hancei*

野豇豆 *Acacia concinna*

柔毛路边青 *Agrimonia pilosa* var.*nepalensis*

光叶石楠 *Photinia glabra*

小叶石楠 *Photinia parvifolia*

花椒簕 *Zanthoxylum scandens*

黄花倒水莲 *Polygala fallax*

大果卫矛 *Euonymus myrianthus*

野鸦椿 *Euscaphis japonica*

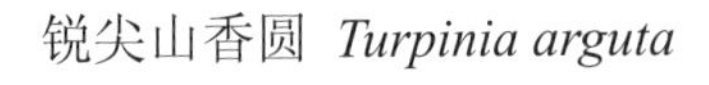

锐尖山香圆 *Turpinia arguta*

无患子 *Koelreuteria bipinnata*

井冈山凤仙花 *Impatiens jinggangensis*

牯岭凤仙花 *Impatiens davidi*

猫乳 *Rhamnella franguloides*

长叶冻绿 *Rhamnus crenata*

蓝果蛇葡萄 *Ampelopsis bodinieri*

显齿蛇葡萄 *Ampelopsis grossedentata*

华西俞藤 *Yua thomsonii*

猴欢喜 *Sloanea sinensis*

木槿 *Abelmoschus moschatus*

长梗黄花稔 *Abelmoschus moschatus*

全缘叶山茶 *Camellia subintegra*

中华猕猴桃 *Actinidia chinensis*

厚叶红淡比 *Cleyera pachyphylla*

格药柃 *Eurya muricata*

银木荷 *Schima argentea*

木荷 *Schima superba*

扬子小连翘 *Garcinia multiflora*

衡山金丝桃 *Hypericum hengshanense*

瑞香 *Daphne odora*

银果牛奶子 *Elaeagnus magna*

紫薇 *Ammannia baccifera*

喜树 *Camptotheca acuminata*

赤楠 *Syzygium buxifolium*

异药花 *Fordiophyton faberi*

地菍 *Melastoma dodecandrum*

金锦香 *Osbeckia chinensis*

楮头红 *Sarcopyramis napalensis*

谷蓼 *Circaea erubescens*

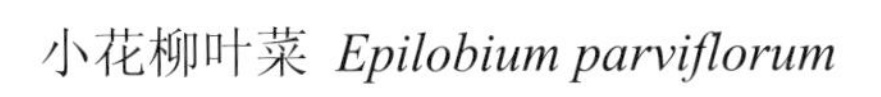

小花柳叶菜 *Epilobium parviflorum*

长籽柳叶菜 *Epilobium pyrricholophum*

变叶树参 *Dendropanax proteus*

红马蹄草 *Hydrocotyle nepalensis*

尖叶四照花 *Cornus elliptica*

华中前胡 *Peucedanum medicum*

耳叶杜鹃 *Rhododendron auriculatum*

齿缘吊钟花 *Enkianthus serrulatus*

腺萼马银花 *Rhododendron bachii*

西施花 *Rhododendron ellipticum*

江西杜鹃 *Rhododendron kiangsiense*

云锦杜鹃 *Rhododendron fortunei*

南烛 *Vaccinium bracteatum*

满山红 *Rhododendron mariesii*

紫金牛 *Ardisia japonica*

密齿酸藤子 *Embelia vestita*

矮桃 *Lysimachia clethroides*

打铁树 *Rapanea linearis*

赤杨叶 *Alniphyllum fortunei*

野柿 *Diospyros kaki*

芬芳安息香 *Styrax odoratissimus*

陀螺果 *Melliodendron xylocarpum*

虎皮楠 *Daphniphyllum oldhami*

交让木 *Daphniphyllum macropodum*

五岭龙胆 *Gentiana davidii*

枝花流苏树 *Chionanthus ramiflorus*

獐牙菜 *Swertia bimaculata*

紫花络石 *Trachelospermum axillare*

链珠藤 *Alyxia sinensis*

白棠子树 *Callicarpa dichotoma*

醉鱼草 *Buddleja lindleyana*

母草 *Lindernia crustacea*

灰毛大青 *Clerodendrum canescens*

闽赣长蒴苣苔 *Didymocarpus heucherifolius*

糯米条 *Abelia chinensis*

鹿茸草 *Monochasma sheareri*

狗骨柴 *Diplospora dubia*

钩藤 *Uncaria rhynchophylla*

栀子 *Gardenia jasminoides*

玉叶金花 *Mussaenda pubescens*

湘南星 *Arisaema hunanense*

粤赣荚蒾 *Viburnum dalzielii*

江西小檗 *Berberis jiangxiensis*

南天竹 *Nandina domestica*

川西黄鹌菜 *Youngia pratti*

柔枝莠竹 *Microstegium vimineum*

野慈姑 *Sagittaria trifolia*

野生稻 *Oryza rufipogon*

短柱肖菝葜 *Heterosmilax yunnanensis*

多花黄精 *Polygonatum cyrtonema*

满树星 *Ilex aculeolate*

东亚魔芋 *Amorphophallus kiusianus*

细叶日本薯蓣 *Dioscorea japonica* var. *oldhamii*

石蒜 *Lycoris radiata*

宽叶薹草 *Carex siderosticta*

金线兰 *Anoectochilus roxburghii*

台湾吻兰 *Collabium formosanum*

独蒜兰 *Pleione bulbocodioides*

线叶十字兰 *Habenaria schindleri*

疏花虾脊兰 *Calanthe henryi*

阳荷 *Zingiber striolatum*

射干 *Belamcanda chinensis*

三叶豆蔻 *Amomum austrosinense*

前　言

武功山地区位于江西省与湖南省边缘的罗霄山脉中段，东经 113°09'24"~115°21'29"，北纬 27°06'58"~27°52'15"，由武功山金顶（白鹤峰）、羊狮幕、高天岩、明月山、湖里湿地等自然保护区及周边地域组成；行政区域上包括江西省的安福县、分宜县、莲花县、芦溪县、上高县、新余市渝水区、宜春市袁州区以及湖南省的茶陵县和攸县部分地区，总面积约 17000 km^2。东西分别与武夷山地区、武陵山地区相望，南北分别与万洋山区和九岭山区相接，是华东、华中、华南三个地区的交汇地带。整体上东南高、西北低，相对高差较大，最高海拔为武功山金顶（1918.3 m），最低海拔为湖里湿地（不足 200 m）。地形复杂，山势险峻，有山地、峡谷、丘陵等地形，伴有溶沟、洼地孤峰等。武功山地区是罗霄山脉的重要组成部分，它们共同形成了一道天然屏障：夏季拦截了东南方的海洋暖气流，在此交汇形成大量降雨；冬季则截留了西北方向的南下寒潮，带来丰厚雪水，使罗霄山脉地区具有各种典型的亚热带山地森林植被类型。该区也是中国大陆东部第三级阶梯重要的生态和气候交汇区。特殊的地理环境，使得这里的植物多样性异常丰富。

关于武功山地区植物多样性研究，过去已有一定的基础，如廖铅生等对特有植物多样性的研究（2010）和樟科植物资源的调查（2009），喻晓林等对武功山药用资源的调查（2002）；此外还有学者对武功山草甸与土壤、气候等方面做了研究（2013，2016）。这些分析更多是关注了其中一些类群，如蕨类植物、木本植物和珍稀濒危植物等，而关于武功山地区植物物种多样性的整体调查编目此前还是空白。

该区的物种多样性现状亟待全面调查整理。20 世纪五六十年代的“大炼钢铁”曾导致武功山地区植物资源遭到很大破坏。近几年来植被虽有一定程度的恢复，但该地区旅游业的迅速发展和滥牧、滥伐现象的仍然存在，导致很多植物未经调查清楚却已遭破坏。为了更加全面和准确反映该区植物多样性，我们通过多次且繁复的野外考察、采集标本和查阅资料工作，对武功山地区的维管束植物进行了全面调查，接着对标本进行鉴定，再结合相关文献整理出本书，以期为该区生物多样性的进一步研究和保护利用提供基础的科学资料。

除了少量常见种以拍照方式登记外，本书绝大多数物种都有凭证标本信息。标本数据主要来源于作者在 2013~2018 年承担的国家科技基础性工作重点专项子课题项目。6 年间共采集植物标本 8489 号，共 30500 余份，其中包含蕨类植物 132 种、种子植物 1515 种。发现新物种武功山异黄精 *Heteropolygonatum wugongshanensis*，发现江西省新记录蕨类植物昆明石杉 *Huperzia kunmingensis*、种子植物湘南星 *Arisaema hunanense*、疏花虾脊兰 *Calanthe henryi*、台湾吻兰 *Collabium formosanum*、枝花流苏树 *Chionanthus ramiflora*、小花柳叶菜 *Epilobium parviflorum*、莽山绣球 *Hydrangea mangshanensis*、腺腺鼠 *Itea glutinosa*、打铁树 *Myrsine linearis*、鄂西前胡 *Peucedanum henryi*、湖南黄芩 *Scutellaria hunanensis*、峨眉繁缕 *Stellaria omeiensis*、川西黄鹌菜 *Youngia pratti*、望春玉兰 *Yulania biondii* 等 19 种。

鉴定过程中，参考了《中国植物志》《江西植物志》《湖南植物志》和 *Flora of China* 等工具书。此外，还适当参考了《萍乡市种子植物名录》（肖双燕，2002）、《江西大岗山森林生物多样性研究》（王兵，2005）和《安福木本植物》（刘武凡等，2014）等著作文献，得到了国家标本资源共享平台

（NSII）、中国数字植物标本馆（CVH）、中国科学院植物研究所植物标本馆（PE）、中国科学院昆明植物所标本馆（KUN）、西北农林科技大学植物标本馆（WUK）、江西农业大学林学院树木标本馆（JXAU）、江苏省中国科学院植物研究所标本馆（NAS）、华中科技大学植物标本馆（HUST）、中国科学院庐山植物园植物标本馆（LBG）等国家或地区植物标本馆的支持，对武功山地区的植物多样性数据进行了必要补充。

本书按照 *Flora of China* 的序列对科进行排序，属、种的定义也按照该书的范畴，但排列则按拉丁名的字母顺序进行。书中记载武功山地区（重点是核心区域的安福县、袁州区、芦溪县）自然分布的野生植物（不含栽培种）蕨类植物 28 科 79 属 247 种；种子植物 165 科 824 属 2229 种（包括种下分类群），其中包括裸子植物 7 科 15 属 19 种，被子植物 158 科 809 属 2210 种。内容包括每种植物的中文名、学名、引证标本采集人及采集号（凡未标明保存地的凭证标本均存中山大学植物标本馆 SYS 和吉首大学植物标本馆 JSU）、植物性状、分布县区（以拼音字母为序）、海拔及生境、国内外分布等。保护植物级别参考 1999 年国家林业局和农业部发布的《国家重点保护野生植物名录（第一批）》（第二批名录为非正式颁布，仅供参考）；濒危等级参考《世界自然保护联盟濒危物种红色名录》，其中 CR 代表“极危”，EN 代表“濒危”，VU 代表“易危”，NT 代表“近危”。

本书是科技部国家科技基础性工作专项重点项目“罗霄山脉地区生物多样性综合科学考察”（2013FY111500）成果的一部分。编写工作自始至终得到了项目牵头单位中山大学的关心指导，得到了项目参与单位中科院华南植物园叶华谷研究员、湖南师范大学刘克明教授、庐山植物园詹选怀研究员、首都师范大学王蕾教授等的热情关心与帮助，得到了吉首大学各级领导大力支持，尤其是得到了“生态学”湖南省重点学科（JSU0713）的资助，得到了武功山地区自然保护区工作人员的理解与配合；

研究生张成、谢丹以及本科生单署芳、胡叠、刘锦源等同学也参与部分工作，作者在此一并向有关人士表示衷心感谢！

由于作者学识和经验有限，书中疏漏之处定当不少，恳请读者批评指正。

作　者

2018 年 11 月

目 录

◆ 蕨类植物门

1. 石杉科 Huperziaceae

石杉属 *Huperzia* Bernhardi

昆明石杉 *Huperzia kunmingensis* Ching

陈功锡、张代贵等，LXP-06-9180。

多年生草本。袁州区。海拔 1200~1600 米，山谷溪边。广东、广西、贵州、云南。

长柄石杉 *Huperzia javanicum* (Swartz) C. Y. Yang

陈功锡、张代贵等，LXP-06-0896、1130、5071 等。

多年生草本。安福县、芦溪县。海拔 200~800 米，林下灌丛、路旁。安徽、重庆、福建、广东、广西、贵州、海南、河南、黑龙江、湖北、湖南、吉林、江苏、江西、辽宁、四川、台湾、西藏、香港、云南、浙江。日本、朝鲜半岛、泰国、越南、老挝、柬埔寨、印度、尼泊尔、缅甸、斯里兰卡、菲律宾、马来西亚、印度尼西亚。

保护级别：二级保护（第二批次）

濒危等级：EN

四川石杉 *Huperzia sutchueniana* (Herter) Ching

程景福，65714。（PE 01455865）

多年生草本。芦溪县。海拔 800~1400 米，林下或灌丛下湿地、草地或岩石上。安徽、重庆、广东、贵州、湖北、湖南、江西、四川、浙江。

濒危等级：NT

2. 石松科 Lycopodiaceae

藤石松属 *Lycopodiastrum* Holub ex Dixit

藤石松 *Lycopodiastrum casuarinoides* (Spring) Holub ex Dixit

陈功锡、张代贵等，LXP-06-0267、1522、2748 等。

藤本。安福县、茶陵县、袁州区。海拔 600~900 米，林下、林缘、灌丛下或沟边。重庆、福建、广东、广西、贵州、海南、湖北、湖南、江西、四川、台湾、香港、云南、浙江。亚洲其他热带及亚热带地区。

石松属 *Lycopodium* Linnaeus

垂穗石松 *Lycopodium cernuum* *Linnaeus*

陈功锡、张代贵等，LXP-06-0037、0208、0862 等。

多年生草本。安福县、茶陵县、井冈山市、芦溪县、袁州区。海拔 100~1000 米，林下、林缘及灌丛下阴处或岩石上。澳门、重庆、福建、广东、广西、贵州、海南、湖北、湖南、江西、四川、台湾、西藏、香港、云南、浙江。亚洲其他热带地区及亚热带地区、大洋洲、美洲中南部。

扁枝石松 *Lycopodium complanatum* *Linnaeus*

岳俊三等，3128。（WUK 0221273）

多年生草本。安福县。海拔 700~1600 米，灌丛下或山坡草地。重庆、福建、广东、广西、贵州、河南、黑龙江、湖北、湖南、吉林、江苏、江西、辽宁、内蒙古、四川、台湾、西藏、新疆、云南、浙江。全球温带及亚热带地区。

石松 *Lycopodium japonicum* Thunberg

陈功锡、张代贵等，LXP-06-0496、3226、4568、7754 等。

多年生草本。安福县。海拔 400~1400 米，林下、灌丛下、草坡、路边、岩石上。安徽、重庆、福建、广东、贵州、海南、河北、河南、湖北、湖南、江苏、江西、内蒙古、陕西、四川、台湾、西藏、香港、新疆、云南、浙江。日本、缅甸、越南、老挝、柬埔寨以及南亚各国。

3. 卷柏科 Selaginellaceae

卷柏属 *Selaginella* P. Beauvois

蔓出卷柏 *Selaginella davidii* Franchet

吴磊、祁世鑫，1381。（HUST 00012204）

多年生草本。芦溪县。海拔 100~1200 米，灌丛中阴处、潮湿地或干旱山坡。安徽、北京、重庆、福建、甘肃、广东、河北、河南、湖北、湖南、江苏、江西、宁夏、山东、山西、陕西、天津、浙江。

薄叶卷柏 *Selaginella delicatula* (Desvaux ex Poiret) Alston

陈功锡、张代贵等，LXP-06-0466、1621、1622 等。

多年生草本。安福县、攸县、袁州区。海拔 400~500 米，阴处岩石上。安徽、澳门、重庆、福建、广东、广西、贵州、海南、湖北、湖南、江西、四川、台湾、香港、云南、浙江。不丹、尼泊尔、印度、斯里兰卡、越南、老挝、柬埔寨、缅甸、泰国、马来西亚、菲律宾、印度尼西亚。

深绿卷柏 *Selaginella doederleinii* Hieronymus Hedwigia

陈功锡、张代贵等，LXP-06-0260、0854、0898 等。

多年生草本。安福县、芦溪县。海拔 200~800 米，林下土生。安徽、澳门、重庆、福建、广东、广西、贵州、海南、湖北、湖南、江西、四川、台湾、香港、云南、浙江。日本、印度、越南、泰国、马来西亚沙巴砂拉越。

异穗卷柏 *Selaginella heterostachys* Baker

吴磊、祁世鑫，1464。（HUST 00019325）

多年生草本。芦溪县。海拔 200~1500 米，林下岩石上。安徽、澳门、重庆、福建、甘肃、广东、广西、贵州、海南、河南、湖南、江西、四川、台湾、香港、云南、浙江。日本、中南半岛。

兖州卷柏 *Selaginella involvens* (Swartz) Spring

吴磊、祁世鑫，1393。（HUST 00011930）

多年生草本。安福县、芦溪县。海拔 500~1600 米，林中附生树干上。安徽、重庆、福建、甘肃、广东、广西、贵州、海南、河南、湖北、湖南、江西、陕西、四川、台湾、西藏、香港、云南、浙江。朝鲜半岛、日本、东喜马拉雅山、印度、斯里兰卡、越南、老挝、柬埔寨、缅甸、泰国、马来西亚。

细叶卷柏 *Selaginella labordei* Hieronymus ex Christ

吴磊、祁世鑫，1332。（HUST 00012298）

多年生草本。芦溪县。海拔 300~1700 米，林下或岩石上。安徽、重庆、福建、甘肃、广西、贵州、河南、湖北、湖南、江西、青海、陕西、四川、台湾、西藏、香港、云南、浙江。缅甸。

江南卷柏 *Selaginella moellendorffii* Hieronymus Hedwigia

陈功锡、张代贵等，LXP-06-1171、5414、6373 等。

多年生草本。安福县、芦溪县、攸县。海拔 80~1000 米，岩石缝中。安徽、重庆、福建、甘肃、广东、广西、贵州、海南、河南、湖北、湖南、江苏、江西、陕西、四川、台湾、香港、云南、浙江。越南、柬埔寨、菲律宾。

伏地卷柏 *Selaginella nipponica* Franchet & Savatier

熊耀国，08194。(LBG 00002119)

多年生草本。莲花县、芦溪县。海拔 80~1400 米，草地或岩石上。安徽、重庆、福建、甘肃、广东、广西、贵州、河南、湖北、湖南、江苏、江西、青海、山东、山西、陕西、上海、四川、台湾、西藏、香港、云南、浙江。越南、日本。

疏叶卷柏 *Selaginella remotifolia* Spring

岳俊三等，3211。(PE 00245253)

多年生草本。安福县、芦溪县。海拔 200~1500 米，林下土生。重庆、福建、广东、广西、贵州、湖北、湖南、江苏、江西、四川、台湾、香港、云南、浙江。日本、尼泊尔、印度东部和北部、菲律宾、印度尼西亚。

卷柏 *Selaginella tamariscina* (P. Beauvois) Spring

陈功锡、张代贵等，LXP-06-5190、5369。

多年生草本。茶陵县、攸县。海拔 80~200 米，路旁、石上。安徽、北京、重庆、福建、广东、广西、贵州、海南、河北、河南、湖北、湖南、吉林、江苏、江西、辽宁、内蒙古、青海、山东、山西、陕西、四川、台湾、香港、云南、浙江。俄罗斯西伯利亚、朝鲜半岛、日本、印度、菲律宾。

翠云草 *Selaginella uncinata* (Desvaux ex Poiret) Spring

陈功锡、张代贵等，LXP-06-0605、2406。

多年生草本。安福县、芦溪县。海拔 200~300 米，林下。安徽、重庆、福建、广东、广西、贵州、湖北、湖南、江西、陕西、四川、香港、云南、浙江。

4. 木贼科 Equisetaceae

木贼属 *Equisetum* Linnaeus

节节草 *Equisetum ramosissimum* Burman

陈功锡、张代贵等，LXP-06-3865、5503、5864 等。

多年生草本。安福县、攸县。海拔 100~1100 米，河边、草地。北京、重庆、福建、甘肃、广东、广西、贵州、海南、河北、河南、黑龙江、湖北、湖南、吉林、江苏、江西、辽宁、内蒙古、宁夏、青海、山东、山西、陕西、上海、四川、台湾、天津、西藏、新疆、云南、浙江。日本、朝鲜半岛、喜马拉雅山、蒙古、俄罗斯；非洲、欧洲、北美洲。

笔管草 *Equisetum ramosissimum* subsp. *debile* (Roxburgh ex Vaucher) Hauke

陈功锡、张代贵等，LXP-06-0561、1384、2318、6295、8453 等。

多年生草本。安福县、茶陵县、分宜县。海拔 100~500 米，溪边灌丛中。安徽、澳门、重庆、福建、甘肃、广东、广西、贵州、海南、河南、湖北、湖南、江苏、江西、山东、陕西、上海、四川、台湾、西藏、香港、云南、浙江。日本、印度、尼泊尔、缅甸、中南半岛、泰国、菲律宾、马来西亚、印度尼西亚、新加坡、新几内亚岛、新赫布里底群岛、新喀里多尼亚、斐济群岛。

5. 瓶尔小草科 Ophioglossaceae

阴地蕨属 *Botrychium* Swartz

阴地蕨 *Botrychium ternatum* (Thunberg) Swartz

岳俊三等，3337。（KUN 0803047）

多年生草本。袁州区。海拔 400~1600 米，灌丛。安徽、重庆、福建、广东、广西、贵州、河南、湖北、湖南、江苏、江西、辽宁、山东、陕西、四川、台湾、浙江。日本、朝鲜半岛、越南、喜马拉雅山。

瓶尔小草属 *Ophioglossum* Linnaeus

心叶瓶尔小草 *Ophioglossum reticulatum* Linnaeus

《江西植物志》。

多年生草本。袁州区。海拔 1100~1700 米，密林下。重庆、福建、广西、贵州、河南、湖北、湖南、江西、四川、台湾、西藏、云南。朝鲜半岛、日本、印度、越南、马来群岛；南美洲。

濒危等级：NT

6. 合囊蕨科 Marattiaceae

座莲蕨属 *Angiopteris* Hoffmann

福建座莲蕨 *Angiopteris fokiensis* Hieronymus Hedwigia

岳俊三等，3185。（PE 00289242）

多年生草本。安福县。海拔 200~700 米，林下溪沟边。重庆、福建、广东、广西、贵州、海南、湖北、湖南、江西、四川、香港、云南、浙江。日本南部。

7. 紫萁科 Osmundaceae

紫萁属 *Osmunda* Linnaeus

紫萁 *Osmunda japonica* Thunberg

陈功锡、张代贵等，LXP-06-4553、4672、5069 等。

多年生草本。安福县、袁州区。海拔 500~1300 米，林下或溪边酸性土上。安徽、重庆、福建、甘肃、广东、广西、贵州、香港、河南、湖北、湖南、江苏、江西、山东、陕西、上海、四川、台湾、西藏、云南、浙江。俄罗斯萨哈林、日本、朝鲜、越南、缅甸、泰国、印度北部（喜马拉雅山地）。

华南紫萁 *Osmunda vachellii* Hooker

陈功锡、张代贵等，LXP-06-0138、0988、1960 等。

多年生草本。安福县、茶陵县。海拔 300~600 米，草坡上和溪边阴处酸性土上。澳门、重庆、福建、广东、广西、贵州、海南、湖南、江西、四川、香港、云南、浙江。印度、缅甸、越南。

桂皮紫萁属 *Osmundastrum* C. Presl

桂皮紫萁 *Osmundastrum cinnamom- eum* (Linnaeus) C. Presl【福建紫萁 *Osmunda cinnamomea* var. *fokienense* Copeland】

多年生草本。芦溪县。海拔 200~1500 米，山区沼泽地带。安徽、重庆、福建、广东、广西、贵州、黑龙江、湖南、江西、吉林、四川、台湾、云南、浙江。印度北部、日本、韩国、俄罗斯、越南；北美洲。

8. 膜蕨科 Hymenophyllaceae

假脉蕨属 *Crepidomanes* C. Presl

长柄假脉蕨 *Crepidomanes racemulosum* (Bosch) Ching

陈功锡、张代贵等，LXP-06-1337。

多年生草本。芦溪县。海拔 200~1500 米，山地林下阴湿的岩石上或附生于树干上。重庆、福建、甘肃、广东、广西、贵州、海南、湖南、江西、四川、西藏、香港、云南、浙江。印度北部、越南。

膜蕨属 *Hymenophyllum* Smith

华东膜蕨 *Hymenophyllum barbatum* (Bosch) Baker

熊耀国，08198。(LBG 00002389)

多年生草本。安福县。海拔 800~1500 米，林下阴暗岩石上。安徽、重庆、福建、广东、广西、贵州、海南、河南、湖北、湖南、江西、陕西、四川、台湾、浙江。日本、朝鲜半岛、琉球群岛、中南半岛、印度。

蕗蕨 *Hymenophyllum badium* Hooker & Greville

陈功锡、张代贵等，LXP-06-0899、0942。

多年生草本。安福县。海拔 200~700 米，密林下溪边潮湿的岩石上。重庆、福建、广东、广西、贵州、海南、湖北、湖南、江西、四川、台湾、西藏、香港、云南、浙江。印度北部、斯里兰卡、越南、马来西亚半岛、日本。

长柄蕗蕨 Hym*enophyllum polyanthos* (Swartz) Swartz

岳俊三等，4345。(WUK 0220146)

多年生草本。安福县。海拔 800~1400 米，潮湿的岩石上。福建、甘肃、广东、广西、贵州、湖南、江西、四川、西藏、香港、浙江。全球热带和亚热带广泛分布，有时可达温带地区。

瓶蕨属 *Vandenboschia* Copeland

瓶蕨 *Vandenboschia auriculata* (Blume) Copeland

陈功锡、张代贵等，LXP-06-1370。

多年生草本。芦溪县。海拔 900~1000 米，攀缘在溪边树干上或阴湿岩石上。重庆、广东、广西、贵州、海南、湖南、江西、四川、台湾、西藏、香港、云南、浙江。印度、中南半岛、马来半岛、印度尼西亚、菲律宾、新几内亚岛、琉球群岛。

南海瓶蕨 *Vandenboschia radicans* (Swartz) Copeland

陈功锡、张代贵等，LXP-06-2719。

多年生草本。袁州区。海拔 500~1600 米，潮湿的岩石上。广东、四川、台湾、西藏、云南。马来西亚、东南亚（越南、老挝、柬埔寨、泰国、缅甸、马来西亚、新加坡、印度尼西亚、文莱、菲律宾、东帝汶）。

9. 里白科 Gleicheniaceae

芒萁属 *Dicranopteris* Bernhardi

芒萁 *Dicranopteris pedata* (Houttuyn) Nakaike Enum.

陈功锡、张代贵等，LXP-06-1489、2277、3215 等。

灌木。安福县、茶陵县。海拔 100~500 米，荒坡、林缘。安徽、澳门、重庆、福建、甘肃、广东、广西、贵州、河南、湖北、湖南、江苏、江西、四川、台湾、香港、云南、浙江。日本、印度、越南、朝鲜半岛。

里白属 *Diplopterygium* Presl

里白 *Diplopterygium glaucum* (Thunberg ex Houttuyn) Nakai

周江勇、陶东风、彭发军，08040065。（HUST 00021845）

多年生草本。安福县、芦溪县。海拔500~1400 米，林下。重庆、广东、贵州、湖北、湖南、江西、四川、台湾、香港、浙江。

光里白 *Diplopterygium laevissimum* (Christ) Nakai

陈功锡、张代贵等，LXP-06-0084、0508、1262 等。

多年生草本。安福县、芦溪县、袁州区。海拔 500~1500 米，山谷中阴湿处。安徽、重庆、福建、广东、广西、贵州、海南、湖北、湖南、江西、四川、西藏、云南、浙江。日本、越南北部、菲律宾。

10. 海金沙科 Lygodiaceae

海金沙属 *Lygodium* Swartz

海金沙 *Lygodium japonicum* (Thunberg) Swartz

陈功锡、张代贵等，LXP-06-0210、2528、2537 等。

草质藤本。安福县、茶陵县、芦溪县、上高县、攸县、渝水区、袁州区。海拔100~800 米，河边。安徽、澳门、重庆、福建、甘肃、广东、广西、贵州、海南、河南、湖北、湖南、江苏、江西、陕西、上海、四川、台湾、西藏、香港、云南、浙江。日本、琉球群岛、斯里兰卡、印度尼西亚爪哇、菲律宾、印度；热带大洋洲。

11. 苹科 Marsileaceae

苹属 *Marsilea* Linnaeus

苹 *Marsilea quadrifolia* Linnaeus

岳俊三等，3009。（PE 01185334）

多年生草本。安福县。海拔 100~1000 米，水田或沟塘中。澳门、北京、重庆、福建、广东、广西、贵州、海南、河北、河南、黑龙江、湖北、湖南、吉林、江苏、江西、辽宁、山东、山西、陕西、上海、四川、天津、香港、新疆、云南、浙江。世界温带和热带地区。

12. 槐叶苹科 Salviniaceae

槐叶苹属 *Salvinia* Séguier

槐叶苹 *Salvinia natans* (Linnaeus) Allioni

岳俊三等，2765。（PE 01185413）

多年生草本。安福县。海拔 100~400 米，沟塘和静水溪河内。北京、重庆、福建、甘肃、广东、广西、贵州、海南、河北、河南、黑龙江、湖北、湖南、吉林、江苏、江西、辽宁、内蒙古、宁夏、山东、山西、上海、四川、台湾、天津、香港、新疆、浙江。日本、越南、印度；欧洲。

满江红属 *Azolla* Lamarck

满江红 *Azolla pinnata* (Roxburgh) Nakai

岳俊三等，2768。（PE 01185477）

多年生草本。安福县。海拔 100~600 米，水田和静水沟塘中。北京、重庆、福建、广东、广西、贵州、海南、河北、河南、湖北、湖南、江苏、江西、辽宁、山东、陕西、上海、四川、天津、香港、云南、浙江。朝鲜半岛、日本。

13. 瘤足蕨科 Plagiogyriaceae

瘤足蕨属 *Plagiogyria* Mettenius

瘤足蕨 *Plagiogyria adnata* (Blume) Bedd

岳俊三等，3502。(PE 00241733)

多年生草本。安福县、莲花县。海拔600~1500米，林下、湿地、山坡。安徽、重庆、福建、广东、广西、贵州、湖北、湖南、江西、四川、台湾、香港、云南、浙江。印度东部、印度尼西亚、日本、马来半岛、缅甸、菲律宾、泰国、越南。

华中瘤足蕨 *Plagiogyria euphlebia* (Kunze) Mettenius

陈功锡、张代贵等，LXP-06-0264、0355。

多年生草本。安福县、芦溪县。海拔600~700 米，林下。安徽、重庆、福建、甘肃、广东、广西、贵州、湖北、湖南、江西、四川、台湾、云南、浙江。印度、日本、缅甸、尼泊尔、菲律宾、越南。

镰羽瘤足蕨 *Plagiogyria falcate* Copeland

多年生草本。芦溪县。海拔 500-1400 米，森林茂密的峡谷，在树荫下的岩石中。安徽，福建，广东，广西，贵州，海南，湖南，江西，台湾，浙江。菲律宾。

华东瘤足蕨 *Plagiogyria japonica* Nakai

陈功锡、张代贵等，LXP-06-0276、0731、0788 等。

多年生草本。安福县、莲花县、芦溪县。海拔 200~1200 米，山沟岩石上。安徽、重庆、福建、广东、广西、贵州、海南、湖北、湖南、江苏、江西、四川、台湾、云南、浙江。韩国、日本。

14. 鳞始蕨科 Lindsaeaceae

乌蕨属 *Sphenomeris* Fée

乌蕨 *Sphenomeris chinensis* (Linnaeus) J. Smith

陈功锡、张代贵等，LXP-06-0024、0316、0475 等。

多年生草本。安福县、茶陵县、分宜县、芦溪县、上高县、攸县、渝水区、袁州区。海拔 100~1000 米，林下或灌丛中阴湿地。安徽、澳门、重庆、福建、甘肃、广东、广西、贵州、海南、河南、湖北、湖南、江苏、江西、上海、四川、台湾、西藏、香港、云南、浙江。旧大陆热带及北亚热带地区。

15. 碗蕨科 Dennstaedtiaceae

碗蕨属 *Dennstaedtia* Bernhardi.

细毛碗蕨 *Dennstaedtia hirsuta* (Swartz) Mettenius ex Miquel

陈功锡、张代贵等，LXP-06-9174。

多年生草本。芦溪县。海拔 300~1500 米，石缝中。重庆、甘肃、广东、广西、贵州、黑龙江、湖北、湖南、吉林、江西、辽宁、陕西、上海、四川、台湾、浙江。

碗蕨 *Dennstaedtia scabra* (Wallich) Moore

陈功锡、张代贵等，LXP-06-1172、1364、2477 等。

多年生草本。安福县、莲花县、芦溪县、袁州区。海拔 400~1200 米，林下或溪边。重庆、广东、广西、贵州、湖南、江西、四川、台湾、西藏、云南、浙江。日本、朝鲜半岛、越南、老挝、印度、菲律宾、马来西亚半岛、斯里兰卡。

光叶碗蕨 *Dennstaedtia scabra* (Wallich) Moore var. glabrescens (Ching) C. Christensen

吴磊、祁世鑫，1325。(HUST 00010978)

多年生草本。莲花县、芦溪县。海拔500~1000米，林下或溪边。重庆、福建、广东、广西、贵州、湖南、江西、云南、浙江。越南。

溪洞碗蕨 *Dennstaedtia wilfordii* (Moore) Christ

陈功锡、张代贵等，LXP-06-7734、9129。

多年生草本。安福县、芦溪县。海拔600~1500米，石缝中。安徽、北京、重庆、福建、贵州、河北、河南、黑龙江、湖北、湖南、吉林、江苏、江西、辽宁、山东、山西、陕西、四川、浙江。

姬蕨属 *Hypolepis* Bernhardi

姬蕨 *Hypolepis punctata* (Thunberg) Mettenius

陈功锡、张代贵等，LXP-06-0796、2145、2623等。

多年生草本。安福县、莲花县、攸县、袁州区。海拔100~1100米，溪边阴处。安徽、重庆、福建、广东、广西、贵州、海南、湖北、湖南、江西、上海、四川、台湾、西藏、香港、云南、浙江。日本、印度、中南半岛、菲律宾、马来西亚半岛、澳大利亚、新西兰、夏威夷群岛、美洲。

鳞盖蕨属 *Microlepia* Presl

边缘鳞盖蕨 *Microlepia marginata* (Houttuyn) C. Christensen

陈功锡、张代贵等，LXP-06-1026、1033、3705等。

多年生草本。安福县、攸县。海拔100~500米，林下或溪边。安徽、重庆、福建、甘肃、广东、广西、贵州、海南、河南、湖北、湖南、江苏、江西、上海、四川、台湾、香港、云南、浙江。日本、新几内亚岛、越南、斯里兰卡、印度北部、尼泊尔。

二回边缘鳞盖蕨 *Microlepia marginata* var. *bipinnata* Makino J.

陈功锡、张代贵等，LXP-06-4099、5002。

多年生草本。上高县。海拔250~500米，平地、壤土（红壤）、路旁。安徽、重庆、福建、广东、广西、贵州、海南、湖北、江苏、江西、四川、云南、台湾、浙江。日本、印度、尼泊尔、巴布亚新几内亚、斯里兰卡、越南。

假粗毛鳞盖蕨 *Microlepia pseudostrigosa* Makino

陈功锡、张代贵等，LXP-06-1125。

多年生草本。芦溪县。海拔300~1300米，山坡、壤土、路旁。重庆、广东、广西、贵州、湖北、湖南、江苏、陕西、四川、云南、浙江。日本、越南。

粗毛鳞盖蕨 *Microlepia strigosa* (Thunberg) Presl

江西调查队，1465。(PE 01790072)

多年生草本。安福县。海拔100~1700米，林下石灰岩上。重庆、福建、广东、广西、贵州、海南、湖北、湖南、江西、四川、台湾、香港、云南、浙江。日本、菲律宾、东南亚。

亚粗毛鳞盖蕨 *Microlepia substrigosa* Tagawa

《江西植物志》。

多年生草本。安福县、袁州区。海拔500~700米，密林阴处。湖南、江西、台湾。日本（屋久岛）。

稀子蕨属 *Monachosorum* Kunze

尾叶稀子蕨 *Monachosorum flagellare* (Maximowicz) Hayata

陈功锡、张代贵等，LXP-06-1058、1218、1371 等。

多年生草本。莲花县、芦溪县。海拔 400~1200 米，密林下。重庆、广西、贵州、湖南、江西、浙江。日本。

稀子蕨 *Monachosorum henryi* Christ

陈功锡、张代贵等，LXP-06-9279。

多年生草本。安福县。海拔 600~1100 米，山坡、石灰岩、草地。重庆、广东、广西、贵州、湖南、江西、四川、台湾、西藏、云南。不丹、印度东北部、缅甸、尼泊尔、越南。

蕨属 *Pteridium* Scopoli

蕨 *Pteridium aquilinum* (Linnaeus) Kuhn var. *latiusculum* (Desvaux ex Poiret) Underw. ex Heller

陈功锡、张代贵等，LXP-06-1331。

多年生草本。安福县。海拔 200~1000 米，路边、林缘、疏林、荒坡。澳门、北京、重庆、广东、广西、贵州、海南、河南、黑龙江、湖北、湖南、吉林、江西、辽宁、内蒙古、宁夏、山东、山西、陕西、上海、四川、台湾、天津、香港、浙江。

毛轴蕨 *Pteridium revolutum* (Blume) Nakai

陈功锡、张代贵等，LXP-06-9182。

多年生草本。安福县、芦溪县、袁州区。海拔 300~1500 米，山坡阳处或山谷疏林中的林间空地。重庆、甘肃、广东、广西、贵州、河南、湖北、湖南、江西、陕西、四川、台湾、西藏、云南、浙江。亚洲热带及亚热带地区。

16. 凤尾蕨科 Pteridaceae

铁线蕨属 *Adiantum* Linnaeus

铁线蕨 *Adiantum capillusveneris* Linnaeus

《江西植物志》。

多年生草本。安福县。海拔 100~1700 米，流水溪旁石灰岩上或石灰岩洞底和滴水岩壁上。澳门、北京、重庆、福建、甘肃、广东、广西、贵州、海南、河北、河南、湖北、湖南、江苏、江西、山西、陕西、四川、台湾、天津、西藏、香港、新疆、云南、浙江。非洲、美洲、欧洲、大洋洲。

扇叶铁线蕨 *Adiantum flabellulatum* Linnaeus

陈功锡、张代贵等，LXP-06-0113、0876、1030 等。

多年生草本。安福县、上高县、攸县。海拔 80~500 米，酸性红、黄壤上。澳门、重庆、福建、广东、广西、贵州、海南、湖北、湖南、江西、四川、台湾、香港、云南、浙江。日本（九州）、琉球群岛、越南、缅甸、印度、斯里兰卡、马来群岛。

粉背蕨属 *Aleuritopteris* Fée

粉背蕨 *Aleuritopteris anceps* (Blanford) Panigrahi

陈功锡、张代贵等，LXP-06-0829、3585、4629 等。

多年生草本。安福县。海拔 200~700 米，山坡石缝。福建、广东、广西、贵州、湖南、江西、四川、香港、云南、浙江。

印度、尼泊尔。

银粉背蕨 *Aleuritopteris argentea* (S. G. Gmelin) Fée Mém

岳俊三等，3469。(PE 00538867)

多年生草本。安福县。海拔 100~1600 米，石灰岩石缝或墙缝中。安徽、重庆、广东、广西、贵州、河北、河南、湖南、江西、内蒙古、青海、山西、上海、四川、台湾、天津、西藏、陕西、新疆、云南、浙江。俄罗斯、日本、朝鲜半岛、蒙古、印度北部。

碎米蕨属 *Cheilosoria* Trevisan

中华隐囊蕨 *Cheilanthes chinensis* (Baker) Domin

陈功锡、张代贵等，LXP-06-6982、0879、0886 等。

多年生草本。安福县。海拔 200~400 米，山谷、壤土。广西、贵州、湖北、四川。

毛轴碎米蕨 *Cheilosoria chusana* Hooker

陈功锡、张代贵等，LXP-06-5886、6613。

多年生草本。安福县、上高县。海拔 100~500 米，路边、林下、溪边石缝中。安徽、重庆、福建、甘肃、广东、广西、贵州、河南、湖北、湖南、江苏、江西、陕西、四川、台湾、香港、浙江。越南、菲律宾、日本。

凤丫蕨属（凤了蕨属）*Coniogramme*Fée

峨眉凤丫蕨（峨眉凤了蕨）*Coniogramme emeiensis* Ching et Shing

陈功锡、张代贵等，LXP-06-7715。

多年生草本。袁州区。海拔 400~600 米，林下或路边灌丛。安徽、重庆、福建、广东、广西、贵州、河南、湖北、湖南、江苏、江西、四川、浙江。

普通凤丫蕨（普通凤了蕨）*Coniogramme intermedia* Hieronymus Hedwigia

陈功锡、张代贵等，LXP-06-7281。

多年生草本。安福县。海拔 300~700 米，疏林。北京、重庆、福建、甘肃、广东、广西、贵州、海南、河北、河南、湖北、湖南、江西、宁夏、陕西、四川、台湾、西藏、云南、浙江。日本、印度。

凤丫蕨（凤了蕨）*Coniogramme japonica* (Thunberg) Diels

陈功锡、张代贵等，LXP-06-0900、2666。

多年生草本。安福县。海拔 200~800 米，湿润林下和山谷阴湿处。安徽、重庆、福建、广东、广西、贵州、河南、湖北、湖南、江苏、江西、陕西、台湾、云南、浙江。

井冈山凤丫蕨（井冈山凤了蕨）*Coniogramme jinggangshanensis* Ching et Shing

陈功锡、张代贵等，LXP-06-2334。

多年生草本。分宜县。海拔 500~1300 米，沟谷常绿林下。福建、贵州、湖南、江西、浙江。

黑轴凤丫蕨（黑轴凤了蕨）*Coniogramme robusta* Christ

陈功锡、张代贵等，LXP-06-1976。

多年生草本。茶陵县。海拔 600~1000 米，山谷林下。重庆、广东、广西、贵州、湖北、湖南、江西、四川、云南。

书带蕨属 *Haplopteris* Smith

书带蕨 *Haplopteris flexuosa* (Fée) E.

H. Crane

陈功锡、张代贵等，LXP-06-0804、1154、4546 等。

多年生草本。莲花县、芦溪县。海拔 700~1400 米，林中树干上或岩石上。安徽、重庆、福建、甘肃、广东、广西、贵州、海南、湖北、湖南、江苏、江西、四川、台湾、西藏、香港、云南、浙江。越南、老挝、柬埔寨、泰国、缅甸、印度、不丹、尼泊尔、日本、朝鲜半岛。

平肋书带蕨 *Haplopteris fudzinoi* (Makino) E. H. Crane

陈功锡、张代贵等，LXP-06-1201、1246、1250 等。

多年生草本。芦溪县。海拔 300~1500 米，常绿阔叶林中树干上或岩石上。安徽、重庆、福建、广东、广西、贵州、湖北、湖南、江西、四川、云南、浙江。日本。

金粉蕨属 *Onychium* Kaulfuss

野雉尾金粉蕨 *Onychium japonicum* (Thunberg) Kunze

陈功锡、张代贵等，LXP-06-5402、5615。

多年生草本。安福县、攸县。海拔 100~1300 米，林下沟边或溪边石上。重庆、福建、甘肃、广东、广西、贵州、河北、河南、湖南、江苏、江西、山东、陕西、上海、四川、台湾、香港、云南、浙江。日本、菲律宾、印度尼西亚爪哇、波利尼西亚。

栗柄金粉蕨 *Onychium japonicum* var. Lucidum (D. Don) Christ

吴磊、祁世鑫，1459。（HUST 00019586）

多年生草本。芦溪县。海拔 100~1500 米，林下沟边石上。重庆、福建、广东、贵州、湖北、湖南、江西、四川、西藏。

凤尾蕨属 *Pteris* Linnaeus

欧洲凤尾蕨 *Pteris cretica* Linnaeus【凤尾蕨 *Pteris cretica* Linnaeus var. nervosa (Thunberg) Ching et S. H. Wu】

陈功锡、张代贵等，LXP-06-0418。

多年生草本。安福县。海拔 250~800 米，山坡、壤土。安徽、重庆、福建、广东、广西、贵州、湖南、湖北、河南、江西、陕西、四川、云南、西藏、台湾、浙江。不丹、柬埔寨、印度、日本、老挝、尼泊尔、克什米尔、菲律宾、斯里兰卡、泰国、越南。

刺齿半边旗 *Pteris dispar* Kunze

陈功锡、张代贵等，LXP-06-0119、0857、1031 等。

多年生草本。安福县、芦溪县、上高县。海拔 100~700 米，山谷疏林下。安徽、澳门、重庆、福建、广东、广西、贵州、湖北、湖南、江苏、江西、山东、上海、四川、台湾、香港、浙江。越南、马来西亚、菲律宾、日本（九州、四国、本州）、琉球群岛、朝鲜半岛（济州岛）。

溪边凤尾蕨 *Pteris excelsa* Wallich ex J. Agardh

陈功锡、张代贵等，LXP-06-1484。

灌木。茶陵县。海拔 700~1400 米，溪边疏林下或灌丛中。重庆、甘肃、广东、广西、贵州、湖北、湖南、江西、四川、台湾、西藏、云南、浙江。日本（九州、四国、本州）、菲律宾、夏威夷群岛、斐济群岛、马来西亚、老挝、越南、印度北部、斯里兰卡、尼泊尔。

傅氏凤尾蕨 *Pteris fauriei* Hieronymus

Hedwigia

陈功锡、张代贵等，LXP-06-0582、1025、1037 等。

多年生草本。安福县、茶陵县。海拔 100~600 米，林下沟旁的酸性土壤上。澳门、重庆、福建、广东、广西、贵州、湖南、江西、四川、台湾、香港、云南、浙江。越南北部、日本（伊豆诸岛、纪伊半岛、四国、九州）、琉球群岛。

全缘凤尾蕨 *Pteris insignis* Mettenius ex Kuhn

陈功锡、张代贵等，LXP-06-6946。

多年生草本。安福县。海拔 400~800 米，山谷中阴湿的密林下或水沟旁。福建、广东、广西、贵州、海南、湖南、江西、四川、香港、云南、浙江。越南、马来西亚。

平羽凤尾蕨 *Pteris kiuschiuensis* Hieronymus Hedwigia

吴磊、祁世鑫，1431。（HUST 00011448）

多年生草本。芦溪县。海拔 600~1200 米，疏林下。重庆、福建、广东、广西、贵州、海南、湖南、江西。日本。

华中凤尾蕨 *Pteris kiuschiuensis* var. *centrochinensis* Ching & S. H. Wu

叶华谷、曾飞燕等，LXP-10-1151。

多年生草本。袁州区。海拔 200 米，山坡、疏林、阴处。重庆、福建、广东、广西、贵州、湖南、江西、四川、云南南部。

井栏边草 *Pteris multifida* Poir.

岳俊三等，2873。（NAS NAS00146981）

多年生草本。安福县、分宜县、芦溪县、袁州区、攸县。海拔 200~1400 米，墙壁、井边、石灰岩缝隙或灌丛下。安徽、澳门、重庆、福建、甘肃、广东、广西、贵州、海南、河北、河南、湖北、湖南、江苏、江西、山东、陕西、上海、四川、台湾、天津、香港、浙江。越南、菲律宾、日本。

江西凤尾蕨 *Pteris obtusiloba* Ching & S. H. Wu

姚淦等，9244。（NAS NAS00147528）

多年生草本。分宜县。海拔 400~500 米，山谷林下。江西、浙江。

斜羽凤尾蕨 *Pteris oshimensis* Hieronymus

陈功锡、张代贵等，LXP-06-5912、9122、6770。

多年生草本。安福县、芦溪县。海拔 100~650 米，平地、壤土、路旁。重庆、福建、广东、广西、贵州、湖南、江西、四川、浙江。日本、越南。

尾头凤尾蕨 *Pteris oshimensis* var. *paraemeiensis* Ching

陈功锡、张代贵等，LXP-06-0081、0580、1727 等。

多年生草本。安福县、芦溪县。海拔 250~700 米，平地、壤土、疏林。重庆、广西、湖南、四川。

栗柄凤尾蕨 *Pteris plumbea* Christ

江西调查队，2922。（PE 00542699）

多年生草本。莲花县、芦溪县。海拔 200~700 米，石灰岩地区疏林下的石隙中。福建、广东、广西、贵州、湖南、江苏、江西、香港、浙江。印度（阿萨姆）、越南北部、柬埔寨、菲律宾、日本、琉球群岛。

半边旗 *Pteris semipinnata* Linnaeus

陈功锡、张代贵等，LXP-06-1029。

多年生草本。安福县。海拔 400~900 米，疏林下、溪边或岩石旁的酸性土壤上。澳门、重庆、福建、广东、广西、贵州、海南、河南、湖北、湖南、江西、上海、四川、台湾、香港、云南、浙江。日本、琉球群岛、菲律宾、越南、老挝、泰国、缅甸、马来西亚、斯里兰卡、印度北部。

蜈蚣草 *Pteris vittata* Linnaeus

陈功锡、张代贵等，LXP-06-0022、0803、2486 等。

多年生草本。安福县、莲花县、芦溪县、袁州区。海拔 100~1400 米，石隙或墙壁上。安徽、澳门、重庆、福建、甘肃、广东、广西、贵州、海南、河南、湖北、湖南、江西、江苏、陕西、上海、四川、台湾、西藏、香港、云南、浙江。旧大陆热带地区。

西南凤尾蕨 *Pteris wallichiana* J. Agardh

陈功锡、张代贵等，LXP-06-2030。

多年生草本。茶陵县。海拔 800~1600 米，林下沟谷中。重庆、广东、广西、贵州、海南、湖北、湖南、江西、四川、台湾、西藏、云南。日本、菲律宾、中南半岛、印度、不丹、斯里兰卡、尼泊尔、马来西亚、印度尼西亚。

圆头凤尾蕨 *Pteris wallichiana* var. Obtusa S. H. Wu

《江西植物志》。

多年生草本。安福县、芦溪县。海拔 800~1300 米，林下。江西、四川、云南。

17. 冷蕨科 Cystopteridaceae

亮毛蕨属 *Acystopteris* Nakai

亮毛蕨 *Acystopteris japonica* (Luerssen) Nakai

陈功锡、张代贵等，LXP-06-9276。

多年生草本。安福县。海拔 400~1000 米，山坡、石灰岩、草地。重庆、福建、广西、贵州、湖北、湖南、江西、云南、浙江。日本。

18. 铁角蕨科 Aspleniaceae

铁角蕨属 *Asplenium* Linnaeus

华南铁角蕨 *Asplenium austrochinense* Ching

陈功锡、张代贵等，LXP-06-1118。

多年生草本。芦溪县。海拔 400~800 米，密林下潮湿岩石上。重庆、福建、广东、广西、贵州、海南、湖北、湖南、江西、四川、台湾、香港、云南、浙江。越南。

毛轴铁角蕨 *Asplenium rinicaule* Hance

岳俊三等，3255。(PE 00879515)

多年生草本。安福县。海拔 200~1600 米，林下溪边潮湿岩石上。重庆、福建、广东、广西、贵州、海南、湖南、江西、四川、西藏、香港、云南、浙江。印度、缅甸、越南、马来西亚、菲律宾、澳大利亚。

剑叶铁角蕨 *Asplenium ensiforme* Wallich ex Hooker et Greville

岳俊三等，3354。(NAS NAS00152618)

多年生草本。安福县、袁州区。海拔 600~1600 米，密林下岩石上或树干上。重庆、广东、广西、贵州、湖南、江西、四川、台湾、西藏、香港、云南、浙江。印度北部、尼泊尔、不丹、斯里兰卡、缅甸、泰国、日本南部、越南。

江南铁角蕨 *Asplenium loxogrammoides* Christ

《江西植物志》。

多年生草本。莲花县、芦溪县。海拔 500~1000 米，林下，溪边石上。重庆、广东、广西、贵州、海南、湖北、湖南、江西、四川、台湾、云南。越南、日本。

倒挂铁角蕨 *Asplenium normale* Don

陈功锡、张代贵等，LXP-06-0696、1042、1177 等。

多年生草本。安福县、茶陵县、芦溪县。海拔 200~1000 米，密林下或溪旁石上。重庆、福建、广东、广西、贵州、海南、湖北、湖南、江苏、江西、辽宁、四川、台湾、西藏、香港、云南、浙江。尼泊尔、印度、斯里兰卡、缅甸、越南、马来西亚、菲律宾、日本、澳大利亚、马达加斯加、太平洋岛屿。

长叶铁角蕨 *Asplenium prolongatum* Hooker

岳俊三等，3249。（WUK 0219850）

多年生草本。安福县。海拔 200~1500 米，林中树干上或潮湿岩石上。重庆、福建、甘肃、广东、广西、贵州、海南、河南、湖北、湖南、江西、四川、台湾、西藏、香港、云南、浙江。印度、斯里兰卡、缅甸、中南半岛、韩国、日本、斐济群岛。

黑边铁角蕨 *Asplenium speluncae* Christ

陈功锡、张代贵等，LXP-06-9277。

多年生草本。安福县。海拔 700~1200 米，山坡、石灰岩、草地。广东、广西、贵州、湖南、江西。

钝齿铁角蕨 *Asplenium tenuicaule* var. *subvarians* Ching

《江西植物志》。

多年生草本。安福县、芦溪县、袁州区。海拔 600~1600 米，林下阴处岩石上。北京、重庆、甘肃、河北、河南、黑龙江、湖南、吉林、江苏、江西、辽宁、内蒙古、青海、山东、山西、陕西、四川、西藏、浙江。日本、朝鲜半岛。

铁角蕨 *Asplenium trichomanes* Linnaeus

陈功锡、张代贵等，LXP-06-0627、2632、3218 等。

多年生草本。安福县。海拔 200~1000 米，非石灰岩地区。福建、甘肃、贵州、河北、河南、湖北、湖南、吉林、江西、山西、陕西、四川、西藏、新疆、云南。欧洲、北美洲、亚洲。

三翅铁角蕨 *Asplenium tripteropus* Nakai

《江西大岗山森林生物多样性研究》。

多年生草本。安福县、分宜县、芦溪县。海拔 400~1400 米，林下潮湿的岩石上或酸性土上。安徽、重庆、福建、甘肃、广东、贵州、河南、湖北、湖南、江苏、江西、山西、陕西、四川、台湾、云南、浙江。日本、朝鲜半岛、缅甸。

半边铁角蕨 *Asplenium unilaterale* Lamarck

江西调查队，2730。（PE 01790115）

多年生草本。芦溪县。海拔 200~1400 米，林下或溪边石上。重庆、福建、甘肃、广东、广西、贵州、海南、湖北、湖南、江西、四川、台湾、香港、云南、浙江。日本、菲律宾、印度尼西亚、马来西亚、越南、缅甸、印度、斯里兰卡、马达加斯加。

狭翅铁角蕨 *Asplenium wrightii* Eaton ex Hooker

陈功锡、张代贵等，LXP-06-0753、5842、9075 等。

多年生草本。安福县、芦溪县。海拔 400~700 米，林下溪边岩石上。重庆、福建、广东、广西、贵州、湖北、湖南、江苏、江西、四川、台湾、香港、浙江。越南、日本。

胎生铁角蕨 *Asplenium yoshinagae* Makino var. *indicum* (Sledge) Ching et S. K. Wu

陈功锡、张代贵等，LXP-06-1369。

多年生草本。安福县。海拔 700~1000 米，密林下潮湿岩石上或树干上。福建、广东、广西、湖北、湖南、江西、四川、西藏、云南、浙江。日本南部、越南、泰国、缅甸、菲律宾。

膜叶铁角蕨属 *Hymenasplenium* Hayata

切边膜叶铁角蕨 *Hymenasplenium excisum* (C. Presl) S. Lindsay

陈功锡、张代贵等，LXP-06-0902。

多年生草本。安福县。海拔 200~1300 米，山谷、壤土。广东、广西、贵州、海南、台湾、西藏、云南。不丹、印度、印度尼西亚、马来西亚、缅甸、尼泊尔、菲律宾、斯里兰卡、泰国、越南。

阴湿膜叶铁角蕨 *Hymenasplenium obliquissimum* (Hayata) Sugimoto【半边铁角蕨 *Asplenium unilaterale* Lamarck，阴湿铁角蕨 *A. unilaterale* var. *udum* Atkinson ex C. B. Clarke】

陈功锡、张代贵等，LXP-06-9610。

多年生草本。安福县、分宜县、芦溪县。海拔 500~1600 米，密林下溪边滴水的岩壁上。广东、广西、贵州、湖南、江西、四川、台湾、云南。日本南部、印度北部。

19. 肠蕨科 Diplaziopsidaceae

肠蕨属 *Diplaziopsis* C. Christensen

川黔肠蕨 *Diplaziopsis cavaleriana* (Christ) C. Christensen

陈功锡、张代贵等，LXP-06-6225。

多年生草本。安福县。海拔 400~1000 米，山谷常绿阔叶林下。重庆、福建、贵州、海南、湖北、湖南、江西、四川、台湾、云南、浙江。越南、印度东北部、尼泊尔、不丹。

20. 岩蕨科 Woodsiaceae

膀胱蕨属 *Protowoodsia* Ching

膀胱蕨 *Protowoodsia manchuriensis* (Hooker) Ching

江西调查队，1255。(PE 00944440)

多年生草本。安福县、芦溪县。海拔 900~1700 米，林下石上。安徽、贵州、河北、河南、黑龙江、吉林、江西、辽宁、内蒙古、山东、山西、四川、浙江。日本、朝鲜半岛、俄罗斯 (远东地区) 。

岩蕨属 *Woodsia* R. Brown

耳羽岩蕨 *Woodsia polystichoides* Eaton

江西调查队，987。(PE 01790063)

多年生草本。安福县、莲花县。海拔 300~1400 米，林下石上及山谷石缝间。北京、重庆、甘肃、贵州、河北、河南、湖北、湖南、江苏、江西、内蒙古、山东、山西、陕西、四川、云南、浙江。日本、朝鲜半岛、俄罗斯。

21. 金星蕨科 Thelypteridaceae

星毛蕨属 *Ampelopteris* Kunze

星毛蕨 *Ampelopteris prolifera* (Retz.) Copeland

陈功锡、张代贵等，LXP-06-9184。

多年生草本。安福县、芦溪县。海拔 100~900 米，阳光充足的溪边河滩沙地上。

澳门、重庆、福建、广东、广西、贵州、海南、湖南、江西、四川、台湾、香港、云南。除美洲以外的其他热带和亚热带地区均有分布。

钩毛蕨属 *Cyclogramma* Tagawa

狭基钩毛蕨 *Cyclogramma leveillei* (Christ) Ching

吴磊，祁世鑫，1357。（HUST 00015921）

多年生草本。芦溪县。海拔 500~1400 米，林下石上腐殖土中。重庆、福建、广东、广西、贵州、湖南、江西、四川、台湾、云南、浙江。日本。

毛蕨属 *Cyclosorus* Link

渐尖毛蕨 *Cyclosorus acuminatus* (Houttuyn) Nakai

陈功锡、张代贵等，LXP-06-0220、1490、2265 等。

多年生草本。安福县、茶陵县、分宜县、芦溪县、上高县、攸县、渝水区。海拔 100~1500 米，灌丛、草地、田边、路边、沟边湿地、山谷乱石中。安徽、澳门、重庆、福建、甘肃、广东、广西、贵州、河南、湖北、湖南、江苏、江西、山东、陕西、上海、四川、台湾、香港、云南、浙江。日本。

干旱毛蕨 *Cyclosorus aridus* (Don) Tagawa

陈功锡、张代贵等，LXP-06-2876。

多年生草本。芦溪县。海拔 100~500 米，沟边疏、杂木林下或河边湿地。安徽、重庆、福建、广东、广西、贵州、海南、湖南、江西、四川、台湾、西藏、香港、云南、浙江。尼泊尔、印度、越南、菲律宾、印度尼西亚、马来西亚、澳大利亚、南太平洋岛屿。

齿牙毛蕨 *Cyclosorus dentatus*(Forssk.) Ching

吴磊，祁世鑫，1421。（HUST 00016127）

多年生草本。芦溪县。海拔 100~1500 米，山谷疏林下或路旁水池边。澳门、重庆、福建、广东、广西、贵州、海南、湖南、江西、四川、台湾、香港、云南、浙江。印度、缅甸、越南、泰国、印度尼西亚、马达加斯加、阿拉伯地区；热带非洲、大西洋沿岸岛、热带美洲。

圣蕨属 *Dictyocline* Moore

圣蕨 *Dictyocline griffithii* Moore

陈功锡、张代贵等，LXP-06-1187、6877、6910 等。

多年生草本。安福县、芦溪县。海拔 400~1000 米，密林下或阴湿山沟。重庆、福建、广西、贵州、海南、江西、四川、台湾、云南、浙江。日本、缅甸、越南、印度北部。

戟叶圣蕨 *Dictyocline sagittifolia* Ching

岳俊三等，3182。（PE 00822752）

多年生草本。安福县。海拔 400~1100 米，常绿林下及石缝中。广东、广西、贵州、湖南、江西。

羽裂圣蕨 *Dictyocline wilfordii* (Hooker) J. Smith

陈功锡、张代贵等，LXP-06-9072。

多年生草本。芦溪县。海拔 300~800 米，山坡（倾斜）、石灰岩、路旁、石上。福建、广东、广西、贵州、江西、四川、台湾、云南、浙江。日本、越南。

茯蕨属 *Leptogramma* J. Smith

华中茯蕨 *Leptogramma centrochinensis* Ching ex Y. X. Lin

陈功锡、张代贵等，LXP-06-5856。

多年生草本。安福县。海拔 352 米，山谷、壤土、溪边。湖北。

峨眉茯蕨 *Leptogramma scallanii* (Christ) Ching

陈功锡、张代贵等，LXP-06-5062。

多年生草本。安福县。海拔 500~1300 米，林下湿地或沟谷岩石上。重庆、福建、甘肃、广东、广西、贵州、河南、湖北、湖南、江西、四川、云南、浙江。越南北部。

小叶茯蕨 *Leptogramma tottoides* H. Ito

陈功锡、张代贵等，LXP-06-2068。

多年生草本。芦溪县。海拔 500~1400 米，林下岩石上。重庆、福建、贵州、湖南、江西、台湾、浙江。

针毛蕨属 *Macrothelypteris* (H. Ito) Ching

针毛蕨 *Macrothelypteris oligophlebia* (Baker) Ching

陈功锡、张代贵等，LXP-06-5743。

多年生草本。安福县。海拔 200~500 米，山谷水沟边或林缘湿地。安徽、广西、贵州、河南、湖北、湖南、江苏、江西、浙江。日本。

雅致针毛蕨 *Macrothelypteris oligophlebia* var. *elegans* (Baker) Ching

陈功锡、张代贵等，LXP-06-5418、7695、7808 等。

多年生草本。安福县、攸县、袁州区。海拔 100~800 米，山谷沟边或林缘，海拔较低的丘陵和平原。重庆、福建、甘肃、贵州、河南、湖北、江苏、江西、陕西、浙江。韩国南部、日本中部和南部。

普通针毛蕨 *Macrothelypteris torresiana* (Gaudichaud) Ching

叶华谷、曾飞燕等，LXP-10-891、906、1043 等。

多年生草本。分宜县、袁州区。海拔 150~300 米，山谷、疏林、路旁、阴处。安徽、重庆、福建、广东、广西、贵州、海南、河南、湖北、湖南、江苏、江西、四川、台湾、西藏、云南、浙江。不丹、印度、印度尼西亚、日本、缅甸、尼泊尔、菲律宾、越南。

翠绿针毛蕨 *Macrothelypteris viridifrons* (Tagawa) Ching

姚淦等，9387。（NAS NAS00152508）

多年生草本。分宜县、芦溪县。海拔 800~1400 米，山谷林下阴湿处。安徽、福建、贵州、湖南、江苏、江西、浙江。韩国南部、日本中部及南部。

凸轴蕨属 *Metathelypteris* (H. Ito) Ching

微毛凸轴蕨 *Metathelypteri sadscendens* (Ching) Ching

吴磊、祁世鑫，1412。（HUST 00017899）

多年生草本。芦溪县。海拔 300~500 米，山谷林下。福建、广东、广西、江西、台湾、浙江。

林下凸轴蕨 *Metathelypteris hattorii* (H. Ito) Ching

陈功锡、张代贵等，LXP-06-1046、2471、7942 等。

多年生草本。安福县、芦溪县、袁州区。海拔 300~500 米，山谷密林下。安徽、重庆、福建、广西、贵州、湖南、江西、四川、浙江。日本。

疏羽凸轴蕨 *Metathelypteris laxa* (Franchet & Savatier) Ching

陈功锡、张代贵等，LXP-06-0346、2241、2967 等。

多年生草本。安福县、茶陵县、袁州区。海拔200~700米，林下。重庆、福建、广东、广西、贵州、湖北、湖南、江苏、江西、上海、四川、台湾、云南、浙江。韩国、日本。

金星蕨属 *Parathelypteris* (H. Ito) Ching

狭脚金星蕨 *Parathelypteris borealis* (Hara) Shing

《江西植物志》。

多年生草本。安福县、芦溪县。海拔400~1600米，山谷灌丛和林下阴湿处。安徽、福建、广西、贵州、湖南、江西、陕西、四川。日本。

金星蕨 *Parathelypteris glanduligera* (Kze.) Ching

姚淦等，9522。(NAS NAS00152476)

多年生草本。分宜县、芦溪县。海拔100~1500米，疏林下、林下土生。安徽、重庆、福建、广东、广西、贵州、海南、河南、湖北、湖南、江苏、江西、山东、陕西、上海、四川、台湾、香港、云南、浙江。越南、印度北部、韩国南部（济州岛)、日本。

光脚金星蕨 *Parathelypteris japonica* (Baker) Ching

吴磊，祁世鑫，1360。(HUST 00017049)

多年生草本。芦溪县。海拔400~1600米，林下阴处。安徽、重庆、福建、广东、广西、贵州、湖南、吉林、江苏、江西、上海、四川、台湾、云南、浙江。韩国、日本。

中日金星蕨 *Parathelypteris nipponica* (Franchet & Savatier) Ching

陈功锡、张代贵等，LXP-06-1028、2860、8190等。

多年生草本。安福县、袁州区。海拔400~800米，密林。安徽、重庆、福建、甘肃、广东、广西、贵州、河南、湖北、湖南、吉林、江苏、江西、山东、陕西、上海、四川、台湾、浙江。韩国南部、日本。

卵果蕨属 *Phegopteris* Fée

延羽卵果蕨 *Phegopteris decursivepinnata* (Van Hall) Fée

陈功锡、张代贵等，LXP-06-0807、2164、2201等。

多年生草本。茶陵县、莲花县、芦溪县、袁州区。海拔200~1400米，路边林下。重庆、福建、广东、广西、贵州、河南、湖北、湖南、江苏、江西、山东、陕西、上海、四川、台湾、云南。韩国、日本南部、越南北部。

新月蕨属 *Pronephrium* Presl

披针新月蕨 *Pronephrium penangianum* (Hooker) Holttum

陈功锡、张代贵等，LXP-06-0279、0893、6746等。

多年生草本。安福县、袁州区。海拔200~700米，疏林下或阴地水沟边。重庆、甘肃、广东、广西、贵州、河南、湖北、湖南、江西、四川、云南、浙江。印度、尼泊尔。

假毛蕨属 *Pseudocyclosorus* Ching

普通假毛蕨 *Pseudocyclosorus subochthodes* (Ching) Ching

陈功锡、张代贵等，LXP-06-0234、1968、2163等。

多年生草本。安福县、茶陵县、芦溪县、袁州区。海拔200~900米，杂木林下湿地或山谷石上。安徽、重庆、福建、甘肃、广东、广西、贵州、湖北、湖南、江西、四川、台湾、香港、云南、浙江。韩国、日本。

紫柄蕨属 *Pseudophegopteris* Ching

耳状紫柄蕨 *Pseudophegopteris aurita* (Hooker) Ching

陈功锡、张代贵等，LXP-06-0135、6777。

多年生草本。安福县。海拔 300-700 米，溪边、林下。重庆、福建、广东、广西、贵州、湖南、江西、西藏、云南、浙江。缅甸北部、不丹、印度东北部、越南北部、日本、马来西亚、菲律宾、印度尼西亚、巴布亚新几内亚。

22. 球子蕨科 Onocleaceae

东方荚果蕨属 *Pentarhizidium* Hayata

东方荚果蕨 *Pentarhizidium orientalis* (Hooker) Hayata

陈功锡、张代贵等，LXP-06-4577、8985。

多年生草本。安福县。海拔 1000~1400 米，林下溪边。安徽、重庆、福建、甘肃、广东、广西、贵州、河南、湖北、湖南、吉林、江西、陕西、四川、台湾、西藏、浙江。印度东北部、尼泊尔、日本、朝鲜半岛、西伯利亚。

23. 乌毛蕨科 Blechnaceae

乌毛蕨属 *Blechnum* Linnaeus

乌毛蕨 *Blechnum orientale* Linnaeus

陈功锡、张代贵等，LXP-06-1683、2048、2525 等。

多年生草本。茶陵县、芦溪县、攸县。海拔 100~500 米，水沟旁、山坡灌丛中或疏林下。澳门、重庆、福建、广东、广西、贵州、海南、湖南、江西、四川、台湾、西藏、香港、云南、浙江。印度、斯里兰卡、东南亚、日本、波利尼西亚。

狗脊属 *Woodwardia* Smith

狗脊蕨 *Woodwardia japonica* (Linnaeus f.) Smith

陈功锡、张代贵等，LXP-06-0142、0372、0656 等。

多年生草本。安福县、茶陵县、莲花县、芦溪县。海拔 100~1000 米，疏林下。安徽、澳门、重庆、福建、广东、广西、贵州、海南、河南、湖北、湖南、江苏、江西、上海、四川、台湾、香港、云南、浙江。日本。

东方狗脊蕨 *Woodwardia orientalis* Swartz J.

陈功锡、张代贵等，LXP-06-6925。

多年生草本。安福县。海拔 503 米，平地、壤土、路旁。安徽、福建、广东、广西、湖南、江西、台湾、浙江。日本、菲律宾。

珠芽狗脊蕨 *Woodwaria prolifera* Hooker&Arnott

陈功锡、张代贵等，LXP-06-0891。

多年生草本。安福县、分宜县。海拔 100~1100 米，生低海拔丘陵或坡地的疏林下阴湿地方或溪边，喜酸性土。广布于广西、广东、湖南、江西、安徽（黄山）、浙江、福建、台湾。日本南部。

顶芽狗脊 *Woodwaria unigemmata* (Makino) Nakai

吴磊、祁世鑫，1283。（HUST 00011219）

多年生草本。芦溪县。海拔450~3000米，生疏林下或路边灌丛中，喜钙质土。陕西、甘肃、四川、西藏、云南、贵州、湖北、湖南、江西、福建、广东、广西、台湾。日本、菲律宾、越南北部、缅甸、不丹、尼泊尔、印度北部。

24. 蹄盖蕨科 Athyriaceae

安蕨属 *Anisocampium* Presl

华东安蕨 *Anisocampium sheareri* (Baker) Ching

陈功锡、张代贵等，LXP-06-4639。

多年生草本。海拔100~700米，山谷林下溪边或阴山坡上。安徽、重庆、福建、甘肃、广东、广西、贵州、河南、湖北、湖南、江苏、江西、四川、云南、浙江。韩国、日本。

蹄盖蕨属 *Athyrium* Roth

大叶假冷蕨 *Athyrium atkinsonii* Beddome【*Pseudocystopteris atkinsonii* (Beddome) Ching】

陈功锡、张代贵等，LXP-06-5742、8223。

多年生草本。安福县。海拔200~500米，冷杉或铁杉林下及灌丛中阴湿处。重庆、福建、甘肃、贵州、河南、湖北、湖南、江西、山西、陕西、四川、台湾、西藏、云南。韩国、日本、缅甸北部、不丹、尼泊尔、印度、巴基斯坦北部、克什米尔。

坡生蹄盖蕨 *Athyrium clivicola* Tagawa

姚淦等人，9497。（NAS NAS00150427）

多年生草本。分宜县。海拔500~1600米，山谷林下阴湿处。安徽、重庆、福建、广西、贵州、湖北、湖南、江西、四川、台湾、浙江。日本、朝鲜半岛。

长江蹄盖蕨 *Athyrium iseanum* Rosenstock

姚淦等，9525。（NAS NAS00150060）

多年生草本。分宜县、芦溪县。海拔600~1600米，山谷林下阴湿处。安徽、重庆、福建、广东、广西、贵州、湖北、湖南、江苏、江西、四川、台湾、西藏、云南、浙江。韩国、日本。

光蹄盖蕨 *Athyrium otophorum* (Miquel) Koidzumi

吴磊、祁世鑫，1392。（HUST 00019982）

多年生草本。芦溪县。海拔400~1400米，常绿阔叶林或竹林下阴湿处。安徽、重庆、福建、广东、广西、贵州、湖北、湖南、江西、四川、台湾、云南、浙江。日本、朝鲜半岛。

尖头蹄盖蕨 *Athyrium vidalii* (Franchet & Savatier) Nakai

姚关虎等，09497。（NAS NAS00151196）

多年生草本。分宜县。海拔600~1700米，山谷林下沟边阴湿处。安徽、重庆、福建、甘肃、广西、贵州、河南、湖北、湖南、江西、陕西、四川、台湾、云南、浙江。日本、朝鲜半岛。

胎生蹄盖蕨 *Athyrium viviparum* Christ

陈功锡、张代贵等，LXP-06-1190。

多年生草本。芦溪县。海拔500~1500米，密林下阴湿处或溪边林下。重庆、广东、广西、贵州、湖南、江西、四川、云南。

华中蹄盖蕨 *Athyrium wardii* (Hooker) Makino

吴磊、祁世鑫，1355。（HUST 00017972）

多年生草本。芦溪县。海拔700~1700米，山谷林下或溪边阴湿处。安徽、重庆、福建、广西、贵州、湖北、湖南、江西、云南、浙江。日本、朝鲜半岛。

禾秆蹄盖蕨 *Athyrium yokoscense* (Franchet & Savatier) Christ

陈功锡、张代贵等，LXP-06-0820、0839、1323 等。

多年生草本。安福县、莲花县。海拔 100~1200 米，山区林下岩石缝中。安徽、重庆、贵州、河北、河南、黑龙江、湖南、吉林、江苏、江西、辽宁、山东、浙江。日本、朝鲜半岛。

角蕨属 *Cornopteris* Nakai

角蕨 *Cornopteris decurrentialata* (Hooker) Nakai

熊耀国，08167。(LBG 00015840)

多年生草本。安福县。海拔 300~1400 米，山谷林下阴湿溪沟边。安徽、重庆、福建、甘肃、广东、广西、贵州、河南、湖南、江苏、江西、四川、台湾、云南、浙江。韩国 (济州岛)、日本 (本州、四国、九州)。

对囊蕨属 *Deparia* Hooker & Greville

钝羽对囊蕨 Deparia conilii (Franchet & Savatier) M. Kato [钝羽假蹄盖蕨 *Athyriopsis conilii* (Franchet & Savatier) Ching]

吴磊、祁世鑫，1467。(HUST 00015093)

多年生草本。芦溪县。海拔 50~1500 米，山谷溪边。安徽、甘肃、河南、湖北、湖南、江苏、江西、山东、台湾、浙江。韩国、日本。

单叶对囊蕨 *Deparia lancea* (Thunberg) Fraser-Jenkins

陈功锡、张代贵等，LXP-06-0278、0319、2965 等。

多年生草本。安福县。海拔 300~700 米，平地、壤土、密林。安徽、福建、广东、广西、贵州、海南、河南、湖南、江苏、江西、四川、台湾、云南、浙江。印度、日本、缅甸、尼泊尔、菲律宾、斯里兰卡、越南。

二型叶对囊蕨 *Deparia dimorphophyllum* (Koidzumi) M. Kato [二型叶假蹄盖蕨 *Athyriopsis dimorphophylla* (Koidzumi) Ching ex W. M. Chu]

姚淦等，9475。(NAS NAS00149820)

多年生草本。分宜县。海拔 10~1100 米，林下及林缘湿润地。安徽、贵州、河南、湖南、江西、浙江。日本。

东洋对囊蕨 *Deparia japonica* (Thunberg) M. Kato [假蹄盖蕨 *Athyriopsis japonica* (Thunberg) Ching]

陈功锡、张代贵等，LXP-06-5965。

多年生草本。安福县。海拔 200~500 米，林下湿地及山谷溪沟边。安徽、澳门、重庆、福建、甘肃、广东、广西、贵州、海南、河南、湖北、湖南、江苏、江西、山东、上海、四川、台湾、香港、云南、浙江。韩国、日本、尼泊尔、印度、缅甸北部。

大久保对囊蕨 *Deparia okuboana* (Makino) M. Kato [华中介蕨 *Dryoathyrium okuboanum* (Makino) Ching]

严岳鸿、周劲松，3231。(HUST 00001844)

多年生草本。安福县。海拔 100~1500 米，山谷林下、林缘、沟边阴湿处。安徽、重庆、福建、甘肃、广东、广西、贵州、河南、湖北、湖南、江苏、江西、陕西、四川、云南、浙江。日本。

毛叶对囊蕨 *Deparia petersenii* (Kunze) M. Kato [毛轴假蹄盖蕨 *Athyriopsis petersenii* (Kunze) Ching 斜羽假蹄盖蕨 *Athyriopsis japonica* (Thunberg) Ching var. *oshimensis* (Christ) Ching]

陈功锡、张代贵等，LXP-06-5438。

多年生草本。攸县。海拔 100~500 米，花岗岩上、林下。安徽、澳门、重庆、福建、甘肃、广东、广西、贵州、海南、河南、湖北、湖南、江苏、江西、陕西、四川、台湾、西藏、香港、云南、浙江。喜马拉雅山、印度南部、斯里兰卡、缅甸、泰国、菲律宾、印度尼西亚、太平洋群岛、日本、新西兰及附近岛屿、澳大利亚东部。

绿叶对囊蕨 *Deparia viridifrons* (Makino) M. Kato[绿叶介蕨 *Dryoathyrium viridifrons* (Makino) Ching]

陈功锡、张代贵等，LXP-06-2138。

多年生草本。芦溪县。海拔 300~700 米，密林下或林缘。重庆、贵州、湖南、江西、四川、云南、浙江。日本、朝鲜半岛。

双盖蕨属 *Diplazium* Swartz

边生双盖蕨 *Diplazium conterminum* Christ [边生短肠蕨 *Allantodia contermina* (Christ) Ching]

吴磊、祁世鑫，1475。(HUST 00014732)

多年生草本。芦溪县。海拔 400~900 米，山谷密林下或林缘溪边。重庆、福建、广东、广西、贵州、湖南、江西、四川、香港、云南、浙江。越南、泰国、日本。

厚叶双盖蕨 *Diplazium crassiusculum* Ching

岳俊三等，3501。(PE 00750728)

多年生草本。安福县。海拔 200~1600 米，常绿阔叶林及灌木林下，土生或岩石上。福建、广东、广西、贵州、湖南、江西、台湾、浙江。日本。

食用双盖蕨 *Diplazium esculentum* (Retzius) Swartz [菜蕨 *Callipteris esculenta* (Retz.) J. Smith ex Moore et Houlst]

陈功锡、张代贵等，LXP-06-9183。

多年生草本。安福县。海拔 100~1200 米，山谷林下湿地及河沟边。安徽、澳门、福建、广东、广西、贵州、河南、湖北、湖南、江西、四川、台湾、香港、云南、浙江。印度尼西亚。

薄盖双盖蕨 *Diplazium hachijoense* Nakai [薄盖短肠蕨 *Allantodia hachijoensis* (Nakai) Ching]

吴磊、祁世鑫，1397。(HUST 00017615)

多年生草本。芦溪县。海拔 400~1700 米，山坡常绿阔叶林下。安徽、重庆、福建、广东、广西、贵州、湖南、江西、四川、浙江。韩国、日本。

江南双盖蕨 *Diplazium mettenianum* (Miquel) C. Christensen [江南短肠蕨 *Allantodia metteniana* (Miquel) Ching]

陈功锡、张代贵等，LXP-06-1186、6912。

多年生草本。安福县、芦溪县。海拔 400~1100 米，山谷密林下。安徽、重庆、福建、广东、广西、贵州、海南、湖南、江西、四川、台湾、香港、云南、浙江。日本、越南北部、泰国东北部。

叶双盖蕨 *Diplazium pinfaense* Ching

姚淦等，9542。(NAS NAS00150612)

多年生草本。分宜县。海拔 400~1600 米，山谷溪沟边常绿阔叶林或灌木林下，土生或生于岩石缝隙中。重庆、福建、广东、广西、贵州、湖北、湖南、江西、四川、云南、浙江。日本。

淡绿双盖蕨 *Diplazium virescens* Kunze [淡绿短肠蕨 *Allantodia virescens* (Kunze) Ching]

陈功锡、张代贵等，LXP-06-1949、2512、2724 等。

多年生草本。安福县、茶陵县、芦溪县、袁州区。海拔 100~1500 米，山地常绿阔叶林下。安徽、重庆、福建、广东、广西、贵州、海南、湖南、江西、四川、台湾、香港、云南、浙江。韩国、日本、越南。

25. 肿足蕨科 Hypodematiaceae

肿足蕨属 *Hypodematium* Kunze

肿足蕨 *Hypodematium crenatum* (Forssk.) Kuhn

陈功锡、张代贵等，LXP-06-420。

多年生草本。安福县。海拔 200~1600 米，石灰岩石缝中。重庆、甘肃、广东、广西、贵州、河南、湖南、江西、四川、台湾、浙江。

鳞毛肿足蕨 *Hypodematium squamulosopilosum* Ching

《江西植物志》。

多年生草本。莲花县、芦溪县。海拔 400~800 米，林下干旱的石灰岩缝中。安徽、北京、福建、贵州、湖北、湖南、江苏、江西、山东、山西、浙江。

26. 鳞毛蕨科 Dryopteridaceae

复叶耳蕨属 *Arachniodes* Blume

尾叶复叶耳蕨 *Arachniodes caudata* Kurata

吴磊、祁世鑫，1439。(HUST 00014133)

多年生草本。芦溪县。海拔 100~1600 米，山坡林下、灌丛下及山谷溪边。重庆、广西、贵州、江西、四川。

中华复叶耳蕨 *Arachniodes chinensis* (Rosenstock) Ching

严岳鸿、周劲松，3233。(HUST 00002305)

多年生草本。安福县、芦溪县。海拔 100~1600 米，山地杂木林下。澳门、重庆、福建、广东、广西、贵州、海南、湖南、江西、四川、香港、云南、浙江。

细裂复叶耳蕨 *Arachniodes coniifolia* (T. Moore) Ching

陈功锡、张代贵，9153。

多年生草本。芦溪县。海拔 900~1400 米，在森林或竹下阴凉或潮湿的地方。重庆、广西、贵州、湖南、四川、云南。不丹，尼泊尔。

刺头复叶耳蕨 *Arachniodes exilis* (Hance) Ching

陈功锡、张代贵等，LXP-06-3086。

多年生草本。安福县。海拔 300~1100 米，山地林下或岩上。安徽、福建、广东、广西、贵州、河南、江苏、江西、山东、台湾、云南、浙江。

华南复叶耳蕨 *Arachniodes festina* (Hance) Ching

陈功锡、张代贵等，LXP-06-1338。

多年生草本。芦溪县。海拔 400~600 米，常绿阔叶林下。福建、广东、广西、贵州、河南、湖南、江西、四川、台湾、浙江。越南。

毛枝蕨 *Arachniodes miqueliana* (Maximowicz ex Franchet & Savatier) Ohwi [*Leptorumohra miqueliana* (Maximowicz) H. Ito]

程景福，65736。(PE 01138249)

多年生草本。安福县。海拔 800~1400

米，山谷疏林下或岩壁阴湿处。重庆、贵州、湖南、吉林、江西、辽宁、四川、浙江。日本、朝鲜半岛。

日本复叶耳蕨 *Arachniodes nipponica* (Rosenstock) Ohwi

江西省调查队，8726。(LBG 00007125)

多年生草本。安福县、芦溪县。海拔800~1500 米，山谷常绿阔叶林下或混交林下、溪边阴处。重庆、广东、贵州、湖南、江西、四川、云南、浙江。日本。

斜方复叶耳蕨 *Arachniodes rhomboidea* (Wallich ex Mettenius) Ching

陈功锡、张代贵等，LXP-06-0282、0913、1157 等。

多年生草本。安福县、茶陵县、分宜县、芦溪县、上高县。海拔 200~800 米，山林下岩缝中或泥土上。安徽、重庆、福建、广东、广西、贵州、海南、湖北、湖南、江苏、江西、四川、台湾、香港、云南、浙江。喜马拉雅山、日本。

长尾复叶耳蕨 *Arachniodes simplicior* (Makino) Ohwi

严岳鸿、周劲松，3228。(HUST 00002219)

多年生草本。安福县、莲花县、芦溪县。海拔 200~1500 米，林下。安徽、重庆、福建、甘肃、广东、广西、贵州、河南、湖北、湖南、江苏、江西、陕西、四川、云南、浙江。日本。

肋毛蕨属 *Ctenitis* C. Christensen

直鳞肋毛蕨 *Ctenitis eatonii* (Baker) Ching

陈功锡、张代贵等，LXP-06-0247、0579、2966 等。

多年生草本。安福县、芦溪县、上高县。海拔 100~500 米，石灰岩上。重庆、广东、广西、贵州、湖北、湖南、江西、四川、台湾。日本。

贯众属 *Cyrtomium* Presl

刺齿贯众 *Cyrtomium caryotideum* (Wallich ex Hooker et Greville) Presl

严岳鸿、周劲松，3248。(HUST 00003356)

多年生草本。安福县。海拔 500~1400 米，林下。重庆、甘肃、广东、广西、贵州、湖北、湖南、江西、陕西、四川、台湾、西藏、云南。菲律宾、日本、越南、尼泊尔、不丹、印度、巴基斯坦。

贯众 *Cyrtomium fortunei* J. Smith

陈功锡、张代贵等，LXP-06-0949、1032、1953 等。

多年生草本。安福县、茶陵县、芦溪县、上高县、攸县。海拔 200~1200 米，空旷地石灰岩缝中或林下。安徽、重庆、福建、甘肃、广东、广西、贵州、河北、河南、湖北、湖南、江苏、江西、山东、山西、陕西、上海、四川、台湾、云南、浙江。日本、朝鲜半岛南部、越南北部、泰国。

大叶贯众 *Cyrtomium macrophyllum* (Makino) Tagawa

赖书绅，1585。(PE 00985971)

多年生草本。安福县、莲花县。海拔800~1500 米，林下、溪边。重庆、甘肃、贵州、湖北、湖南、江西、陕西、四川、台湾、西藏、云南。日本、不丹、尼泊尔、印度、巴基斯坦。

鳞毛蕨属 *Dryopteris* Adanson

两色鳞毛蕨 *Dryopteris bissetiana* (Baker) C. Christensen

吴磊、祁世鑫，1246。（HUST 00010715）

多年生草本。芦溪县。海拔 600~1400 米，山坡林下、林缘、路边，石隙生、土生。安徽、重庆、福建、贵州、河南、湖北、湖南、江苏、江西、山东、山西、陕西、上海、四川、云南、浙江。朝鲜半岛、日本。

西域鳞毛蕨 *Dryopteris blanfordii* (C. Hope) C. Christensen

陈功锡、张代贵等，LXP-06-0880、1054、2474 等。

多年生草本。安福县、莲花县、芦溪县。海拔 200~1200 米，山谷、壤土、溪边。甘肃、四川、西藏、云南。阿富汗、印度、克什米尔、尼泊尔、巴基斯坦。

阔鳞鳞毛蕨 *Dryopteris championii* (Benth.) C. Christensen

陈功锡、张代贵等，LXP-06-0657、0692、0875 等。

多年生草本。安福县、分宜县、莲花县。海拔 200~500 米，疏林。澳门、重庆、福建、广东、广西、贵州、河南、湖北、湖南、江苏、江西、山东、上海、四川、西藏、香港、云南、浙江。日本、朝鲜半岛。

桫椤鳞毛蕨 *Dryopteris cycadina* (Franchet & Savatier) C. Christensen

陈功锡、张代贵等，LXP-06-1178。

多年生草本。芦溪县。海拔 1400~1700 米，杂木林下。重庆、福建、广东、广西、贵州、湖北、湖南、江西、四川、台湾、西藏、云南、浙江。日本。

迷人鳞毛蕨 *Dryopteris decipiens* (Hooker) O. Kuntze

陈功锡、张代贵等，LXP-06-1217。

多年生草本。芦溪县。海拔 400~700 米，林下。安徽、福建、重庆、广东、广西、贵州、湖北、湖南、江西、四川、台湾、香港、浙江。日本。

深裂迷人鳞毛蕨 *Dryopteris decipiens* (Hooker) O. Kuntze var. *diplazioides* (Christ) Ching

严岳鸿等，3227。（PE 01796463）

多年生草本。安福县。海拔 100~1000 米，林下。安徽、福建、广西、贵州、江苏、江西、四川、浙江。日本。

远轴鳞毛蕨 *Dryopteris dickinsii* (Franchet & Savatier) C. Christensen

江西调查队，272。（PE 01001081）

多年生草本。安福县。海拔 700~1500 米，常绿阔叶林下。安徽、重庆、福建、广西、贵州、河南、湖北、湖南、江西、四川、台湾、西藏、云南、浙江。印度、日本。

红盖鳞毛蕨 *Dryopteris erythrosora* (Eaton) O. Kuntze

吴磊、祁世鑫，1376。（HUST 00009953）

多年生草本。芦溪县。海拔 100~1300 米，林下。安徽、重庆、福建、广东、广西、贵州、湖北、湖南、江苏、江西、上海、四川、云南、浙江。日本、朝鲜半岛。

黑足鳞毛蕨 *Dryopteris fuscipes* C. Christensen

陈功锡、张代贵等，LXP-06-0628、0637、0877 等。

多年生草本。安福县、茶陵县、莲花县、芦溪县、上高县、攸县、渝水区。海拔 100~1200 米，林下、溪边。安徽、重庆、福建、广东、广西、贵州、海南、湖北、湖南、江苏、江西、上海、四川、台湾、香港、云南、浙江。韩国、日本、中南半岛。

裸果鳞毛蕨 *Dryopteris gymnosora* (Makino) C. Christensen

周江勇、陶东风、彭发军，08040236。（HUST 00022980）

多年生草本。安福县、芦溪县。海拔300~1200米，林下。安徽、重庆、福建、广东、广西、贵州、湖北、湖南、江西、四川、云南、浙江。日本、越南。

假异鳞毛蕨 *Dryopteris immixta* Ching

陈功锡、张代贵等，LXP-06-4993、6160、6417等。

多年生草本。安福县、芦溪县、上高县、攸县、袁州区。海拔200~900米，路旁。重庆、福建、甘肃、贵州、河南、湖北、湖南、江苏、江西、山东、陕西、四川、云南、浙江。

平行鳞毛蕨 *Dryopteris indusiata* (Makino) Yamamoto ex Yamamoto

严岳鸿、周劲松，3241。（HUST 00002467）

多年生草本。安福县、芦溪县。海拔600~1400米，林下。重庆、福建、广东、广西、贵州、湖北、湖南、江西、四川、云南、浙江。日本。

京鹤鳞毛蕨 *Dryopteris kinkiensis* Koidzumi

吴磊、祁世鑫，1250。（HUST 00013836）

多年生草本。芦溪县。海拔700~800米，林下。重庆、福建、广东、贵州、湖南、江西、上海、四川、浙江。韩国、日本。

齿果鳞毛蕨 *Dryopteris labordei* (Christ) C. Christensen

陈功锡、张代贵等，LXP-06-1349、9085、6578等。

多年生草本。莲花县、芦溪县、上高县、袁州区。海拔500~1200米，山坡、壤土（黄壤）、路旁。安徽、福建、广东、广西、贵州、湖北、湖南、江西、四川、台湾、云南、浙江。日本。

轴鳞鳞毛蕨 *Dryopteris lepidorachis* C. Christensen

陈功锡、张代贵等，LXP-06-2114。

多年生草本。芦溪县。海拔600~1600米，林下、灌丛。安徽、福建、湖北、湖南、江苏、江西、浙江。

黑鳞远轴鳞毛蕨 *Dryopteris namegatae* (Kurata) Kurata

吴磊、祁世鑫，1317。（HUST 00009852）

多年生草本。芦溪县。海拔400~1300米，林下。重庆、甘肃、贵州、湖北、湖南、江西、四川、云南、浙江。日本。

太平鳞毛蕨 *Dryopteris pacifica* (Nakai) Tagawa

陈功锡、张代贵等，LXP-06-0984、1053。

多年生草本。安福县、莲花县。海拔400~1200米，溪边。安徽、福建、广东、海南、湖南、江苏、江西、上海、香港、浙江。韩国、日本。

密鳞鳞毛蕨 *Dryopteris pycnopteroides* (Christ) C. Christensen

陈功锡、张代贵等，LXP-06-0981、1060、1155。

多年生草本。安福县、莲花县、芦溪县、攸县。海拔150~1200米，山谷、壤土、溪边。贵州、湖北、四川。日本。

宽羽鳞毛蕨 *Dryopteris ryoitoana* Kurata

吴磊、祁世鑫，1211。（HUST 00013753）

多年生草本。芦溪县。海拔100~800米，林下。湖南、江西、浙江。日本。

无盖鳞毛蕨 *Dryopteris scottii* (Beddome) Ching ex C. Christensen

陈功锡、张代贵等，LXP-06-0904、0995、1119等。

多年生草本。安福县、芦溪县、袁州

区、茶陵县。海拔 200~1550 米，山谷、壤土、溪边。安徽、福建、广东、广西、贵州、海南、江苏、江西、四川、台湾、云南、浙江。不丹、印度、日本、缅甸、尼泊尔、泰国、越南。

奇羽鳞毛蕨 *Dryopteris sieboldii* (Van Houtte ex Mettenius) O. Kuntze

陈功锡、张代贵等，LXP-06-1192、9612。

多年生草本。安福县、分宜县。海拔 400~900 米，林中。安徽、福建、广东、广西、贵州、湖南、江西、浙江。日本。

稀羽鳞毛蕨 *Dryopteris sparsa* (Buch.-Ham. ex D. Don) O. Kuntze

陈功锡、张代贵等，LXP-06-0275、1486、1940 等。

多年生草本。安福县、茶陵县。海拔 200~700 米，林下溪边。安徽、重庆、福建、广东、广西、贵州、海南、河南、湖北、湖南、江西、陕西、上海、四川、台湾、西藏、香港、云南、浙江。印度、不丹、尼泊尔、缅甸、泰国、越南、印度尼西亚、日本。

华南鳞毛蕨 *Dryopteris tenuicula* C. G. Matthew & Christ

陈功锡、张代贵等，LXP-06-1034、8719、1183 等。

多年生草本。安福县、芦溪县。海拔 50~800 米，山坡、壤土、密林。广东、广西、贵州、湖南、四川、台湾、浙江。日本、韩国。

东京鳞毛蕨 *Dryopteris tokyoensis* (Matsumura ex Makino) C. Christensen

陈功锡、张代贵等，LXP-06-9186。

多年生草本。茶陵县。海拔 800~1200 米，林下湿地或沼泽中。福建、湖北、湖南、江西、浙江。日本。

濒危等级：EN

同形鳞毛蕨 *Dryopteris uniformis* (Makino) Makino

陈功锡、张代贵等，LXP-06-5004。

多年生草本。上高县。海拔 200~1000 米，常绿阔叶林下。安徽、福建、甘肃、广东、贵州、湖南、江苏、江西、上海、浙江。日本、朝鲜半岛。

变异鳞毛蕨 *Dryopteris varia* (Linnaeus) O. Kuntze

周江勇、陶东风、彭发军，08040212。(HUST 00022595)

多年生草本。芦溪县。海拔 100~1600 米，林下。安徽、重庆、福建、广东、广西、贵州、河南、湖北、湖南、江苏、江西、陕西、上海、四川、台湾、香港、云南、浙江。日本、朝鲜半岛、菲律宾、印度。

耳蕨属 *Polystichum* Roth

巴郎耳蕨 *Polystichum balansae* Christ

陈功锡、张代贵等，LXP-06-9622。

多年生草本。分宜县。海拔 200~1500 米，生长于常绿林中的酸性土壤中。分布于安徽、福建、广东、广西、贵州、海南、湖南、江西、浙江。日本、越南。

杰出耳蕨 *Polystichum excelsius* Ching & Z. Y. Liu

陈功锡、张代贵等，LXP-06-2074。

多年生草本。芦溪县。海拔 400~1200 米，山谷、壤土、溪边。重庆、湖北、湖南。

黑鳞耳蕨 *Polystichum makinoi* (Tagawa) Tagawa

陈功锡、张代贵等，LXP-06-0964、1134。

多年生草本。安福县、芦溪县。海拔

200~900 米，林下湿地、岩石上。安徽、重庆、福建、甘肃、广东、广西、贵州、河北、河南、湖北、湖南、江苏、江西、陕西、四川、西藏、云南、浙江。尼泊尔、不丹、日本。

革叶耳蕨 *Polystichum neolobatum* Nakai

岳俊三等，3660。(PE 01151567)

多年生草本。安福县。海拔 1300~1700 米，常绿阔叶林下。安徽、重庆、甘肃、贵州、河南、湖北、湖南、江西、陕西、四川、台湾、西藏、云南、浙江。印度、尼泊尔、不丹、日本。

假黑鳞耳蕨 *Polystichum pseudomakinoi* Tagawa

姚淦等，9358。(NAS NAS00157705)

多年生草本。安福县、分宜县、芦溪县。海拔 200~1500 米，山坡的沟边、路旁林下、林缘。安徽、重庆、福建、广东、广西、贵州、河南、湖南、江苏、江西、四川、浙江。日本。

戟叶耳蕨 *Polystichum tripteron* (Kunze) Presl

江西调查队，1694。(PE 01174855)

多年生草本。安福县。海拔 400~1600 米，林下石隙中或石上。安徽、北京、重庆、福建、甘肃、广东、广西、贵州、河北、河南、黑龙江、湖北、湖南、吉林、江苏、江西、辽宁、山东、陕西、四川、浙江。日本、朝鲜半岛、俄罗斯远东地区。

对马耳蕨 *Polystichum tsussimense* (Hooker) J. Smith

陈功锡、张代贵等，LXP-06-3008。

多年生草本。安福县。海拔 200~400 米，常绿阔叶林下或灌丛中。安徽、重庆、福建、甘肃、广东、广西、贵州、河南、湖北、湖南、吉林、江苏、江西、山东、陕西、上海、四川、台湾、西藏、云南、浙江。朝鲜半岛、日本、越南、印度北部及西北部。

27. 骨碎补科 Davalliaceae

阴石蕨属 *Humata* Cavanilles

阴石蕨 *Humata repens* (Linnaeus f.) Small ex Diels

岳俊三等，3164。(NAS NAS00158356)

多年生草本。安福县。海拔 500~1400 米，林中岩石上。福建、广东、广西、贵州、海南、湖南、江西、四川、台湾、香港、云南、浙江。日本、印度、斯里兰卡、东南亚、波利尼西亚、澳大利亚、马达加斯加。

28. 水龙骨科 Polypodiaceae

节肢蕨属 *Arthromeris* (T. Moore) J. Smith

节肢蕨 *Arthromeris lehmannii* (Mettenius) Ching

岳俊三等，3537。(NAS NAS00158588)

多年生草本。安福县。海拔 1000~1600 米，树干上或石上。重庆、广东、广西、贵州、海南、湖北、湖南、江西、四川、台湾、西藏、云南、浙江。不丹、尼泊尔、印度北部、缅甸、泰国、菲律宾。

龙头节肢蕨 *Arthromeris lungtauensis* Ching

陈功锡、张代贵等，LXP-06-3222。

多年生草本。安福县。海拔 400~1000 米，树干上或石上。重庆、福建、广东、广西、贵州、湖北、湖南、江西、四川、浙江。尼泊尔、越南、老挝。

多羽节肢蕨 *Arthromeris mairei* (Brause) Ching

岳俊三等，3539。(NAS NAS00158615)

多年生草本。安福县。海拔 1000~1500 米，山坡林下。重庆、广西、贵州、湖北、湖南、江西、陕西、四川、西藏、云南。缅甸、印度北部。

槲蕨属 *Drynaria* (Bory) J. Smith

槲蕨 *Drynaria roosii* Nakaike

陈功锡、张代贵等，LXP-06-0855、1289、2303 等。

多年生草本。安福县、芦溪县、袁州区。海拔 100~1500 米，树干或岩石上。安徽、重庆、福建、广东、广西、贵州、海南、湖北、湖南、江苏、江西、青海、四川、台湾、云南、浙江。越南、老挝、柬埔寨、泰国北部、印度。

濒危等级：VU

伏石蕨属 *Lemmaphyllum* C. Presl [**骨牌蕨属** *Lepidogrammitis* Ching]

披针骨牌蕨 *Lemmaphyllum diversum* (Rosenstock) Tagawa [*Lepidogrammitis diversa* (Rosenstock) Ching]

陈功锡、张代贵等，LXP-06-1977、2974。

多年生草本。安福县、茶陵县。海拔 300~700 米，林缘岩石上。重庆、福建、广东、广西、贵州、湖北、湖南、江西、台湾、香港、浙江。

抱石莲 *Lemmaphyllum drymoglossoides* (Baker) Ching [*Lepidogrammitis drymoglossoides* (Baker) Ching]

陈功锡、张代贵等，LXP-06-1213、1232、2927 等。

多年生草本。安福县、芦溪县。海拔 300~1500 米，阴湿树干和岩石上。重庆、福建、甘肃、广东、广西、贵州、河南、湖北、湖南、江苏、江西、陕西、上海、云南、浙江。

鳞果星蕨属 *Lepidomicrosorium* Ching et Shing

鳞果星蕨 *Lepidomicrosorium buergerianum* (Miquel) Ching & K. H. Shing ex S. X. Xu

陈功锡、张代贵等，LXP-06-0677、0953、0967 等。

多年生草本。安福县、茶陵县、莲花县、芦溪县、袁州区。海拔 100~1300 米，林下攀缘树干和岩石上。重庆、甘肃、贵州、湖北、湖南、江西、四川、台湾、云南、浙江。日本。

表面星蕨 *Lepidomicrosorium superficiale* (Blume) Li Wang

岳俊三等，3187。(PE 01184809)

多年生草本。安福县。海拔 200~1400 米，林中树干上或附生于岩石上。安徽、重庆、福建、甘肃、广东、广西、贵州、海南、湖北、湖南、江西、四川、台湾、西藏、香港、云南、浙江。日本、越南。

瓦韦属 *Lepisorus* (J. Smith) Ching

黄瓦韦 *Lepisorus asterolepis* (Baker) Ching

江西调查队，1166。(PE 01103314)

多年生草本。安福县、芦溪县。海拔 1000~1700 米，林下树干或岩石上。安徽、重庆、福建、广西、贵州、河南、湖北、湖南、江苏、江西、陕西、四川、西藏、云南、浙江。尼泊尔、印度北部、日本。

大瓦韦 *Lepisorus macrosphaerus* (Baker) Ching

江西调查队，427。(PE 01792894)

多年生草本。安福县。海拔 900~1700 米，林下树干或岩石上。安徽、重庆、甘肃、广西、贵州、河南、江西、四川、西藏、云南、浙江。

粤瓦韦 *Lepisorus obscurevenulosus* (Hayata) Ching.

陈功锡、张代贵等，LXP-06-2052、4535、4905 等。

多年生草本。安福县、茶陵县、莲花县、芦溪县。海拔 400~1200 米，林下树干或岩石上。安徽、重庆、福建、广东、广西、贵州、湖南、江西、台湾、香港、云南、浙江。日本。

瓦韦 *Lepisorus thunbergianus* (Kaulfuss) Ching

陈功锡、张代贵等，LXP-06-1016、1249。

多年生草本。安福县、芦溪县。海拔 400~1500 米，山坡林下树干或岩石上。安徽、澳门、北京、重庆、福建、甘肃、广东、广西、贵州、海南、河南、湖北、湖南、江苏、江西、山东、山西、上海、四川、台湾、西藏、香港、云南、浙江。朝鲜半岛、日本、菲律宾。

薄唇蕨属 *Leptochilus* Kaulfuss
[**线蕨属** *Colysis* C. Presl]

线蕨 *Leptochilus ellipticus* (Thunberg) Nooteboom [*Colysis elliptica* (Thunberg) Ching]

陈功锡、张代贵等，LXP-06-0235、0997、1041 等。

多年生草本。茶陵县、芦溪县。海拔 200~600 米，山坡林下或溪边岩石上。澳门、重庆、福建、甘肃、广东、广西、贵州、海南、湖南、江苏、江西、四川、香港、云南、浙江。日本、越南。

曲边线蕨 *Leptochilus ellipticus* var. *flexilobus* (Christ) X. C. Zhang [*Colysis elliptica* var. *flexiloba* (Christ) Linnaeus Shi et X. C. Zhang]

陈功锡、张代贵等，LXP-06-0612。

多年生草本。安福县。海拔 100~300 米，林下。重庆、广西、贵州、湖北、江西、四川、台湾、云南。越南。

宽羽线蕨 *Leptochilus ellipticus* var. *pothifolius* (Buchanan-Hamilton ex D. Don) X. C. Zhang [*Colysis elliptica* var. *pothifolia*Ching]

岳俊三等，3522。(PE 01049861)

多年生草本。安福县。海拔 100~1100 米，林下湿地或岩石上。重庆、福建、广东、广西、贵州、湖北、江西、台湾、香港、云南、浙江。日本、尼泊尔、不丹、泰国、菲律宾、印度、越南、缅甸。

矩圆线蕨 *Leptochilus henryi* (Baker) X. C. Zhang [*Colysis henryi* (Baker) Ching]

岳俊三等，3300。(PE 01102179)

多年生草本。安福县。海拔 300~1500 米，林下或阴湿处，成片聚生。重庆、福建、广西、贵州、湖北、湖南、江苏、江西、陕西、四川、云南、浙江。

剑蕨属 *Loxogramme* (Blume) C. Presl

中华剑蕨 *Loxogramme chinensis* Ching

陈功锡、张代贵等，LXP-06-1203、1244。

多年生草本。安福县、芦溪县。海拔 300~1500 米，岩石上。安徽、重庆、福建、广东、广西、贵州、湖南、江西、四川、台湾、西藏、云南、浙江。尼泊尔、不丹、印度、缅甸、越南。

匙叶剑蕨 *Loxogramme grammitoides* (Baker) C. Christensen

江西调查队，963。（PE 01185093）

多年生草本。安福县。海拔 1000~1600 米，常绿阔叶林下岩石上或树干上。安徽、重庆、福建、甘肃、贵州、河南、湖北、湖南、江西、陕西、四川、台湾、西藏、云南、浙江。日本。

柳叶剑蕨 *Loxogramme salicifolium* (Makino) Makino

陈功锡、张代贵等，LXP-06-9036。

多年生草本。芦溪县。海拔 200~1400 米，常绿阔叶林中，附生于树干上或岩石上。安徽、重庆、甘肃、广西、贵州、湖北、湖南、江西、陕西、四川、台湾、西藏、香港、云南、浙江。日本、韩国（济州岛）、印度北部、越南北部。

锯蕨属 *Micropolypodium* Hayata

锯蕨 *Micropolypodium okuboi* (Yatabe) Hayata

陈功锡、张代贵等，LXP-06-1247。

多年生草本。安福县。海拔 1100~1700 米，林下树干上。福建、广东、广西、贵州、海南、湖南、江西、台湾、浙江。日本南部。

盾蕨属 *Neolepisorus* Ching

江南星蕨 *Neolepisorus fortunei* (T. Moore) Li Wang

陈功锡、张代贵等，LXP-06-0226、0938、0996 等。

多年生草本。安福县、芦溪县、上高县、袁州区。海拔 200~700 米，林下溪边岩石上或树干上。重庆、福建、甘肃、广东、广西、贵州、海南、河南、湖北、湖南、江苏、江西、山东、陕西、四川、台湾、西藏、香港、云南、浙江。马来西亚、不丹、缅甸、越南。

卵叶盾蕨 *Neolepisorus ovatus* (Beddome) Ching [盾蕨 *Neolepisorus ensatus* (Thunberg) Ching]

陈功锡、张代贵等，LXP-06-0236、0907、1121 等。

多年生草本。安福县、芦溪县。海拔 200~800 米，低地林中。安徽、重庆、福建、广东、广西、贵州、湖北、湖南、江苏、江西、四川、云南、浙江。

滨禾蕨属 *Oreogrammitis* Copeland [**禾叶蕨属** *Grammitis* Swartz]

短柄滨禾蕨 *Oreogrammitis dorsipila* (Christ) Parris [短柄禾叶蕨 *Grammitis dorsipila* (Christ) C. Christensen et Tardieu]

江西调查队，269。（PE 01193462）

多年生草本。安福县、芦溪县。海拔 400~1500 米，林下或溪边岩石上。福建、广东、广西、贵州、海南、湖南、江西、台湾、香港、云南、浙江。日本、中南半岛。

水龙骨属 *Polypodiodes* Ching

友水龙骨 *Polypodiodes amoena* （Wallich ex Mettenius）Ching

陈功锡、张代贵等，LXP-06-0939、2082、5078 等。

多年生草本。安福县、芦溪县。海拔 400~800 米，石上或大树干基部。安徽、重庆、广东、广西、贵州、海南、河南、湖北、湖南、江西、山西、四川、台湾、西藏、云南、浙江。越南、老挝、泰国、缅甸、印度、尼泊尔、不丹。

日本水龙骨 *Polypodiodes niponica* (Mettenius) Ching

陈功锡、张代贵等，LXP-06-1336。

多年生草本。芦溪县。海拔 700~1000 米，树干上或石上。安徽、重庆、福建、甘肃、广东、广西、贵州、河南、湖北、湖南、江苏、江西、山西、四川、台湾、西藏、云南、浙江。日本、越南、印度东北部。

中华水龙骨 *Polypodiodes pseudoamoena* (Christ) S. G. Lu

陈功锡、张代贵等，LXP-06-5852。

多年生草本。安福县。海拔 300~1600 米，常绿阔叶林下岩石上。安徽、甘肃、广东、贵州、河北、河南、湖北、湖南、江苏、江西、山西、陕西、四川、台湾、云南、浙江。

石韦属 *Pyrrosia* Mirbel

光石韦 *Pyrrosia calvata* (Baker) Ching

岳俊三，3535。（NAS NAS00022723）

多年生草本。安福县。海拔 400~1500 米，林下树干或岩石上。重庆、福建、甘肃、广东、广西、贵州、海南、河南、湖北、湖南、江西、陕西、四川、云南、浙江。

毡毛石韦 *Pyrrosia drakeana* (Franchet) Ching

陈功锡、张代贵等，LXP-06-7869。

多年生草本。安福县。海拔 700~1200 米，山谷、壤土、溪边。甘肃、广西、贵州、河南、湖北、陕西、四川、西藏、云南。印度。

石韦 *Pyrrosia lingua* (Thunberg) Farwell

陈功锡、张代贵等，LXP-06-0669、0695、0924 等。

多年生草本。安福县、茶陵县、莲花县、芦溪县。海拔 200~1500 米，林下树干上或稍干的岩石上。安徽、澳门、重庆、福建、甘肃、广东、广西、贵州、海南、河南、湖北、湖南、江苏、江西、四川、台湾、西藏、香港、云南、浙江。印度、越南、朝鲜半岛、日本。

庐山石韦 *Pyrrosia sheareri* (Baker) Ching

陈功锡、张代贵等，LXP-06-0667、1150、4893 等。

多年生草本。莲花县、芦溪县。海拔 700~1500 米，溪边林下岩石上或树干上。安徽、福建、重庆、广东、广西、贵州、河南、湖北、湖南、江苏、江西、四川、台湾、云南、浙江。越南。

修蕨属 *Selligue* Bory
[假瘤蕨属 *Phymatopteris* Fraser-Jenkins]

大果假瘤蕨 *Selliguea griffithiana* (Hooker) Fraser-Jenkins

陈功锡、张代贵等，LXP-06-0948、1202、6840 等。

多年生草本。安福县、芦溪县。海拔 300~750 米，山坡（平缓）、壤土、阴处、石上。安徽、贵州、四川、西藏、云南。不丹、印度、缅甸、尼泊尔、泰国、越南。

金鸡脚假瘤蕨 *Selliguea hastate* (Thunberg) Fraser-Jenkins [*Phymatopteris hastata* (Thunberg) Fraser-Jenkins]

陈功锡、张代贵等，LXP-06-0090、6788。

多年生草本。安福县。海拔 600~700 米，林缘土坎上。安徽、重庆、福建、甘肃、广东、广西、贵州、河南、湖北、湖南、江苏、江西、辽宁、山东、陕西、四川、台湾、西藏、云南、浙江。日本、朝鲜半岛、俄罗斯远东地区。

宽底假瘤蕨 *Selliguea majoensis* (C. Christensen) Fraser-Jenkins [*Phymatop- teris majoensis* (C. Christensen) Fraser- Jenkins]

江西调查队，961。(PE 01217779)

多年生草本。安福县、芦溪县。海拔 500~1600 米，树干上或石上。安徽、重庆、广西、贵州、湖北、湖南、江西、陕西、四川、云南。

喙叶假瘤蕨 *Selliguea rhynchophylla* (Hooker) Fraser-Jenkins [*Phymatopteris rhynchophylla* (Hooker) Fraser-Jenkins]

陈功锡、张代贵等，LXP-06-8390。

多年生草本。安福县。海拔 500~1200 米，树干上。重庆、福建、广东、广西、贵州、湖北、湖南、江西、四川、台湾、云南。越南、柬埔寨、老挝、泰国、缅甸、印度北部、尼泊尔、菲律宾、印度尼西亚。

◆ 裸子植物门

1. 银杏科 Ginkgoaceae

银杏属 *Ginkgo* Linnaeus

银杏 *Ginkgo biloba* Linnaeus

岳俊三，2951。(PE 00002017)

落叶乔木。安福县。海拔 400~800 米的疏林。江西、浙江。各地广泛栽培。

保护级别：一级保护（第一批次）

濒危等级：CR

2. 松科 Pinaceae

松属 *Pinus* Linnaeus

马尾松 *Pinus massoniana* Lambert

陈功锡、张代贵等，LXP-06-0779、4567、6839、7544 等。

落叶乔木。安福县、分宜县、莲花县。海拔 60~1300 米，灌丛、路旁、溪边。安徽、福建、广东、广西、贵州、河南、湖北、湖南、江苏、江西、陕西、四川、台湾、云南、浙江。

黄山松 *Pinus taiwanensis* Hayata

陈功锡、张代贵等，LXP-06-1198、7757。

常绿乔木。安福县、芦溪县。海拔 400~1400 米，灌丛、路旁。安徽、福建、广西、贵州、河南、湖北、湖南、江苏、江西、台湾、云南、浙江。

铁杉属 *Tsuga* (Endlicher) Carrière

铁杉 *Tsuga chinensis* (Franch.) E. Pritzel

岳俊三，3662。(PE 00009177)

常绿乔木。安福县、芦溪县。海拔 600~1500 米，密林。安徽、福建、甘肃、广东、广西、贵州、河南、湖北、湖南、江西、陕西、四川、西藏、云南、浙江。

3. 杉科 Taxodiaceae

柳杉属 *Cryptomeria* D. Don

柳杉 *Cryptomeria japonica* (Thunberg ex Linnaeus f.) D. Don var. *sinensis* Miquel

丁小平，017。(PE 01523135)

常绿乔木。分宜县。海拔 900~1100 米，山谷边、山谷溪边潮湿林中。安徽、广东、广西、贵州、河南、湖北、湖南、江苏、江西、四川、云南、浙江。

杉木属 *Cunninghamia* R. Brown

杉木 *Cunninghamia lanceolata* (Lambert) Hooker

陈功锡、张代贵等，LXP-06-0620、1071、1261 等。

常绿乔木。安福县、芦溪县。海拔 200~1500 米，疏林、路旁。安徽、福建、甘肃、广东、广西、贵州、海南、河南、湖北、湖南、江苏、江西、陕西、四川、云南、浙江。

4. 柏科 Cupressaceae

柏木属 *Cupressus* Linnaeus

柏木 *Cupressus funebris* (Endlicher) Franco

陈功锡、张代贵等，LXP-06-0620、1071、1261 等。

常绿乔木。安福县、芦溪县。海拔 200~1500 米，安徽、福建、甘肃、广东、广西、贵州、海南、河南、湖北、湖南、江苏、江西、陕西、四川、云南、浙江。

福建柏属 *Fokienia* Henry et Thomas

福建柏 *Fokienia hodginsii* (Dunn) A. Henry et Thomas

赖书绅，0083。(LBG 00000372)

常绿乔木。分宜县。海拔 100~1500 米，密林。福建、广东、广西、贵州、湖南、江西、四川、云南、浙江。老挝、越南。

保护级别：二级保护（第一批次）

濒危等级：VU

刺柏属 *Juniperus* Linnaeus

圆柏 *Juniperus chinensis* Linnaeus

《江西林业科技》。

常绿乔木。安福县、分宜县、芦溪县、上高县。海拔 400~1200 米，路旁。安徽、福建、甘肃、广东、广西，贵州、河北、黑龙江、河南、湖北、湖南、江苏、江西、内蒙古、陕西、山东、山西、四川、台湾、云南、浙江。日本、朝鲜、缅甸、俄罗斯。

刺柏 *Juniperus formosana* Hayata

赖书绅，1516。(LBG 00000231)

常绿乔木。莲花县。海拔 200~1500 米，路旁。安徽、福建、甘肃、贵州、湖北、湖南、江苏、江西、青海、陕西、四川、台湾、西藏、云南、浙江。

侧柏属 *Platycladus* Spach

侧柏 *Platycladus orientalis* (Linnaeus) Franco

陈功锡、张代贵等，LXP-06-0151、1260、1528 等。

常绿乔木。安福县、茶陵县、分宜县、莲花县、芦溪县。海拔 800~1500 米，路旁、疏林。安徽、福建、广东、广西、贵州、湖北、湖南、江苏、江西、吉林、辽宁、内蒙古、山东、四川、西藏、云南、浙江。朝鲜、俄罗斯。

5. 罗汉松科 Podocarpaceae

竹柏属 *Nageia* Gaertner

竹柏 *Nageia nagi* (Thunberg) Kuntze

陈功锡、张代贵等，LXP-06-0185。

常绿乔木。安福县、分宜县。海拔 200~500 米，路旁、山坡。福建、广东、广西、海南、湖南、江西、四川、台湾、浙江。日本。

濒危等级：EN

罗汉松属 *Podocarpus* L'Heritier ex Persoon

罗汉松 *Podocarpus macrophyllus* (Thunberg) Sweet

陈功锡、张代贵等，LXP-06-0186、3898。

常绿乔木。安福县、分宜县。海拔 200~300 米，路旁、灌丛。安徽、福建、广东、广西、贵州、湖北、湖南、江苏、江西、四川、云南、浙江。日本。

濒危等级：VU

6. 三尖杉科 Cephalotaxaceae

三尖杉属 *Cephalotaxus* Siebold & Zuccarini ex Endlicher

三尖杉 *Cephalotaxus fortunei* Hooker

陈功锡、张代贵等，LXP-06-0518、1094、1102 等。

常绿乔木。安福县、茶陵县、分宜县、芦溪县。海拔 300~1200 米，密林、疏林、河边等。安徽、福建、甘肃、广东、广西、贵州、河南、湖北、湖南、江西、陕西、四川、云南、浙江。缅甸。

篦子三尖杉 *Cephalotaxus oliveri Mast.*

常绿灌木或小乔木。安福县。海拔 300~1800 米，常绿阔叶林中。广东、贵州、湖北、湖南、江西、四川、云南。

保护级别：国家二级保护植物（第一批次）

粗榧 *Cephalotaxus sinensis* (Rehder et E. H. Wilson) H. L. Li

陈功锡、张代贵等，LXP-06-1208。

常绿乔木。安福县、芦溪县。海拔 300~400 米，灌丛。安徽、福建、甘肃、广东、广西、贵州、河南、湖北、湖南、江苏、江西、陕西、四川、云南、浙江。

濒危等级：NT

7. 红豆杉科 Taxaceae

穗花杉属 *Amentotaxus* Pilger

穗花杉 *Amentotaxus argotaenia* (Hance) Pilger

陈功锡、张代贵等，LXP-06-9647。

常绿灌木。安福县、芦溪县。海拔 300~1100 米，荫湿溪谷两旁或林内。福建、

甘肃、广东、广西、贵州、湖北、湖南、江苏、江西、四川、台湾、西藏、浙江。越南。

白豆杉属 *Pseudotaxus* Cheng

白豆杉 *Pseudotaxus chienii* (Cheng) Cheng

《安福木本植物》。

常绿灌木。安福县。海拔 800~1000 米，常绿阔叶树林及落叶阔叶树林中。浙江、江西、湖南、广东、广西。

保护级别：国家二级保护植物（第一批次）

红豆杉属 *Taxus* Linnaeus

南方红豆杉 T*axus wallichiana* Zucc. var. *mairei* (Lemée et H. Léveillé) L. K. Fu et Nan Li

陈功锡、张代贵等，LXP-06-0343、0919、1098 等。

常绿乔木。安福县、茶陵县、莲花县、芦溪县、袁州区。海拔 100~800 米，阔叶林中、路旁溪边、疏林、灌丛。安徽、福建、甘肃、广东、广西、贵州、河南、湖北、湖南、江西、陕西、四川、台湾、云南、浙江。印度、老挝、缅甸、越南。

保护级别：一级保护（第一批次）

濒危等级：VU

◆ 被子植物门

1. 三白草科 Saururaceae

蕺菜属 *Houttuynia* Thunb

蕺菜 *Houttuynia cordata* Thunberg

陈功锡、张代贵等，LXP-06-0584、1835、3335、3420、3493 等。

草本。安福县、茶陵县、莲花县、芦溪县、袁州区。海拔 100~800 米，路旁、草地溪边、疏林、灌丛、草地、溪边。安徽、福建、甘肃、广东、广西、贵州、海南、河南、湖北、湖南、江西、陕西、四川、台湾、西藏、云南、浙江。不丹、印度、印度尼西亚、日本、朝鲜、缅甸、尼泊尔、泰国。

三白草属 *Saururus* Linnaeus

三白草 *Saururus chinensis* (Loureiro) Baillon

陈功锡、张代贵等，LXP-06-0339、1447、3814 等。

多年生草本。安福县、茶陵县、莲花县。海拔 100~700 米，溪边、灌丛、草地等。安徽、福建、广东、广西、贵州、海南、河北、河南、湖北、湖南、江苏、江西、青海、陕西、山东、四川、台湾、云南、浙江。印度、日本、朝鲜、菲律宾、越南。

2. 胡椒科 Piperaceae

胡椒属 *Piper* Linnaeus

竹叶胡椒 *Piper bambusaefolium* Tseng

赖书绅等，82160。(LBG 00001128)

藤本。安福县。海拔 300~1000 米，林中。贵州、湖北、江西、四川。

山蒟 *Piper hancei* Maximowicz

陈功锡、张代贵等，LXP-06-0118、0554、0688 等。

藤本。安福县、分宜县。海拔 200~400 米，山地溪涧边、密林、疏林。浙江、福建、江西南部、湖南南部、广东、广西、贵州南部及云南东南部。

石南藤 *Piper wallichii* (Miquel) Handel-Mazzetti

陈功锡、张代贵等，LXP-06-5031。

攀援藤本。安福县、芦溪县。海拔 200~1100 米，路旁树上、灌丛、疏林等。甘肃、广东、广西、贵州、湖北、湖南、四川、云南。孟加拉国、印度、印度尼西亚、尼泊尔。

3. 金粟兰科 Chloranthaceae

金粟兰属 *Chloranthus* Swartz

多穗金粟兰 *Chloranthus multistachys* Pei

陈功锡、张代贵等，LXP-06-0283。

多年生草本。安福县、分宜县、莲花县。海拔 600~700 米，密林。安徽、福建、甘肃、广东、广西、贵州、海南、河南、湖北、湖南、江苏、江西、陕西、四川。

及已 *Chloranthus serratus* (Thunberg) Roemer & Schultes

陈功锡、张代贵等，LXP-06-4483、4935。

多年生草本。安福县、莲花县。海拔600~900米，路旁、溪边、草丛。安徽、福建、广东、广西、贵州、海南、湖北、湖南、江苏、江西、四川、云南。日本、俄罗斯。

华南金粟兰 *Chloranthus sessilifolius* K. F. Wu var. austro-sinensis K. F. Wu

陈功锡、张代贵等，LXP-06-9637。

多年生草本。安福县、分宜县、芦溪县。海拔600~1200米，山谷、溪旁密林下阴湿处、山坡、林边草丛。福建、广东、广西、贵州、江西。

金粟兰 *Chloranthus spicatus* (Thunberg) Makino

陈功锡、张代贵等，LXP-06-5031。

多年生草本。安福县。海拔600~700米，路旁。福建、广东、广西、贵州、江西。

草珊瑚属 *Sarcandra* Gardner

草珊瑚 *Sarcandra glabra* (Thunberg) Nakai

陈功锡、张代贵等，LXP-06-0251、0909、0936等。

多年生草本。安福县、分宜县、莲花县、芦溪县。海拔200~700米，密林、路旁溪边、溪边、灌丛。安徽、福建、广东、广西、贵州、海南、湖北、湖南、江西、四川、台湾、云南、浙江。柬埔寨、印度、日本、朝鲜、马来西亚、菲律宾、斯里兰卡、越南。

4. 杨柳科 Salicaceae

杨属 *Populus* Linnaeus

响叶杨 *Populus adenopoda* Maximowicz

《江西林业科技》。

常绿乔木。安福县、芦溪县。海拔300~1500米，阳坡灌丛中、杂木林、河边。安徽、福建、广西、贵州、河北、河南、湖北、湖南、江苏、江西、陕西、四川、云南、浙江。

柳属 *Salix* Linnaeus

银叶柳 *Salix chienii* Cheng

岳俊三等，3612。(NAS NAS00279689)

落叶灌木。安福县。海拔500~600米，溪边、灌丛。安徽、福建、湖北、湖南、江苏、江西、浙江。

长梗柳 *Salix dunnii* Schneid

《安福木本植物》。

落叶灌木或小乔木。安福县。海拔100~300米，溪旁。福建、广东、江西、浙江。

南川柳 *Salix rosthornii* Seemen

岳俊三等，3264。(NAS NAS00280927)

落叶乔木。安福县、分宜县。海拔300~1100米，灌丛、河边，阴处、阳处。安徽、贵州、湖北、湖南、江西、陕西、四川、浙江。

粤柳 *Salix mesnyi* Hance

《安福木本植物》。

小乔木。安福县。海拔100~300米，林地山地溪流旁。广东、广西、福建、江西、浙江及江苏南部。

紫柳 *Salix wilsonii* Seemen ex Diels

陈功锡、张代贵等，LXP-06-3488、3504、3768等。

落叶乔木。安福县。海拔100~300米，灌丛、河边、疏林等。安徽、湖北、湖南、江苏、江西、浙江。

5. 杨梅科 Myricaceae

杨梅属 *Myrica* Linnaeus

杨梅 *Myrica rubra* Siebold & Zuccarini

陈功锡、张代贵等，LXP-06-1069、1076、3468 等。

常绿乔木。安福县、莲花县、芦溪县。海拔 100~500 米，溪边、灌丛等，阳处。福建、广东、广西、贵州、海南、湖南、江苏、江西、四川、台湾、云南、浙江。日本、朝鲜、菲律宾。

6. 胡桃科 Juglandaceae

青钱柳属 *Cyclocarya* Iljinskaya

青钱柳 *Cyclocarya paliurus* (Batalin) Iljinskaya

赖书绅，1827。(PE 00821009)

落叶乔木。安福县。海拔 400~500 米，密林。安徽、福建、广东、广西、贵州、海南、湖北、湖南、江苏、江西、四川、台湾、云南、浙江。

黄杞属 *Engelhardia* Leschenault ex Blume

黄杞 *Engelhardia roxburghiana* Wallich [少叶黄杞 *Engelhardtia fenzlii* Merr.]

陈功锡、张代贵等，LXP-06-0549。

常绿乔木。安福县。海拔 200~300 米，路旁。福建、广东、广西、贵州、海南、湖北、湖南、江西、四川、台湾、云南、浙江。柬埔寨、印度尼西亚、老挝、缅甸、巴基斯坦、泰国、越南。

胡桃属 *Juglans* Linnaeus

胡桃楸 *Juglans mandshurica* Maximowicz

《江西植物志》。

落叶乔木。安福县。海拔 500~800 米，阳处。安徽、福建、甘肃、广西、贵州、黑龙江、河南、湖北、湖南、江苏、江西、吉林、辽宁、陕西、山西、四川、台湾、云南、浙江。朝鲜。

化香树属 *Platycarya* Siebold et Zuccarini

化香树 *Platycarya strobilacea* Siebold & Zuccarini

陈功锡、张代贵等，LXP-06-1589。

落叶乔木。安福县、莲花县、攸县。海拔 500~600 米，路旁、阳处。安徽、福建、甘肃、广东、广西、贵州、河南、湖北、湖南、江苏、江西、陕西、山东、四川、云南、浙江。日本、朝鲜、越南。

枫杨属 *Pterocarya* Kunth

枫杨 *Pterocarya stenoptera* C. de Candolle

陈功锡、张代贵等，LXP-06-1577、3649、3732、3834、3992 等。

落叶乔木。茶陵县、分宜县、袁州区。海拔 150~500 米，路旁，河边、溪边、灌丛。安徽、福建、甘肃、广东、广西、贵州、海南、河北、河南、湖北、湖南、江苏、江西、辽宁、陕西、山东、山西、四川、台湾、云南、浙江。日本、朝鲜。

7. 桦木科 Betulaceae

桤木属 *Alnus* Miller

桤木 *Alnus cremastogyne* Burkill

陈功锡、张代贵等，LXP-06-2636、5758、6395、6579 等。

落叶乔木。安福县、分宜县、上高县、袁州区。海拔 100~1000 米，疏林、溪边、灌丛。甘肃、贵州、陕西、四川、浙江。

江南桤木 *Alnus trabeculosa* Hand.-Mazz.

《安福木本植物》。

落叶乔木。安福县。海拔 200~1000 米，山谷或河谷林中、岸边或村落附近。安徽、江苏、浙江、江西、福建、广东、湖南、湖北、河南南部。日本。

桦木属 *Betula* Linnaeus

华南桦 *Betula austrosinensis* Chun ex P. C. Li

岳俊三，3706。(IBSC 0366637)

落叶乔木。安福县。海拔 700~1000 米，林中。福建、广东、广西、贵州、湖北、湖南、江西、四川、云南。

亮叶桦 *Betula luminifera* H. Winkler

陈功锡、张代贵等，LXP-06-1223。

落叶乔木。分宜县、芦溪县。海拔 1400~1500 米，路旁、阳坡杂木林。安徽、福建、甘肃、广东、广西、贵州、河南、湖北、湖南、江苏、江西、陕西、四川、云南、浙江。

鹅耳枥属 *Carpinus* Linnaeus

短尾鹅耳枥 *Carpinus londoniana* H. Winkler

《江西林业科技》。

落叶乔木。安福县。海拔 300~1500 米，潮湿山坡、林中。安徽、福建、广东、广西、贵州、湖南、江西、四川、云南、浙江。老挝、缅甸、泰国、越南。

雷公鹅耳枥 *Carpinus viminea* Lindley

陈功锡、张代贵等，LXP-06-1817、9255。

落叶乔木。安福县、茶陵县、分宜县、莲花县。海拔 400~1400 米，密林、疏林。安徽、福建、广东、广西、贵州、湖北、湖南、江苏、江西、四川、西藏、云南、浙江。不丹、印度、缅甸、尼泊尔、克什米尔、泰国、越南。

8. 壳斗科 Fagaceae

栗属 *Castanea* Miller

锥栗 *Castanea henryi* (Skan) Rehder et E. H. Wilson

陈功锡、张代贵等，LXP-06-3172、7398。

落叶乔木。安福县、分宜县、莲花县。海拔 400~600 米，路旁、灌丛。安徽、福建、广东、广西、贵州、河南、湖北、湖南、江苏、江西、陕西、四川、云南、浙江。

板栗 *Castanea mollissima* Blume

陈功锡、张代贵等，LXP-06-0595。

落叶乔木。安福县、分宜县、攸县。海拔 360~400 米，溪边、林中。安徽、福建、甘肃、广东、广西、贵州、河北、河南、湖北、湖南、江苏、江西、辽宁、内蒙古、青海、陕西、山东、山西、四川、台湾、西藏、云南、浙江。朝鲜。

茅栗 *Castanea seguinii* Dode

陈功锡、张代贵等，LXP-06-0209、1544、2155 等。

落叶小乔木。安福县、茶陵县、分宜县、莲花县、上高县、攸县、渝水区、袁州区。海拔 100~1200 米，河边、密林、疏林、灌丛等。安徽、福建、广东、广西、贵州、河南、湖北、湖南、江苏、江西、陕西、山西、四川、云南、浙江。

锥属 *Castanopsis* (D. Don) Spach

米槠 *Castanopsis carlesii* (Hemsl.) Hayata.

《安福木本植物》。

常绿乔木。安福县。海拔 1000 米以下，山地林中。长江以南各省。

甜槠栲 *Castanopsis eyrei* (Champion ex Bentham) Tutcher

陈功锡、张代贵等，LXP-06-2929、9160。

常绿乔木。安福县、莲花县、芦溪县、袁州区。海拔 300~1300 米，路旁溪边。安徽、福建、广东、广西、贵州、湖北、湖南、江苏、江西、青海、四川、台湾、西藏、浙江。

罗浮锥 *Castanopsis fabri* Hance

陈功锡、张代贵等，LXP-06-9283。

常绿乔木。安福县、莲花县、芦溪县、袁州区。海拔 200~1700 米，疏林、密林。长江以南大多数省区。越南、老挝。

栲 *Castanopsis fargesii* Franchet

陈功锡、张代贵等，LXP-06-5967。

常绿乔木。安福县、分宜县、莲花县。海拔 200~300 米，溪边、坡地、山脊杂木林。长江以南各地。

黧蒴锥 *Castanopsis fissa* (Champ. ex Benth.) Rehd. et Wils.

《安福木本植物》。

常绿乔木。安福县。海拔 1000 米以下常绿林中。福建、江西、湖南、贵州四省南部，广东、海南、香港、广西、云南东南部。越南。

毛锥 *Castanopsis fordii* Hance

陈功锡、张代贵等，LXP-06-8388。

常绿乔木。安福县。海拔 500~600 米，灌丛、密林。浙江、江西、福建、湖南四省南部，广东、广西东南部。

秀丽锥 *Castanopsis jucunda* Hance

赵奇僧、高贤明，1369。(CSFI CSFI017915)

常绿乔木。安福县。海拔 200~800 米，密林、疏林。长江以南多数省区、云南东南部。

吊皮锥/青钩栲 *Castanopsis kawakamii* Hayata

《安福木本植物》。

常绿乔木。安福县。海拔 1000 米以下常绿林中。台湾、福建、江西 3 省南部，广东、广西东南部。

鹿角锥/红勾栲 *Castanopsis lamontii* Hance

《安福木本植物》。

常绿乔木。安福县。海拔 300 米以上林中。福建、江西、湖南、贵州 4 省南部，广东、广西、云南东南部。越南。

苦槠 *Castanopsis sclerophylla* (Lindley et Paxton) Schottky

陈功锡、张代贵等，LXP-06-5019、5116、5577 等。

常绿乔木。安福县、茶陵县、分宜县、莲花县、上高县、袁州区。海拔 100~500 米，水库边、路旁溪边、灌丛。安徽、福建、广西、贵州、湖北、湖南、江苏、江西、四川、浙江。

钩锥 *Castanopsis tibetana* Hance

陈功锡、张代贵等，LXP-06-5068、6875。

常绿乔木。安福县、分宜县。海拔 500~550 米，路旁。浙江、安徽两省南部，湖北西南部，江西、福建、湖南、广东、广西、贵州、云南东南部。

淋漓锥 *Castanopsis uraiana* (Hayata) Kanehira & Hatusima

《江西大岗山森林生物多样性研究》。

落叶乔木。安福县、分宜县。海拔 500~1500 米，河边、疏林。台湾、福建、江西南部、湖南南部、广东东部与北部、广西东北部。

青冈属 *Cyclobalanopsis* Oersted

饭甑青冈 *Cyclobalanopsis fleuryi* (Hickel et A. Camus) Chun ex Q. F. Zheng

《江西林业科技》。

常绿乔木。安福县、分宜县。海拔500~1500米，密林。福建、广东、广西、贵州、海南、湖南、江西、云南。老挝、越南。

青冈 *Cyclobalanopsis glauca* (Thunberg) Oersted

陈功锡、张代贵等，LXP-06-0455、0511、0537、0752等。

常绿乔木。安福县、茶陵县、芦溪县、上高县、攸县、袁州区。海拔100~1300米，疏林、溪边、灌丛、草地、路旁石上。安徽、福建、甘肃、广东、广西、贵州、河南、湖北、湖南、江苏、江西、陕西、四川、台湾、西藏、云南、浙江。阿富汗、不丹、印度、日本、朝鲜、克什米尔、尼泊尔、越南。

细叶青冈 *Cyclobalanopsis gracilis* (Rehder et E. H. Wilson) W. C. Cheng et T. Hong

陈功锡、张代贵等，LXP-06-2014、3382、6917等。

常绿乔木。安福县、茶陵县、分宜县、芦溪县、袁州区。海拔300~1500米，山地杂木林中。安徽、福建、甘肃、广东、广西、贵州、湖北、湖南、江苏、江西、陕西、四川、浙江。

大叶青冈 *Cyclobalanopsis jenseniana* (Handel-Mazzetti) W. C. Cheng & T. Hong ex Q. F. Zheng

陈功锡、张代贵等，LXP-06-9131。

常绿乔木。安福县、芦溪县。海拔500~600米，路旁溪边、山坡、山谷、疏林。福建、广东、广西、贵州、湖北、湖南、江西、云南、浙江。

多脉青冈 *Cyclobalanopsis multinervis* W. C. Cheng & T. Hong

赵奇僧、高贤明 71029。(CSFI CSFI018538)

常绿乔木。安福县。海拔500~800米，疏林。安徽、福建、广西、湖北、湖南、江西、陕西、四川。

小叶青冈 *Cyclobalanopsis myrsinifolia* (Blume) Oersted

陈功锡、张代贵等，LXP-06-0403、0800、3445等。

常绿乔木。安福县、莲花县、芦溪县。海拔300~1500米，草地、灌丛、路旁。安徽、福建、广东、广西、贵州、河南、湖南、江苏、江西、陕西、四川、台湾、云南、浙江。日本、朝鲜、老挝、泰国、越南。

宁冈青冈 *Cyclobalanopsis ningangensis* W. C. Cheng et Y. C. Hsu

陈功锡、张代贵等，LXP-06-4902、8948、9267。

常绿乔木。安福县、莲花县。海拔700~1200米，路旁、疏林、灌丛。广西、湖南、江西。

曼青冈 *Cyclobalanopsis oxyodon* (Miquel) Oersted

江西调查队，1259。(PE 00380588)

常绿乔木。安福县。海拔700~1000米，阳坡、密林。广东、广西、贵州、湖北、湖南、江西、陕西、四川、西藏、云南、浙江。不丹、印度、缅甸、尼泊尔。

云山青冈 *Cyclobalanopsis sessilifolia* (Blume) Schottky

陈功锡、张代贵等，LXP-06-7771。

常绿乔木。安福县。海拔700~800米，疏林、山地。安徽、福建、广东、广西、贵州、湖北、湖南、江苏、江西、四川、台湾、浙江。日本。

褐叶青冈 *Cyclobalanopsis stewardiana* (A. Camus) Y. C. Hsu &H. W. Jen

《江西林业科技》。

常绿乔木。安福县。海拔 800~1000 米，杂木林中。安徽、广东、广西、贵州、湖北、湖南、江西、四川、云南、浙江。

水青冈属 *Fagus* Linnaeus

水青冈 *Fagus longipetiolata* Seemen

陈功锡、张代贵等，LXP-06-0477、0668、1698 等。

落叶乔木。安福县、莲花县、芦溪县。海拔 600~1300 米，疏林、灌丛、密林等。安徽、福建、广东、广西、贵州、湖北、湖南、江西、陕西、四川、云南、浙江。越南。

光叶水青冈 *Fagus lucida*

岳俊三等，3737。(WUK 0220111)

常绿乔木。安福县。海拔 700~1800 米，林中。长江北岸山地，向南至五岭南坡。

柯属 *Lithocarpus* Blume

金毛柯 *Lithocarpus chrysocomus* Chun et Tsiang

《安福木本植物》。

常绿乔木。安福县。海拔 600~1400 米，山地杂木混交林中。湖南南部（宜章），广东北部（乳源、乐昌等地），广西东北部（贺州、大苗山等地）。

岭南柯 *Lithocarpus cleistocarpus* (Seemen) Rehder & E. H. Wilson

陈功锡、张代贵等，LXP-06-9157、3345。

常绿乔木。安福县、芦溪县。海拔 1000~1200 米，路旁、灌木、密林。安徽、福建、贵州、湖北、湖南、江西、陕西、四川、云南、浙江。

柯 *Lithocarpus glaber* (Thunberg) Nakai

陈功锡、张代贵等，LXP-06-0127、2042、2407、3442 等。

常绿乔木。安福县、茶陵县、莲花县、芦溪县、上高县、攸县。海拔 100~900 米，路旁、密林、灌丛、疏林。安徽、福建、广东、广西、贵州、河南、湖北、湖南、江苏、江西、台湾、浙江。日本。

硬壳柯 *Lithocarpus hancei* (Bentham) Rehder

陈功锡、张代贵等，LXP-06-1575、2841、7767 等。

常绿乔木。安福县、茶陵县、芦溪县。海拔 300~1500 米，路旁。福建、广东、广西、贵州、海南、湖北、湖南、江西、四川、台湾、云南、浙江。

港柯 *Lithocarpus harlandii* (Hance ex Walpers) Rehder

岳俊三等，3576。(IBSC 0038411)

常绿乔木。安福县、莲花县。海拔 400~700 米，林中。福建、广东、广西、海南、湖南、江西、台湾、浙江。

绵柯 *Lithocarpus henryi* (Seemen) Rehder & E. H. Wilson

陈功锡、张代贵等，LXP-06-1467。

常绿乔木。茶陵县。海拔 300~400 米，路旁溪边、疏林。安徽、贵州、湖北、湖南、江苏、江西、陕西、四川。

木姜叶柯 *Lithocarpus litseifolius* (Hance) Chun

陈功锡、张代贵等，LXP-06-3626、

4027。

常绿乔木。安福县。海拔 100~500 米，灌丛、疏林、溪边。福建、广东、广西、贵州、海南、湖北、湖南、江西、四川、云南、浙江。老挝、缅甸、越南。

榄叶柯 *Lithocarpus oleifolius* A. Camus

陈功锡、张代贵等，LXP-06-2538。

常绿乔木。安福县。海拔 500~1200 米，灌丛、林中。福建、广东、广西、贵州、湖南、江西。越南。

大叶苦柯 *Lithocarpus paihengii* Chun et Tsiang

陈功锡、张代贵等，LXP-06-3616、3995。

常绿乔木。安福县。海拔 100~200 米，疏林、路旁。福建、广东、广西、湖南、江西。

濒危等级：NT

滑皮柯 *Lithocarpus skanianus* (Dunn) Rehder

陈功锡、张代贵等，LXP-06-1326、1588、1590、1636 等。

落叶乔木。安福县、茶陵县、莲花县、攸县。海拔 300~800 米，路旁、疏林。福建、广东、广西、海南、湖南、江西、云南。

栎属 *Quercus* Linnaeus

麻栎 *Quercus acutissima* Carruthers

陈功锡、张代贵等，LXP-06-5115。

落叶乔木。安福县、莲花县。海拔 100~200 米，路旁。安徽、福建、广东、广西、贵州、海南、河北、河南、湖北、湖南、江苏、江西、辽宁、陕西、山东、山西、四川、西藏、云南、浙江。不丹、柬埔寨、印度、日本、朝鲜、缅甸、尼泊尔、泰国、越南。

槲栎 *Quercus aliena* Blume

江西调查队，1518。(PE 00238357)

落叶乔木。安福县。海拔 100~500 米，阳处。安徽、广东、广西、贵州、河北、河南、湖北、湖南、江苏、江西、辽宁、陕西、山东、四川、云南、浙江。日本、朝鲜。

锐齿槲栎 *Quercus aliena* var. *acutiserrata* Maximowicz ex Wenzig

《江西大岗山森林生物多样性研究》。

落叶乔木。安福县、分宜县、莲花县。海拔 100~700 米，林中。安徽、甘肃、广东、广西、贵州、河北、河南、湖北、湖南、江苏、江西、辽宁、陕西、山东、山西、四川、云南、浙江。日本、朝鲜。

白栎 *Quercus fabri* Hance

陈功锡、张代贵等，LXP-06-1412、1631、1751、2154 等。

落叶乔木。安福县、茶陵县、分宜县、莲花县、芦溪县、上高县、攸县。海拔 900~1100 米，路旁、密林、灌丛、疏林、阴处、水库边、溪边、草地。安徽、福建、广东、广西、贵州、河南、湖北、湖南、江苏、江西、陕西、四川、云南、浙江。

枹栎 *Quercus serrata* Murray

陈功锡、张代贵等，LXP-06-7166、0041。

落叶乔木。安福县、茶陵县。海拔 200~900 米，灌丛。安徽、福建、甘肃、广东、广西、贵州、河南、湖北、湖南、江苏、江西、辽宁、陕西、山东、山西、四川、台湾、云南、浙江。日本、朝鲜。

栓皮栎 *Quercus variabilis* Blume

《江西大岗山森林生物多样性研究》。

落叶乔木。安福县、茶陵县、分宜县。海拔 500~700 米，阳处。安徽、福建、甘肃、广东、广西、贵州、河北、河南、湖北、湖南、江苏、江西、辽宁、陕西、山东、山西、四川、台湾、云南、浙江。日本、朝鲜。

9. 榆科 Ulmaceae

糙叶树属 *Aphananthe* Planchon

糙叶树 *Aphananthe aspera* (Thunberg) Planchon

《江西林业科技》。

落叶乔木。安福县、茶陵县、莲花县。海拔 500~1000 米，山谷、溪边林中。安徽、福建、广东、广西、贵州、湖北、湖南、江苏、江西、陕西、山东、山西、四川、台湾、云南、浙江。日本、朝鲜、越南。

朴属 *Celtis* Linnaeus

紫弹树 *Celtis biondii* Pampanini

陈功锡、张代贵等，LXP-06-2573、2778、4972 等。

落叶乔木。安福县、茶陵县、莲花县、上高县、攸县。海拔 100~600 米，疏林、路旁。安徽、福建、甘肃、广东、广西、贵州、河南、湖北、江苏、江西、陕西、四川、台湾、云南、浙江。日本、朝鲜。

黑弹树 *Celtis bungeana* Blume

《安福木本植物》。

落叶乔木。安福县。海拔 100~300 米，路旁、山坡、灌丛或林边。辽宁南部和西部、河北、山东、山西、内蒙古、甘肃、宁夏、青海（循化）、陕西、河南、安徽、江苏、浙江、湖南（沅陵）、江西（庐山）、湖北、四川、云南东南部、西藏东部。

珊瑚朴 *Celtis julianae* C. K. Schneider

《江西大岗山森林生物多样性研究》。

落叶乔木。茶陵县、分宜县、莲花县、芦溪县。海拔 300~700 米，阳处。安徽、福建、广东、贵州、河南、湖北、湖南、江西、陕西、四川、云南、浙江。

朴树 *Celtis sinensis* Persoon

陈功锡、张代贵等，LXP-06-5144。

落叶乔木。安福县、分宜县。海拔 300~400 米，路旁、山坡、山沟、丘陵。安徽、福建、甘肃、广东、贵州、河南、江苏、江西、山东、四川、台湾、浙江。日本。

西川朴 *Celtis vandervoetiana* Schneid.

《安福木本植物》。

落叶乔木。安福县。海拔 1300 左右疏林中。云南东部、广西、广东北部和西部、福建、浙江东部和东南部、江西南部、湖南西北部、贵州、四川。

刺榆属 *Hemiptelea* Planchon

刺榆 *Hemiptelea davidii* (Hance) Planchon

岳俊三等，3804。(NAS NAS00567604)

落叶乔木。安福县。海拔 200~600 米，河边。安徽、甘肃、广西、河北、黑龙江、河南、湖北、湖南、江苏、江西、吉林、辽宁、内蒙古、宁夏、陕西、山东、山西、浙江。朝鲜。

青檀属 *Pteroceltis* Maximowicz

青檀 *Pteroceltis tatarinowii* Maximowicz

《江西林业科技》。

落叶乔木。安福县、茶陵县、莲花县、芦溪县。海拔 100~1500 米，山谷溪边、疏林、阳处。安徽、福建、甘肃、广东、广西、贵州、河北、河南、湖北、湖南、江苏、江西、辽宁、青海、山西、山东、陕西、四川、浙江。

山黄麻属 *Trema* Loureiro

光叶山黄麻 *Trema cannabina* Loureiro

陈功锡、张代贵等，LXP-06-3584。

落叶灌木。安福县。海拔 150~200 米，灌丛。安徽、福建、广东、广西、贵州、海南、湖北、湖南、江苏、江西、四川、台湾、云南、浙江。柬埔寨、印度、印度尼西亚、日本、马来西亚、缅甸、尼泊尔、菲律宾、泰国、越南、澳大利亚、太平洋群岛。

山油麻 *Trema cannabina* var. *dielsiana* (Handel-Mazzetti) C. J. Chen

陈功锡、张代贵等，LXP-06-0452、0514、1414 等。

落叶乔木。安福县、茶陵县、分宜县、莲花县、芦溪县、攸县。海拔 100~1200 米，溪边、灌丛、池塘边等。安徽、福建、广东、广西、贵州、湖北、湖南、江苏、江西、四川、云南、浙江。

榆属 *Ulmus* Linnaeus

兴山榆 *Ulmus bergmanniana* Schneid.

《安福木本植物》。

落叶乔木。安福县。海拔 1500 米左右的山坡及溪边的阔叶林中。甘肃东部、陕西南部、山西南部、河南、安徽南部、浙江南部、江西北部、湖南、湖北西部、四川及云南西北部。

多脉榆 *Ulmus castaneifolia* Hemsley

《江西植物志》。

落叶乔木。安福县。海拔 500~1600 米，林中。安徽、福建、广东、广西、贵州、湖北、湖南、江西、四川、云南、浙江。

杭州榆 *Ulmus changii* Cheng

姚淦等，9414。(NAS NAS00295248)

常绿乔木。分宜县。海拔 200~800 米，山坡、谷地、溪旁。安徽、福建、湖北、湖南、江苏、江西、四川、浙江。

榔榆 *Ulmus parvifolia* Jacq.

《安福木本植物》

落叶乔木。安福县。海拔 300~700 米，生于平原、丘陵、山坡及谷地。河北、山东、江苏、安徽、浙江、福建、台湾、江西、广东、广西、湖南、湖北、贵州、四川、陕西、河南。

红果榆 *Ulmus szechuanica* Fang

赖书绅，0046。(PE 00679436)

落叶乔木。分宜县。海拔 500~1000 米，溪边、林中。安徽、江苏、江西、四川、浙江。

榉属 *Zelkova* Spach

大叶榉树 *Zelkova schneideriana* Handel-Mazzetti

《江西大岗山森林生物多样性研究》。

落叶乔木。分宜县、芦溪县。海拔 200~1000 米，溪边、疏林。安徽、福建、甘肃、广东、广西、贵州、河南、湖北、湖南、江苏、江西、陕西、四川、西藏、云南、浙江。

保护级别：二级保护（第一批次）

濒危等级：NT

10. 桑科 Moraceae

波罗蜜属 *Artocarpus* J. R. Forster & G. Forster

白桂木 *Artocarpus hypargyreus* Hance

姚淦，9583。(NAS NAS00295237)

常绿乔木。分宜县、莲花县。海拔100~1700 米，疏林。福建、广东、广西、海南、湖南、江西、云南。

濒危等级：NT

构属 *Broussonetia* L'Héritier ex Ventenat

藤构 *Broussonetia kaempferi* Siebold var. *australis* Suzuki

陈功锡、张代贵等，LXP-06-3456、4536、4904 等。

落叶灌木。芦溪县。海拔 200~1200 米，灌丛、山坡、次生杂木林。安徽、重庆、福建、广东、广西、贵州、湖北、湖南、江西、台湾、云南、浙江。

楮 *Broussonetia kazinoki* Siebold

陈功锡、张代贵等，LXP-06-3628、4012。

落叶灌木。安福县、分宜县、莲花县。海拔 200~450 米，灌丛、灌丛溪边。安徽、福建、广东、广西、贵州、海南、河南、湖北、湖南、江苏、江西、四川、台湾、云南、浙江。日本、朝鲜。

构树 *Broussonetia papyifera* (Linnaeus) L'Héritier ex Ventenat

陈功锡、张代贵等，LXP-06-1405。

落叶乔木。安福县、茶陵县、莲花县。海拔 200~250 米，灌丛溪边。安徽、福建、甘肃、广东、广西、贵州、海南、河北、河南、湖北、湖南、江苏、江西、陕西、山东、山西、四川、台湾、西藏、云南、浙江。柬埔寨、日本、朝鲜、老挝、马来西亚、缅甸、印度锡金、泰国、越南、太平洋群岛。

水蛇麻属 *Fatoua* Gaudichaud-Beaupré

水蛇麻 *Fatoua villosa* (Thunberg) Nakai

陈功锡、张代贵等，LXP-06-2480、5408、6475 等。

一年生草本。安福县、分宜县、芦溪县、上高县、攸县、袁州区。海拔 100~500 米，路旁、溪边。安徽、福建、广东、广西、贵州、海南、河北、河南、湖北、江苏、江西、台湾、云南、浙江。印度尼西亚、日本、朝鲜、马来西亚、新几内亚岛、菲律宾；澳大利亚。

榕属 *Ficus* Linnaeus

石榕树 *Ficus abelii* Miquel

聂敏祥、户向博，1865。(KUN 510450)

常绿灌木。安福县。海拔 200~900 米，灌丛、溪边。福建、广东、广西、贵州、海南、湖南、江西、四川、云南。孟加拉国、印度、缅甸、尼泊尔、泰国、越南。

矮小天仙果 *Ficus erecta* Thunberg

陈功锡、张代贵等，LXP-06-1955、1962、2298、2865。

落叶灌木。安福县、茶陵县、莲花县、芦溪县、袁州区。海拔 150~600 米，溪边、灌丛、疏林，阴处。福建、广东、广西、贵州、湖北、湖南、江苏、江西、台湾、云南、浙江。日本、朝鲜、越南。

台湾榕 *Ficus formosana* Maximowicz

王江林、黄大付、毛庐荣，63。(LBG 00014025)

常绿灌木。安福县。海拔 200~700 米，疏林、路旁、溪边。福建、广东、广西、贵州、海南、湖南、江西、台湾、云南、浙江。越南。

冠毛榕 *Ficus gasparriniana* Miquel

陈功锡、张代贵等，LXP-06-0444、0445、0543、0562 等。

落叶灌木。安福县、茶陵县。海拔 100~500 米，溪边、路旁、灌丛。福建、广东、广西、贵州、湖北、湖南、江西、四川、云南。不丹、印度、老挝、缅甸、泰国、越南。

异叶榕 *Ficus heteromorpha* Hemsley

陈功锡、张代贵等，LXP-06-1422、2562、3313 等。

落叶灌木。安福县、茶陵县、分宜县、莲花县、芦溪县。海拔 200~600 米，路旁、疏林、灌丛等。安徽、福建、甘肃、广东、广西、贵州、河南、湖北、湖南、江苏、江西、陕西、山西、四川、云南、浙江。缅甸。

粗叶榕 *Ficus hirta* Vahl

《安福木本植物》。

落叶小乔木或灌木。安福县。海拔 100~300 米，常见于村寨附近旷地或山坡林边，或附生于其他树干。云南、贵州、广西、广东、海南、湖南、福建、江西。尼泊尔、不丹、印度、越南、缅甸、泰国、马来西亚、印度尼西亚。

琴叶榕 *Ficus pandurata* Hance

陈功锡、张代贵等，LXP-06-0031、2884、2938、3036 等。

常绿乔木。安福县、茶陵县、莲花县、上高县、攸县、袁州区。海拔 100~500 米，溪边、灌丛。安徽、福建、广东、广西、贵州、海南、河南、湖北、湖南、江西、四川、云南、浙江。泰国、越南。

薜荔 *Ficus pumila* Linnaeus

陈功锡、张代贵等，LXP-06-0297、1259、2498、3448、3735 等。

常绿灌木。安福县、莲花县、芦溪县。海拔 100~1500 米，阴处树上、路旁、灌丛、灌丛石上、疏林溪边。安徽、福建、广东、广西、贵州、河南、湖北、湖南、江苏、江西、陕西、四川、台湾、云南、浙江。日本、越南。

匍茎榕 *Ficus sarmentosa* Buchanan-Hamilton ex Smith

陈功锡、张代贵等，LXP-06-3398、6838。

落叶灌木。安福县、芦溪县。海拔 300~500 米，灌丛、溪边。西藏。不丹、缅甸、尼泊尔、印度锡金。

珍珠莲 *Ficus sarmentosa* var. *henryi* (King ex Oliver) Corner

陈功锡、张代贵等，LXP-06-1093、1228、1562 等。

常绿灌木。安福县、茶陵县、分宜县、莲花县、芦溪县、攸县。海拔 100~1500 米，疏林、溪边、密林等。福建、甘肃、广东、广西、贵州、湖北、湖南、江西、陕西、四川、台湾、云南、浙江。

爬藤榕 *Ficus sarmentosa* var. *impressa* (Champion ex Bentham) Corner

岳俊三等，2789。

常绿灌木。莲花县。海拔 1000~1800 米，石上、树上。安徽、福建、甘肃、广东、贵州、海南、河南、湖北、湖南、江苏、江西、陕西、四川、云南、浙江。

尾尖爬藤榕 *Ficus sarmentosa* var. *lacrymans* (H. Léveillé) Corner

陈功锡、张代贵等，LXP-06-3418。

落叶灌木。安福县、芦溪县。海拔 200~700 米，灌丛。福建、广东、广西、贵州、湖北、湖南、江西、四川、云南。越南。

白背爬藤榕 *Ficus sarmentosa* var. *nipponica* (Franchet & Savatier) Corner

岳俊三等，2789。(NAS NAS00293255)

落叶灌木。安福县、莲花县。海拔600~1200米，密林。福建、广东、广西、贵州、湖北、江西、四川、台湾、西藏、云南、浙江。日本、朝鲜。

竹叶榕 *Ficus stenophylla* Hemsl

陈功锡、张代贵等，LXP-06-7377。

落叶灌木。安福县。海拔400~600米，溪边。福建、广东、广西、贵州、海南、湖北、湖南、江西、云南、浙江。老挝、泰国、越南。

地果 *Ficus tikoua* Bureau

木质藤本。莲花县、芦溪县。海拔800~1400米，荒地、草堤，岩石裂缝。甘肃、广西、贵州、湖北、湖南、陕西、四川、西藏、云南。印度、老挝、越南。

变叶榕 *Ficus variolosa* Lindley ex Bentham

陈功锡、张代贵等，LXP-06-0353、0442、0443、0636、1481等。

常绿灌木。安福县、茶陵县。海拔200~700米，疏林、溪边、灌丛、路旁。福建、广东、广西、贵州、海南、湖南、江西、云南、浙江。老挝、越南。

柘属 *Maclura* Nuttall

构棘 *Maclura cochinchinensis* (Loureiro) Corner

陈功锡、张代贵等，LXP-06-0565、1676、2445、3043、3417等。

落叶灌木。安福县、茶陵县、芦溪县。海拔170~500米，疏林、密林、灌丛、溪边、路旁。安徽、福建、广东、广西、贵州、海南、湖北、湖南、江西、四川、台湾、西藏、云南、浙江。不丹、印度、日本、马来西亚、缅甸、尼泊尔、菲律宾、斯里兰卡、泰国、越南、澳大利亚、太平洋群岛。

柘 *Maclura tricuspidata* Carrière

陈功锡、张代贵等，LXP-06-1609、2355、2372等。

落叶灌木。安福县、分宜县、芦溪县、上高县、攸县、渝水区。海拔50~600米，路旁、灌丛。安徽、福建、甘肃、广东、广西、贵州、河北、河南、湖北、湖南、江苏、江西、陕西、山东、山西、四川、云南、浙江。日本、朝鲜。

桑属 *Morus* Linnaeus

桑 *Morus alba* Linnaeus

陈功锡、张代贵等，LXP-06-9290。

落叶乔木。安福县、分宜县、莲花县、袁州区。海拔200~800米，疏林。中国中部和北部。

鸡桑 *Morus australis* Poiret

陈功锡、张代贵等，LXP-06-2620、3062、3739、5224、5225等。

多年生草本。安福县、上高县、攸县、袁州区。海拔100~300米，路旁、灌丛、水库边、溪边，阳处。安徽、重庆、福建、广东、广西、贵州、海南、河北、黑龙江、河南、湖北、湖南、江苏、江西、吉林、辽宁、陕西、山东、山西、四川、台湾、西藏、云南、浙江。日本、朝鲜、越南；引入欧洲、北美洲。

华桑 *Morus cathayana* Hemsl

岳俊三等，3103。(NAS00294908)

落叶小乔木或为灌木状。安福县、分

宜县。海拔 900~1300 米，向阳山坡或山谷。安徽、福建、广东、河北、河南、湖北、湖南、江苏、陕西、四川、云南西北部、浙江。日本、韩国。

11. 大麻科 Cannabaceae

葎草属 *Humulus* Linnaeus

葎草 *Humulus scandens* (Loureiro) Merrill

陈功锡、张代贵等，LXP-06-2620、3062、3739、5224、5225 等。

多年生草本。安福县、上高县、攸县、渝水区、袁州区。海拔 100~300 米，路旁、灌丛、水库边、溪边、阳边。安徽、重庆、福建、广东、广西、贵州、海南、河北、黑龙江、河南、湖北、湖南、江苏、江西、吉林、辽宁、陕西、山东、山西、四川、台湾、西藏、云南、浙江。日本、朝鲜、越南；引入欧洲、北美洲。

12. 荨麻科 Urticaceae

苎麻属 *Boehmeria* Jacquin

序叶苎麻 *Boehmeria clidemioides* var. *diffusa* (Weddell) Handel- Mazzetti

陈功锡、张代贵等，LXP-06-2954、4006、5715 等。

多年生草本。安福县、莲花县、袁州区。海拔 200~1100 米，路旁石上、灌丛、溪边等。安徽、福建、甘肃、广东、广西、贵州、湖北、湖南、江西、陕西、四川、云南、浙江。不丹、印度、老挝、缅甸、尼泊尔、越南。

海岛苎麻 *Boehmeria formosana* Hayata

陈功锡、张代贵等，LXP-06-0093。

多年生草本。安福县。海拔 750~800 米，密林。安徽、福建、广东、广西、贵州、湖南、江西、台湾、浙江。日本。

野线麻 *Boehmeria japonica* (Linnaeus f.) Miquel

陈功锡、张代贵等，LXP-06-0583、1724、2495。

多年生草本。安福县、芦溪县、攸县。海拔 550~800 米，溪边、路旁。安徽、福建、广东、广西、贵州、河南、湖北、湖南、江苏、江西、陕西、山东、四川、台湾、云南、浙江。日本。

苎麻 *Boehmeria nivea* (Linnaeus) Gaudichaud-Beaupré

陈功锡、张代贵等，LXP-06-2460、5428、6083 等。

落叶灌木。安福县、茶陵县、分宜县、莲花县、芦溪县、上高县、攸县、渝水区。海拔 100~600 米，路旁、灌丛、草地。福建、广东、广西、贵州、湖北、湖南、江西、四川、台湾、云南、浙江。不丹、柬埔寨、印度、印度尼西亚、日本、老挝、尼泊尔、越南。

小赤麻 *Boehmeria spicata* (Thunberg) Thunberg

陈功锡、张代贵等，LXP-06-0381。

多年生草本。安福县。海拔 1600~1800 米，石上、丘陵、低山草坡、沟边。安徽、福建、甘肃、贵州、河北、河南、湖北、湖南、江苏、江西、吉林、辽宁、内蒙古、陕西、山东、山西、四川、浙江。日本、朝鲜。

八角麻 *Boehmeria tricuspis* (Hance) Makino

陈功锡、张代贵等，LXP-06-0363、1650、1980、2699、5726 等。

落叶灌木。安福县、茶陵县、莲花县、芦溪县、上高县、袁州区。海拔 300~1200 米，密林、路旁、灌丛、溪边、疏林、草地。安徽、福建、甘肃、广东、广西、贵州、河北、河南、湖北、湖南、江苏、江西、陕西、山东、山西、四川、台湾、云南、浙江。日本、朝鲜。

微柱麻属 *Chamabainia* Wight

微柱麻 *Chamabainia cuspidata* Wight

江西调查队，1315。(PE 00495870)

多年生草本。安福县。海拔 100~500 米，林中、灌丛、石上。福建、广西、贵州、湖北、湖南、江西、四川、台湾、西藏、云南。不丹、印度、印度尼西亚、缅甸、尼泊尔、斯里兰卡、越南。

楼梯草属 *Elatostema* J. R. Forster & G. Forster

骤尖楼梯草 *Elatostema cuspidatum* Wight

陈功锡、张代贵等，LXP-06-0509、1702、2080 等。

多年生草本。安福县、分宜县、芦溪县。海拔 500~1200 米，溪边、密林、路旁。福建、广西、贵州、湖北、湖南、江西、四川、西藏、云南。印度、缅甸、尼泊尔。

宜昌楼梯草 *Elatostema ichangense* H. Schroter

陈功锡、张代贵等，LXP-06-1730、2071。

多年生草本。芦溪县。海拔 300~400 米，溪边、山地林下、沟边石上。广西、贵州、湖北、湖南、江西、四川。

楼梯草 *Elatostema involucratum* Franchet et Savatier

赖书绅，1999。(LBG 00003151)

多年生草本。安福县。海拔 200~500 米，石上、林中、灌丛。安徽、福建、甘肃、广东、广西、贵州、河南、湖北、湖南、江苏、江西、陕西、四川、云南、浙江。日本、朝鲜。

南川楼梯草 *Elatostema nanchuanense* W. T. Wang

陈功锡、张代贵等，LXP-06-2513、7961。

多年生草本。芦溪县、袁州区。海拔 200~400 米，灌丛、溪边。重庆、湖北、江西、云南。

托叶楼梯草 *Elatostema nasutum* J. D. Hooker

岳俊三等，3161。(PE 00161245)

多年生草本。安福县。海拔 400~800 米，林下、草坡，阴处。广东、广西、贵州、海南、湖北、湖南、江西、四川、西藏、云南。不丹、印度、尼泊尔、泰国。

短毛楼梯草 *Elatostema nasutum* var. *puberulum* (W. T. Wang) W. T. Wang

岳俊三等，3161。(KUN 0162737)

多年生草本。安福县。海拔 600~700 米，山谷阴湿处、疏林。广东、广西、江西、云南。

对叶楼梯草 *Elatostema sinense* H. Schroter

陈功锡、张代贵等，LXP-06-6251。

多年生草本。安福县、分宜县。海拔 500~550 米，路旁，阳处、密林、阴处。安徽、福建、广西、贵州、湖北、湖南、江西、四川、云南。

庐山楼梯草 *Elatostema stewardii* Merrill

陈功锡、张代贵等，LXP-06-6158、6212。

多年生草本。安福县、攸县。海拔

400~800 米，灌丛溪边。安徽、福建、甘肃、河南、湖北、湖南、江西、陕西、四川、浙江。

蝎子草属 *Girardinia* Gaudichaud- Beaupré

红火麻 *Girardinia diversifolia* (Link) Friis ssp. *triloba* (C. J. Chen) C. J. Chen et Friis

陈功锡、张代贵等，LXP-06-7843。

多年生草本。安福县。海拔 700~800 米，路旁。重庆、甘肃、贵州、湖北、湖南、陕西、四川、云南。

糯米团属 *Gonostegia* Turczaninow

糯米团 *Gonostegia hirta* (Blume ex Hasskarl) Miquel

陈功锡、张代贵等，LXP-06-1385、3341、3480、3547 等。

多年生草本。安福县、茶陵县、莲花县、上高县、渝水区。海拔 100~500 米，溪边、草地、路旁。安徽、福建、广东、广西、贵州、海南、河南、江苏、江西、陕西、四川、台湾、西藏、云南。亚洲大部分地区、澳大利亚。

艾麻属 *Laportea* Gaudichaud-Beaupré

珠芽艾麻 *Laportea* bulbifera (Siebold & Zuccarini) Weddell

陈功锡、张代贵等，LXP-06-1793、2107。

多年生草本。安福县、芦溪县。海拔 1300~1600 米，灌丛、路旁。安徽、福建、甘肃、广东、广西、贵州、河北、河南、黑龙江、湖北、湖南、江西、吉林、辽宁、陕西、山东、山西、四川、西藏、云南、浙江。不丹、印度、印度尼西亚、日本、朝鲜、缅甸、俄罗斯、斯里兰卡、泰国、越南。

艾麻 *Laportea cuspidata* (Weddell) Friis

岳俊三等，3636。(IBSC 0359305)

多年生草本。安福县。海拔 800~1000 米，灌丛、草地，阴处。安徽、甘肃、广西、贵州、河南、湖北、湖南、江西、陕西、四川、西藏。日本、缅甸。

假楼梯草属 *Lecanthus* Weddell

假楼梯草 *Lecanthus peduncularis* (Wallich ex Royle) Weddell

岳俊三等，2730。(IBSC 0359417)

多年生草本。安福县。海拔 500~700 米，山谷林下阴湿处。福建、广东、广西、湖南、江西、四川、台湾、西藏、云南。不丹、印度、印度尼西亚、尼泊尔。

花点草属 *Nanocnide* Blume

花点草 *Nanocnide japonica* Blume

《江西大岗山森林生物多样性研究》。

多年生草本。安福县、分宜县、芦溪县。海拔 100~600 米，草地。安徽、福建、甘肃、贵州、湖北、湖南、江苏、江西、陕西、四川、台湾、云南、浙江。日本、朝鲜。

毛花点草 *Nanocnide lobata* Weddell

江西调查队，147。(PE 00472119)

多年生草本。安福县。海拔 200~1400 米，草地。安徽、福建、广东、广西、贵州、湖北、湖南、江苏、江西、四川、台湾、云南、浙江。越南。

紫麻属 *Oreocnide* Miquel

紫麻 *Oreocnide frutescens* (Thunberg) Miquel

陈功锡、张代贵等，LXP-06-2250、3409、6242 等。

落叶灌木。安福县、茶陵县、芦溪县。

海拔 200~500 米，灌丛、山谷、林缘半阴湿处、石缝。安徽、福建、甘肃、广东、广西、湖北、湖南、江西、陕西、四川、云南。柬埔寨、日本、老挝、马来西亚、缅甸、泰国、越南。

倒卵叶紫麻 *Oreocnide obovata* (C. H. Wright) Merrill

陈功锡、张代贵等，LXP-06-6741。

落叶灌木。袁州区。海拔 300~800 米，灌丛溪边。广东、广西、湖南、云南。越南。

赤车属 *Pellionia* Gaudichaud-Beaupré

短叶赤车 *Pellionia brevifolia* Bentham

陈功锡、张代贵等，LXP-06-1345。

多年生草本。安福县、芦溪县。海拔 1400~1500 米，疏林溪边。安徽、福建、广东、广西、湖北、湖南、江西、浙江。日本。

华南赤车 *Pellionia grijsii* Hance

陈功锡、张代贵等，LXP-06-6923、7859。

多年生草本。安福县。海拔 500~800 米，石上、溪边。福建、广东、广西、海南、湖南、江西、云南。

赤车 *Pellionia radicans* (Siebold et Zuccarini) Weddell

陈功锡、张代贵等，LXP-06-0903、0926、1100、1241、2206 等。

多年生草本。安福县、茶陵县、芦溪县。海拔 200~1500 米，溪边、石上、疏林、路旁、灌丛、路边石上、草地。安徽、福建、广东、广西、贵州、海南、湖北、湖南、江西、四川、台湾、云南、浙江。日本、朝鲜、越南。

曲毛赤车 *Pellionia retrohispida* W. T. Wang

陈功锡、张代贵等，LXP-06-0958。

一年生草本。安福县。海拔 100~400 米，溪边、山谷、林中。福建、湖北、湖南、贵州、江西、四川、浙江。

冷水花属 *Pilea* Lindley

圆瓣冷水花 *Pilea angulata* (Blume) Blume

陈功锡、张代贵等，LXP-06-6185。

多年生草本。攸县。海拔 800~900 米，灌丛。福建、广东、广西、贵州、湖北、湖南、江苏、江西、陕西、四川、台湾、西藏、云南、浙江。印度、印度尼西亚、日本、斯里兰卡、越南。

华中冷水花 *Pilea angulata* subsp. *Latiuscula* C. J. Chen

陈功锡、张代贵等，LXP-06-8265。

多年生草本。安福县。海拔 200~300 米，路旁、阴处。贵州、湖北、湖南、江苏、江西、四川、云南。

湿生冷水花 *Pilea aquarum* Dunn

陈功锡、张代贵等，LXP-06-1344。

多年生草本。芦溪县。海拔 1200~1600 米，沟水边阴湿处。福建、广东、广西、贵州、海南、湖南、江西、四川、台湾、云南。日本、越南。

花叶冷水花 *Pilea cadierei* Gagnepainet Guillemin

多年生草本。安福县、袁州区。海拔 500~1000 米，溪边林下。我国南部部分山区和越南中部。

石油菜 *Pilea cavaleriei* Léveillé

陈功锡、张代贵等，LXP-06-4604、5121。

多年生草本。安福县。海拔 100~900 米，路旁、石灰岩上、荫地岩石上。福建、广东、广西、贵州、湖北、湖南、江西、四川、浙江。不丹。

山冷水花 *Pilea japonica* (Maximovicz) Handel-Mazzetti

陈功锡、张代贵等，LXP-06-1088、1293、2421 等。

多年生草本。安福县、芦溪县、袁州区。海拔 200~1500 米，密林、草地、溪边等。安徽、福建、甘肃、广东、广西、贵州、河北、河南、湖北、湖南、江西、吉林、辽宁、陕西、山西、四川、台湾、云南、浙江。日本、朝鲜、俄罗斯。

大叶冷水花 *Pilea martinii* (H.Léveillé) Handel-Mazzetti

《江西大岗山森林生物多样性研究》。

多年生草本。安福县、分宜县、芦溪县、袁州区。海拔 200~1000 米，阴处。甘肃、广西、贵州、湖北、湖南、江西、陕西、四川、西藏、云南。不丹、尼泊尔、印度锡金。

冷水花 *Pilea notata* C. H.Wright

陈功锡、张代贵等，LXP-06-1151、2973、5843、6260。

一年生草本。安福县、分宜县、芦溪县、袁州区。海拔 200~800 米，路旁、疏林、溪边、灌丛。安徽、福建、甘肃、广东、广西、贵州、河南、湖北、湖南、江西、四川、台湾、浙江。日本。

矮冷水花 *Pilea peploides* (Gaudich.) Hooker &Arnott

陈功锡、张代贵等，LXP-06-9413。

一年生草本。茶陵县。海拔 100~500 米，阴处溪边。辽宁、内蒙古东部、河北、河南、安徽、江西、湖南。夏威夷群岛、加拉帕戈斯群岛、印度尼西亚爪哇、朝鲜、俄罗斯西伯利亚东部。

苔水花 *Pilea peploides*(Gaudichaud-Beaupré) W. J. Hooker &Arnott

陈功锡、张代贵等，LXP-06-3439、3661。

一年生草本。芦溪县、袁州区。海拔 200~400 米，石上、路旁。安徽、福建、广东、广西、贵州、河北、河南、湖南、江西、辽宁、内蒙古、台湾、浙江。不丹、印度、印度尼西亚、日本、朝鲜、缅甸、俄罗斯、印度锡金、泰国、越南、太平洋群岛。

透茎冷水花 *Pilea pumila* (Linnaeus) A. Gray

江西调查队，1024。(PE 00473851)

一年生草本。安福县、莲花县。海拔 200~1000 米，山谷、溪边。安徽、重庆、福建、甘肃、广东、广西、贵州、河北、黑龙江、河南、湖北、湖南、江苏、江西、吉林、辽宁、内蒙古、宁夏、陕西、山东、山西、四川、台湾、西藏、云南、浙江。日本、朝鲜、蒙古、俄罗斯；北美洲。

镰叶冷水花 *Pilea semisessilis* Handel-Mazzetti

岳俊三等，3730。(NAS NAS00298482)

多年生草本。安福县。海拔 800~1000 米，山谷、林下、草丛。广西、湖南、江西、四川、西藏、云南。泰国。

粗齿冷水花 *Pilea sinofasciata* C. J. Chen

陈功锡、张代贵等，LXP-06-0811、4524、4527、4635、4863 等。

多年生草本。安福县、芦溪县、袁州区。海拔 300~1200 米，溪边、灌丛、路旁、溪边。安徽、甘肃、广东、广西、贵州、湖北、湖南、江西、四川、浙江。印度、泰国、印度锡金。

翅茎冷水花 *Pilea subcoriacea* (Handel-Mazzetti) C. J. Chen

陈功锡、张代贵等，LXP-06-5076。

多年生草本。安福县、茶陵县。海拔 400~500 米，路旁、林下阴处。广西、贵州、湖南、江西、四川、云南。

玻璃草 *Pilea swinglei* Merrill

陈功锡、张代贵等，LXP-06-9220。

多年生草本。安福县、茶陵县。海拔 100~400 米，草地。安徽、福建、广东、广西、贵州、湖北、湖南、江西、浙江。缅甸。

疣果冷水花 *Pilea verrucosa* Handel-Mazzetti

陈功锡、张代贵等，LXP-06-9604。江西调查队，283

多年生草本。分宜县。海拔 400~1600 米，山谷阴湿处。四川、贵州、湖北、湖南、江西、广西、云南。越南。

雾水葛属 *Pouzolzia* Gaudichaud- Beaupré

雾水葛 *Pouzolzia zeylanica* (Linnaeus) Bennett

陈功锡、张代贵等，LXP-06-6110、8417。

多年生草本。安福县、攸县。海拔 100~300 米，草地、田边、灌丛中或疏林中、沟边等。安徽、福建、甘肃、广东、广西、湖北、湖南、江西、四川、台湾、云南、浙江。印度、印度尼西亚、日本、克什米尔、马来西亚、缅甸、尼泊尔、巴布亚新几内亚、巴基斯坦、菲律宾、斯里兰卡、泰国、越南、澳大利亚、马尔代夫、波利尼西亚、也门；引入非洲。

13. 铁青树科 Olacaceae

青皮木属 *Schoepfia* Schreber

华南青皮木 *Schoepfia chinensis* Gardner et Champion

江西调查队，437。(PE 01567905)

落叶乔木。安福县、分宜县。海拔 100~1000 米，疏林、溪边、溪边密林。福建、广东、广西、贵州、湖南、江西、四川、云南。

青皮木 *Schoepfia jasminodora* Siebold et Zuccarini

陈功锡、张代贵等，LXP-06-4070、5042。

落叶小乔木。安福县。海拔 200~500 米，灌丛、溪边、密林、疏林。安徽、福建、甘肃、广东、广西、贵州、海南、湖北、湖南、江苏、江西、陕西、四川、台湾、云南、浙江。日本、泰国、越南。

14. 檀香科 Santalaceae

檀梨属 *Pyrularia* Michx.

檀梨 *Pyrularia edulis* (Wall.) A. DC.

《安福木本植物》。

落叶小乔木或灌木。安福县。海拔 700~800 米，灌丛或疏林。西藏、四川、云南、湖北、广西、广东、福建。印度、尼泊尔。

百蕊草属 *Thesium* Linnaeus

百蕊草 *Thesium chinense* Turczaninow

岳俊三等，3281。(NAS NAS00301004)

多年生草本。安福县。海拔 200~600 米，溪边、田野、草甸。安徽、福建、甘肃、广东、广西、贵州、海南、河北、黑龙江、河南、湖北、湖南、江苏、江西、吉林、辽宁、内蒙古、宁夏、青海、陕西、山东、山西、四川、台湾、新疆、云南、浙江。日本、朝鲜、蒙古。

15. 桑寄生科 Loranthaceae

桑寄生属 *Loranthus* Jacquin

椆树桑寄生 *Loranthus delavayi* Tieghem

《江西大岗山森林生物多样性研究》。

常绿灌木。安福县、分宜县。海拔500~1000 米，山谷、林中。福建、甘肃、广东、广西、贵州、湖北、湖南、江西、陕西、四川、台湾、西藏、云南、浙江。缅甸、越南。

钝果寄生属 *Taxillus* Tieghem

木兰寄生 *Taxillus limprichtii* (Gruning) H. S. Kiu

陈功锡、张代贵等，LXP-06-1531。

常绿灌木。茶陵县。海拔 100~200 米，路旁、阔叶林中。福建、广东、广西、贵州、湖南、江西、四川、台湾、云南。

桑寄生 *Taxillus sutchuenensis* (Lecomte) Danser

陈功锡、张代贵等，LXP-06-0404、1466。

常绿灌木。安福县、茶陵县。海拔300~1500 米，树上、草地。福建、甘肃、广东、广西、贵州、河南、江西、陕西、山西、四川、台湾、浙江。

灰毛桑寄生 *Taxillus sutchuenensis* (Lecomte) Danser var. *duclouxii* (Lecomte) H. S. Kiu

陈功锡、张代贵等，LXP-06-5276、6620。

常绿灌木。上高县、攸县。海拔 100~500 米，路旁、疏林。贵州、湖北、湖南、四川、云南。

16. 槲寄生科 Viscaceae

栗寄生属 *Korthalsella* Tieghem

栗寄生 *Korthalsella japonica* (Thunberg) Engler

熊耀国，9036。(LBG 00003534)

灌木。安福县。海拔 100~700 米，林中。福建、甘肃、广东、广西、贵州、海南、湖北、湖南、江西、陕西、四川、台湾、西藏、云南、浙江。不丹、印度、印度尼西亚、日本、马来西亚、缅甸、巴基斯坦、菲律宾、斯里兰卡、泰国、越南；非洲、澳大利亚、印度洋群岛。

槲寄生属 *Viscum* Linnaeus

槲寄生 *Viscum coloratum* (Komarov) Nakai

《江西林业科技》。

常绿灌木。安福县。海拔 500~1000 米，林中。安徽、福建、甘肃、广西、贵州、湖北、湖南、江苏、江西、四川、台湾、浙江。日本、朝鲜、俄罗斯。

枫香槲寄生 *Viscum liquidambaricolum* Hayata

《安福木本植物》。

常绿小灌木。安福县。海拔 1100 米，山地阔叶林中或常绿阔叶林中，生枫香或壳斗科树上。西藏南部和东南部、云南、四川、甘肃（文县）、陕西南部、湖北、贵州、广西、广东、湖南、江西、福建、浙江（平阳）、台湾。尼泊尔、印度东北部、泰国北部、越南北部、马来西亚、印度尼西亚爪哇。

17. 马兜铃科 Aristolochiaceae

马兜铃属 *Aristolochia* Linnaeus

马兜铃 *Aristolochia debilis* Siebold et Zuccarini

陈功锡、张代贵等，LXP-06-6365。

藤本。安福县。海拔 400~500 米，草地、山谷、沟边、路旁阴湿处、灌丛。安徽、福建、广东、广西、贵州、河南、湖北、湖南、江苏、江西、山东、四川、浙江。日本。

异叶马兜铃 *Aristolochia kaempferi* Willdenow

陈功锡、张代贵等，LXP-06-1874。

藤本。茶陵县。海拔 700~800 米，疏林。安徽、甘肃、湖北、陕西、四川、台湾。日本。

寻骨风 *Aristolochia mollissima* Hance

《江西植物志》。

多年生草本。安福县。海拔 100~900 米，草丛、灌丛、路旁。安徽、贵州、河南、湖北、湖南、江苏、江西、陕西、山东、山西、浙江。

辟蛇雷 *Aristolochia tubiflora* Dunn

陈功锡、张代贵等，LXP-06-1599。

多年生草本。茶陵县、攸县。海拔 600~700 米，路旁。安徽、福建、甘肃、广东、广西、贵州、河南、湖北、湖南、江西、四川、浙江。

细辛属 *Asarum* Linnaeus

短尾细辛 *Asarum caudigerellum* C. Y. Cheng et C. S. Yang

陈功锡、张代贵等，LXP-06-9280。

多年生草本。安福县。海拔 600~1500 米，草地、阴湿地、石上。贵州、湖北、四川、云南。

濒危等级：VU

尾花细辛 *Asarum caudigerum* Hance

陈功锡、张代贵等，LXP-06-9280。

多年生草本。安福县、分宜县。海拔 600~1500 米，草地、阴湿地、石上。贵州、湖北、四川、云南。

杜衡 *Asarum forbesii* Maximowicz

《江西林业科技》。

多年生草本。安福县、分宜县、袁州区。海拔 100~800 米，林下沟边阴湿地。安徽、河南、湖北、江苏、江西、四川、浙江。

濒危等级：VU

小叶马蹄香 *Asarum ichangense* C. Y. Cheng & C. S. Yang

岳俊三等，3759。(PE 00916847)

多年生草本。安福县。海拔 300~1000 米，草丛、溪旁阴湿地。安徽、福建、广东、广西、湖北、湖南、江西、浙江。

五岭细辛 *Asarum wulingense* C. F. Liang

陈功锡、张代贵等，LXP-06-0793、1214。

多年生草本。安福县、莲花县、芦溪县。海拔 400~1100 米，灌丛、路旁。广东、广西、贵州、湖南、江西。

马蹄香属 *Saruma* Oliver

马蹄香 *Saruma henryi* Oliver

江西调查队，1714。(PE 00917029)

多年生草本。安福县。海拔 600~1000 米，山谷林下、沟边草丛。甘肃、贵州、湖北、江西、陕西、四川。

保护级别：二级保护（第二批次）

濒危等级：NT

18. 蛇菰科 Balanophoraceae

蛇菰属 *Balanophora* J. R. Forster & G. Forster

红菌 *Balanophora involucrata* J. D. Hooker

陈功锡、张代贵等，LXP-06-2305。

多年生草本。安福县。海拔 100~200 米，阴处。贵州、河南、湖北、湖南、陕西、四川、西藏、云南。不丹、印度、尼泊尔。

19. 蓼科 Polygonaceae

金线草属 *Antenoron* Rafinesque

金线草 *Antenoron filiforme* (Thunberg) Roberty et Vautier

陈功锡、张代贵等，LXP-06-2231、2333、2703、2826、2915 等。

多年生草本。安福县、茶陵县、分宜县、莲花县、攸县、袁州区。海拔 100~1300 米，疏林、路旁、草地、密林、溪边。安徽、福建、甘肃、广东、广西、贵州、河南、湖北、湖南、江苏、江西、陕西、山东、四川、台湾、云南、浙江。日本、朝鲜、缅甸、俄罗斯。

短毛金线草 *Antenoron filiforme* var. *neofiliforme* (Nakai) A. J. Li

陈功锡、张代贵等，LXP-06-0478、2086、2936。

多年生草本。安福县、莲花县、芦溪县。海拔 300~1500 米，疏林、路旁、路旁溪边。安徽、福建、甘肃、广东、广西、贵州、河南、湖北、湖南、江苏、江西、陕西、山东、四川、云南、浙江。

荞麦属 *Fagopyrum* Miller

金荞 *Fagopyrum dibotrys* (D. Don) H. Hara

陈功锡、张代贵等，LXP-06-0635、1615、2622、2729、3060 等。

多年生草本。安福县、攸县、袁州区。海拔 100~800 米，河边、草地、路旁、灌丛、灌丛溪边、路旁溪边。安徽、福建、甘肃、广东、广西、贵州、河南、湖北、湖南、江苏、江西、陕西、四川、西藏、云南、浙江。不丹、印度、缅甸、尼泊尔、克什米尔、越南。

保护级别：二级保护（第一批次）

何首乌属 *Fallopia* Adanson

何首乌 *Fallopia multiflora* (Thunberg) Haraldson

陈功锡、张代贵等，LXP-06-2258、2530、5628、5885 等。

多年生草本。安福县、茶陵县、芦溪县、上高县。海拔 90~600 米，路旁、灌丛。安徽、福建、甘肃、广东、广西、贵州、海南、河北、黑龙江、河南、湖北、湖南、江苏、江西、吉林、辽宁、青海、陕西、山东、四川、台湾、云南、浙江。日本。

春蓼属 *Persicaria* Mill.

武功山春蓼 *Persicaria wugongshanensis* B. Li

B. LI（李波），LB-0093 （IBSC）

一年生草本。芦溪县。海拔 460 米左右，沟边湿地。江西。

蓼属 *Polygonum* Linnaeus

萹蓄 *Polygonum aviculare* Linnaeus

陈功锡、张代贵等，LXP-06-3749。

一年生草本。安福县。海拔 150~200 米，草地。安徽、福建、甘肃、广东、广西、贵州、海南、河北、黑龙江、河南、湖北、湖南、江苏、江西、吉林、辽宁、内蒙古、宁夏、青海、陕西、山东、山西、四川、台湾、新疆、西藏、云南、浙江。广泛分布在温带地区，广泛引入温带地区。

毛蓼 *Polygonum barbatum* Linnaeus

《江西林业科技》。

多年生草本。安福县、芦溪县。海拔 300~1000 米，水旁、田边、路边湿地、林下。福建、广东、广西、贵州、海南、湖北、湖南、江西、四川、台湾、云南。不丹、印度、印度尼西亚、马来西亚、缅甸、尼泊尔、新几内亚岛、菲律宾、斯里兰卡、泰国、越南。

头花蓼 *Polygonum capitatum* Buchanan-Hamilton

《湖南植物志》。

多年生草本。茶陵县。海拔 600~1000 米，山坡、山谷湿地。广东、广西、贵州、湖北、湖南、江西、四川、台湾、西藏、云南。不丹、印度、马来西亚、缅甸、尼泊尔、斯里兰卡、泰国、越南。

火炭母 *Polygonum chinense* Linnaeus

陈功锡、张代贵等，LXP-06-2299、7137、8715。

多年生草本。安福县、茶陵县、莲花县。海拔 100~400 米，路旁、溪边，阴处。安徽、福建、甘肃、广东、广西、贵州、海南、湖北、湖南、江苏、江西、陕西、四川、台湾、西藏、云南、浙江。不丹、印度、印度尼西亚、日本、马来西亚、缅甸、尼泊尔、菲律宾、泰国、越南。

蓼子草 *Polygonum criopolitanum* Hance

陈功锡、张代贵等，LXP-06-2311、2614、5315、5573、5924。

一年生草本。安福县、分宜县、攸县。海拔 100~300 米，河边、路旁、水库边，阴处。安徽、福建、广东、广西、河南、湖北、湖南、江苏、江西、陕西、浙江。

大箭叶蓼 *Polygonum darrisii* H. Léveillé

陈功锡、张代贵等，LXP-06-3526。

一年生草本。安福县。海拔 200~300 米，路旁，阴处。安徽、福建、甘肃、广东、广西、贵州、河南、湖北、湖南、江苏、江西、陕西、四川、云南、浙江。

二歧蓼 *Polygonum dichotomum* Blume

陈功锡、张代贵等，LXP-06-0822。

一年生草本。安福县、茶陵县。海拔 100~300 米，路旁、沟边、湿地。福建、广东、广西、海南、湖北、台湾。印度、印度尼西亚、日本、老挝、马来西亚、菲律宾、泰国、越南、澳大利亚。

稀花蓼 *Polygonum dissitiflorum* Hemsley

陈功锡、张代贵等，LXP-06-0629、2932、3059 等。

一年生草本。安福县、分宜县、袁州区。海拔 200~600 米，溪边、路旁。安徽、福建、甘肃、贵州、河北、黑龙江、河南、湖北、湖南、江苏、江西、吉林、辽宁、陕西、山东、山西、四川、浙江。朝鲜、俄罗斯。

长箭叶蓼 *Polygonum hastatosagittatum* Makino

岳俊三，2707。(NAS NAS00169157)

一年生草本。安福县。海拔 300~700 米，水边、沟边湿地。安徽、福建、广东、广西、贵州、海南、河北、黑龙江、河南、湖北、湖南、江苏、江西、吉林、辽宁、台湾、西藏、云南、浙江。俄罗斯。

辣蓼 *Polygonum hydropiper* Linnaeus

陈功锡、张代贵等，LXP-06-2212、22625。

一年生草本。安福县、茶陵县。海拔200~300 米，路旁、草地。安徽、福建、甘肃、广东、广西、贵州、海南、河北、黑龙江、河南、湖北、湖南、江苏、江西、吉林、辽宁、内蒙古、宁夏、青海、陕西、山东、山西、四川、台湾、新疆、西藏、云南、浙江。孟加拉国、不丹、印度、印度尼西亚、日本、哈萨克斯坦、朝鲜、吉尔吉斯斯坦、马来西亚、蒙古、缅甸、尼泊尔、俄罗斯、斯里兰卡、泰国、乌兹别克斯坦；澳大利亚、欧洲、北美洲。

蚕茧蓼 *Polygonum japonicum* Meisner

《湖南境内珍稀、濒危水生植物产地的考察》。

一年生草本。安福县、茶陵县、芦溪县、上高县。海拔 100~500 米，路边湿地、水边、草地。安徽、福建、广东、广西、贵州、河南、湖北、湖南、江苏、江西、陕西、山东、四川、台湾、西藏、云南、浙江。日本、朝鲜。

愉悦蓼 *Polygonum jucundum* Meisner

陈功锡、张代贵等，LXP-06-2267、2290、5324 等。

一年生草本。安福县、茶陵县、芦溪县、攸县、袁州区。海拔 50~600 米，路旁，阳处、阴处。安徽、福建、甘肃、广东、广西、贵州、海南、河南、湖北、湖南、江苏、江西、陕西、四川、云南、浙江。

柔茎蓼 *Polygonum kawagoeanum* Makino

《江西植物志》。

一年生草本。安福县、茶陵县、分宜县、芦溪县、攸县、袁州区。海拔 100~1500 米，田边湿地、山谷溪边。安徽、福建、广东、广西、海南、江苏、江西、台湾、西藏、云南、浙江。不丹、印度、印度尼西亚、日本、马来西亚、尼泊尔。

马蓼 *Polygonum lapathifolium* Linnaeus

《江西大岗山森林生物多样性研究》。

一年生草本。安福县、茶陵县、分宜县、攸县、袁州区。海拔 500~1900 米，路旁、水边、湿地。安徽、福建、甘肃、广东、广西、贵州、海南、河北、黑龙江、河南、湖北、湖南、江苏、江西、吉林、辽宁、内蒙古、宁夏、青海、陕西、山东、山西、四川、台湾、新疆、西藏、云南、浙江。孟加拉国、印度、印度尼西亚、日本、哈萨克斯坦、朝鲜、吉尔吉斯斯坦、蒙古、缅甸、尼泊尔、新几内亚岛、巴基斯坦、菲律宾、塔吉克斯坦、泰国、土库曼斯坦、越南；澳大利亚、非洲、欧洲、北美洲。

绵毛马蓼 *Polygonum lapathifolium* var. *salicifolium* Sibthorp

陈功锡、张代贵等，LXP-06-0295、2935、3075 等。

一年生草本。安福县、上高县、攸县、渝水区。海拔 90~500 米，路旁、溪边、水库边。安徽、福建、甘肃、广东、广西、贵州、海南、河北、黑龙江、河南、湖北、湖南、江苏、江西、吉林、辽宁、内蒙古、宁夏、青海、陕西、山东、山西、四川、台湾、新疆、云南、浙江。印度、印度尼西亚、日本、缅甸、俄罗斯。

长鬃蓼 *Polygonum longisetum* Bruijn

陈功锡、张代贵等，LXP-06-0574、2287、2451 等。

一年生草本。安福县、莲花县、芦溪

县、上高县、攸县、渝水区、袁州区。海拔50~700米，疏林、草地、池塘边等。安徽、福建、甘肃、广东、广西、贵州、河北、黑龙江、河南、湖北、湖南、江苏、江西、吉林、辽宁、内蒙古、陕西、山东、山西、四川、台湾、西藏、云南、浙江。印度、印度尼西亚、日本、克什米尔、朝鲜、马来西亚、蒙古、缅甸、尼泊尔、菲律宾、俄罗斯。

小蓼花 *Polygonum muricatum* Meisner

陈功锡、张代贵等，LXP-06-3684、3919、4029等。

一年生草本。安福县。海拔50~800米，草地、沼泽、溪边。安徽、福建、广东、广西、贵州、黑龙江、河南、湖北、湖南、江苏、江西、吉林、辽宁、陕西、四川、台湾、西藏、云南、浙江。印度、日本、朝鲜、尼泊尔、俄罗斯、泰国。

尼泊尔蓼 *Polygonum nepalense* Meisner

陈功锡、张代贵等，LXP-06-0393、1917、3401、3581、4068。

一年生草本。安福县、茶陵县、芦溪县。海拔100~1800米，草地、灌丛、溪边。安徽、福建、甘肃、广东、广西、贵州、海南、河北、黑龙江、河南、湖北、湖南、江苏、江西、吉林、辽宁、内蒙古、宁夏、青海、陕西、山东、山西、四川、台湾、西藏、云南、浙江。阿富汗、不丹、印度、印度尼西亚、日本、朝鲜、马来西亚、尼泊尔、新几内亚、巴基斯坦、菲律宾、俄罗斯、泰国；热带非洲。

红蓼 *Polygonum orientale* Linnaeus

陈功锡、张代贵等，LXP-06-2061、2950、6466、4401。

一年生草本。安福县、芦溪县、袁州区。海拔300~600米，路旁。安徽、福建、甘肃、广东、广西、贵州、海南、河北、黑龙江、河南、湖北、湖南、江苏、江西、吉林、辽宁、内蒙古、宁夏、青海、陕西、山东、山西、四川、台湾、新疆、云南、浙江。孟加拉国、不丹、印度、印度尼西亚、日本、朝鲜、缅甸、菲律宾、俄罗斯、斯里兰卡、泰国、越南；澳大利亚、亚洲、欧洲。

杠板归 *Polygonum perfoliatum* Linnaeus

陈功锡、张代贵等，LXP-06-0564、1392、2178、2545、2704等。

一年生草本。安福县、茶陵县、芦溪县、上高县、攸县、袁州区。海拔90~900米，溪边、路旁溪边、灌丛、草地、阴处、疏林水库边、水库边。安徽、福建、甘肃、广东、广西、贵州、海南、河北、黑龙江、河南、湖北、湖南、江苏、江西、吉林、辽宁、内蒙古、陕西、山东、山西、四川、台湾、西藏、云南、浙江。孟加拉国、不丹、印度、印度尼西亚、日本、朝鲜、马来西亚、尼泊尔、新几内亚岛、菲律宾、俄罗斯、泰国、越南；引入北美洲。

蓼 *Polygonum persicaria* Linnaeus

陈功锡、张代贵等，LXP-06-2586、2931、3056、5756等。

多年生草本。安福县、攸县。海拔100~800米，路旁、路旁溪边、溪边。安徽、福建、甘肃、广西、贵州、河北、黑龙江、河南、湖北、湖南、江西、吉林、辽宁、内蒙古、宁夏、青海、陕西、山东、山西、四川、台湾、新疆、云南、浙江。印度尼西亚、日本、哈萨克斯坦、朝鲜、吉尔吉斯斯坦、俄罗斯、塔吉克斯坦、土库曼斯坦；非洲、欧洲、北美洲。

铁马鞭 *Polygonum plebeium* R. Brown

陈功锡、张代贵等，LXP-06-0546、3011、6081 等。

多年生草本。安福县、分宜县、攸县 。海拔 100~500 米，灌丛、疏林、溪边等。安徽、福建、甘肃、广东、贵州、湖北、湖南、江苏、江西、陕西、四川、西藏、浙江。日本、朝鲜。

丛枝蓼 *Polygonum posumbu* Buchanan-Hamilton ex D. Don

陈功锡、张代贵等，LXP-06-2005、2331、3518、3645、3841 等。

一年生草本。安福县、茶陵县、分宜县、莲花县、芦溪县、攸县、袁州区。海拔 100~1200 米，路旁、草地沼泽、草地、溪边、路旁溪边。安徽、福建、甘肃、广东、广西、贵州、海南、黑龙江、河南、湖北、湖南、江苏、江西、吉林、辽宁、陕西、山东、四川、台湾、西藏、云南、浙江。印度、印度尼西亚、日本、朝鲜、缅甸、尼泊尔、菲律宾、泰国。

疏蓼 *Polygonum praetermissum* J. D. Hooker

陈功锡、张代贵等，LXP-06-2170、5185、5310 等。

一年生草本。安福县、茶陵县、攸县。海拔 100~300 米，草地、路旁、阴处。安徽、福建、广东、广西、贵州、湖北、湖南、江苏、江西、台湾、西藏、云南、浙江。不丹、印度、日本、朝鲜、尼泊尔、菲律宾、斯里兰卡；澳大利亚。

赤胫散 *Polygonum runcinatum* var. *sinense* Hemsley

陈功锡、张代贵等，LXP-06-9009。

多年生草本。安福县、芦溪县。海拔 1000~1500 米，路旁。安徽、甘肃、广西、贵州、河南、湖北、湖南、陕西、四川、西藏、云南、浙江。

箭头蓼 *Polygonum sagittatum* Linnaeus

陈功锡、张代贵等，LXP-06-0322、0723、1043、1391、2001 等。

一年生草本。安福县。海拔 80~900 米，沼泽、溪边、密林溪边、路旁溪边、草地、阴处、池塘边、灌丛、灌丛溪边。安徽、福建、甘肃、贵州、河北、黑龙江、河南、湖北、湖南、江苏、江西、吉林、辽宁、内蒙古、陕西、山东、山西、四川、台湾、云南、浙江。印度、日本、朝鲜、蒙古、俄罗斯；北美洲。

刺蓼 *Polygonum senticosum* (Meisner) Franchet et Savatier

陈功锡、张代贵等，LXP-06-2453、3139、6993、8245、8369。

一年生草本。安福县、芦溪县。海拔 100~1500 米，灌丛、路旁。安徽、福建、广东、广西、贵州、河北、黑龙江、河南、湖北、湖南、江苏、江西、吉林、辽宁、山东、台湾、云南、浙江。日本、朝鲜、俄罗斯。

支柱拳参 *Polygonum suffultum* (Meisner) Franchet & Savatier

岳俊三等，3565。(NAS NAS00172114)

一年生草本。安福县、芦溪县、袁州区。海拔 1300~1900 米，路旁、林下湿地。安徽、甘肃、贵州、河北、湖北、湖南、江西、宁夏、青海、陕西、山东、山西、四川、西藏、云南、浙江。日本、朝鲜。

细叶蓼 *Polygonum taquetii* H. Léveillé

陈功锡、张代贵等，LXP-06-2184。

一年生草本。茶陵县。海拔 100~300 米，草地、山谷湿地、沟边、水边。安徽、福建、广东、湖北、湖南、江苏、江西、浙江。日本、朝鲜。

戟叶蓼 *Polygonum thunbergii* Siebold et Zuccarini

陈功锡、张代贵等，LXP-06-3193、3474、3511、3559、3647 等。

一年生草本。安福县、芦溪县、袁州区。海拔 200~1100 米，溪边、路旁、草地。安徽、福建、甘肃、广东、广西、贵州、海南、河北、黑龙江、河南、湖北、湖南、江苏、江西、吉林、辽宁、内蒙古、陕西、山东、山西、四川、台湾、西藏、云南、浙江。日本、朝鲜、俄罗斯。

虎杖属 *Reynoutria* Houttuyn

虎杖 *Reynoutria japonica* Houttuyn

陈功锡、张代贵等，LXP-06-0480、0813、1963、2722、3845 等。

多年生草本。安福县、茶陵县、莲花县、芦溪县、袁州区。海拔 100~1100 米，疏林、溪边、灌丛、密林溪边、路旁河边。安徽、福建、甘肃、广东、广西、贵州、海南、黑龙江、河南、湖北、湖南、江苏、江西、辽宁、陕西、山东、四川、台湾、云南、浙江。日本、朝鲜、俄罗斯。

酸模属 *Rumex* Linnaeus

羊蹄 *Rumex japonicus* Houttuyn

陈功锡、张代贵等，LXP-06-3362、3746、3990。

多年生草本。安福县、芦溪县。海拔 100~300 米，路旁、草地。安徽、福建、广东、广西、贵州、海南、河北、黑龙江、河南、湖北、湖南、江苏、江西、吉林、辽宁、内蒙古、陕西、山东、山西、四川、台湾、浙江。日本、朝鲜、俄罗斯。

长刺酸模 *Rumex trisetifer* Stokes

陈功锡、张代贵等，LXP-06-4698。

一年生草本。上高县、渝水区。海拔 300~1000 米，路旁、湿地。安徽、福建、广东、广西、贵州、海南、湖北、湖南、江苏、江西、陕西、四川、台湾、云南、浙江。不丹、印度、老挝、缅甸、泰国、越南。

酸模 *Rumex acetosa* Linnaeus

陈功锡、张代贵等，LXP-06-509。

多年生草本。广布种，海拔 400~1200 米，山坡向阳草地。中国、朝鲜、日本、高加索、哈萨克斯坦、俄罗斯、欧洲及美洲。

尼泊尔酸模 *Rumex nepalensis* Spreng.

多年生草本。茶陵县、攸县、安福县，海拔 100~1000 米，林下阴湿地。陕西南部、甘肃南部、青海西南部、湖南、湖北、江西、四川、广西、贵州、云南、西藏。伊朗、阿富汗、印度、巴基斯坦、尼泊尔、缅甸、越南、印度尼西亚爪哇。

20. 藜科 Chenopodiaceae

藜属 *Chenopodium* Linnaeus

藜 *Chenopodium album* Linnaeus

陈功锡、张代贵等，LXP-06-7130。

一年生草本。安福县、茶陵县。海拔 300~400 米，路旁、荒地及田间。广布于全国。

小藜 *Chenopodium ficifolium* Smith

一年生草本。泸溪县。海拔 300~400 米，田间杂草，荒地、道旁、垃圾堆旁等。除西藏未见标本外中国各省区都有分布。

刺藜属 *Dysphania* R. Brown

土荆芥 *Chenopodium ambrosioides* (Linnaeus) Mosyakin & Clemants

陈功锡，张代贵等，LXP-06-1825、0430。

一年生或多年生草本。安福县。海拔400~600米，村旁、路边、河岸。广西、广东、福建、台湾、江苏、浙江、江西、湖南、四川。

地肤属 *Kochia* Roth

地肤 *Kochia scoparia* (Linnaeus) Schrader

陈功锡、张代贵等，LXP-06-3750。

多年生草本。安福县、茶陵县。海拔300~400米，灌丛。广布于全国。

21. 苋科 Amaranthaceae

牛膝属 *Achyranthes* Linnaeus

牛膝 *Achyranthes bidentata* Blume

陈功锡、张代贵等，LXP-06-0476、1701、2146、2230、2463等。

多年生草本。安福县、茶陵县、莲花县、芦溪县、上高县、攸县、袁州区。海拔100~1000米，疏林、密林、灌丛、溪边。安徽、福建、河北、湖南、广西、贵州、湖北、江苏、山西、陕西、四川、台湾、西藏、浙江。不丹、印度、印度尼西亚、日本、朝鲜、老挝、马来西亚、缅甸、尼泊尔、新几内亚岛、菲律宾、俄罗斯、泰国、越南。

柳叶牛膝 *Achyranthes longifolia* (Makino) Makino

岳俊三等，2800。(NAS NAS00305503)

一年生草本。安福县。海拔100~1200米，山坡。广东、贵州、湖北、湖南、江西、陕西、四川、台湾、云南、浙江。日本、老挝、泰国、越南。

莲子草属 *Alternanthera* Forsskål

喜旱莲子草 *Alternanthera philoxeroides* (C. Martius) Grisebach

多年生草本。安福县。海拔400~1500米，山坡路旁、山谷草地。陕西南部、甘肃南部、青海西南部、湖南、湖北、江西、四川、广西、贵州、云南、西藏。伊朗、阿富汗、印度、巴基斯坦、尼泊尔、缅甸、越南、印度尼西亚爪哇。

莲子草 *Alternanthera sessilis* (Linnaeus) R. Brown ex Candolle

陈功锡、张代贵等，LXP-06-2535、6096、7987。

多年生草本。安福县、攸县、袁州区。海拔100~300米，路旁、路旁溪边。安徽、福建、广东、广西、贵州、湖北、湖南、江苏、江西、四川、台湾、浙江、云南；不丹、柬埔寨、印度、印度尼西亚、老挝、马来西亚、缅甸、尼泊尔、菲律宾、泰国、越南。

苋属 *Amaranthus* Linnaeus

凹头苋 *Amaranthus blitum* Linnaeus

一年生草本。安福县、茶陵县、分宜县、莲花县、芦溪县、攸县、袁州区。海拔200~500米，农田、地埂、路边。安徽、福建、甘肃、广东、广西、贵州、海南、河北、黑龙江、河南、湖北、湖南、江苏、江西、吉林、辽宁、陕西、山东、山西、四川、台湾、新疆、云南、浙江。日本、老挝、尼泊尔、印度锡金、越南；非洲、欧洲、美洲南部。

绿穗苋 *Amaranthus* hybridus Linnaeus

陈功锡、张代贵等，LXP-06-2010、6474。

一年生草本。安福县、茶陵县。海拔300~500米，路旁、路旁溪边。安徽、福建、贵州、河南、湖北、湖南、江苏、江西、陕西、四川、浙江。不丹、日本、老挝、尼泊尔、印度锡金、越南；欧洲、美洲。

刺苋 *Amaranthus spinosus* Linnaeus

陈功锡、张代贵等，LXP-06-0591、2600、7486。

一年生草本。安福县。海拔 100~200 米，路旁、草丛、河边。安徽、福建、广东、广西、贵州、河南、湖北、湖南、江苏、江西、陕西、山西、四川、台湾、云南、浙江。

皱果苋 *Amaranthus viridis* Linnaeus

陈功锡、张代贵等，LXP-06-5332、7449、7630。

一年生草本。安福县、上高县、攸县。海拔 50~800 米，路旁、水库旁。广泛分布于中国西北的省市（西藏未见标本）。

青葙属 *Celosia* Linnaeus

青葙 *Celosia argentea* Linnaeus

陈功锡、张代贵等，LXP-06-2011、2348、5331。

一年生草本。安福县、茶陵县、分宜县、攸县。海拔 100~500 米，灌丛、路旁。安徽、福建、甘肃、广东、广西、贵州、海南、湖北、黑龙江、河南、湖南、江苏、江西、吉林、辽宁、内蒙古、宁夏、青海、山西、山东、陕西、四川、台湾、新疆、西藏、云南、浙江。不丹、柬埔寨、日本、朝鲜、印度、老挝、马来西亚、缅甸、尼泊尔、菲律宾、俄罗斯、泰国、越南；热带非洲。

22. 商陆科 Phytolaccaceae

商陆属 *Phytolacca* Linnaeus

垂序商陆 *Phytolacca Americana* Linnaeus

陈功锡、张代贵等，LXP-06-1819、2095、2344、2615。

多年生草本。海拔 200~800 米，草地、林下。安福县、茶陵县、分宜县、芦溪县、攸县、袁州区。河北、陕西、山东、江苏、浙江、江西、福建、河南、湖北、广东、四川、云南。

日本商陆 *Phytolacca japonica* Makino

陈功锡、张代贵等，LXP-06-9273。

多年生草本。安福县。海拔 500~800 米，草地、山谷、水旁、林下。安徽、福建、广东、湖南、江西、山东、台湾、浙江。日本。

23. 粟米草科 Molluginaceae

粟米草属 *Mollugo* Linnaeus

粟米草 *Mollugo stricta* Linnaeus

陈功锡、张代贵等，LXP-06-0178、0623、2952 等。

一年生草本。安福县。海拔 100~400 米，阳处、溪边、草地等。安徽、福建、广东、广西、贵州、海南、河南、湖北、湖南、江苏、江西、陕西、山东、四川、台湾、西藏、云南、浙江。热带亚热带亚洲。

24. 马齿苋科 Portulacaceae

马齿苋属 *Portulaca* Linnaeus

马齿苋 *Portulaca oleracea* Linnaeus

陈功锡、张代贵等，LXP-06-0178、0623、2952 等。

一年生草本。安福县。海拔 100~400 米，阳处、溪边、草地等。安徽、福建、广东、广西、贵州、海南、河南、湖北、湖南、江苏、江西、陕西、山东、四川、台湾、西藏、云南、浙江。热带亚热带亚洲。

25. 石竹科 Caryophyllaceae

无心菜属 *Arenaria* Linnaeus

无心菜 *Arenaria serpyllifolia* Linnaeus

《江西植物志》。

一年生草本。安福县。海拔 600~1000 米，草地。中国；澳大利亚、非洲、亚洲、欧洲、美洲北部。

卷耳属 *Cerastium* Linnaeus

簇生泉卷耳 *Cerastium fontanum* subsp. *vulgare* (Hartman) Greuter & Burdet

聂敏祥，6943。(PE 00574921)

一年生草本。安福县、莲花县。海拔 400~500 米，草地。安徽、福建、甘肃、广东、贵州、河北、黑龙江、河南、湖北、湖南、江苏、江西、吉林、辽宁、内蒙古、宁夏、青海、陕西、山西、四川、台湾、新疆、西藏、云南、浙江。

石竹属 *Dianthus* Linnaeus

瞿麦 *Dianthus superbus* Linnaeus var. *superbus* Linnaeus

《江西大岗山森林生物多样性研究》。

多年生草本。安福县、分宜县、莲花县、芦溪县。海拔 400~600 米，山坡、草地、路旁、林下。安徽、甘肃、广西、贵州、河北、黑龙江、河南、湖北、湖南、江苏、江西、吉林、内蒙古、宁夏、青海、陕西、山东、山西、四川、新疆、浙江。日本、哈萨克斯坦、朝鲜、蒙古、俄罗斯；欧洲。

剪秋罗属 *Lychnis* Linnaeus

剪春罗 *Lychnis coronata* Thunberg

陈功锡、张代贵等，LXP-06-2808。

多年生草本。芦溪县。海拔 1300~1400 米，灌丛、疏林、草地。安徽、福建、湖南、江苏、江西、四川、浙江。日本。

剪红纱花 *Lychnis senno* Siebold et Zuccarini

陈功锡、张代贵等，LXP-06-0504。

多年生草本。安福县。海拔 1100~1200 米，疏林、灌丛、草地。安徽、甘肃、贵州、河北、河南、湖北、湖南、江苏、江西、四川、云南、浙江。日本。

鹅肠菜属 *Myosoton* Moench

鹅肠菜 *Myosoton aquaticum* (Linnaeus) Moench

陈功锡、张代贵等，LXP-06-2433、3434、3530、3757 等。

多年生草本。安福县、莲花县、芦溪县、袁州区。海拔 250~1300 米，路旁、草地。世界广布。

孩儿参属 *Pseudostellaria* Pax

孩儿参 *Pseudostellaria heterophylla* (Miquel) Pax

陈功锡、张代贵等，LXP-06-4928。

多年生草本。莲花县。海拔 850~900 米，路旁。安徽、河北、河南、湖北、湖南、江苏、江西、辽宁、内蒙古、青海、陕西、山东、四川、浙江。日本、朝鲜。

漆姑草属 *Sagina* Linnaeus

漆姑草 *Sagina japonica* (Swartz) Ohwi

陈功锡、张代贵等，LXP-06-3361、4961。

一年生草本。安福县、上高县。海拔

600~1900米，山地、田间路旁、阴湿草地。安徽、福建、甘肃、广东、广西、贵州、河北、黑龙江、河南、湖北、湖南、江苏、江西、辽宁、内蒙古、青海、陕西、山东、山西、四川、台湾、西藏、云南、浙江。不丹、印度、日本、朝鲜、尼泊尔、俄罗斯。

蝇子草属 *Silene* Linnaeus

女娄菜 *Silene aprica* Turczaninow ex Fischer et C. A. Meyer

陈功锡、张代贵等，LXP-06-0396。

一年生草本。安福县。海拔1500~1800米，草地、旷野路旁。广布于全国。日本、朝鲜、蒙古、俄罗斯。

鹤草 *Silene fortune* iVisiani

陈功锡、张代贵等，LXP-06-0493、9003。

多年生草本。安福县、芦溪县。海拔1100~1500米，路旁、灌丛。安徽、福建、甘肃、河北、江西、陕西、山东、山西、四川、台湾。

繁缕属 *Stellaria* Linnaeus

雀舌草 *Stellaria alsine* Grimm var. *alsine* Grimm

陈功锡、张代贵等，LXP-06-1050、1168、5058。

多年生草本。安福县、分宜县、芦溪县。海拔400~900米，密林、田间、溪岸、潮湿地。安徽、福建、甘肃、广东、广西、贵州、河南、湖南、江苏、江西、内蒙古、四川、台湾、西藏、云南、浙江。不丹、印度、日本、克什米尔、朝鲜、尼泊尔、巴基斯坦、越南；欧洲。

中国繁缕 *Stellaria chinensis* Regel

江西调查队，360。(PE 00582000)

多年生草本。安福县。海拔500~1300米，林下、灌丛、湿地。安徽、福建、甘肃、广西、河北、河南、湖北、湖南、江西、陕西、山东、四川、浙江。

繁缕 *Stellaria media* (Linnaeus) Villars

陈功锡、张代贵等，LXP-06-1007、5101。

一年生草本。安福县。海拔140~500米，溪边。安徽、福建、甘肃、广东、广西、贵州、河北、河南、湖北、湖南、江苏、江西、吉林、辽宁、内蒙古、宁夏、青海、陕西、山东、山西、四川、西藏、云南、浙江。阿富汗、不丹、印度、日本、朝鲜、巴基斯坦、俄罗斯；欧洲。

皱叶繁缕 *Stellaria monosperma* var. *japonica*Maximowicz

陈功锡、张代贵等，LXP-06-9298。

多年生草本。芦溪县。海拔800~1500米，路旁树下、山地。福建、广东、贵州、湖北、台湾、浙江、江西。日本。

峨眉繁缕 *Stellaria omeiensis* C. Y. Wu & Y. W. Tsui ex P. Ke

陈功锡、张代贵等，LXP-06-4858。

一年生草本。袁州区。海拔800~850米，路旁、林内、草丛。贵州、湖北、四川、云南。

箐姑草 *Stellaria vestita* Kurz

多年生草本。广布种。海拔200~1300米，路边荒地。河北、山东、陕西(商南)、甘肃(徽县)、河南(卢氏)、浙江、江西、湖南、湖北(西部)、广西、福建(南平)、台湾(台北)、四川、贵州、云南、西藏(吉隆和察隅)。印度、尼泊尔、不丹、缅甸、越南、菲律宾、印度尼西亚爪哇、巴布亚新几内亚。模式标本采自缅甸。

巫山繁缕 *Stellaria wushanensis* F. N. Williams

陈功锡、张代贵等，LXP-06-4872、5041、8957 等。

一年生草本。安福县、分宜县、袁州区。海拔 400~800 米，路旁、山地、丘陵地。广东、广西、贵州、湖北、湖南、江西、陕西、四川、云南、浙江。

26. 莲科 Nelumbonaceae

莲属 *Nelumbo* Adanson

莲 *Nelumbo nucifera* Gaertner

陈功锡、张代贵等，LXP-06-0661。

多年生草本。茶陵县、莲花县。海拔 100~300 米，疏林。几乎广布于全国（内蒙古、青海、西藏未见标本）。不丹、印度、印度尼西亚、日本、朝鲜、马来西亚、缅甸、尼泊尔、新几内亚岛、巴基斯坦、菲律宾、俄罗斯、斯里兰卡、泰国、越南；澳大利亚。

保护级别：二级保护（第一批次）

27. 睡莲科 Nymphaeaceae

芡属 *Euryale* Salisbury

芡实 *Euryale ferox* Salisbury

《江西林业科技》。

一年生草本。安福县。海拔 200~500 米，池塘、湖沼。安徽、福建、广东、广西、贵州、海南、河北、黑龙江、河南、湖北、湖南、江苏、江西、吉林、辽宁、内蒙古、陕西、山东、山西、四川、台湾、云南、浙江。孟加拉国、印度、日本、克什米尔、朝鲜、俄罗斯。

萍蓬草属 *Nuphar* J. E. Smith

中华萍蓬草 *Nuphar pumila* subsp. *sinensis* (Handel-Mazzetti) D. Padgett

陈功锡、张代贵等，LXP-06-9592。

多年生草本。安福县、分宜县、袁州区。海拔 100~300 米，水中。安徽、福建、广东、广西、贵州、江西、湖南、浙江。日本、朝鲜、蒙古、俄罗斯；欧洲。

濒危等级：VU

睡莲属 *Nymphaea* Linnaeus

睡莲 *Nymphaea tetragona* Georgi

《湖南茶陵湖里沼泽种子库与地表植被的关系》。

多年生草本。茶陵县。海拔 100~300 米，池沼、湖泊。福建、广东、广西、贵州、海南、河北、黑龙江、河南、湖北、湖南、江苏、江西、吉林、辽宁、内蒙古、陕西、山东、山西、四川、台湾、新疆、西藏、云南、浙江。印度、日本、克什米尔、哈萨克斯坦、朝鲜、俄罗斯、越南；北美洲、欧洲。

28. 莼菜科 Cabombaceae

莼菜属 *Brasenia* Schreb

莼菜 *Brasenia schreberi* J. F. Gmelin

《江西林业科技》。

多年生草本。茶陵县、芦溪县。海拔 50-200 米，沼泽。安徽、湖南、江苏、江西、四川、台湾、云南、浙江。印度、日本、朝鲜、俄罗斯；非洲、澳大利亚、北美洲、南美洲。

保护级别：一级保护（第一批次）

濒危等级：CR

29. 金鱼藻科 Ceratophyllaceae

金鱼藻属 *Ceratophyllum* Linnaeus

金鱼藻 *Ceratophyllum demersum* Linnaeus

陈功锡、张代贵等，LXP-06-8498。

多年生草本。安福县。海拔 100~200 米，草地。安徽、福建、广东、广西、贵州、河北、黑龙江、河南、湖北、湖南、江苏、吉林、内蒙古、宁夏、陕西、山东、山西、四川、台湾、新疆、西藏、云南、浙江。

30. 连香树科 Cercidiphyllaceae

连香树属 *Cercidiphyllum* Siebold et Zuccarini

连香树 *Cercidiphyllum japonicum* Siebold et Zuccarini

《江西大岗山森林生物多样性研究》。

落叶乔木。安福县、分宜县。海拔 600~800 米，疏林。安徽、甘肃、贵州、河南、湖北、湖南、江西、陕西、山西、四川、云南、浙江。日本。

保护级别：二级保护（第一批次）

31. 毛茛科 Ranunculaceae

乌头属 *Aconitum* Linnaeus

乌头 *Aconitum carmichaeli* Debeaux

岳俊三等，3685。(PE 00243215)

多年生草本。安福县。海拔 100~800 米，草地、灌丛。安徽、福建、甘肃、广东、广西、贵州、河北、河南、湖北、湖南、江苏、江西、辽宁、内蒙古、陕西、山东、山西、四川、云南、浙江。越南。

赣皖乌头 *Aconitum finetianum* Handel-Mazzetti

岳俊三等，3375。(PE 00243530)

多年生草本。袁州区。海拔 800~1600 米，山地阴湿处。安徽、福建、湖南、江西、浙江。

花葶乌头 *Aconitum scaposum* Franchet

多年生草本。安福县。海拔 1200~1900 米，林中、阴处。贵州、河南、湖北、江西、陕西、四川。

银莲花属 *Anemone* Linnaeus

鹅掌草 *Anemone flaccida* F. Schmidt

Anonymous s. n. （PE 00383195）

多年生草本。安福县。海拔 500~700 米，草地。安徽、贵州、湖北、湖南、江苏、江西、四川、云南、浙江。日本、俄罗斯。

打破碗花花 *Anemone hupehensis* (Lemoine) Lemoine

陈功锡、张代贵等，LXP-06-9108。

一年生草本。安福县、莲花县、芦溪县。海拔 600~800 米，路旁石上。广西、贵州、湖北、江西、陕西、四川、台湾、云南、浙江、安徽、福建、广东、江苏、江西、云南、浙江。

升麻属 *Cimicifuga* Wernischeck

小升麻 *Cimicifuga japonica* (Thunberg) Sprengel

《江西林业科技》。

多年生草本。安福县、莲花县、芦溪县。海拔 800~1000 米，林下。安徽、甘肃、广东、贵州、海南、河北、河南、湖北、湖南、江西、陕西、山西、四川、云南、浙江。日本、朝鲜。

铁线莲属 *Clematis* Linnaeus

女萎 *Clematis apiifolia* de Candolle

叶华谷、曾飞燕等，LXP10-909。(IBSC 0771522)

多年生草质藤本。莲花县、袁州区。海拔 100~400 米，林中。安徽、福建、江苏、江西、浙江。日本、朝鲜。

钝齿铁线莲 *Clematis apiifolia* DC. var. *argentilucida* (Leveille et Vaniot) W. T. Wang

岳俊三，3510。(IBSC 0083230)

藤本。安福县、莲花县。海拔 200~500 米，林中。安徽、甘肃、广东、广西、贵州、河南、湖北、湖南、江苏、江西、陕西、四川、云南、浙江。

小木通 *Clematis armandii* Franchet

陈功锡、张代贵等，LXP-06-0521、6135。

多年生木质藤本。安福县、攸县。海拔 200~800 米，疏林、灌丛、溪边。福建、甘肃、广东、广西、贵州、湖北、湖南、江西、陕西、四川、西藏、云南、浙江。缅甸。

威灵仙 *Clematis chinensis* Osbeck

赖书坤，1984。(KUN 274660)

藤本。安福县、莲花县。海拔 100~500 米，山坡、灌丛、草丛。安徽、福建、广东、广西、贵州、海南、河南、湖北、湖南、江苏、江西、陕西、四川、台湾、云南、浙江。日本、越南。

山木通 *Clematis finetiana* Léveilléet Vaniot

陈功锡、张代贵等，LXP-06-0986、1488、2371 等。

藤本。安福县、茶陵县、分宜县、莲花县、上高县、攸县。海拔 100~1200 米，溪边、灌丛、阳处等。安徽、福建、广东、广西、贵州、河南、湖北、湖南、江苏、江西、陕西、四川、浙江。

铁线莲 *Clematis florida* Thunberg

陈功锡、张代贵等，LXP-06-5678。

藤本。安福县。海拔 600~1000 米，溪边、丘陵灌丛中、山谷等。广东、广西、湖北、湖南、江西。

粗齿铁线莲 *Clematis grandidentata* (Rehder et E. H. Wilson) W. T. Wang

陈功锡、张代贵等，LXP-06-0441、1468、2674、2779、3677 等。

落叶藤本。安福县、袁州区。海拔 400~1200 米，溪边、灌丛、疏林、路旁、灌丛溪边、灌丛河边。安徽、甘肃、贵州、河北、河南、湖北、湖南、宁夏、青海、陕西、山西、四川、云南、浙江。

单叶铁线莲 *Clematis henryi* Oliver

《江西大岗山森林生物多样性研究》。

多年生草质或木质藤本。分宜县、袁州区。海拔 700~800 米，溪边、山谷、阴湿的坡地、林下、灌丛。安徽、福建、广东、广西、贵州、湖北、湖南、江苏、江西、陕西、四川、台湾、云南、浙江。

毛柱铁线莲 *Clematis meyeniana* Walpers

岳俊三等，3729。(PE 00446493)

多年生木质藤本。安福县、分宜县、莲花县、袁州区。海拔 300~1800 米，山坡、灌丛、路旁。福建、广东、广西、贵州、海南、湖北、湖南、江西、四川、台湾、云南、浙江。日本、老挝、缅甸、菲律宾、越南。

绣球藤 *Clematis montana* Buchanan-Hamilton ex de Candolle

江西调查队，1035。(PE 00409982)

藤本。安福县。海拔 1600~1800 米，山坡、灌丛、林边。安徽、福建、甘肃、广西、贵州、河南、湖北、湖南、江西、宁夏、陕西、四川、台湾、西藏、云南、浙江。阿富汗、不丹、印度、尼泊尔、巴基斯坦。

扬子铁线莲 *Clematis puberula* var. *ganpiniana* (H. Léveillé & Vaniot) W. T. Wang

陈功锡、张代贵等，LXP-06-0501。

多年生藤本。安福县。海拔 1100~1200 米，山坡、溪边、灌丛、疏林。安徽、福建、广东、广西、贵州、河南、湖北、湖南、江西、陕西、四川、西藏、云南、浙江。

圆锥铁线莲 *Clematis terniflorade* Candolle

《江西植物志》。

藤本。安福县、莲花县、芦溪县。海拔 400~700 米，林中、路旁、草地。安徽、河南、湖北、江苏、江西、陕西、浙江。日本、朝鲜。

柱果铁线莲 *Clematis uncinata* Champion ex Bentham

《江西大岗山森林生物多样性研究》。

多年生草质藤本。安福县、分宜县。海拔 100~500 米，草地、灌丛。安徽、福建、甘肃、广东、广西、贵州、湖南、江苏、江西、陕西、四川、台湾、云南、浙江。日本、越南。

黄连属 *Coptis* Salisbury

黄连 *Coptis chinensis* Franchet

陈功锡、张代贵等，LXP-06-1245、2605。

多年生草本。安福县、芦溪县、袁州区。海拔 100~1500 米，阴处、林荫。贵州、湖北、湖南、陕西、四川。

保护级别：二级保护（第二批次）

濒危等级：VU

翠雀属 *Delphinium* Linnaeus

还亮草 *Delphinium anthriscifolium* Hance

《江西林业科技》。

一年生草本。安福县、芦溪县。海拔 200~1200 米，山坡草丛、溪边草地。安徽、福建、广东、广西、贵州、河南、湖北、湖南、江苏、江西、山西、云南、浙江。

卵瓣还亮草 *Delphinium anthriscifolium* var. *savatieri* (Franchet) Munz

陈功锡、张代贵等，LXP-06-1354、4703、4823、5001。

一年生草本。安福县、芦溪县、上高县。海拔 100~1500 米，路旁、林边、灌丛、草坡。安徽、甘肃、广东、广西、贵州、河南、湖北、湖南、江苏、江西、陕西、四川、云南、浙江。越南。

人字果属 *Dichocarpum* W. T. Wang et Hsiao

蕨叶人字果 *Dichocarpum dalzielii* (Drumm. et Hutch.) W. T. Wang et Hsiao

陈功锡、张代贵等，LXP-06-4488。

多年生草本。安福县、芦溪县。海拔 600~700 米，路旁。安徽、福建、广东、广西、贵州、海南、湖北、湖南、江西、四川、浙江。

人字果 *Dichocarpum sutchuenense* (Franch.) W. T. Wang et Hsiao

多年生草本。茶陵县、攸县。海拔 200~500 米，林下多石的阴湿地。云南、四川、湖北、浙江。

毛茛属 *Ranunculus* Linnaeus

禺毛茛 *Ranunculus cantoniensis* de Candolle

陈功锡、张代贵等，LXP-06-3387、3426、3471 等。

多年生草本。安福县、莲花县、芦溪县、袁州区。海拔 200~500 米，路旁、沼泽、草地。安徽、福建、广东、广西、贵州、河南、湖北、湖南、江苏、江西、陕西、四川、台湾、云南、浙江。不丹、日本、朝鲜、尼泊尔。

毛茛 *Ranunculus japonicus* Thunberg

陈功锡、张代贵等，LXP-06-1303、1307、3527。

多年生草本。安福县、莲花县、芦溪县。海拔 100~1500 米，田沟旁、林缘路边。安徽、福建、甘肃、广东、广西、贵州、河北、黑龙江、河南、湖北、湖南、江苏、江西、吉林、辽宁、内蒙古、陕西、山东、山西、四川、台湾、云南、浙江。日本、俄罗斯。

石龙芮 *Ranunculus sceleratus* Linnaeus

《江西林业科技》。

一年生草本。安福县、芦溪县、上高县。海拔 50~800 米，溪边、湿地。安徽、福建、甘肃、广东、广西、贵州、河北、黑龙江、河南、湖南、江苏、江西、吉林、辽宁、内蒙古、宁夏、陕西、山东、山西、四川、台湾、新疆、云南、浙江。阿富汗、不丹、印度、日本、哈萨克斯坦、朝鲜、尼泊尔、巴基斯坦、俄罗斯、泰国；欧洲、北美洲。

扬子毛茛 *Ranunculus sieboldii* Miquel

陈功锡、张代贵等，LXP-06-1020、3614、3756 等。

多年生草本。安福县、上高县、渝水区、袁州区。海拔 100~900 米，草地、沼泽、疏林等。安徽、福建、甘肃、广西、贵州、河南、湖北、湖南、江苏、江西、陕西、山东、四川、台湾、云南、浙江。日本。

猫爪草 *Ranunculus ternatus* Thunberg

陈功锡、张代贵等，LXP-06-1068。

一年生草本。芦溪县。海拔 400~500 米，湿地、田地。安徽、福建、广西、河南、湖北、湖南、江苏、江西、台湾、浙江。日本。

天葵属 *Semiaquilegia* Makino

天葵 *Semiaquilegia adoxoides* (de Candolle) Makino

陈功锡、张代贵等，LXP-06-1019、1270。

多年生草本。安福县、芦溪县。海拔 300~400 米，石上、路旁。安徽、福建、广西、贵州、河南、湖北、湖南、江苏、江西、陕西、四川、云南、浙江。日本、朝鲜。

唐松草属 *Thalictrum* Linnaeus

尖叶唐松草 *Thalictrum acutifolium* (Handel-Mazzetti) B. Boivin

岳俊三等，3254。(PE 00447531)

多年生草本。安福县、茶陵县、袁州区。海拔 600~900 米，林中、湿地。安徽、福建、广东、广西、贵州、湖南、江西、四川、浙江。

小果唐松草 *Thalictrum microgynum* Lecoyer ex Oliver

陈功锡、张代贵等，LXP-06-1757、9248。

多年生草本。安福县、芦溪县。海拔 700~1400 米，密林、石上。湖北、湖南、山西、四川、云南。缅甸。

濒危等级：NT

32. 木通科 Lardizabalaceae

木通属 *Akebia* Decaisne

木通 *Akebia quinata* (Houttuyn) Decaisne

《江西林业科技》。

落叶木质藤本。安福县、茶陵县、分宜县、芦溪县、上高县、袁州区。海拔300~1500米，灌丛、林缘、沟谷。安徽、福建、河南、湖北、湖南、江苏、江西、山东、四川、浙江。日本、朝鲜。

三叶木通 *Akebia trifoliata* (Thunberg) Koidzumi

陈功锡、张代贵等，LXP-06-6845、8632、8869等。

落叶木质藤本。安福县、袁州区。海拔200~600米，山地、沟谷、疏林、丘陵灌丛。甘肃、河南、湖北、山西、山东、陕西、四川。日本。

白木通 *Akebia trifoliata* subsp. *australis* (Diels) T. Shimizu

陈功锡、张代贵等，LXP-06-0422、2092、8139、8936。

落叶木质藤本。安福县、分宜县、芦溪县、袁州区。海拔200~1500米，灌木、路旁。安徽、福建、广东、贵州、河南、湖北、湖南、江苏、江西、山西、陕西、四川、台湾、云南、浙江。

八月瓜属 *Holboellia* Wallich

五月瓜藤 *Holboellia angustifolia* Wallich

陈功锡、张代贵等，LXP-06-0198。

常绿木质藤本。安福县。海拔300~600米，疏林、山坡杂木林、沟谷林中。安徽、广东、广西、贵州、湖北、陕西、四川、西藏、云南。不丹、印度、缅甸、尼泊尔。

鹰爪枫 *Holboellia coriacea* Deils

江西调查队、00366。(PE 01029891)

常绿木质藤本。芦溪县。海拔500~1000米，灌丛、路边、溪谷、林缘。安徽、贵州、湖北、湖南、江苏、江西、陕西、四川、浙江。

大血藤属 *Sargentodoxa* Rehder et E. H. Wilson

大血藤 *Sargentodoxa cuneata* (Oliver) Rehder et E. H. Wilson

岳俊三等，2725。(PE 01029310)

落叶木质藤本。安福县、莲花县。海拔400~1600米，山坡疏林、溪边。安徽、福建、广东、广西、贵州、海南、河南、湖北、湖南、江苏、江西、陕西、四川、云南、浙江。老挝、越南。

野木瓜属 *Stauntonia* de Candolle

黄蜡果 *Stauntonia brachyanthera* Handel-Mazzetti

陈功锡、张代贵等，LXP-06-1645、4518、5479。

藤本。茶陵县、攸县。海拔 500~1200米，密林、灌丛、路旁。广西、贵州、湖南。

野木瓜 *Stauntonia chinensis* de Candolle

赖书绅，0042。(LBG 00013728)

常绿木质藤本。分宜县。海拔500~1300米，密林、灌丛、疏林。安徽、福建、广东、广西、贵州、海南、湖南、江西、云南、浙江。

濒危等级：NT

牛藤果 *Stauntonia elliptica* Hemsley

陈功锡、张代贵等，LXP-06-0655、

0768、2012、6730 等。

藤本。安福县、茶陵县、莲花县、芦溪县、袁州区。海拔 100~700 米，疏林、溪边、路旁。广东、广西、贵州、湖北、湖南、江西、四川、云南。印度。

倒卵叶野木瓜 *Stauntonia obovata* Hemsley

陈功锡、张代贵等，LXP-06-0196。

藤本。安福县。海拔 200~500 米，疏林、密林。福建、广东、广西、湖南、江西、四川、台湾。

尾叶那藤 *Stauntonia obovatifoliola* subsp. *urophylla* (Handel- Mazzetti) H. N. Qin

陈功锡、张代贵等，LXP-06-0189、0460、1120 等。

藤本。安福县、茶陵县、芦溪县、攸县。海拔 200~1500 米，疏林、溪边、密林、灌丛等。福建、广东、广西、江西、湖南、浙江。

33. 防己科 Menispermaceae

木防己属 *Cocculus* Candolle

木防己 *Cocculus orbiculatus* (Linnaeus) Candolle

陈功锡、张代贵等，LXP-06-0662、0708、1928、3700、3738。

藤本。安福县、茶陵县、莲花县、上高县、攸县。海拔 100~800 米，草地河边、溪边、灌丛、疏林溪边、路旁、路旁树上等。安徽、福建、广东、广西、贵州、海南、河南、湖北、湖南、江苏、江西、陕西、山东、四川、台湾、云南、浙江。印度、印度尼西亚、日本、老挝、马来西亚、尼泊尔、菲律宾；引入印度洋群岛和太平洋群岛。

轮环藤属 *Cyclea* Arnott ex Wight

轮环藤 *Cyclea racemosa* Oliver

陈功锡、张代贵等，LXP-06-4013、5061、7658。

藤本。安福县、上高县。海拔 100~600 米，灌丛溪边、路旁。福建、广东、贵州、湖北、湖南、江西、山西、四川、浙江。

秤钩风属 *Diploclisia* Miers

秤钩风 *Diploclisia affinis* (Oliver) Diels

陈功锡、张代贵等，LXP-06-4623。

藤本。安福县。海拔 600~700 米，路旁。安徽、福建、广东、广西、贵州、湖北、湖南、江西、四川、云南、浙江。

苍白秤钩风 *Diploclisia glaucescens* (Blume) Diels

陈功锡、张代贵等，LXP-06-3460。

藤本。芦溪县。海拔 300~350 米，灌丛、疏林。广东、广西、海南、云南。印度、印度尼西亚、缅甸、新几内亚岛、菲律宾、斯里兰卡、泰国。

蝙蝠葛属 *Menispermum* Linnaeus

蝙蝠葛 *Menispermum dauricum* Candolle Syst

《江西林业科技》。

落叶藤本。安福县、芦溪县、上高县。海拔 100~800 米，林缘、灌丛、岩石。安徽、甘肃、贵州、河北、黑龙江、湖北、湖南、江苏、江西、吉林、辽宁、内蒙古、宁夏、陕西、山东、山西、浙江。日本、朝鲜、俄罗斯。

细圆藤属 *Pericampylus* Miers

细圆藤 *Pericampylus glaucus* (Lamarck) Merrill

陈功锡、张代贵等，LXP-06-0115、

0205、0684 等。

藤本。安福县、茶陵县、芦溪县。海拔 200~700 米，路旁、河边、灌丛、溪边。福建、广东、广西、贵州、海南、湖南、江西、四川、台湾、浙江。印度、印度尼西亚、老挝、马来西亚、缅甸、菲律宾、泰国、越南。

千斤藤属 *Stephania* Loureiro

金线吊乌龟 *Stephania cephalantha* Hayata

陈功锡、张代贵等，LXP-06-3524、3890、3892。

落叶藤本。安福县。海拔 200~300 米，路旁、草地树上。西北至陕西汉中，东至浙江、江苏和台湾，西南至四川东部和东南部、贵州东部和南部，南至广西和广东。

千金藤 *Stephania japonica* (Thunberg) Miers

《江西林业科技》。

藤本。安福县、茶陵县、莲花县、芦溪县。海拔 200~900 米，疏林、灌丛。安徽、重庆、福建、广西、贵州、海南、河南、湖北、湖南、江苏、江西、四川、云南、浙江。孟加拉国、印度、印度尼西亚、日本、朝鲜、老挝、马来西亚、缅甸、尼泊尔、斯里兰卡、泰国、越南；澳大利亚、太平洋群岛。

粪箕笃 *Stephania longa* Lour.

陈功锡、张代贵等，LXP-06-3921。

多年生草本。安福县。海拔 150~200 米，灌丛。福建、广东、广西、海南、台湾、云南。老挝。

粉防己 *Stephania tetrandra* S. Moore

陈功锡、张代贵等，LXP-06-1329。

藤本。安福县、分宜县。海拔 300~350 米，草地、灌丛、路旁、沟边。安徽、福建、广东、广西、海南、湖北、湖南、江西、台湾、浙江。

青牛胆属 *Tinospora* Miers

青牛胆 *Tinospora sagittata* (Oliver) Gagnepain

岳俊三，3616。(IBSC 0097852)

常绿藤本。安福县、分宜县。海拔 200~800 米，溪边、疏林。福建、广东、广西、贵州、海南、湖北、湖南、江西、山西、陕西、四川、西藏、云南。越南。

濒危等级：EN

34. 八角科 Illiciaceae

八角属 *Illicium* Linnaeus

大屿八角 *Illicium angustisepalum* A. C. Smith

陈功锡、张代贵等，LXP-06-1199、1235、1237、1714、1733 等。

常绿乔木。安福县、芦溪县。海拔 400~1600 米，灌丛、路旁、密林、溪边。安徽、福建、广东、江西。

红茴香 *Illicium henryi* Diels

《江西林业科技》。

常绿乔木。安福县、莲花县、芦溪县。海拔 300~1000 米，密林、疏林、灌丛、山谷、溪边。安徽、福建、甘肃、广东、广西、贵州、河南、湖北、湖南、江西、陕西、四川、云南。

假地枫皮 *Illicium jiadifengpi* B. N. Cang

岳俊三等，3728。(NAS NAS00317909)

常绿乔木。安福县。海拔 1000~1500 米，密林、疏林。广东、广西、湖北、湖南、江西、四川、浙江。

红毒茴 *Illicium lanceolatum*

陈功锡、张代贵等，LXP-06-1620、2813、9119、9278。

常绿灌木。安福县、分宜县、莲花县、芦溪县、攸县。海拔 400~1100 米，密林河边、疏林、路旁。安徽、福建、贵州、湖北、湖南、江苏、江西、浙江。

35. 五味子科 Schisandraceae

南五味子属 *Kadsura* Jussieu

黑老虎 *Kadsura coccinea* (Lemaire) A. C. Smith

常绿藤本。安福县。海拔 400~1400 米，疏林。广东、广西、贵州、海南、湖南、江西、四川、云南。缅甸、越南。

濒危等级：VU

异形南五味子 *Kadsura heteroclita* (Roxburgh) Craib

陈功锡、张代贵等，LXP-06-0215、0566、0687、2237、5849 等。

常绿藤本。安福县、茶陵县、分宜县、莲花县、攸县、袁州区。海拔 100~1500 米，沼泽、疏林、灌丛、溪边。安徽、福建、广东、广西、贵州、海南、湖北、湖南、江苏、江西、四川、云南、浙江。

南五味子 *Kadsura longipedunculata* Finet et Gagnepain

陈功锡、张代贵等，LXP-06-1810、2096。

藤本。安福县、芦溪县、攸县。海拔 1100~1600 米，密林、灌丛。福建、广东、广西、贵州、海南、湖南、陕西、四川、云南。孟加拉国、不丹、印度、印度尼西亚、老挝、马来西亚、缅甸、斯里兰卡、泰国、越南。

五味子属 *Schisandra* Michaux

绿叶五味子 *Schisandra arisanensis* subsp. *viridis* (A. C. Smith) R. M. K. Saunders

《江西林业科技》。

落叶藤本。安福县。海拔 200~1300 米，山沟、溪谷丛林。安徽、福建、广东、广西、贵州、湖南、江西、浙江。

二色五味子 *Schisandra bicolor* Cheng

《安福木本植物》

落叶藤本。安福县。海拔 1200 米，山坡、森林边缘。浙江（天目山）、江西。

翼梗五味子 *Schisandra henryi* Clarke

陈功锡、张代贵等，LXP-06-0243、1876、2104 等。

藤本。安福县、茶陵县、分宜县、莲花县、芦溪县、袁州区。海拔 400~1600 米，疏林、沟谷边、山坡林下、灌丛。重庆、福建、广东、广西、贵州、河南、湖北、湖南、江西、四川、云南、浙江。

铁箍散 *Schisandra propinqua* (Wallich) Baillon var. *sinensis* Oliver

陈功锡、张代贵等，LXP-06-0214、0978。

藤本。安福县。海拔 200~500 米，沼泽、溪边。甘肃、贵州、河南、湖北、湖南、山西、四川、西藏、云南。

华中五味子 *Schisandra sphenanthera* Rehder et E. H. Wilson

陈功锡、张代贵等，LXP-06-6598。

藤本。莲花县、上高县。海拔 400~500 米，灌丛。安徽、甘肃、贵州、河南、湖北、湖南、江苏、陕西、山西、四川、云南、浙江。

36. 木兰科 Magnoliaceae

厚朴属 *Houpoea* N. H. Xia & C. Y. Wu

厚朴 *Houpoea officinalis*（Rehder et E. H. Wilson）N. H. Xia et C. Y. Wu

陈功锡、张代贵等，LXP-06-2051、2063、4881、4887 等。

落叶乔木。安福县、茶陵县、芦溪县、上高县、袁州区。海拔 300~700 米，密林、路旁。安徽、福建、甘肃、广东、广西、贵州、河南、湖北、湖南、江西、陕西、四川、浙江。

保护级别：二级保护（第一批次）

鹅掌楸属 *Liriodendron* Linnaeus

鹅掌楸 *Liriodendron chinense* Hemsley

陈功锡、张代贵等，LXP-06-0156、3786、4813。

常绿乔木。安福县、分宜县。海拔 100~200 米，路旁。安徽、重庆、福建、广西、贵州、湖北、湖南、江西、陕西、四川、云南、浙江。越南。

保护级别：二级保护（第一批次）

木莲属 *Manglietia* Blume

落叶木莲 *Manglietia decidua* Q. Y. Zheng

陈功锡、张代贵等，LXP-06-9286、9288。

常绿乔木。袁州区。海拔 400~700 米，密林、疏林。江西。

保护级别：一级保护（第一批次）

濒危等级：VU

木莲 *Manglietia fordiana* Oliver

丁小平，106。(PE 01800288)

落叶乔木。分宜县。海拔 500~1200 米，疏林。安徽、福建、广东、广西、贵州、湖南、江西、云南、浙江。越南。

含笑属 *Michelia* Linnaeus

阔瓣含笑 *Michelia cavaleriei* var. *platypetala* (Handel-Mazzetti) N. H. Xia

陈功锡、张代贵等，LXP-06-0180。

常绿乔木。安福县。海拔 200~300 米，路旁、密林。广东、广西、贵州、湖北、湖南。

乐昌含笑 *Michelia chapensis* Dandy

江西调查队，1532。(PE 00081832)

常绿乔木。安福县。海拔 500~1700 米，林中。广东、广西、贵州、湖南、江西、云南。越南。

保护级别：二级保护（第二批次）

濒危等级：NT

紫花含笑 *Michelia crassipes* Law

陈功锡、张代贵等，LXP-06-0625、1685、4015 等。

常绿灌木。安福县、茶陵县、分宜县。海拔 100~600 米，溪边、密林、灌丛等。广东、广西、湖南。

濒危等级：EN

含笑花 *Michelia figo* (Loureiro) Sprengel

叶华谷、曾飞燕等，LXP10-1210。（IBSC 0774247）

常绿灌木。安福县、分宜县、袁州区。海拔 400~1000 米，林中、溪谷。大部分中国地区均有，可能源于栽培。

金叶含笑 *Michelia foveolata* Merrill ex Dandy

陈功锡、张代贵等，LXP-06-0181、8391。

常绿乔木。安福县。海拔 200~600 米，路旁、灌丛。福建、广东、广西、贵州、海南、湖北、湖南、江西、云南。越南。

深山含笑 *Michelia maudiae* Dunn

陈功锡、张代贵等，LXP-06-1306、1910、6672 等。

常绿乔木。安福县、茶陵县、分宜县、莲花县、芦溪县、袁州区。海拔 500~1500 米，路旁、灌丛、疏林等。安徽、福建、广东、广西、贵州、江西、湖南、浙江。

野含笑 *Michelia skinneriana* Dunn

陈功锡、张代贵等，LXP-06-1628。

落叶乔木。安福县、分宜县、莲花县、攸县。海拔 400~500 米，河边、溪边。福建、广东、广西、湖南、江西、浙江。

天女花属 *Oyama* (Nakai) N. H. Xia & C. Y. Wu

天女花 *Oyama sieboldii* (K. Koch) N. H. Xia et C. Y. Wu

落叶乔木。安福县、芦溪县、袁州区。海拔 1600~1800 米，阴坡、山谷林中。安徽、福建、广西、贵州、河北、湖北、湖南、江西、吉林、辽宁、浙江。日本、朝鲜。

濒危等级：NT

玉兰属 *Yulania* Spach

望春玉兰 *Yulania biondii* (Pampanini) D. L. Fu

陈功锡、张代贵等，LXP-06-9602。

落叶乔木。分宜县。海拔 300~2100 米，林中。重庆、甘肃、河南、湖北、湖南、江西、陕西、四川。

黄山玉兰 *Yulania cylindrica* (E. H. Wilson) D. L. Fu

陈功锡、张代贵等，LXP-06-9244。

落叶乔木。安福县。海拔 800~1200 米，疏林、山坡、疏林、灌丛。安徽、浙江、江西、福建、湖北西南。

玉兰 *Yulania denudata* (Desrousseaux) D. L. Fu

岳俊三等，3241。(PE 00102160)

落叶乔木。安福县、分宜县、莲花县。海拔 500~1000 米，林中。安徽、重庆、广东、贵州、湖北、湖南、江西、陕西、云南、浙江。

濒危等级：NT

37. 樟科 Lauraceae

黄肉楠属 *Actinodaphne* Nees

红果黄肉楠 *Actinodaphne cupularis* (Hemsley) Gamble

陈功锡、张代贵等，LXP-06-1179。

常绿乔木。安福县、芦溪县。海拔 900~1000 米，疏林。广西、贵州、湖北、湖南、四川、云南。

樟属 *Cinnamomum* Schaeffer Bot.

毛桂 *Cinnamomum appelianum* Schewe

陈功锡、张代贵等，LXP-06-4066、4597。

常绿乔木。安福县、莲花县。海拔 300~900 米，灌丛、路旁。广东、广西、贵州、湖南、江西、四川、云南。

华南桂 *Cinnamomum austrosinense* Hung T. Chang

陈功锡、张代贵等，LXP-06-0754、1749、9067。

常绿乔木。安福县、分宜县、芦溪县。海拔 500~800 米，溪边、密林、灌丛。福建、广东、广西、贵州、江西、浙江。

阴香 *Cinnamomum burmannii* (C. G. et Th. Nees) Bl.

《安福木本植物》，熊耀国 07769。（LBG 00026744）

常绿乔木。安福县、芦溪县。海拔 500~800 米，疏林、密林或灌丛中，或溪边路旁等处。广东、广西、云南、福建。印度，经缅甸和越南，至印度尼西亚和菲律宾。

樟 *Cinnamomum camphora* (Linnaeus) Presl

陈功锡、张代贵等，LXP-06-1525、3723、3888 等。

常绿乔木。安福县、茶陵县、分宜县、莲花县、上高县、攸县、袁州区。海拔 100~400 米，疏林、溪边、池塘边等。长江以南和以东南省份，至台湾。日本、朝鲜、越南；栽培于世界多个国家。

保护级别：二级保护（第一批次）

天竺桂 *Cinnamomum japonicum* Siebold

熊耀国，9066。(LBG 00026669)

常绿乔木。安福县。海拔 300~1000 米，林中。安徽、福建、江苏、江西、台湾、浙江。日本、朝鲜。

保护级别：二级保护（第一批次）

濒危等级：VU

野黄桂 *Cinnamomum jensenianum* Handel-Mazzetti

岳俊三，3578。（NAS NAS00189096）

常绿乔木。安福县。海拔 600~1500 米，林中。湖南西部、湖北、四川、江西、广东、福建。

沉水樟 *Cinnamomum micranthum* Hayata

陈功锡、张代贵等，LXP-06-0237。

常绿乔木。安福县。海拔 200~300 米，疏林。福建、广东、广西、贵州、海南、江西、台湾。越南。

濒危等级：VU

黄樟 *Cinnamomum parthenoxylon* (Jack) Meisner

丁小平，099。（PE 01314110）

常绿乔木。分宜县。海拔 300~500 米，灌丛、林中。福建、广东、广西、贵州、海南、湖南、江西、四川、云南。不丹、柬埔寨、印度、印度尼西亚、老挝、马来西亚、缅甸、尼泊尔、巴基斯坦、泰国、越南。

少花桂 *Cinnamomum pauciflorum* Nees

《安福木本植物》。

常绿乔木。安福县。海拔 400~1400 米，生于石灰岩或砂岩上的山地或山谷疏林或密林中。湖南西部、湖北、四川东部、云南东北部、贵州、广西及广东北部。印度。

香桂 *Cinnamomum subavenium* Miquel

姚淦等，9513。（NAS NAS00189296）

常绿乔木。安福县、分宜县。海拔 400~1100 米，山坡、林中。安徽、福建、广东、广西、贵州、湖北、江西、四川、台湾、云南、浙江。柬埔寨、印度、印度尼西亚、老挝、马来西亚、缅甸、泰国、越南。

辣汁树 *Cinnamomum tsangii* Merrill

赖书绅，1907。(PE 00294313)

常绿乔木。安福县。海拔 400~1000 米，疏林、密林。福建、广东、海南、江西。

川桂 *Cinnamomum wilsonii* Gamble

陈功锡、张代贵等，LXP-06-1611。

常绿乔木。安福县、攸县。海拔500~600米，路旁、山谷、山坡阳处、沟边、疏林、密林。广东、广西、湖北、湖南、江西、陕西、四川。

山胡椒属 *Lindera* Thunberg

乌药 *Lindera aggregata*

陈功锡、张代贵等，LXP-06-0195、0447、1084等。

常绿灌木。安福县、茶陵县、分宜县、莲花县、芦溪县、攸县、袁州区。海拔80~700米，疏林、溪边、密林灌丛等。安徽、福建、广东、广西、贵州、海南、湖南、江西、台湾、浙江。菲律宾、越南。

狭叶山胡椒 *Lindera angustifolia* Cheng

陈功锡、张代贵等，LXP-06-0202、0290、0648等。

常绿乔木。安福县、茶陵县、莲花县。海拔100~300米，河边、沼泽、疏林等。安徽、福建、广东、广西、河南、湖北、江苏、江西、陕西、山东、浙江。朝鲜。

香叶树 *Lindera communis* Hemsley

岳俊三，3634。（NAS NAS00190016）

常绿灌木。安福县、分宜县。海拔400~1200米，林中。福建、甘肃、广东、广西、贵州、湖北、湖南、江西、陕西、四川、台湾、云南、浙江。印度、老挝、缅甸、泰国、越南。

红果山胡椒 *Lindera erythrocarpa* Makino

陈功锡、张代贵等，LXP-06-0491、1085、1453、1912等。

常绿乔木。安福县、茶陵县、分宜县、芦溪县、攸县、袁州区。海拔200~1100米，密林溪边、灌丛、路旁、草地。安徽、福建、广东、广西、河南、湖北、湖南、江苏、江西、陕西、山东、四川、台湾。日本、朝鲜。

香叶子 *Lindera fragrans* Oliver

陈功锡、张代贵等，LXP-06-2064。

常绿乔木。安福县、分宜县、莲花县、芦溪县。海拔500~800米，密林、疏林、多岩的沟谷。江西、贵州、湖北、陕西、四川。

山胡椒 *Lindera glauca* (Siebold & Zuccarini) Blume

陈功锡、张代贵等，LXP-06-1855、1890、2028等。

常绿乔木。安福县、茶陵县、分宜县、莲花县、上高县、攸县、袁州区。海拔100~900米，密林、疏林、灌丛等。安徽、福建、甘肃、广东、广西、贵州、河南、湖北、湖南、江西、陕西、山东、山西、四川、台湾、浙江。日本、朝鲜、缅甸、越南。

黑壳楠 *Lindera megaphylla* Hemsley

陈功锡、张代贵等，LXP-06-1145。

常绿乔木。安福县、芦溪县。海拔800~900米，生于山坡、谷地湿润常绿阔叶林或灌丛中。安徽、福建、甘肃、广东、广西、贵州、湖北、湖南、江西、陕西、四川、云南。

绒毛山胡椒 *Lindera nacusua* (D. Don) Merrill

陈功锡、张代贵等，LXP-06-1193。

常绿灌木。分宜县、芦溪县。海拔900~1500米，灌丛、谷地、山坡、常绿阔叶林中等。福建、广东、广西、海南、江西、四川、西藏、云南。不丹、印度、缅甸、尼泊尔、越南。

绿叶甘橿 *Lindera neesiana*（Wallich ex Nees）Kurz

陈功锡、张代贵等，LXP-06-1000。

落叶乔木。安福县。海拔 400~1000 米，密林溪边、草坡。安徽、贵州、河南、湖北、湖南、江西、陕西、四川、西藏、云南、浙江。不丹、印度、缅甸、尼泊尔。

三桠乌药 *Lindera obtusiloba* Blume

陈功锡、张代贵等，LXP-06-9439。

落叶乔木。安福县、袁州区。海拔 400~1400 米，疏林、山谷、密林灌丛中。安徽、福建、甘肃、河南、湖北、湖南、江苏、江西、辽宁、陕西、山东、四川、西藏、浙江。日本、朝鲜。

大果山胡椒 *Lindera praecox* (Siebold & Zuccarini) Blume

江西调查队，00107。(PE 00295852)

落叶灌木。安福县。海拔 300~600 米，灌丛。安徽、湖北、浙江、江西。日本。

香粉叶 *Lindera pulcherrima* (Wall.) Benth. var. *attenuata* Allen

赵奇僧、高贤明等，1136。(CSFI002523)

常绿小乔木。安福县、芦溪县。海拔 700~800 米以下山坡林下、溪边。广东、广西、湖南、湖北、云南、贵州、四川。

川钓樟 *Lindera pulcherrima* Bentham var. *hemsleyana* (Diels) H. P. Tsui

陈功锡、张代贵等，LXP-06-1153、1763。

常绿乔木。芦溪县。海拔 700~800 米，路旁、密林溪边。广西、贵州、湖北、湖南、陕西、四川、云南。

山橿 *Lindera reflexa* Hemsley

陈功锡、张代贵等，LXP-06-1197。

落叶灌木。安福县、茶陵县、分宜县、莲花县、芦溪县、攸县。海拔 100~800 米，灌丛、疏林、阴处等。安徽、福建、广东、广西、贵州、河南、湖北、湖南、江苏、江西、云南、浙江。

红脉钓樟 *Lindera rubronervia* Gamble

赖书坤，1696。(KUN 0106167)

落叶灌木。安福县、莲花县。海拔 300~1100 米，山坡林下、溪边、山谷。安徽、河南、江西、江苏、浙江。

木姜子属 *Litsea* Lamarck

豹皮樟 *Litsea coreana*Léveillé var. *sinensis* (Allen) Yang et P. H. Huang

《江西大岗山森林生物多样性研究》。

常绿乔木。安福县、分宜县、芦溪县。海拔 100~900 米，林中。安徽、福建、河南、湖北、江苏、江西、浙江。

毛豹皮樟 *Litsea coreana* var. *lanuginosa* (Migo) Yen C. Yang & P. H. Huang

陈功锡、张代贵等，LXP-06-1447、1574。

常绿乔木。安福县、茶陵县、莲花县。海拔 300~1300 米，灌丛、路旁。安徽、福建、广东、广西、贵州、河南、湖北、湖南、江苏、江西、四川、云南、浙江。

毛山鸡椒 *Litsea cubeba* (Loureiro) Persoon var. *formosana* (Nakai) Yang et P. H. Huang

岳俊三等，3057。(NAS NAS00198416)

落叶灌木。安福县。海拔 500~1800 米，灌丛、疏林、林中路旁、水边，阳处。福建、广东、江西、台湾、浙江。

山鸡椒 *Litsea cubeba* (Loureiro) Persoon

陈功锡、张代贵等，LXP-06-0010、0999、1196 等。

落叶灌木。安福县、茶陵县、芦溪县、

袁州区。海拔 100~1500 米，路旁河边、灌丛、密林等。安徽、福建、广东、广西、贵州、海南、湖北、湖南、江苏、江西、四川、台湾、西藏、云南、浙江。亚洲。

黄丹木姜子 *Litsea elongata* (Nees) J. D. Hooker

赖书绅，1694。(PE 00436149)

常绿乔木。安福县、分宜县、袁州区。海拔 500~1000 米，山坡、路旁、灌丛、林中。安徽、福建、广东、广西、贵州、海南、湖北、湖南、江苏、江西、四川、西藏、云南、浙江。印度、尼泊尔。

润楠叶木姜子 *Litsea machiloides* Yang et P. H. Huang

陈功锡、张代贵等，LXP-06-0960、3005。

常绿乔木。安福县。海拔 200~400 米，溪边、疏林。广东。

濒危等级：EN

毛叶木姜子 *Litsea mollis* Hemsley(清香木姜子 *Litsea euosma* W. W. Sm.)

陈功锡、张代贵等，LXP-06-5122。

常绿乔木。安福县、茶陵县、分宜县、莲花县、芦溪县。海拔 100~200 米，山坡灌丛中、林缘处。广东、广西、贵州、湖北、湖南、四川、西藏、云南。泰国。

红皮木姜子 *Litsea pedunculata* (Diels) Yen C. Yang & P. H. Huang

陈功锡、张代贵等，LXP-06-0671、0722、0937、1204、1227 等。

常绿灌木。安福县、莲花县、芦溪县。海拔 300~1500 米，灌丛、溪边、路旁、阳处、疏林溪边、疏林。广西、贵州、湖北、湖南、江西、四川、云南。

豺皮樟 *Litsea rotundifolia* Hemsley var. *oblongifolia* (Nees) Allen

《江西大岗山森林生物多样性研究》。

常绿乔木。安福县、分宜县。海拔 200~800 米，灌木、疏林。福建、广东、广西、海南、湖南、江西、台湾、浙江。越南。

润楠属 *Machilus* Nees

基脉润楠 *Machilus decursinervis* Chun

陈功锡、张代贵等，LXP-06-1905。

常绿乔木。茶陵县。海拔 800~900 米，灌丛。广西、贵州、湖南、云南。越南。

黄绒润楠 *Machilus grijsii* Hance

岳俊三等，2919。(PE 00618237)

常绿乔木。安福县、分宜县。海拔 200~1000 米，灌丛、密林。福建、广东、海南、江西、浙江。

宜昌润楠 *Machilus ichangensis* Rehd. Et Wils.

《安福木本植物》。

常绿乔木。安福县。海拔 400 米左右沟谷林中。湖北、四川、陕西南部、甘肃西部。

薄叶润楠 *Machilus leptophylla* Handel-Mazzetti

陈功锡、张代贵等，LXP-06-1141、1302、1703、1732、1755 等。

常绿乔木。安福县、分宜县、莲花县、芦溪县、袁州区。海拔 500~1500 米，密林、路旁、溪边。福建、广东、广西、贵州、湖南、江苏、浙江。

木姜润楠 *Machilus litseifolia* S. Lee

《安福木本植物》。

常绿乔木。安福县。海拔 1000 米以上阔叶林中。广西北部、广东、浙江南部、贵州东南部。

建润楠 *Machilus oreophila* Hance

《江西林业科技》。

常绿乔木。安福县、芦溪县、袁州区。海拔 500~1300 米，河边。福建、广东、广西、贵州、湖南。

刨花润楠 *Machilus pauhoi* Kanehira

《江西林业科技》。

常绿乔木。安福县、芦溪县。海拔 800~1600 米，灌丛、山谷疏林。福建、广东、广西、湖南、江西、浙江。

凤凰润楠 *Machilus phoenicis* Dunn

陈功锡、张代贵等，LXP-06-4011。

常绿乔木。安福县。海拔 400~450 米，灌丛溪边。福建、广东、湖南、江西、浙江。

红楠 *Machilus thunbergii* Siebold & Zuccarini

陈功锡、张代贵等，LXP-06-9272。

常绿乔木。安福县。海拔 200~900 米，疏林。安徽、福建、广东、广西、湖南、江苏、江西、山东、台湾、浙江。日本、朝鲜。

绒毛润楠 *Machilus velutina* Champion ex Bentham

陈功锡、张代贵等，LXP-06-1340、5011、5046 等。

常绿乔木。分宜县、芦溪县、上高县。海拔 100~600 米，疏林、路旁。福建、广东、广西、贵州、海南、江西、浙江。柬埔寨、老挝、越南。

新木姜子属 *Neolitsea* (Bentham & J. D. Hooker) Merrill

浙江新木姜子 *Neolitsea aurata* Koidzumi var. *Chekiangensis* Yang et P. H. Huang

赖书坤，1524。(KUN 0173571)

常绿乔木。莲花县。海拔 500~1300 米，林中。安徽、福建、江苏、江西、浙江。

云和新木姜子 *Neolitsea aurata* var. *Paraciculata*Yen C. Yang & P. H. Huang

岳俊三，3668。(IBSC 0063442)

常绿灌木。安福县、莲花县。海拔 500~1500 米，林缘、林中。广东、广西、湖南、江西、浙江。

新木姜子 *Neolitsea aurata* (Hayata) Koidzumi

陈功锡、张代贵等，LXP-06-1137。

常绿乔木。安福县、分宜县、莲花县、芦溪县。海拔 600~1000 米，密林、山坡林缘、杂木林中。福建、广东、广西、贵州、湖北、湖南、江苏、江西、四川、台湾、云南。日本。

锈叶新木姜子 *Neolitsea cambodiana* Lecomte

陈功锡、张代贵等，LXP-06-1138。

常绿乔木。芦溪县。海拔 700~1000 米，密林。福建、广东、广西、海南、湖南、江西。柬埔寨、老挝。

鸭公树 *Neolitsea chuii* Merr.

《安福木本植物》

常绿乔木。安福县。海拔 500~1400 米，山地林中。广东、广西、湖南、江西、福建、云南东南部。

簇叶新木姜子 *Neolitsea confertifolia* (Hemsley) Merrill

岳俊三等，3621。(NAS NAS00196571)

常绿乔木。安福县。海拔 400~1000 米，山地、水旁、灌丛、密林。广东、广西、贵州、河南、湖北、湖南、江西、陕西、四川。

大叶新木姜子 *Neolitsea levinei* Merrill

陈功锡、张代贵等，LXP-06-1140、1694、7871、9114。

常绿乔木。安福县、芦溪县。海拔600~900米，密林、溪边、路旁溪边。福建、广东、广西、贵州、湖北、湖南、江西、四川、云南。

显脉新木姜子

Neolitsea phanerophlebia Merrill

岳俊三等，3179。(WUK 0221357)

常绿乔木。安福县。海拔500~1000米，山谷疏林。广东、广西、海南、湖南、江西。

羽脉新木姜子 *Neolitsea pinninervis* Yen C. Yang & P. H. Huang

陈功锡、张代贵等，LXP-06-1226、2825。

常绿乔木或灌木。安福县、芦溪县。海拔900~1500米，疏林、溪边、密林。广东、广西、贵州、湖南。

紫云山新木姜子 *Neolitsea wushanica* (Chun) Merrill var. *pubens* Yang et P. H. Huang

陈功锡、张代贵等，LXP-06-0734。

常绿乔木。安福县。海拔500~1000米，溪边、密林。湖南、江西。

楠属 *Phoebe* Nees

闽楠 *Phoebe bournei* (Hemsley) Yang

陈功锡、张代贵等，LXP-06-8145。

常绿乔木。安福县。海拔300~500米，疏林。福建、广东、广西、贵州、海南、湖北、江西。

保护级别：二级保护（第一批次）

濒危等级：VU

湘楠 *Phoebe hunanensis* Handel-Mazzetti

陈功锡、张代贵等，LXP-06-0485、0535、0728等。

常绿乔木。安福县、分宜县、莲花县、芦溪县、上高县、袁州区。海拔200~1100米，疏林、溪边、灌丛等。安徽、甘肃、贵州、湖北、湖南、江苏、江西、陕西。

白楠 *Phoebe neurantha* (Hemsley) Gamble

赖书绅，1689。(LBG 00034023)

常绿乔木。安福县。海拔500~1200米，密林。甘肃、广西、贵州、湖北、湖南、江西、四川、云南。

光枝楠 *Phoebe neuranthoides* S. Lee et F. N. Wei

《安福木本植物》，赵奇僧、高贤明等，1395。(CSFI CSFI004262)

常绿小乔木。安福县、芦溪县。海拔200~300米，林中。陕西南部，四川北部、东部及东南部，湖北西南部，贵州东北部至南部，湖南西部。

紫楠 *Phoebe sheareri* (Hemsley) Gamble

丁小平、111。(PE 01314025)

常绿乔木。分宜县、莲花县。海拔500~1000米，荫湿山谷、杂木林中。安徽、福建、广东、广西、贵州、湖北、湖南、江苏、江西、四川、云南、浙江。越南。

檫木属 *Sassafras* Trew

檫木 *Sassafras tzumu* (Hemsley) Hemsley

陈功锡、张代贵等，LXP-06-1005、3307。

落叶乔木。安福县、莲花县。海拔200~400米，疏林。安徽、福建、广东、广西、贵州、湖北、湖南、江苏、四川、云南、浙江。

38. 罂粟科 Papaveraceae

紫堇属 *Corydalis* Candolle

北越紫堇 *Corydalis balansae* Prain

陈功锡、张代贵等，LXP-06-1282、4642、4669、4985。

一年生草本。安福县、芦溪县、上高县。海拔 160~1500 米，路旁。安徽、福建、广东、广西、贵州、湖北、湖南、江苏、江西、山东、台湾、云南、浙江。日本、老挝、越南。

夏天无 *Corydalis decumbens* (Thunberg) Persoon

《江西植物志》。

多年生草本。芦溪县。海拔 400~1500 米，山坡、路边。安徽、福建、湖北、湖南、江苏、江西、陕西、台湾、浙江。日本。

紫堇 *Corydalis edulis* Maximowicz

《江西大岗山森林生物多样性研究》。

一年生草本。安福县、分宜县、芦溪县、上高县。海拔 400~1200 米，丘陵、沟边。安徽、福建、甘肃、贵州、河北、河南、湖北、湖南、江苏、江西、辽宁、陕西、山西、四川、云南、浙江。日本。

刻叶紫堇 *Corydalis incisa* (Thunberg) Persoon

陈功锡、张代贵等，LXP-06-1167、1275、4711、5032。

多年生草本。安福县、芦溪县。海拔 600~1500 米，路旁、林缘、疏林。安徽、福建、甘肃、广西、贵州、河北、河南、湖北、湖南、江苏、江西、陕西、山西、四川、台湾、浙江。日本、朝鲜。

蛇果黄堇 *Corydalis ophiocarpa* J. D. Hooker & Thomson

陈功锡、张代贵等，LXP-06-4499。

多年生草本。安福县、芦溪县。海拔 1100~1600 米，灌丛、山地林下、沟边草地。安徽、甘肃、贵州、河北、河南、湖北、湖南、江西、宁夏、青海、陕西、山西、四川、台湾、西藏、云南。不丹、印度、日本。

小花黄堇 *Corydalis racemosa* (Thunberg) Persoon

陈功锡、张代贵等，LXP-06-3608。

多年生草本。安福县、莲花县。海拔 100~600 米，林缘阴湿地、多石溪边。安徽、福建、甘肃、广东、广西、贵州、河南、湖北、湖南、江苏、江西、陕西、四川、台湾、西藏、云南、浙江。日本。

地锦苗 *Corydalis sheareri* S. Moore

陈功锡、张代贵等，LXP-06-1003。

多年生草本。安福县。海拔 200~800 米，路旁。安徽、福建、广东、广西、贵州、湖北、湖南、江苏、江西、陕西、四川、云南、浙江。越南。

血水草属 *Eomecon* Hance

血水草 *Eomecon chionantha* Hance

《江西林业科技》。

多年生草本。安福县、分宜县、莲花县、芦溪县。海拔 1000~1500 米，林下、灌丛、溪边、路旁。安徽、福建、广东、广西、贵州、湖北、湖南、江西、四川、云南、浙江。

博落回属 *Macleaya* R. Brown

博落回 *Macleaya cordata* (Willdenow) R. Brown

陈功锡、张代贵等，LXP-06-0140、1813、2708、3629、3945 等。

多年生草本。安福县、茶陵县、莲花县、攸县、袁州区。海拔 80~900 米，河边、灌丛溪边、疏林、灌丛、阳处、路旁水库边、路旁。安徽、甘肃、广东、贵州、河南、湖北、湖南、江西、陕西、山西、四川、台湾、浙江。日本。

39. 白花菜科 Capparaceae

黄花草属 *Arivela* Rafinesque

黄花草 *Arivela viscosa* (Linnaeus) Rafinesque 【*Cleome viscose* Linnaeus】

陈功锡、张代贵等，LXP-06-6658。

一年生草本。安福县、上高县。海拔60~100米，路旁。安徽、福建、广东、广西、海南、湖北、湖南、江西、台湾、云南、浙江。不丹、柬埔寨、印度、印度尼西亚、日本、老挝、马来西亚、尼泊尔、巴基斯坦、斯里兰卡、泰国、越南；热带非洲和澳大利亚；引入热带美洲。

羊角菜属 *Gynandropsis* Candolle

羊角菜 *Gynandropsis gynandra* (Linnaeus) Briquet 【白花菜 Cleome gynandra Linnaeus】

《江西植物志》。

一年生草本。安福县。海拔300~800米，灌丛。安徽、重庆、福建、广东、广西、贵州、海南、河北、河南、湖北、湖南、江苏、江西、山东、台湾、云南、浙江。不丹、印度、印度尼西亚、马来西亚、尼泊尔、斯里兰卡、泰国、越南；热带非洲；引入美洲南部、中部。

40. 十字花科 Brassicaceae

鼠耳芥属 *Arabidopsis* Heynhold

鼠耳芥 *Arabidopsis thaliana* (Linnaeus) Heynhold

《江西植物志》。

一年生草本。安福县、芦溪县。海拔1500~1900米，平地、山坡、河边、路边。安徽、甘肃、贵州、河南、湖北、湖南、江苏、江西、陕西、山东、四川、新疆、西藏、云南、浙江。印度、日本、哈萨克斯坦、朝鲜、蒙古、俄罗斯、塔吉克斯坦、乌兹别克斯坦；非洲、欧洲、北美洲。

碎米荠属 *Cardamine* Linnaeus

碎米荠 *Cardamine hirsuta* Linnaeus

陈功锡、张代贵等，LXP-06-0994、4924。

一年生草本。安福县、莲花县。海拔400~900米，溪边、路旁。广布于全国。印度、印度尼西亚、日本、老挝、马来西亚、新几内亚岛、巴基斯坦、菲律宾、斯里兰卡、泰国、土库曼斯坦、越南；欧洲；引入非洲、澳大利亚、北美洲和南美洲。

弹裂碎米荠 *Cardamine impartiens* Linnaeus

《江西大岗山森林生物多样性研究》。

一年生草本。安福县、分宜县、莲花县 。海拔100~1500米，路旁、山坡、沟谷、水边。安徽、福建、甘肃、广西、贵州、河南、湖北、湖南、江苏、江西、吉林、辽宁、青海、陕西、山东、山西、四川、台湾、新疆、西藏、云南、浙江。阿富汗、不丹、印度、日本、克什米尔、哈萨克斯坦、朝鲜、吉尔吉斯斯坦、尼泊尔、巴基斯坦、俄罗斯、塔吉克斯坦、乌兹别克斯坦；欧洲；引入非洲和北美洲。

白花碎米荠 *Cardamine leucantha* (Tausch) O. E. Schulz

陈功锡、张代贵等，LXP-06-4544。

一年生草本。安福县。海拔1000~1400

米，灌丛、山坡湿草地、路边、密林、山谷阴湿处。安徽、甘肃、贵州、河北、黑龙江、河南、湖北、江苏、江西、吉林、辽宁、内蒙古、宁夏、陕西、山西、四川、浙江。日本、朝鲜、蒙古、俄罗斯。

水田碎米荠 *Cardamine lyrata* Bunge

《江西林业科技》。

多年生草本。安福县、莲花县、芦溪县。海拔 500~1000 米，溪边。安徽、福建、广西、贵州、河北、黑龙江、河南、湖南、江苏、江西、吉林、辽宁、内蒙古、山东、四川、浙江。日本、朝鲜、俄罗斯。

蔊菜属 *Rorippa* Scopoli

广州蔊菜 *Rorippa cantoniensis* (Loureiro) Ohwi

陈功锡、张代贵等，LXP-06-3809。

一年生草本。安福县。海拔 150~200 米，草地池塘边。安徽、福建、广东、广西、贵州、河北、河南、湖北、湖南、江苏、江西、辽宁、陕西、山东、四川、台湾、云南、浙江。日本、朝鲜、俄罗斯、越南。

无瓣蔊菜 *Rorippa dubia* (Persoon) Hara

陈功锡、张代贵等，LXP-06-4873、4929。

一年生草本。分宜县、莲花县、袁州区。海拔 600~1000 米，路旁、田野。安徽、福建、甘肃、广东、广西、贵州、海南、河北、河南、湖北、湖南、江苏、江西、辽宁、陕西、山东、四川、台湾、西藏、云南、浙江。孟加拉国、印度、印度尼西亚、日本、老挝、马来西亚、缅甸、尼泊尔、菲律宾、泰国、越南；引入北美洲和南美洲地区。

风花菜 *Rorippa globosa* (Turczaninow ex Fischer & C. A. Meyer) Hayek

《江西大岗山森林生物多样性研究》。

一年生草本。安福县、分宜县、芦溪县、袁州区。海拔 100~1900 米，湿地、路旁、沟边、草丛。安徽、福建、广东、广西、河北、黑龙江、湖北、湖南、江苏、江西、吉林、辽宁、内蒙古、宁夏、山东、山西、四川、台湾、西藏、云南、浙江。日本、朝鲜、蒙古、俄罗斯、越南。

蔊菜 *Rorippa indica* (Linnaeus) Hiern

陈功锡、张代贵等，LXP-06-2452、2721、3374、3759 等。

一年生草本。安福县、芦溪县、上高县、袁州区。海拔 100~1500 米，路旁、石上、草地。安徽、福建、甘肃、广东、广西、贵州、海南、河北、河南、湖北、湖南、江苏、江西、辽宁、青海、陕西、山东、山西、四川、台湾、西藏、云南、浙江。孟加拉国、印度、印度尼西亚、日本、朝鲜、老挝、马来西亚、缅甸、尼泊尔、巴基斯坦、菲律宾、泰国、越南；引入北美洲和南美洲地区。

菥蓂属 *Thlaspi* Linnaeus

菥蓂 *Thlaspi arvense* Linnaeus

《江西植物志》。

一年生草本。安福区、芦溪县、袁州区。海拔 100~1900 米，路旁、沟边。广布于全国（除广东、海南、台湾）。阿富汗、不丹、印度、日本、克什米尔、哈萨克斯坦、朝鲜、吉尔吉斯斯坦、蒙古、尼泊尔、巴基斯坦、俄罗斯、塔吉克斯坦、土库曼斯坦；非洲；引入澳大利亚、美洲北部和美洲南部地区。

阴山荠属 *Yinshania* Y. C. Ma et Y. Z. Zhao

武功山阴山荠 *Yinshania hui* (O. E. Schulz) Y. Z. Zhao【武功山泡果荠 *Hilliella hui* (O. E. Schulz) Y. H. Zhang & H. W. Li】

陈功锡、张代贵等，LXP-06-9444。

草本。安福县、芦溪县。海拔 800~1300 米，草地。江西。

濒危等级：VU

41. 伯乐树科 Bretschneideraceae

伯乐树属 *Bretschneidera* Hemsley

伯乐树 *Bretschneidera sinensis* Hemsley

陈功锡、张代贵等，LXP-06-7758。

落叶乔木。安福县、袁州区。海拔 1000~1300 米，沟谷、溪旁。福建、广东、广西、贵州、湖北、湖南、江西、四川、台湾、云南、浙江。泰国、越南。

保护级别：一级保护（第一批次）

濒危等级：NT

42. 茅膏菜科 Droseraceae

茅膏菜属 *Drosera* Linnaeus

茅膏菜 *Drosera peltata* Smith ex Willdenow

陈功锡、张代贵等，LXP-065173、9207。

多年生草本。安福县、茶陵县。海拔 100~300 米，灌丛、草地。安徽、甘肃、广东、广西、贵州、湖北、湖南、江西、四川、台湾、西藏、云南、浙江。亚洲、澳大利亚。

43. 景天科 Crassulaceae

费菜属 *Phedimus* Rafinesque

费菜 *Phedimus aizoon* (Linnaeus)'t Har

《江西大岗山森林生物多样性研究》。

多年生草本。安福县、分宜县、芦溪县、袁州区。海拔 1000~1900 米，阴处。安徽、甘肃、河北、黑龙江、河南、湖北、江苏、江西、吉林、辽宁、内蒙古、宁夏、青海、陕西、山东、山西、四川、浙江。朝鲜、日本、蒙古、俄罗斯。

景天属 *Sedum* Linnaeus

东南景天 *Sedum alfredii* Hance Liou T. N，386。(SZ 00174153)

多年生草本。安福县。海拔 1500~1900 米，山坡林下阴湿石上。安徽、福建、广东、广西、贵州、湖北、湖南、江苏、江西、四川、台湾、浙江。日本、朝鲜。

珠芽景天 *Sedum bulbiferum* Makino

陈功锡、张代贵等，LXP-06-3360。

多年生草本。安福县、芦溪县。海拔 200~500 米，路旁、树下。安徽、福建、广东、湖南、江苏、江西、四川、台湾、浙江。日本。

大叶火焰草 *Sedum drymarioides* Hance

《江西大岗山森林生物多样性研究》。

一年生草本。安福县、分宜县、芦溪县、袁州区。海拔 100~900 米，阴湿岩石上。安徽、福建、广东、广西、河南、湖北、湖南、江西、台湾、浙江。日本。

凹叶景天 *Sedum emarginatum* Migo

陈功锡、张代贵等，LXP-06-3481、4687、5039、9262。

多年生草本。安福县、莲花县、芦溪县。海拔 300~1200 米，路旁、疏林、石上。

安徽、甘肃、湖北、湖南、江苏、江西、陕西、四川、云南、浙江。

日本景天 *Sedum japonicum* Siebold ex Miquel

《江西大岗山森林生物多样性研究》。

多年生草本。安福县、分宜县、莲花县、芦溪县。海拔 100~1000 米，山坡阴湿处。安徽、广东、湖南、江西、台湾、浙江。日本。

佛甲草 *Sedum lineare* Thunberg

陈功锡、张代贵等，LXP-06-0675、0775、2822、2842。

多年生草本。安福县、莲花县。海拔 900~1300 米，灌丛、密林、路旁。安徽、福建、甘肃、广东、贵州、河南、湖北、湖南、江苏、江西、陕西、四川、云南、浙江。日本。

垂盆草 *Sedum sarmentosum* Bunge

陈功锡、张代贵等，LXP-06-4044。

多年生草本。安福县。海拔 400~450 米，草地。安徽、福建、甘肃、贵州、河北、河南、湖北、湖南、江苏、江西、吉林、辽宁、陕西、山东、山西、四川、浙江。日本、朝鲜、泰国。

44. 虎耳草科 Saxifragaceae

落新妇属 *Astilbe* Buchanan-Hamilton ex D. Don

落新妇 *Astilbe chinensis* (Maximowicz) Franchet & Savatier

陈功锡、张代贵等，LXP-06-6834、6944。

多年生草本。安福县。海拔 400~500 米，溪边、石上。安徽、甘肃、广东、广西、贵州、河北、黑龙江、河南、湖北、湖南、江西、吉林、辽宁、内蒙古、青海、陕西、山东、山西、四川、云南、浙江。日本、朝鲜、俄罗斯。

大落新妇 *Astilbe grandis* Stapf ex E. H. Wilson

岳俊三等，2784。(PE 00683357)

多年生草本。安福县、分宜县、袁州区。海拔 400~1000 米，林下、灌丛。安徽、福建、广东、广西、贵州、黑龙江、湖北、江苏、江西、吉林、辽宁、山东、山西、四川、浙江。朝鲜。

草绣球属 *Cardiandra* Siebold et Zuccarini

草绣球 *Cardiandra moellendorffii* (Hance) Migo

陈功锡、张代贵等，LXP-06-0082、0741、1788、2792、6928。

落叶灌木。安福县、芦溪县。海拔 500~1900 米，疏林、溪边、草地、灌丛、路边。安徽、福建、江西、浙江。日本。

金腰属 *Chrysosplenium* Linnaeus

肾萼金腰 *Chrysosplenium delavayi* Franchet

陈功锡、张代贵等，LXP-06-9606。

多年生草本。分宜县。生于海拔 500~1500 米的林下、灌丛或山谷石隙。台湾、湖北、湖南、广西、四川、贵州、云南、江西。缅甸。

日本金腰 *Chrysosplenium japonicum* (Maximowicz) Makino

陈功锡、张代贵等，LXP-06-1166。

多年生草本。分宜县、芦溪县。海拔 700~1200 米，林下、山谷湿地。安徽、江西、吉林、辽宁、浙江。日本、朝鲜。

大叶金腰 *Chrysosplenium macrophyllum* Oliver

陈功锡、张代贵等，LXP-06-1152、

4571。

多年生草本。安福县、分宜县、芦溪县。海拔 700~1400 米，路旁、林下、阴处。安徽、福建、广东、广西、贵州、湖北、湖南、江西、陕西、四川、云南、浙江。

毛金腰 *Chrysosplenium pilosum* Maximowicz

陈功锡、张代贵等，LXP-06-1132。

多年生草本。芦溪县。海拔 800~1000 米，密林、林下阴湿地。黑龙江、吉林、辽宁。朝鲜、俄罗斯。

中华金腰 *Chrysosplenium sinicum* Maximowicz

陈功锡、张代贵等，LXP-06-1332。

多年生草本。芦溪县。海拔 700~900 米，林下、山沟阴湿处。安徽、甘肃、河北、黑龙江、河南、湖北、江西、吉林、辽宁、青海、陕西、山西、四川、浙江。朝鲜、蒙古、俄罗斯。

溲疏属 *Deutzia* Thunberg

宁波溲疏 *Deutzia ningpoensis* Rehder

《江西林业科技》。

落叶灌木。安福县、芦溪县。海拔 500~800 米，山谷、林中。安徽、福建、湖北、江西、陕西、浙江。

长江溲疏 *Deutzia schneideriana* Rehder H. Migo。(NAS NAS00335027)

落叶灌木。莲花县。海拔 600~1000 米，灌丛。安徽、甘肃、湖北、湖南、江西、浙江。

四川溲疏 *Deutzia setchuenensis* Franchet

陈功锡、张代贵等，LXP-06-3430。

落叶灌木。芦溪县。海拔 200~600 米，石上、山地灌丛。福建、广东、广西、贵州、湖北、湖南、江西、云南。

常山属 *Dichroa* Loureiro

常山 *Dichroa febrifuga* Loureiro

陈功锡、张代贵等，LXP-06-0321、0507、0844、0897、0914 等。

落叶灌木。安福县。海拔 200~1200 米，疏林石上、疏林、阴处石上、阴处、溪边、灌丛、路旁。安徽、福建、甘肃、广东、广西、贵州、湖北、湖南、江西、陕西、四川、台湾、西藏。不丹、柬埔寨、印度、印度尼西亚、老挝、缅甸、尼泊尔、泰国、越南。

罗蒙常山 *Dichroa yaoshanensis* Y. C. Wu

陈功锡、张代贵等，LXP-06-0858、1966、2358、2565、2898 等。

灌木。安福县、茶陵县、分宜县、芦溪县、袁州区。海拔 200~600 米，路旁、灌丛、草地、溪边。广东、广西、湖南、云南。

绣球属 *Hydrangea* Linnaeus

冠盖绣球 *Hydrangea anomala* D. Don

熊耀国，07677。

攀援灌木。安福县。海拔 800~1600 米山谷、溪边、林缘。甘肃、陕西、安徽、浙江、江西、福建、台湾、河南、湖北、湖南、广东、广西、贵州、四川、云南、西藏。印度、尼泊尔、不丹、缅甸北部。

中国绣球 *Hydrangea chinensis* Maximowicz

陈功锡、张代贵等，LXP-06-0068、4670。

落叶灌木。安福县、分宜县、袁州区。海拔 500~1000 米，谷溪边疏林、密林、山坡。安徽、福建、广西、湖南、江西、台湾、浙江。日本。

西南绣球 *Hydrangea davidii* Franchet

陈功锡、张代贵等，LXP-06-0280、2106、2751。

落叶灌木。安福县、芦溪县、攸县、袁州区。海拔 600~1600 米，密林、灌丛。贵州、四川、云南。

莽山绣球 *Hydrangea mangshanensis* C. F. Wei

陈功锡、张代贵等，LXP-06-3348、3443。

落叶灌木。芦溪县。海拔 200~400 米，灌丛、山谷溪边、山坡路旁、密林、疏林。广东、湖南。

圆锥绣球 *Hydrangea paniculata* Siebold

陈功锡、张代贵等，LXP-06-0340、0462、0777 等。

落叶灌木。安福县、茶陵县、分宜县、莲花县、芦溪县、上高县、攸县、袁州区。海拔 100~1300 米，溪边、灌丛、密林等。安徽、福建、甘肃、广东、广西、贵州、湖北、湖南、江西、四川、云南、浙江。日本、俄罗斯。

蜡莲绣球 *Hydrangea strigosa* Rehder

陈功锡、张代贵等，LXP-06-0083、1594、1746、1806、2339 等。

落叶灌木。安福县、分宜县、莲花县、芦溪县、攸县、袁州区。海拔 400~1000 米，疏林、溪边、密林、灌丛、路旁。贵州、湖北、湖南、陕西、四川。

鼠刺属 *Itea* Linnaeus

鼠刺 *Itea chinensis* Hook. et Arn.

叶华谷、曾飞燕，LXP10-1284

常绿灌木或小乔木。安福县。海拔 300~1300 米，山坡林中或灌丛。福建、湖南、广东、广西、云南西北部、西藏东南部。印度东部、不丹、越南、老挝。

腺鼠刺 *Itea glutinosa* Handel-Mazzetti

陈功锡、张代贵等，LXP-06-9265。

落叶灌木或小乔木。安福县。海拔 800~1000 米，疏林、林下、山坡、灌丛、路旁。福建、广西、贵州、湖南、江西。

峨眉鼠刺 *Itea omeiensis* C. K. Schneider

陈功锡、张代贵等，LXP-06-0194、0547、0550、2228、2391 等。

落叶灌木。安福县、茶陵县、分宜县、莲花县、芦溪县、攸县、袁州区。海拔 200~900 米，疏林、路旁、灌丛。安徽、福建、广西、贵州、湖南、江西、四川、云南、浙江。

梅花草属 *Parnassia* Linnaeus

白耳菜 *Parnassia foliosa* J. D. Hooker & Thomson

岳俊三等，3166。(NAS NAS00337611)

多年生草本。安福县。海拔 100~500 米，山坡、水沟边、路边潮湿处。安徽、福建、江西、浙江。印度、日本。

鸡肫草 *Parnassia wightiana* Wallich ex Wight & Arnott

陈功锡、张代贵等，LXP-06-2789。

多年生草本。芦溪县。海拔 1400~1500 米，路旁。广东、广西、贵州、湖北、湖南、江西、陕西、四川、西藏、云南。不丹、印度、尼泊尔、泰国。

扯根菜属 *Penthorum* Linnaeus

扯根菜 *Penthorum chinense* Pursh

陈功锡、张代贵等，LXP-06-8446。

多年生草本。安福县。海拔 150~300 米，路旁。安徽、甘肃、广东、广西、贵州、河北、黑龙江、河南、湖北、湖南、江苏、江西、吉林、辽宁、陕西、四川、云南。日本、朝鲜、老挝、蒙古、俄罗斯、泰国、越南。

山梅花属 *Philadelphus* Linnaeus

短序山梅花 *Philadelphus brachybotrys* (Koehne) Koehne

岳俊三等，2820。(KUN 0582316)

落叶灌木。安福县。海拔 200~400 米，灌丛。福建、江苏、江西、浙江。

绢毛山梅花 *Philadelphus sericanthus* Koehne

陈功锡、张代贵等，LXP-06-1723、2124、2824。

落叶灌木。安福县、芦溪县。海拔 500~1000 米，溪边、灌丛、密林。安徽、福建、甘肃、广西、贵州、河北、河南、湖北、湖南、江苏、江西、陕西、四川、云南、浙江。

牯岭山梅花 *Philadelphus sericanthus* Koehne var. *kulingensis* (Koehne) Handel-Mazztti

赖书绅，1888。(LBG 00050308)

灌木。安福县。海拔 1100~1200 米，林中。江西、浙江。

冠盖藤属 *Pileostegia* J. D. Hooker & Thomson

星毛冠盖藤 *Pileostegia tomentella* Handel-Mazzetti

落叶常绿灌木。安福县。海拔 300~700 米，林谷。福建、广东、广西、湖南、江西。

冠盖藤 *Pileostegia viburnoides* J. D. Hooker & Thomson

陈功锡、张代贵等，LXP-06-0694、0842、1230、2676、等。

常绿灌木。安福县、莲花县、芦溪县、袁州区。海拔 260~1500 米，路旁、阴处溪边、灌丛、疏林。安徽、福建、广东、广西、贵州、海南、湖北、湖南、江西、四川、台湾、云南、浙江。日本。

虎耳草属 *Saxifraga* Linnaeus

虎耳草 *Saxifraga stolonifera* Curtis

陈功锡、张代贵等，LXP-06-3421、4515、4545、4648、4723。

多年生草本。安福县、芦溪县。海拔 400~1400 米，路旁、灌丛、溪边。安徽、福建、甘肃、广东、广西、贵州、河北、河南、湖北、湖南、江苏、江西、陕西、山西、四川、台湾、云南、浙江。日本、朝鲜。

钻地风属 *Schizophragma* Siebold et Zuccarini

钻地风 *Schizophragma integrifolium* Oliver

陈功锡、张代贵等，LXP-06-1792。

落叶灌木。安福县、分宜县、莲花县、芦溪县。海拔 800~1700 米，灌丛、山坡疏林内。安徽、福建、广东、广西、贵州、海南、湖北、湖南、江苏、江西、四川、云南、浙江。

黄水枝属 *Tiarella* Linnaeus

黄水枝 *Tiarella polyphylla* D. Don

陈功锡、张代贵等，LXP-06-4516。

多年生草本。安福县。海拔 1100~1200 米，灌丛。甘肃、广东、广西、贵州、湖北、湖南、江西、陕西、四川、台湾、西藏、云南。不丹、印度、日本、缅甸、尼泊尔。

45. 海桐花科 Pittosporaceae

海桐花属 *Pittosporum* Banks

光叶海桐 *Pittosporum glabratum* Lindley

江西调查队，1357。(PE 00844388)

常绿小乔木。安福县、莲花县。海拔200~500米，路边。福建、甘肃、广东、广西、贵州、海南、湖北、湖南、江西、四川。越南。

狭叶海桐 *Pittosporum glabratum* var. *neriifolium*Rehder & E. H. Wilson

岳俊三，3620。(IBSC 0201777)

常绿灌木。安福县。海拔600~1000米，山坡林中。福建、广东、广西、贵州、湖北、湖南、江西、四川。

海金子 *Pittosporum illicioides* Makino

陈功锡、张代贵等，LXP-06-1946、4596、7596。

常绿灌木。安福县、上高县、渝水区。海拔100~1900米，灌丛溪边、路旁、灌丛。安徽、福建、广东、广西、贵州、湖北、湖南、江苏、江西、四川、台湾、浙江。日本。

柄果海桐 *Pittosporum podocarpum* Gagnepain

陈功锡、张代贵等，LXP-06-0492、2958、3068、5024、5038等。

落叶灌木。安福县、上高县。海拔160~1200米，密林溪边、路旁、溪边。福建、甘肃、广东、广西、贵州、湖北、湖南、陕西、四川、西藏、云南。印度、缅甸、越南。

46. 金缕梅科 Hamamelidaceae

蕈树属 *Altingia* Noronha

蕈树 *Altingia chinensis* (Champion) Oliver ex Hance

采集者不详，2525。(IBSC 0327634)

常绿乔木。安福县。海拔600~1000米，林中。福建、广东、广西、贵州、海南、湖南、江西、云南、浙江。越南。

细柄蕈树 *Altingia gracilipes* Hemsl.

《安福木本植物》。

常绿乔木。安福县。海拔100~300米，山地林中。浙江南部、福建、广东。

蜡瓣花属 *Corylopsis* Siebold et Zuccarini

腺蜡瓣花 *Corylopsis glandulifera* Hemsley

赵奇僧、高贤明，1440。 (CSFI CSFI016142)

落叶灌木。安福县。海拔100~1300米，灌丛。安徽、江西、浙江。

濒危等级：NT

瑞木（大果蜡瓣花）*Corylopsis multiflora* Hance

《安福木本植物》。

灌木或小乔木。安福县。海拔700~800米，山地林中、林缘或灌丛。福建、台湾、广东、广西、贵州、湖南、湖北、云南。

蜡瓣花 *Corylopsis sinensis* Hemsley

陈功锡、张代贵等，LXP-06-0742、1104、1647。

落叶灌木。安福县、茶陵县、芦溪县。海拔400~900米，溪边、灌丛、密林。安徽、福建、广东、广西、贵州、湖北、湖南、江西、四川、浙江。

秃蜡瓣花 *Corylopsis sinensis* var. *calvescens*Rehder & E. H. Wilson

江西调查队，01696。(PE 00819468)

落叶灌木。安福县、分宜县、莲花县。海拔 1000~1500 米，灌丛。广东、广西、贵州、湖南、江西、四川。

蚊母树属 *Distylium* Siebold et Zuccarini

杨梅蚊母树 *Distylium myricoides* Hemsley

岳俊三，3189。

常绿乔木。安福县、分宜县。海拔 500~800 米，疏林。安徽、福建、广东、广西、贵州、湖南、江西、四川、云南、浙江。

秀柱花属 *Eustigma* Gardn. et Champ.

秀柱花 *Eustigma oblongifolium* Gardn. et Champ.

《安福木本植物》。

常绿灌木或小乔木。安福县。海拔 550~1200 米，常绿阔叶林中。福建、台湾、江西南部、广东、海南、广西、贵州南部。

金缕梅属 *Hamamelis* Linnaeus

金缕梅 *Hamamelis mollis* Oliver

《江西林业科技》。

落叶灌木。安福县、茶陵县、芦溪县。海拔 300~800 米，灌丛。安徽、广西、湖北、湖南、江西、四川、浙江。

枫香树属 *Liquidambar* Linnaeus

缺萼枫香树 *Liquidambar acalycina* H. T. Chang

江西调查队，355。(PE 00803453)

落叶乔木。安福县。海拔 600~1000 米，林中。安徽、广东、广西、贵州、湖北、江苏、江西、四川。

枫香树 *Liquidambar formosana* Hance

陈功锡、张代贵等，LXP-06-0158、1297、1884、2564、3671 等。

落叶乔木。安福县、茶陵县、分宜县、莲花县、芦溪县、攸县、袁州区。海拔 80~1500 米，路旁、疏林、疏林溪边、阴处。安徽、福建、广东、贵州、海南、湖北、江苏、江西、四川、台湾、浙江。朝鲜、老挝、越南。

檵木属 *Loropetalum* R. Brown

檵木 *Loropetalum chinense* (R. Brown) Oliver

陈功锡、张代贵等，LXP-06-0027、1070、1265、1410、2527 等。

常绿灌木。安福县、茶陵县、分宜县、莲花县、芦溪县、攸县、袁州区。海拔 80~1500 米，路旁、疏林、灌丛、溪边、阳处、路旁水库边、草地。安徽、福建、广东、广西、贵州、湖北、湖南、江苏、江西、四川、云南、浙江。印度、日本。

半枫荷属 *Semiliquidambar* Chang

半枫荷 *Semiliquidambar cathayensis* Chang

《江西林业科技》。

常绿乔木。安福县、芦溪县。海拔 100~1000 米，疏林。福建、广东、广西、贵州、海南、江西。

保护级别：二级保护（第一批次）

濒危等级：VU

水丝梨属 *Sycopsis* Oliver

尖叶假蚊母树 *Sycopsis dunnii* Hemsl.

《安福木本植物》。

灌木或小乔木。安福县。海拔 800 ~ 1500 米，山地常绿阔叶林或灌丛中。福建、广东、广西、贵州、湖南、江西、云南。老挝。

水丝梨 *Sycopsis sinensis* Oliver

陈功锡、张代贵等，LXP-06-0814、1159、1229 等。

常绿乔木。安福县、芦溪县。海拔 400~1600 米，溪边、灌丛、密林等。安徽、福建、广东、广西、贵州、湖北、湖南、江西、陕西、四川、台湾、云南、浙江。

47. 杜仲科 Eucommiaceae

杜仲属 *Eucommia* Oliver

杜仲 *Eucommia ulmoides* Oliver

陈功锡、张代贵等，LXP-06-2629。

落叶乔木。安福县、分宜县。海拔 150~200 米，路旁。甘肃、贵州、河南、湖北、湖南、陕西、四川、云南、浙江；栽培于安徽和北京。

濒危等级：VU

48. 蔷薇科 Rosaceae

龙芽草属 *Agrimonia* Linnaeus

黄龙尾 *Agrimonia pilosa* var. *Nepalensis*（D. Don）Nakai

赖书坤，1708。（KUN 0110385）

多年生草本。安福县。海拔 100~600 米，溪边、山坡草地、疏林。安徽、甘肃、广东、广西、贵州、河北、河南、湖北、湖南、江苏、江西、陕西、山东、山西、四川、西藏、云南、浙江。不丹、印度、老挝、缅甸、尼泊尔、泰国、越南。

龙芽草 *Agrimonia pilosa* Ledebour

陈功锡、张代贵等，LXP-06-0577、1844、2983、5409 等。

多年生草本。安福县、茶陵县、分宜县、莲花县、攸县、袁州区。海拔 80~700 米，疏林、密林、路旁溪边、路旁。广布于全国。日本、朝鲜、蒙古、俄罗斯、越南；欧洲。

假升麻属 *Aruncus* Linnaeus

假升麻 *Aruncus sylvester* Kosteletzky

江西调查队，76。(PE 00561215)

多年生草本。安福县。海拔 1800~1900 米，山沟、山坡、疏林。安徽、甘肃、广西、黑龙江、河南、湖南、江西、吉林、辽宁、陕西、四川、西藏、云南。不丹、印度、日本、朝鲜、蒙古、尼泊尔、俄罗斯；欧洲、北美洲。

樱属 *Cerasus* Miller

微毛樱桃（西南樱桃）*Cerasus clarofolia* (Schneid.) Yü et Li

《安福木本植物》。

落叶乔木。安福县。海拔 1300 米左右的山坡疏林。河北、山西、陕西、甘肃、湖北、四川、贵州、云南。

华中樱桃 *Cerasus conradinae* (Koehne) T. T. Yu & C. L. Li

陈功锡、张代贵等，LXP-06-1144。

落叶乔木。安福县、芦溪县。海拔 800~900 米，灌丛。福建、甘肃、广西、贵州、河南、湖北、湖南、江西、陕西、四川、云南、浙江。

襄阳山樱桃 *Cerasus cyclamina*（Koehne）T. T. Yu et C. L. Li

陈功锡、张代贵等，LXP-06-1135、1195、1224 等。

落叶乔木。芦溪县。海拔 400~1500 米，密林、灌丛、溪边等。广东、广西、湖北、湖南、江西、四川。

尾叶樱桃 *Cerasus dielsiana*(Schneid.) T. T. Yu et C. L. Li

陈功锡、张代贵等，LXP-06-4552、4557。

落叶乔木。分宜县、芦溪县。海拔1200~1400米，灌丛、山谷、溪边、林中。安徽、广东、广西、河南、湖北、湖南、江苏、江西、四川。

迎春樱桃 *Cerasus discoidea* Yü et Li

《安福木本植物》。

落叶小乔木。安福县。海拔400~600米，生于山谷林中或溪边灌丛中。安徽、浙江、江西。

麦李 *Cerasus glandulosa* (Thunb.) Lois

《安福木本植物》。

落叶灌木。安福县。海拔1100米左右，生于山坡、沟边或灌丛中，也有庭园栽培。陕西、河南、山东、江苏、安徽、浙江、福建、广东、广西、湖南、湖北、四川、贵州、云南。

樱桃 *Cerasus pseudocerasus* (Lindley) Loudon

《江西大岗山森林生物多样性研究》。

落叶乔木。安福县、茶陵县、分宜县、莲花县、芦溪县、攸县、袁州区。海拔300~1200米，山坡阳处、沟边。安徽、福建、甘肃、贵州、河北、河南、湖北、湖南、江苏、江西、辽宁、陕西、山东、山西、四川、云南、浙江。

山樱花 *Cerasus serrulata* (Lindley) Loudon

江西调查队，102。(PE 00798542)

落叶乔木。安福县。海拔500~1500米，林中。安徽、贵州、河北、黑龙江、河南、湖南、江苏、江西、辽宁、陕西、山东、山西、浙江。日本、朝鲜。

四川樱桃 *Cerasus szechuanica* (Batalin) T. T. Yu & C. L. Li

陈功锡、张代贵等，LXP-06-4860。

落叶乔木。茶陵县、莲花县、袁州区。海拔400~1000米，林中、林缘。河南、湖北、湖南、陕西、四川。

雪落樱桃 *Cerasus xueluoensis* C. H. Nan& X. R. Wang

陈功锡、张代贵等，LXP-06-9451。

落叶乔木。安福县。海拔1200~1500米，疏林。江西、湖北。

木瓜属 *Chaenomeles* Lindley

毛叶木瓜 *Chaenomeles cathayensis* (Hemsley) C. K. Schneider

岳俊三等，3209。(PE 00561517)

落叶灌木或小乔木。安福县。海拔900~1900米，山坡、林边、路旁。陕西、甘肃、江西、湖北、湖南、四川、云南、贵州、广西。

木瓜 *Chaenomeles sinensis* (Thouin) Koehne

《安福木本植物》。

落叶灌木或小乔木。安福县。海拔50~150米，林下阴湿地。山东、陕西、湖北、江西、安徽、江苏、浙江、广东、广西。

山楂属 *Crataegus* Linnaeus

野山楂 *Crataegus cuneata* Siebold et Zuccarini

陈功锡、张代贵等，LXP-06-0164、0417、0664等。

落叶灌木。安福县、茶陵县、分宜县、

莲花县、上高县。海拔 100~1300 米，山谷、多石湿地、山地灌木丛。安徽、福建、广东、广西、贵州、河南、湖北、湖南、江苏、江西、陕西、云南、浙江。日本。

蛇莓属 *Duchesnea* J. E. Smith

蛇莓 *Duchesnea indica* (Andrews) Focke

陈功锡、张代贵等，LXP-06-1221、1292、1455 等。

多年生草本。安福县、茶陵县、分宜县、芦溪县、上高县、攸县、渝水区。海拔 100~1500 米，路旁、草地、溪边。辽宁以南各省区。阿富汗、不丹、印度、印度尼西亚、日本、朝鲜、尼泊尔；引入非洲、欧洲、北美洲。

枇杷属 *Eriobotrya* Lindley

大花枇杷 *Eriobotrya cavaleriei* (H. Léveillé) Rehder

《江西林业科技》。

常绿乔木。安福县、芦溪县、袁州区。海拔 500~1000 米，山坡、河边、林中。福建、广东、广西、贵州、湖北、湖南、江西、四川。越南。

枇杷 *Eriobotrya japonica* (Thunberg) Lindley

陈功锡、张代贵等，LXP-06-0856、7985。

常绿乔木。安福县、袁州区。海拔 200~400 米，路旁。安徽、福建、甘肃、广东、广西、贵州、河南、湖北、湖南、江苏、江西、陕西、台湾、云南、浙江。广泛栽培于亚洲。

路边青属 *Geum* Linnaeus

柔毛路边青 *Geum japonicum* Thunberg var. *chinense* F. Bolle

陈功锡、张代贵等，LXP-06-0385、2007、2117 等。

多年生草本。安福县、茶陵县、莲花县、芦溪县、攸县、袁州区。海拔 400~1500 米，灌丛、草地、溪边等。安徽、福建、甘肃、广东、广西、贵州、河南、湖北、湖南、江苏、江西、陕西、山东、四川、新疆、云南、浙江。

棣棠花属 *Kerria* Candolle

棣棠花 *Kerria japonica* (Linnaeus) Candolle

陈功锡、张代贵等，LXP-06-4675、5483。

落叶灌木。安福县、攸县、袁州区。海拔 550~850 米，路旁、草地。安徽、福建、甘肃、贵州、河南、湖北、湖南、江苏、江西、陕西、山东、四川、云南、浙江。日本。

桂樱属 *Laurocerasus* Duhamel

腺叶桂樱 *Laurocerasus phaeosticta* (Hance) C. K. Schneider

陈功锡、张代贵等，LXP-06-1711、9269。

常绿灌木。安福县、芦溪县。海拔 400~1100 米，密林、疏林。安徽、福建、广东、广西、贵州、海南、湖南、江西、四川、台湾、西藏、云南、浙江。孟加拉国、印度、缅甸、泰国、越南。

刺叶桂樱 *Laurocerasus spinulosa* (Siebold & Zuccarini) C. K. Schneider

陈功锡、张代贵等，LXP-06-3081。

常绿乔木。安福县、莲花县。海拔 300~400 米，草地、山坡阳处、疏林、阴处。安徽、福建、广东、广西、贵州、湖北、湖南、江苏、江西、四川、云南、浙江。日本。

大叶桂樱 *Laurocerasus zippeliana* (Miquel) Browicz

赵奇僧、高贤明，1396。(CSFI CSFI011975)

常绿乔木。安福县。海拔 400~600 米，林中、林下。福建、甘肃、广东、广西、贵州、湖北、湖南、江西、陕西、四川、台湾、云南、浙江。日本、越南。

苹果属 *Malus* Miller

台湾海棠 *Malus doumeri* (Bois) A. Chevalier

赖书绅，1909。(PE 00927566)

落叶乔木。安福县、莲花县。海拔 1000~1900 米，林中。广东、广西、贵州、湖南、江西、台湾、云南、浙江。老挝、越南。

湖北海棠 *Malus hupehensis* (Pampanini) Rehder

陈功锡、张代贵等，LXP-06-1504、1617、1918、2823 等。

落叶乔木。安福县、茶陵县、莲花县、攸县、袁州区。海拔 400~1000 米，溪边、河边、灌丛、密林。安徽、福建、甘肃、广东、贵州、河南、湖北、湖南、江苏、江西、山西、山东、陕西、浙江。

光萼林檎 *Malus leiocalyca* S. Z. Huang

赵奇僧、高贤明、1017。(CSFI CSFI012170)

落叶乔木。安福县。海拔 700~1900 米，林缘、灌丛。安徽、福建、广东、广西、湖南、江西、云南、浙江。

三叶海棠 *Malus sieboldii* （Regel） Rehder

陈功锡、张代贵等，LXP-06-4550。

落叶灌木。安福县。海拔 1000~1400 米，灌丛、山坡杂木林。福建、甘肃、广东、广西、贵州、湖北、湖南、江西、辽宁、陕西、山东、四川、浙江。朝鲜、日本。

绣线梅属 *Neillia* D. Don

中华绣线梅 *Neillia sinensis* Oliver

《江西林业科技》。

落叶灌木。安福县。海拔 1000~1900 米，山坡、山谷、林中。甘肃、广东、广西、贵州、河南、湖北、湖南、江西、陕西、四川、云南。

稠李属 *Padus* Miller

橉木 *Padus buergeriana* (Miquel) T. T. Yu et T. C. Ku

陈功锡、张代贵等，LXP-06-9623。

落叶乔木。安福县、分宜县、莲花县。海拔 1000~1500 米，密林、山坡阳处疏林、路旁。安徽、福建、甘肃、广东、广西、贵州、河南、湖北、湖南、江苏、江西、陕西、山西、四川、台湾、西藏、云南、浙江。不丹、日本、朝鲜、印度锡金。

灰叶稠李 *Padus grayana* (Maximowicz) C. K. Schneider

陈功锡、张代贵等，LXP-06-2820、9264。

落叶乔木。安福县。海拔 900~1200 米，密林、疏林。安徽、福建、广西、贵州、河南、湖北、湖南、江西、四川、云南、浙江。日本。

细齿稠李 *Padus obtusata* （Koehne） T. T. Yu et T. C. Ku

江西调查队，385。(PE 00590070)

落叶乔木。安福县、莲花县。海拔 800~1000 米，山谷、溪边。安徽、甘肃、贵州、河南、湖北、湖南、江西、陕西、山西、四川、台湾、西藏、云南、浙江。

绢毛稠李 *Padus wilsonii* C. K. Schneider

江西调查队，1361。(PE 00590944)

落叶乔木。安福县。海拔 900~1000 米，山坡、山谷。安徽、福建、甘肃、广东、广西、贵州、湖北、湖南、江西、陕西、四川、西藏、云南、浙江。

石楠属 *Photinia* Lindley

中华石楠 *Photinia beauverdiana* C. K. Schneider

陈功锡、张代贵等，LXP-06-0739、0795、1439 等。

落叶灌木。安福县、茶陵县、分宜县、莲花县、芦溪县。海拔 400~1400 米，溪边、灌丛、疏林等。安徽、福建、广东、广西、贵州、河南、湖北、湖南、江苏、江西、陕西、四川、台湾、云南、浙江。不丹、越南。

贵州石楠 *Photinia bodinieri* H. Léveillé

陈功锡、张代贵等，LXP-06-0602、44489、4492、5637 等。

落叶乔木。安福县、莲花县、袁州区。海拔 100~1500 米，溪边、路旁。安徽、福建、广东、广西、贵州、湖北、湖南、江苏、陕西、四川、云南、浙江。印度尼西亚、越南。

椤木石楠 *Photinia davidsoniae* Rehd. Et Wils.

《安福木本植物》。

常绿乔木。安福县。海拔 1000 米以下，山坡、山麓或村落旁。陕西、江苏、安徽、浙江、江西、湖南、湖北、四川、云南、福建、广东、广西。

光叶石楠 *Photinia glabra* (Thunberg) Maximowicz

陈功锡、张代贵等，LXP-06-0013、0573、0673、0931、1951 等。

常绿乔木。安福县、茶陵县、莲花县、芦溪县、上高县、袁州区。海拔 190~1300 米，疏林、灌丛、溪边、灌丛溪边、疏林、密林。安徽、福建、广东、广西、贵州、湖北、湖南、江苏、江西、四川、云南、浙江。日本、缅甸、泰国。

褐毛石楠 *Photinia hirsuta* Handel-Mazzetti

《江西大岗山森林生物多样性研究》。

落叶乔木。安福县、分宜县。海拔 100~800 米，疏林。安徽、福建、广东、湖北、湖南、江西、浙江。

垂丝石楠 *Photinia komarovii* (H. Léveillé & Vaniot) L. T. Lu & C. L. Li

陈功锡、张代贵等，LXP-06-4573。

落叶灌木。安福县。海拔 1000~1400 米，路旁。福建、贵州、湖北、江西、四川、浙江。

小叶石楠 *Photinia parvifolia* (E. Pritzel) C. K. Schneider

陈功锡、张代贵等，LXP-06-0266、0401、0736 等。

落叶灌木。安福县、茶陵县、芦溪县、上高县、袁州区。海拔 100~1600 米，阳处、草地、溪边等。安徽、福建、广东、广西、贵州、河南、湖北、湖南、江苏、江西、四川、浙江。

桃叶石楠 *Photinia prunifolia* (Hooker & Arnott) Lindley

岳俊三等，3199。(NAS NAS00353470)

常绿乔木。安福县、分宜县。海拔

200~1700 米，疏林。福建、广东、广西、贵州、湖南、江西、云南、浙江。印度尼西亚、日本、马来西亚、越南。

绒毛石楠 *Photinia schneideriana* Rehder & E. H. Wilson

姚淦等，9412。(NAS NAS00353564)

落叶灌木。分宜县、莲花县。海拔 400~1600 米，疏林。安徽、福建、广东、广西、贵州、湖北、湖南、江西、四川、台湾、浙江。

毛叶石楠 *Photinia villosa* (Thunberg) Candolle

岳俊三等，3114。(NAS NAS00354113)

落叶灌木。或小乔木。安福县、分宜县。海拔 600~1000 米，灌丛。安徽、福建、甘肃、广东、广西、贵州、湖北、湖南、江苏、江西、陕西、山东、四川、云南、浙江。日本、朝鲜。

庐山石楠 *Photinia villosa* (Thunberg) Candolle var. sinica Rehder et E. H. Wilson

岳俊三等，3114。

落叶灌木。分宜县。海拔 1000~1600 米，灌丛。安徽、福建、甘肃、广东、广西、贵州、湖北、湖南、江苏、江西、陕西、山东、四川、浙江。

委陵菜属 *Potentilla* Linnaeus

翻白草 *Potentilla discolor* Bunge

聂敏祥、陈世隆，7516。(KUN 609570)

多年生草本。安福县。海拔 100~1800 米，山谷、沟边、山坡草地、疏林。安徽、福建、甘肃、广东、河北、黑龙江、河南、江西、辽宁、内蒙古、陕西、山东、山西、四川、台湾、西藏、云南、浙江。日本、朝鲜。

三叶委陵菜 *Potentilla freyniana* Bornmüller

江西调查队，80。(PE 00855054)

多年生草本。安福县、分宜县。海拔 300~1000 米，草地、溪边、疏林。安徽、福建、甘肃、贵州、河北、黑龙江、湖北、湖南、江苏、江西、吉林、辽宁、陕西、山东、山西、四川、云南、浙江。日本、朝鲜、俄罗斯。

蛇含委陵菜 *Potentilla kleiniana* Wight et Arn

陈功锡、张代贵等，LXP-06-3582，4636，4677 等。

多年生草本。安福县、茶陵县、分宜县、莲花县、上高县、袁州区。海拔 100~1300 米，草地、阳处、路旁。安徽、福建、广东、广西、贵州、河南、湖北、湖南、江苏、江西、辽宁、陕西、山东、四川、西藏、云南、浙江。不丹、印度、印度尼西亚、日本、朝鲜、马来西亚、尼泊尔。

绢毛匍匐委陵菜 *Potentilla reptans* var. *sericophylla*Franchet

陈功锡、张代贵等，LXP-06-3601。

草本。安福县。海拔 100~200 米，草地。甘肃、河北、河南、江苏、内蒙古、陕西、山东、山西、四川、云南、浙江。

梨属 *Pyrus* Linnaeus

杜梨 *Pyrus betulifolia* Bunge

《江西林业科技》。

落叶乔木。安福县、芦溪县。海拔 100~800 米，阳处。安徽、甘肃、贵州、河北、河南、湖北、江苏、江西、辽宁、内蒙古、陕西、山东、山西、西藏、浙江。老挝。

豆梨 *Pyrus calleryana* Decaisne

陈功锡、张代贵等，LXP-06-0653、

4820、5183、9216。

落叶乔木。安福县、茶陵县、莲花县。海拔 100~500 米，疏林、路旁、草地、灌丛。安徽、福建、广东、广西、河南、湖北、湖南、江苏、江西、陕西、山东、台湾、浙江。日本、越南。

沙梨 *Pyrus pyrifolia* (N. L. Burman) Nakai

陈功锡、张代贵等，LXP-06-0626、0654、1078。

落叶乔木。安福县、芦溪县、莲花县。海拔 100~500 米，溪边、疏林、路旁。安徽、福建、广东、广西、贵州、湖北、湖南、江苏、江西、四川、云南、浙江。老挝、越南。

麻梨 *Pyrus serrulata* Rehder

赖书绅，004。(LBG 00024024)

落叶乔木。分宜县。海拔 100~1600 米，灌丛、林边。福建、广东、广西、贵州、湖北、湖南、江西、四川、浙江。

石斑木属 *Rhaphiolepis* Lindley

石斑木 *Rhaphiolepis indica* (Linnaeus) Lindley

陈功锡、张代贵等，LXP-06-0104、0224、0732 等。

常绿灌木。安福县、茶陵县、分宜县、莲花县、芦溪县、攸县。海拔 200~1100 米，密林、河边、灌丛等。安徽、福建、广东、广西、贵州、海南、湖南、江西、台湾、云南、浙江。柬埔寨、日本、老挝、泰国、越南。

细叶石斑木 *Rhaphiolepis lanceolata* Hu

陈功锡，张代贵等，LXP-06-7597。

常绿灌木。上高县、渝水区。海拔 450~1500 米，生于山坡疏林下或开阔山谷灌木丛中。江西、广西、广东、海南。

蔷薇属 *Rosa* Linnaeus

单瓣木香花 *Rosa banksiae* var. *Normalis* Regel

陈功锡、张代贵等，LXP-06-0020、0221、2368。

落叶灌木。安福县、分宜县。海拔 100~500 米，水库边、河边、灌丛。甘肃、贵州、河南、湖北、四川、云南。

小果蔷薇 *Rosa cymosa* Trattinnick

陈功锡、张代贵等，LXP-06-0852、1378、2264 等。

落叶灌木。安福县、茶陵县、莲花县。海拔 100~300 米，阴处、溪边、路旁等。安徽、福建、广东、广西、贵州、湖北、湖南、江苏、江西、陕西、四川、台湾、云南、浙江。老挝、越南。

软条七蔷薇 *Rosa henryi* Boulenger

陈功锡、张代贵等，LXP-06-0685、2492、2732 等。

落叶灌木。安福县、茶陵县、芦溪县、上高县、攸县、渝水区、袁州区。海拔 200~1000 米，灌丛、路旁。安徽、福建、广东、广西、贵州、河南、湖北、湖南、江苏、江西、陕西、四川、云南、浙江。

金樱子 *Rosa laevigata* Michaux

陈功锡、张代贵等，LXP-06-0023、0469、0853、1048、1380 等。

常绿灌木。安福县、茶陵县、莲花县、攸县、袁州区。海拔 80~900 米，路旁、阴处溪边、密林、灌丛水库边、灌丛、疏林。安徽、福建、广东、广西、贵州、海南、湖北、湖南、江苏、江西、陕西、四川、台湾、云南、浙江。越南；栽培于世界各地。

野蔷薇 *Rosa multiflora* Thunberg

聂敏祥，6987。

落叶灌木。分宜县。海拔 100~1300 米，山坡、灌丛、河边。安徽、福建、甘肃、广东、广西、贵州、河北、河南、湖南、江苏、江西、陕西、山东、台湾、浙江。日本、朝鲜。

粉团蔷薇 *Rosa multiflora* var. *cathayensis* Rehder & E. H. Wilson

陈功锡、张代贵等，LXP-06-0005、3737、3769、4655、4695。

落叶灌木。安福县、上高县、渝水区。海拔 100~500 米，路旁河边、疏林溪边、疏林河边、疏林、路旁、灌丛。安徽、福建、甘肃、广东、广西、贵州、河北、河南、湖南、江西、陕西、山东、浙江。

悬钩子蔷薇 *Rosa rubus* H. Léveillé et Vaniot

岳俊三，3234。(WUK 0219830)

落叶或半常绿灌木。安福县、莲花县。海拔 500~1300 米，山坡、路旁、草地、灌丛。福建、甘肃、广东、广西、贵州、湖北、江西、陕西、四川、云南、浙江。

悬钩子属 *Rubus* Linnaeus

腺毛莓 *Rubus adenophorus* Rolfe

陈功锡、张代贵等，LXP-06-1431、3644、9233。

落叶灌木。安福县、茶陵县、莲花县、袁州区。海拔 200~800 米，灌丛、疏林。福建、广东、广西、贵州、湖北、湖南、江西、浙江。

粗叶悬钩子 *Rubus alceaifolius* Poiret

陈功锡、张代贵等，LXP-06-5892、5915。

落叶灌木。安福县、莲花县。海拔 100~200 米，路旁。福建、广东、广西、贵州、海南、湖南、江苏、江西、台湾、云南、浙江。柬埔寨、印度尼西亚、日本、老挝、马来西亚、缅甸、菲律宾、泰国、越南。

周毛悬钩子 *Rubus amphidasys* Focke ex Diels

姚淦等，9413。(NAS NAS00374833)

落叶灌木。安福县、分宜县。海拔 400~1600 米，路旁丛林。安徽、福建、广东、广西、贵州、湖北、湖南、江西、四川、浙江。

寒莓 *Rubus buergeri* Miquel

陈功锡、张代贵等，LXP-06-0091、0094、0263、0884 等。

常绿灌木。安福县、分宜县、莲花县。海拔 200~800 米，密林、路旁、疏林。安徽、福建、广东、广西、贵州、湖北、湖南、江苏、江西、四川、台湾、云南、浙江。日本、朝鲜。

掌叶覆盆子 *Rubus chingii* Hu

陈功锡、张代贵等，LXP-06-1256、4674、4855 等。

常绿灌木。安福县、芦溪县、袁州区。海拔 700~1500 米，山坡、溪边疏密林。安徽、福建、广西、江苏、江西、浙江。日本。

毛萼莓 *Rubus chroosepalus* Focke

陈功锡、张代贵等，LXP-06-1972、3561。

落叶灌木。安福县、茶陵县、莲花县。海拔 300~700 米，灌丛、溪边。福建、广东、广西、贵州、湖北、湖南、江西、陕西、四川、云南。越南。

小柱悬钩子 *Rubus columellaris* Tutcher

陈功锡、张代贵等，LXP-06-3303、3407、3498 等。

落叶灌木。安福县、莲花县、芦溪县、袁州区。海拔 100~400 米，灌丛、路旁。福建、广东、广西、贵州、湖南、江西、四川、云南。越南。

山莓 *Rubus corchorifolius* Linnaeus

陈功锡、张代贵等，LXP-06-1004、1269、4513等。

落叶灌木。安福县、分宜县、莲花县、芦溪县、上高县。海拔200~1300米，灌丛、疏林路旁。安徽、福建、甘肃、贵州、广东、广西、海南、河北、黑龙江、河南、湖北、湖南、江苏、江西、吉林、辽宁、内蒙古、宁夏、山东、陕西、山西、四川、云南、浙江、西藏。日本、朝鲜、缅甸、越南。

插田泡 *Rubus coreanus* Miquel

陈功锡、张代贵等，LXP-06-4707、4958。

落叶灌木。上高县。海拔250~300米，路旁。安徽、福建、甘肃、贵州、河南、湖北、湖南、江苏、江西、陕西、四川、新疆、云南、浙江。日本、朝鲜。

厚叶悬钩子 *Rubus crassifolius* Yü et Lu

江西调查队，00162。(PE 00169142)

落叶灌木。安福县。海拔1600~1800米，密林、草地。广东、广西、湖南、江西。

大红泡 *Rubus eutephanus* Focke ex Diels

《安福木本植物》。

直立灌木。安福县。海拔500~1300米，山坡、山谷林下或灌丛。浙江、陕西、湖北、湖南、四川、贵州。

中南悬钩子 *Rubus grayanus* Maximowicz

江西调查队，00176。(PE 00250050)

落叶灌木。安福县。海拔300~1100米，山坡。福建、广东、广西、湖南、江西、浙江。日本。

江西悬钩子 *Rubus gressittii* Metc.

《安福木本植物》。

攀援灌木。安福县。海拔500~1200米，生山坡灌丛、林缘、草丛及路边。江西、广东。

华南悬钩子 *Rubus hanceanus* Kuntze

陈功锡、张代贵等，LXP-06-9052。

落叶灌木。芦溪县。海拔1200~1300米，路旁。福建、广东、广西、湖南。

蓬蘽 *Rubus hirsutus* Thunberg

陈功锡、张代贵等，LXP-06-1296、4696、4709、4990等。

落叶灌木。芦溪县、上高县、渝水区。海拔100~1500米，山坡路旁、灌丛。安徽、福建、广东、河南、湖北、江苏、江西、台湾、云南、浙江。日本、朝鲜。

湖南悬钩子 *Rubus hunanensis* Handel-Mazzetti

陈功锡、张代贵等，LXP-06-0871、1725、6375。

落叶灌木。安福县、芦溪县。海拔200~600米，路旁、溪边。福建、广东、广西、贵州、湖北、湖南、江西、四川、台湾、浙江。

白叶莓 *Rubus innominatus* S. Moore

陈功锡、张代贵等，LXP-06-1660、3550。

落叶灌木。安福县、茶陵县、莲花县。海拔260~820米，路旁、灌丛。安徽、福建、甘肃、广东、广西、贵州、河南、湖北、湖南、江西、陕西、四川、云南、浙江。

无腺白叶莓 *Rubus innominatus* var. *kuntzeanus* (Hemsley) L. H. Bailey

陈功锡、张代贵等，LXP-06-3315。

落叶灌木。安福县、莲花县、芦溪县。海拔800~1500米，山坡路旁、灌丛中。安徽、福建、甘肃、广东、广西、贵州、湖北、湖南、江西、陕西、四川、云南、浙江。

灰毛泡 *Rubus irenaeus* Focke

陈功锡、张代贵等，LXP-06-1446、2108。

常绿灌木。安福县、茶陵县、莲花县、芦溪县。海拔 900~1500 米，灌丛、路旁。重庆、福建、广东、广西、贵州、湖北、湖南、江苏、江西、四川、云南、浙江。

常绿悬钩子 *Rubus jianensis* L. T. Lu et Boufford

岳俊三等，3066。(PE 00316770)

落叶灌木。安福县。海拔 700~900 米，山坡、山脚。江西。

高粱泡 *Rubus lambertianus* Seringe

陈功锡、张代贵等，LXP-06-0498、0865、0979、0993、1598 等。

常绿灌木。安福县、分宜县、莲花县、芦溪县、上高县、攸县、渝水区、袁州区。海拔 90~1200 米，路旁、溪边、灌丛、疏林。安徽、福建、甘肃、广东、广西、贵州、海南、河南、湖北、湖南、江苏、江西、陕西、四川、台湾、云南、浙江。日本、泰国。

白花悬钩子 *Rubus leucanthus* Hance

《安福木本植物》，王文采，47。

攀援灌木。安福县。在低海拔至中海拔疏林中或旷野常见。湖南、福建、广东、广西、贵州、云南。越南、老挝、柬埔寨、泰国。

棠叶悬钩子 (羊尿泡) *Rubus malifolius* Focke

《安福木本植物》。

落叶灌木。安福县。海拔 400~1300 米，山坡、山谷林下或灌丛。湖北、湖南、四川、贵州、云南、广东、广西。

茅莓 *Rubus parvifolius* Linnaeus

岳俊三等，3027。(NAS NAS00366718)

落叶灌木。安福县、莲花县。海拔 400~1500 米，林下、向阳山谷、路旁。安徽、福建、甘肃、广东、广西、贵州、海南、河北、黑龙江、河南、湖北、湖南、江苏、江西、吉林、辽宁、宁夏、青海、陕西、山东、山西、四川、台湾、云南、浙江。日本、朝鲜、越南。

黄泡 *Rubus pectinellus* Maxim.

《安福木本植物》。

常绿亚灌木。安福县。海拔 1000~1300 米，密林下或灌丛中。湖南、江西、福建、台湾、四川、云南、贵州。日本、菲律宾。

锈毛莓 *Rubus reflexus* Ker Gawler

岳俊三，3141。(NAS NAS00367185)

落叶灌木。安福县、莲花县。海拔 300~1500 米，山坡、山谷灌丛、疏林。福建、广东、广西、贵州、湖北、湖南、江西、台湾、云南、浙江。

浅裂锈毛莓 *Rubus reflexus* Ker var. *hui* (*Diels apud Hu*) Metcalf

陈功锡、张代贵等，LXP-06-0078、3119、6791。

落叶灌木。安福县、莲花县。海拔 600~700 米，疏林、灌丛。福建、广东、广西、贵州、湖南、江西、台湾、云南、浙江。

深裂悬钩子 *Rubus reflexus* var. *lanceolobus* F. P. Metcalf

陈功锡、张代贵等，LXP-06-1985。

落叶灌木。茶陵县。海拔 300~800 米，山谷、水沟边、山坡阴处疏密林。福建、广东、广西、湖南。

空心泡 *Rubus rosaefolius* Smith

陈功锡、张代贵等，LXP-06-0470、

4866。

落叶灌木。安福县、分宜县、袁州区。海拔 600~800 米，阴处、草坡、高山。安徽、福建、广东、广西、贵州、湖北、湖南、江西、陕西、四川、台湾、云南、浙江。柬埔寨、印度、印度尼西亚、日本、老挝、马来西亚、缅甸、尼泊尔、菲律宾、泰国、越南；非洲、澳大利亚。

棕红悬钩子 *Rubus rufus* Focke

《江西林业科技》。

落叶灌木。安福县、芦溪县。海拔 1000~1700 米，灌丛、阴处、密林。广东、广西、贵州、湖北、湖南、江西、四川、云南、浙江。泰国、越南。

红腺悬钩子 *Rubus sumatranus* Miquel

陈功锡、张代贵等，LXP-06-0849、1462、2951、4051 等。

落叶灌木。安福县、茶陵县、莲花县。海拔 200~900 米，阴处溪边、路旁、溪边。

木莓 *Rubus swinhoei* Hance

陈功锡、张代贵等，LXP-06-3300、3464、3562、4079 等。

落叶或半常绿灌木。安福县、莲花县、芦溪县。海拔 200~1200 米，路旁、灌丛。安徽、福建、广东、广西、贵州、湖北、湖南、江苏、江西、陕西、四川、台湾、浙江。日本。

灰白毛莓 *Rubus tephrodes* Hance

陈功锡、张代贵等，LXP-06-0128、0439、1600、2467、2613 等。

灌木。安福县、分宜县、莲花县、芦溪县、攸县。海拔 90~700 米，路旁、溪边、疏林、灌丛、路旁溪边。安徽、福建、广东、广西、贵州、湖北、湖南、江苏、江西、台湾、浙江。

长腺灰白毛莓 *Rubus tephrodes* Hance var. *setosissimus* Handel-Mazzetti

赖书坤，1319。(KUN 714303)

灌木。莲花县。海拔 100~1500 米，林中。广东、贵州、湖南、江西。

无腺灰白毛莓 *Rubus tephrodes* var. *ampliflorus* (H. Léveillé & Vaniot) Handel-Mazzetti

岳俊三等，2825。(PE 00317888)

落叶灌木。安福县、莲花县。海拔 100~1500 米，山坡、路旁、灌丛。广东、广西、贵州、湖南、江苏、江西、浙江。

三花悬钩子 *Rubus trianthus* Focke

江西调查队，1052。(PE 00317975)

落叶灌木。安福县。海拔 500~1500 米，草丛。安徽、福建、贵州、湖北、湖南、江苏、江西、四川、台湾、云南、浙江。越南。

地榆属 *Sanguisorba* Linnaeus

地榆 *Sanguisorba officinalis* Linnaeus

《江西大岗山森林生物多样性研究》。

多年生草本。分宜县。海拔 100~1900 米，草地、灌丛、疏林。安徽、甘肃、广东、广西、贵州、河北、黑龙江、河南、湖北、湖南、江苏、江西、吉林、辽宁、内蒙古、青海、陕西、山东、山西、四川、台湾、新疆、西藏、云南、浙江。亚洲、欧洲。

花楸属 *Sorbus* Linnaeus

美脉花楸 *Sorbus caloneura* (Stapf) Rehder

江西调查队，1119。(PE 00949644)

落叶乔木。海拔 600~1600 米，林内、河谷。福建、广东、广西、贵州、湖北、湖南、江西、四川、云南。

石灰花楸 *Sorbus folgneri* (C. K. Schneider) Rehder

陈功锡、张代贵等，LXP-06-0792、1641。

落叶乔木。安福县、茶陵县、莲花县。海拔 800~1200 米，灌丛、密林。安徽、福建、甘肃、广东、广西、贵州、河南、湖北、湖南、江西、陕西、四川、云南、浙江。

江南花楸 *Sorbus hemsleyi* (Schneid.) Rehd.

《安福木本植物》。

落叶乔木。安福县。海拔 900~1600 米，疏林或混交林中。湖北、湖南、江西、安徽、浙江、广西、四川、贵州、云南。

湖北花楸 *Sorbus hupehensis* C. K. Schneider

江西调查队，1126。(PE 00962492)

落叶乔木。安福县。海拔 300~1500 米，阴坡、密林。安徽、甘肃、贵州、湖北、江西、青海、陕西、山东、四川、云南。

毛序花楸 *Sorbus keissleri* (C. K. Schneider) Rehder

江西调查队，1119。(PE 00978787)

落叶乔木。安福县。海拔 1200~1900 米，山谷、疏林、密林。广西、贵州、湖北、湖南、江西、四川、西藏、云南。

大果花楸 *Sorbus megalocarpa* Rehder

陈功锡、张代贵等，LXP-06-0733、1760。

落叶灌木。安福县、芦溪县。海拔 150~810 米，溪边、密林。广西、贵州、湖北、湖南、江西、四川、西藏、云南。

绣线菊属 *Spiraea* Linnaeus

中华绣线菊 *Spiraea chinensis* Maximowicz

陈功锡、张代贵等，LXP-06-1438、2662、4850 等。

落叶灌木。安福县、茶陵县、分宜县、上高县、攸县、渝水区、袁州区。海拔 100~900 米，灌丛、路旁。安徽、福建、甘肃、广东、广西、贵州、河北、河南、湖北、湖南、江苏、江西、内蒙古、陕西、山东、山西、四川、云南、浙江。

粉花绣线菊 *Spiraea japonica* Linnaeus

陈功锡、张代贵等，LXP-06-2081、5666。

落叶灌木。安福县。海拔 700~1900 米，溪边。安徽、福建、甘肃、广东、广西、贵州、河南、湖北、湖南、江苏、江西、陕西、山东、四川、西藏、云南、浙江。日本、朝鲜。

渐尖绣线菊 *Spiraea japonica* Linnaeus var. *acuminata* Franchet

岳俊三等，2771。(PE 00373832)

落叶灌木。安福县、芦溪县、袁州区。海拔 1000~1500 米，草地。安徽、福建、甘肃、广东、广西、贵州、河南、湖北、湖南、江苏、江西、陕西、四川、西藏、云南、浙江。

光叶绣线菊 *Spiraea japonica* Linnaeus var. fortunei (Planchon) Rehder

岳俊三等，2771。(KUN 719202)

落叶灌木。安福县、分宜县、莲花县。海拔 700~1600 米，草地。安徽、福建、甘肃、广东、广西、贵州、河南、湖北、湖南、江苏、江西、陕西、山东、四川、云南、浙江。

李叶绣线菊/笑靥花 *Spiraea prunifolia* Sieb. et Zucc

《安福木本植物》。

落叶灌木。安福县。海拔 550~1000 米，荒山灌丛。陕西、湖北、湖南、山东、江苏、浙江、江西、安徽、贵州、四川。朝鲜、日本。

单瓣笑靥花 *Spiraea prunifolia* var. *simpliciflora* (Nakai) Nakai

《江西植物志》。

落叶灌木。安福县、莲花县、芦溪县。海拔 500~900 米，石上。安徽、福建、河南、湖北、湖南、江苏、江西、浙江。

小米空木属 *Stephanandra* Siebold & Zuccarini

华空木 *Stephanandra chinensis* Hance

陈功锡、张代贵等，LXP-06-4712、4833。

落叶灌木。安福县、分宜县、莲花县、袁州区。海拔 600~800 米，路旁、林边、灌丛。安徽、福建、广东、河南、湖北、湖南、江西、四川、浙江。

红果树属 *Stranvaesia* Lindley

红果树 *Stranvaesia davidiana* Decaisne

Anonymous 1895。(PE 00738663)

落叶灌木。安福县。海拔 1000~1600 米，路旁、灌丛。福建、甘肃、广西、贵州、湖北、湖南、江西、陕西、四川、台湾、云南、浙江。马来西亚、越南。

波叶红果树 *Stranvaesia davidiana* var. *undulata* (Decaisne) Rehder &E. H. Wilson

陈功锡、张代贵等，LXP-06-0400。

落叶乔木。安福县。海拔 1500~1600 米，山坡、灌木丛中、河谷、山沟潮湿地区。福建、广西、贵州、湖北、湖南、江西、陕西、四川、云南、浙江。

49. 豆科 Fabaceae

金合欢属 *Acacia* Miller

藤金合欢 *Acacia concinna* (Willdenow) Candolle

岳俊三，3802。(NAS NAS00376888)

常绿灌木。安福县。海拔 200~1100 米，疏林、灌丛。福建、广东、广西、贵州、海南、湖南、江西、云南。热带亚洲。

越南金合欢 *Acacia vietnamensis* I. C. Nielsen

赖书坤，1809。(KUN 0598Linn571)

常绿灌木。安福县。海拔 400~1200 米，灌丛。广西、广东、贵州、海南、湖南、江西、浙江。老挝、越南。

合萌属 *Aeschynomene* Aeus

合萌 *Aeschynomene indica* Linnaeus

陈功锡、张代贵等，LXP-06-0107、0200、1382、1540、5227 等。

一年生草本。安福县、茶陵县、分宜县、莲花县、攸县。海拔 70~500 米，路旁、路旁溪边、草地、溪边。安徽、福建、广东、广西、贵州、海南、河北、河南、湖北、湖南、江苏、江西、吉林、辽宁、陕西、山东、山西、四川、台湾、云南、浙江。不丹、印度、日本、克什米尔、朝鲜、老挝、马来西亚、缅甸、尼泊尔、巴基斯坦、斯里兰卡、泰国、越南；热带非洲、亚洲、澳大利亚、太平洋群岛、南美洲。

合欢属 *Albizia* Durazzini

合欢 *Albizia julibrissin* Durazzini

陈功锡、张代贵等，LXP-06-0296、3540、3882、3941 等。

落叶乔木。安福县、莲花县、袁州区。海拔 100~400 米，路旁溪边、灌丛河边、灌丛溪边、灌丛、路旁。安徽、福建、甘肃、贵州、河南、湖北、湖南、江苏、江西、辽宁、陕西、山东、陕西、台湾、云南、浙江。亚洲。

山槐 *Albizia kalkora* (Roxburgh) Prain

陈功锡、张代贵等，LXP-06-2075。

落叶灌木。安福县、分宜县、芦溪县。海拔 400~800 米，疏林、阔叶林、林缘、溪流、山坡灌木。安徽、福建、甘肃、广东、广西、贵州、海南、河南、湖北、湖南、江苏、江西、陕西、山东、山西、四川、台湾、浙江。印度、日本、缅甸、越南。

两型豆属 *Amphicarpaea* Elliot

两型豆 *Amphicarpaea edgeworthii* Bentham

陈功锡、张代贵等，LXP-06-2338、5712、6636、6721 等。

一年生草本。安福县、分宜县、上高县、渝水区、袁州区。海拔 100~900 米，灌丛、溪边、路旁。安徽、福建、甘肃、贵州、海南、河北、黑龙江、河南、湖北、湖南、江苏、江西、吉林、辽宁、内蒙古、陕西、山东、山西、四川、台湾、西藏、云南、浙江。印度、日本、朝鲜、俄罗斯、越南。

土圞儿属 *Apios* Fabricius

土圞儿 *Apios fortunei* Maximowicz

姚淦等，9319。(NAS NAS00398907)

多年生草本。分宜县。海拔 300~1000 米，灌丛。福建、甘肃、广东、广西、贵州、河南、湖北、湖南、江西、陕西、四川、浙江。日本。

黄耆属 *Astragalus* Linnaeus

紫云英 *Astragalus sinicus* Linnaeus

陈功锡、张代贵等，LXP-06-1279、4727。

二年生草本。安福县、芦溪县。海拔 100~1500 米，路旁、水库边。福建、甘肃、广东、广西、贵州、河北、湖南、江苏、江西、陕西、四川、台湾、云南、浙江。日本。

羊蹄甲属 *Bauhinia* Linnaeus

龙须藤 *Bauhinia championii* (Bentham) Bentham

陈功锡、张代贵等，LXP-06-1044、5810、5926。

藤本。安福县。海拔 100~300 米，密林、溪边、路旁。福建、广东、广西、贵州、海南、湖北、湖南、江西、台湾、云南、浙江。越南。

薄叶羊蹄甲 *Bauhinia glauca* subsp. *Tenuiflora* (Watt ex C. B. Clarke) K. Larsen & S. S. Larsen

陈功锡、张代贵等，LXP-06-0038、0767、1983、2085、2151 等。

藤本。安福县、茶陵县、芦溪县。海拔 160~1500 米，路旁、溪边、灌丛。广东、广西、贵州、湖北、湖南、陕西、云南。柬埔寨、老挝、缅甸、越南。

云实属 *Caesalpinia* Linnaeus

云实 *Caesalpinia decapetala* (Roth) Alston

岳俊三等，3030。(NAS NAS00576839)

藤本。安福县。海拔 100~1800 米，灌丛、丘陵、河旁。安徽、福建、甘肃、广东、广西、贵州、海南、河北、河南、湖北、湖南、江苏、江西、陕西、四川、台湾、云南、浙江。孟加拉国、不丹、印度、日本、老挝、马来西亚、缅甸、尼泊尔、巴基斯坦、斯里兰卡、泰国、越南。

小叶云实 *Caesalpinia millettii* Hooker & Arnott

《江西大岗山森林生物多样性研究》。

落叶乔木。安福县、分宜县。海拔200~800 米，灌丛、溪旁。广东、广西、湖南、江西。

鸡血藤属 *Callerya* Endlicher

绿花鸡血藤 *Calleryachampionii* Benth.

《安福木本植物》。

赵奇僧、高贤明，1235。(CSFI CSFI015674)

木质藤本。安福县。海拔 200~800 米，灌丛、由岩石山谷的沟壑。福建、广东、广西。

香花鸡血藤 *Callerya dielsiana* (Harms) P. K. Lôc ex Z. Wei & Pedley

陈功锡、张代贵等，LXP-06-0124。

落叶灌木。安福县、茶陵县、莲花县、芦溪县、攸县、袁州区。海拔 200~800 米，路旁、密林、草地溪边、灌丛等。安徽、福建、甘肃、广东、广西、贵州、海南、湖北、湖南、江西、陕西、四川、云南、浙江。

江西鸡血藤 Callerya kiangsiensis (Z. Wei) Z. Wei & Pedley

陈功锡、张代贵等，LXP-06-0187。

藤本。安福县。海拔 300~400 米，疏林。安徽、福建、湖北、湖南、江西、浙江。

亮叶鸡血藤 *Callerya nitida* (Bentham) R. Geesink

《江西大岗山森林生物多样性研究》。

藤本。安福县、分宜县。海拔 100~1500 米，石上。福建、广东、广西、贵州、海南、湖南、江西、四川、台湾、云南、浙江。

网络鸡血藤 *Callerya reticulata*

陈功锡、张代贵等，LXP-06-0006、0123、1398 等。

藤本。安福县、茶陵县、莲花县、上高县、攸县、渝水区、袁州区。海拔 100~1600 米，石上、灌丛、水库旁等。安徽、福建、广东、广西、贵州、海南、湖北、湖南、江苏、江西、陕西、四川、台湾、云南、浙江。越南。

杭子梢属 *Campylotropis* Bunge

杭子梢 *Campylotropis macrocarpa* (Bunge) Rehder

陈功锡、张代贵等，LXP-06-5341、6570。

落叶灌木。上高县、攸县。海拔 80~700 米，路旁、灌丛。安徽、福建、甘肃、广东、广西、贵州、河北、河南、湖北、湖南、江苏、江西、辽宁、内蒙古、陕西、山东、山西、四川、台湾、云南、浙江。朝鲜。

锦鸡儿属 *Caragana* Fabricius

锦鸡儿 *Caragana sinica* Rehder

岳俊三等，3207。(NAS NAS00396162)

落叶灌木。安福县。海拔 400~1800 米，山坡、灌丛。安徽、福建、甘肃、广西、贵州、河北、河南、湖北、湖南、江苏、江西、辽宁、陕西、山东、四川、云南、浙江。朝鲜；栽培引入日本。

紫荆属 *Cercis* Linn.

紫荆 *Cercis chinensis* Bunge

《安福县木本植物》。

岳俊三等，3590。(IBSC 0172498)

落叶小乔木。安福县。海拔 1000 米左右，灌丛、沟谷溪旁灌丛。我国东南部，北至河北，南至广东、广西，西至云南、四川，西北至陕西，东至浙江、江苏和山东等省区。

山扁豆属 *Chamaecrista* Moench

山扁豆 *Chamaecrista mimosoides* (Linnaeus) Greene

《江西植物志》。

多年生草本。安福县、芦溪县。海拔 200~600 米，山坡、灌丛。中国南部。

香槐属 *Cladrastis* Rafinesque

香槐 *Cladrastis wilsonii* Takeda

陈功锡、张代贵等，LXP-06-2804。

落叶乔木。安福县、芦溪县。海拔 1100~1500 米，灌丛、山坡杂木林缘、林中。安徽、福建、甘肃、广西、贵州、河南、湖北、湖南、江西、陕西、山西、四川、云南、浙江。

猪屎豆属 *Crotalaria* Linnaeus

响铃豆 *Crotalaria albida* Heyne

陈功锡、张代贵等，LXP-06-5566、8458。

多年生草本。安福县、分宜县。海拔 100~500 米，路旁、水库边。安徽、福建、广东、广西、贵州、海南、湖北、湖南、江西、四川、台湾、西藏、云南。孟加拉国、不丹、柬埔寨、印度、印度尼西亚、老挝、马来西亚、缅甸、尼泊尔、巴基斯坦、巴布亚新几内亚、菲律宾、斯里兰卡、泰国、越南、太平洋群岛。

假地蓝 *Crotalaria ferruginea* Graham

陈功锡、张代贵等，LXP-06-1518、6441。

多年生草本。安福县、茶陵县、莲花县、分宜县。海拔 200~700 米，灌丛溪边、路旁。安徽、福建、广东、广西、贵州、海南、湖北、湖南、江苏、江西、四川、台湾、西藏、云南、浙江。孟加拉国、不丹、印度、印度尼西亚、老挝、马来西亚、缅甸、尼泊尔、巴布亚新几内亚、菲律宾、斯里兰卡、泰国、越南。

野百合 *Crotalaria sessiliflora* Linnaeus

陈功锡、张代贵等，LXP-06-1791、6687、7728。

多年生草本。安福县、莲花县、芦溪县、袁州区。海拔 500~1700 米，草地、路旁。安徽、福建、甘肃、广东、广西、贵州、河北、河南、湖北、湖南、江苏、江西、陕西、山西、四川、云南、浙江。

大托叶猪屎豆 *Crotalaria spectabilis* Roth

岳俊三等，3780。(PE 00176175)

草本。安福县。海拔 100~1500 米，草地。安徽、福建、广东、广西、湖南、江苏、江西、台湾、云南、浙江。孟加拉国、印度、马来西亚、缅甸、尼泊尔、菲律宾、泰国，栽培引入非洲马达加斯加岛。

黄檀属 *Dalbergia* Linnaeus

秧青 *Dalbergia assamica* Bentham

陈功锡、张代贵等，LXP-06-1886。

落叶乔木。茶陵县。海拔 100~600 米，灌丛、山地疏林、河边。福建、广东、广西、贵州、海南、四川、云南、浙江。印度锡金、老挝、缅甸、泰国、越南。

濒危等级：EN

大金刚藤 *Dalbergia dyeriana* Prain ex

Harms

陈功锡、张代贵等，LXP-06-2944、5288、5377、7120、7644。

藤本。安福县、茶陵县、上高县、攸县。海拔 80~400 米，路旁、灌丛。甘肃、贵州、湖北、湖南、陕西、四川、云南、浙江。

藤黄檀 *Dalbergia hancei* Bentham

陈功锡、张代贵等，LXP-06-0712、1592、2464 等。

藤本。安福县、分宜县、莲花县、攸县。海拔 300~800 米，溪边、疏林、路旁。安徽、福建、广东、广西、贵州、海南、江西、四川、浙江。

黄檀 *Dalbergia hupeana* Hance

岳俊山等，3120。(PE 00176798)

落叶乔木。安福县。海拔 800~1400 米，林中、灌丛、溪旁。安徽、福建、广东、广西、河南、湖北、湖南、江苏、江西、山东、山西、四川、云南、浙江。

濒危等级：NT

象鼻藤 *Dalbergia mimosoides* Franchet

陈功锡、张代贵等，LXP-06-2076。

落叶灌木。芦溪县。海拔 500~800 米，疏林。贵州、湖北、陕西、四川、西藏、云南、浙江。

鱼藤属 *Derris* Loureiro

中南鱼藤 *Derris fordii* Oliver

陈功锡、张代贵等，LXP-06-0229、0848、1947 等。

落叶灌木。安福县、茶陵县、分宜县、芦溪县、袁州区。海拔 100~600 米，阴处、溪边、疏林等。重庆、福建、广东、广西、贵州、湖南、江西、云南、浙江。

山蚂蝗属 *Desmodium* Desvaux

假地豆 *Desmodium heterocarpum* (Linnaeus) Candolle

陈功锡、张代贵等，LXP-06-5616、6126。

落叶灌木。安福县、攸县。海拔 100~200 米，路旁、草地、水旁、灌丛、林中。福建、广东、广西、贵州、海南、湖北、湖南、江苏、江西、四川、台湾、云南、浙江。不丹、柬埔寨、印度、印度尼西亚、日本、老挝、马来西亚、缅甸、尼泊尔、菲律宾、斯里兰卡、泰国、越南；非洲、澳大利亚、太平洋群岛。

小叶三点金 *Desmodium microphyllum* （Thunberg）Candolle

陈功锡、张代贵等，LXP-06-0969。

多年生草本。安福县、分宜县、莲花县。海拔 200~600 米，疏林、荒地、草丛等。安徽、福建、广东、广西、贵州、海南、湖北、湖南、江苏、江西、陕西、四川、台湾、西藏、云南、浙江。柬埔寨、印度、日本、老挝、马来西亚、缅甸、尼泊尔、斯里兰卡、泰国、越南；澳大利亚。

饿蚂蝗 *Desmodium multiflorum* Candolle

陈功锡、张代贵等，LXP-06-2690、5694、7803。

落叶灌木。安福县、莲花县、袁州区。海拔 600~1000 米，路旁、溪边。福建、广东、广西、贵州、湖北、湖南、江西、四川、台湾、西藏、云南、浙江。不丹、印度、老挝、缅甸、克什米尔、尼泊尔、泰国、越南。

山黑豆属 *Dumasia* Candolle

山黑豆 *Dumasia truncata* Siebold & Zuccarini

陈功锡、张代贵等，LXP-06-5561、6743。

多年生草本。安福县、袁州区。海拔100~700米，路旁、疏林、溪边。安徽、福建、广东、河南、湖北、江西、陕西、浙江。日本。

柔毛山黑豆 *Dumasia villosa* Candolle

陈功锡、张代贵等，LXP-06-6483。

藤本。安福县、分宜县。海拔200~500米，山谷、溪边、灌丛。广西、贵州、陕西、四川、西藏、云南。不丹、印度、印度尼西亚、老挝、马来西亚、缅甸、尼泊尔、巴基斯坦、菲律宾、斯里兰卡、泰国、越南；非洲。

野扁豆属 *Dunbaria* Wight et Arn

野扁豆 *Dunbaria villosa* (Thunberg) Makino

陈功锡、张代贵等，LXP-06-0467、0647。

多年生草本。安福县、分宜县、莲花县、上高县、袁州区。海拔400~500米，山坡、草丛、灌丛。安徽、广西、贵州、湖北、湖南、江苏、江西、台湾、浙江。柬埔寨、印度、印度尼西亚、日本、朝鲜、老挝、菲律宾、泰国、越南。

鸡头薯属 *Eriosema* (Candolle) G. Don

鸡头薯 *Eriosema chinense* Vogel

赖书坤，1299。(KUN 0611676)

多年生草本。莲花县。海拔300~1800米，草地。广东、广西、贵州、海南、湖南、江西、台湾、西藏、云南。柬埔寨、印度、印度尼西亚、老挝、马来西亚、缅甸、菲律宾、斯里兰卡、泰国、越南、澳大利亚。

山豆根属 *Euchresta* Bennett

山豆根 *Euchresta japonica* J. D. Hooker ex Regel

陈功锡、张代贵等，LXP-06-1215、2135、9221。

常绿灌木。茶陵县、芦溪县。海拔300~700米，溪边、灌丛、路旁。广东、广西、贵州、湖南、江西、四川、浙江。日本、朝鲜。

保护级别：二级保护（第一批次）

濒危等级：VU

千斤拔属 *Flemingia* Roxburgh ex W. T. Aiton

大叶千斤拔 *Flemingia macrophylla* (Willdenow) Prain

陈功锡、张代贵等，LXP-06-0155。

直立灌木。安福县。海拔100~200米，路旁、草地、灌丛、疏林阳处。福建、广东、广西、贵州、海南、江西、四川、台湾、云南。孟加拉国、不丹、柬埔寨、印度、印度尼西亚、老挝、马来西亚、缅甸、尼泊尔、泰国、越南。

千斤拔 *Flemingia prostrata* Roxburgh

陈功锡、张代贵等，LXP-06-0155。

落叶灌木。安福县。海拔100~200米，路旁、草地、灌丛、疏林阳处。福建、广东、广西、贵州、海南、江西、四川、台湾、云南。孟加拉国、不丹、柬埔寨、印度、印度尼西亚、老挝、马来西亚、缅甸、尼泊尔、泰国、越南。

乳豆属 *Galactia* P. Browne

乳豆 *Galactia tenuiflora*（Klein ex Willdenow）Wight et Arnott

陈功锡、张代贵等，LXP-06-7459。

藤本。安福县。海拔 80~200 米，水库边、丛林、河边疏林。广东、广西、海南、湖南、江西、台湾、云南。印度、马来西亚、菲律宾、斯里兰卡、越南；非洲。

皂荚属 *Gleditsia* Linnaeus

山皂荚 *Gleditsia japonica* Miquel

赖书坤，1660。(KUN 0126950)

落叶乔木。安福县。海拔 100~1500 米，溪边、路旁。安徽、贵州、河北、河南、湖南、江苏、江西、辽宁、山东、云南、浙江。日本、朝鲜。

皂荚 *Gleditsia sinensis* Lamarck

岳俊三等，3214。(NAS NAS00398932)

落叶乔木。安福县。海拔 200~1700 米，路旁、林中。安徽、福建、甘肃、广东、广西、贵州、河北、河南、湖北、湖南、江苏、江西、青海、陕西、山西、四川、云南、浙江。

大豆属 *Glycine* Willdenow

野大豆 *Glycine soja* Siebold & Zuccarini

陈功锡、张代贵等，LXP-06-0150、2961、5501 等。

一年生草本。安福县、井冈山市、上高县、攸县、袁州区。海拔 50~1000 米，路旁、溪边、疏林。安徽、福建、甘肃、广东、广西、贵州、河北、黑龙江、湖北、湖南、江苏、江西、吉林、辽宁、内蒙古、宁夏、陕西、山东、山西、四川、西藏、云南、浙江。阿富汗、日本、朝鲜、俄罗斯。

肥皂荚属 *Gymnocladus* Lamarck

肥皂荚 *Gymnocladus chinensis* Baillon

落乔木。安福县、分宜县。海拔 100~1500 米，林中、路旁。安徽、福建、广东、广西、贵州、湖北、湖南、江苏、江西、四川、云南、浙江。

长柄山蚂蝗属 *Hylodesmum* (Benth.) Yang et Huang

细长柄山蚂蝗 *Hylodesmum leptopus* (A. Gray ex Bentham) H. Ohashi &R. R. Mill

陈功锡、张代贵等，LXP-06-0510、1803、5958 等。

多年生草本或亚灌木。安福县、分宜县、攸县。海拔 200~1200 米，溪边、密林、灌丛等。福建、广东、广西、海南、湖北、湖南、江西、四川、台湾、云南、浙江。印度尼西亚、日本、老挝、马来西亚、新几内亚岛、菲律宾、泰国、越南。

长柄山蚂蝗 *Hylodesmum podocarpum* (Candolle) H. Ohashi

陈功锡、张代贵等，LXP-06-2215、2336。

多年生草本亚灌木。茶陵县、分宜县。海拔 200~600 米，山坡路旁、草坡、次生阔叶林下。安徽、福建、甘肃、广东、广西、贵州、海南、河北、黑龙江、河南、湖北、湖南、江苏、江西、吉林、辽宁、陕西、山东、山西、四川、台湾、西藏、云南、浙江。不丹、印度、印度尼西亚、日本、朝鲜、老挝、缅甸、尼泊尔、巴基斯坦、菲律宾、俄罗斯、越南。

宽卵叶长柄山蚂蝗 *Hylodesmum podocarpum* subsp. *fallax* (Schindler) H. Ohashi

陈功锡、张代贵等，LXP-06-0817，8371，6259，7400 等。

多年生草本。安福县、芦溪县。海拔

200~1100 米，溪边、路旁、灌丛。安徽、福建、甘肃、广东、广西、贵州、海南、湖北、湖南、江苏、江西、陕西、山西、四川、云南、浙江。日本、朝鲜。

尖叶长柄山蚂蝗 *Hylodesmum podocarpum* subsp. *oxyphyllum* (Candolle) H. Ohashi & R. R. Mill Edinburgh

陈功锡、张代贵等，LXP-06-0105、2980、5711、6258、7395 等。

草本。安福县、袁州区。海拔 100~1100 米，密林、疏林、溪边、路旁。安徽、福建、广东、广西、贵州、河北、黑龙江、河南、湖北、湖南、江苏、江西、吉林、辽宁、陕西、四川、西藏、云南、浙江。不丹、印度、印度尼西亚、日本、朝鲜、老挝、缅甸、尼泊尔、俄罗斯、越南。

四川长柄山蚂蝗 *Hylodesmum podocarpum* subsp. *szechuenense* (Craib) H. Ohashi & R. R. Mill

陈功锡、张代贵等，LXP-06-5711。

草本。安福县。海拔 600~1200 米，溪边、山沟路旁、灌丛、疏林。甘肃、广东、贵州、湖北、湖南、陕西、四川、云南。

木蓝属 *Indigofera* Linnaeus

河北木蓝 *Indigofera bungeana* Walpers

陈功锡、张代贵等，LXP-06-3327、3483。

落叶灌木。安福县、芦溪县。海拔 200~300 米，路旁、灌丛。安徽、重庆、福建、甘肃、广西、贵州、河北、河南、湖北、湖南、江苏、江西、辽宁、内蒙古、宁夏、青海、山西、山东、陕西、四川、西藏、云南、浙江。日本、朝鲜。

苏木蓝 *Indigofera carlesii* Craib

《江西大岗山森林生物多样性研究》。

落叶灌木。分宜县、莲花县。海拔 500~1000 米，灌丛、路旁。原产安徽、河南、湖北、江苏、江西、山西、陕西、浙江等地，福建、广东、广西、云南广泛栽培。

宜昌木蓝 *Indigofera decora* var. *ichangensis* (Craib) Y. Y. Fang & C. Z. Zheng

陈功锡、张代贵等，LXP-06-2034、6835、6929 等。

落叶灌木。安福县、茶陵县、袁州区。海拔 400~900 米，密林、溪边、路旁。安徽、福建、广东、广西、贵州、河南、湖北、湖南、江西、浙江。

宁波木蓝 *Indigofera decora* var. *cooperi* (Craib) Y. Y. Fang & C. Z. Zheng

岳俊三等，3585。(NAS NAS00385730)

落叶灌木。安福县。海拔 400~1500 米，溪边、灌丛。福建、江西、浙江。

庭藤 *Indigofera decora* Lindley

陈功锡、张代贵等，LXP-06-0836、1316。

落叶灌木。安福县。海拔 200~800 米，疏林、溪边。安徽、福建、广东、广西、贵州、河南、湖北、湖南、江苏、江西、浙江。日本。

黑叶木蓝 *Indigofera nigrescens* Kurz ex King et Prain

岳俊三等，2854。(PE 00277486)

落叶灌木。安福县。海拔 1500~1800 米，灌丛、疏林。福建、广东、广西、贵州、湖北、湖南、江西、陕西、四川、台湾、西藏、云南、浙江。印度、印度尼西亚、老挝、缅甸、菲律宾、泰国、越南。

鸡眼草属 *Kummerowia* Schindler

长萼鸡眼草 *Kummerowia stipulacea* (Maximowicz) Makino

陈功锡、张代贵等，LXP-06-5381、6008。

一年生草本。茶陵县、分宜县、攸县。海拔 50~1000 米，路旁、草地、山坡。安徽、福建、广东、广西、贵州、河北、黑龙江、河南、湖北、湖南、江苏、江西、吉林、辽宁、内蒙古、宁夏、青海、陕西、山东、山西、台湾、浙江。日本、朝鲜、俄罗斯；引入美国。

鸡眼草 *Kummerowia striata* (Thunberg) Schindler

陈功锡、张代贵等，LXP-06-0323、0572、1688、2533、3027 等。

一年生草本。安福县、渝水区。海拔 100~800 米，疏林溪边、疏林、路旁、灌丛、阳处、溪边、草地。安徽、福建、广东、广西、贵州、河北、黑龙江、河南、湖北、湖南、江苏、江西、吉林、辽宁、内蒙古、陕西、山东、山西、四川、台湾、云南、浙江。印度、日本、朝鲜、俄罗斯、越南；引入美国。

胡枝子属 *Lespedeza* Michaux

胡枝子 *Lespedeza bicolor* Turczaninow

陈功锡、张代贵等，LXP-06-1342。

落叶灌木。安福县、茶陵县、芦溪县、攸县。海拔 400~500 米，路旁、林缘、灌丛。安徽、福建、甘肃、广东、广西、河北、黑龙江、河南、湖南、江苏、吉林、辽宁、内蒙古、陕西、山东、山西、浙江。日本、朝鲜、蒙古、俄罗斯。

绿叶胡枝子 *Lespedeza buergeri* Miquel

陈功锡、张代贵等，LXP-06-2873。

灌木。芦溪县。海拔 1600~1700 米，灌丛、路旁。安徽、甘肃、河南、湖北、江苏、江西、陕西、山西、四川、浙江。日本。

中华胡枝子 *Lespedeza chinensis* G. Don

陈功锡、张代贵等，LXP-06-2337、2979、6292 等。

落叶灌木。安福县、分宜县、芦溪县、袁州区。海拔 200~700 米，灌丛、疏林、路旁。安徽、福建、广东、湖北、湖南、江苏、江西、四川、台湾、浙江。

截叶铁扫帚 *Lespedeza cuneata* (Dumont de Courset) G. Don

陈功锡、张代贵等，LXP-06-5542、7441、7456、9008。

落叶灌木。安福县、芦溪县。海拔 100~1500 米，水库边、路旁。福建、甘肃、广东、贵州、海南、河南、湖北、湖南、江西、江苏、陕西、山东、四川、台湾、西藏、云南、浙江。阿富汗、不丹、印度、印度尼西亚、日本、朝鲜、老挝、马来西亚、尼泊尔、巴基斯坦、菲律宾、泰国、越南；引入北美洲和澳大利亚。

短梗胡枝子 *Lespedeza cyrtobotrya* Miquel

陈功锡、张代贵等，LXP-06-0408、1509、2278、2359 等。

落叶灌木。安福县、茶陵县、分宜县、芦溪县、上高县、攸县、渝水区。海拔 100~1600 米，疏林、灌丛溪边、路旁、灌丛。甘肃、广东、河北、黑龙江、河南、江西、吉林、辽宁、陕西、山西、浙江。日本、朝鲜、俄罗斯。

大叶胡枝子 *Lespedeza davidii* Franchet

陈功锡、张代贵等，LXP-06-0072、0409、0665、2678、3973 等。

落叶灌木。安福县、分宜县、莲花县、攸县、袁州区。海拔 80~1600 米，路旁、疏林、灌丛、阳处、溪边。安徽、福建、广东、广西、贵州、河南、湖北、湖南、江苏、江西、四川、浙江。引入日本。

广东胡枝子 *Lespedeza fordii* Schindler

《江西林业科技》。

落叶灌木。安福县、芦溪县。海拔 100~800 米，路旁、山谷。安徽、福建、广东、广西、湖南、江苏、江西、浙江。

铁马鞭 *Lespedeza pilosa* (Thunb.) Sieb. Et Zucc.

《安福木本植物》。

亚灌木。安福县。海拔 1000 米以下，低山、丘陵的山坡林下、路边、灌丛、草丛。产陕西、甘肃、江苏、安徽、浙江、江西、福建、湖北、湖南、广东、四川、贵州、西藏。

美丽胡枝子 *Lespedeza thunbergii* subsp. *formosa* (Vogel) H. Ohashi

陈功锡、张代贵等，LXP-06-7330。

落叶灌木。安福县。海拔 200~400 米，灌丛、山坡、路旁。福建、广东、广西、江苏、江西、台湾、浙江。

绒毛胡枝子 *Lespedeza tomentosa* (Thunb.) Sieb.

《安福木本植物》。

落叶灌木。安福县。生于海拔 1000 米以下的干山坡草地及灌丛间。除新疆及西藏外全国各地普遍生长。

马鞍树属 *Maackia* Ruprecht

马鞍树 *Maackia hupehensis* Takeda

陈功锡、张代贵等，LXP-06-2093。

落叶乔木。安福县、芦溪县。海拔 1400~1500 米，灌丛、山坡、溪边、谷地。安徽、河南、湖北、湖南、江苏、江西、陕西、四川、浙江。

黧豆属 *Mucuna* Adanson

褶皮黧豆 *Mucuna lamellate* Wilmot-Dear

陈功锡、张代贵等，LXP-06-0152。

藤本。安福县。海拔 100~500 米，灌丛、溪边、路旁、山谷。福建、广东、广西、湖北、江苏、江西、浙江。

常春油麻藤 *Mucuna sempervirens* Hemsley

陈功锡、张代贵等，LXP-06-0419、4962。

藤本。安福县、上高县。海拔 250~300 米，灌丛、溪谷、河边、路边。福建、广东、广西、贵州、湖北、湖南、江西、陕西、四川、云南、浙江。不丹、印度、日本、缅甸。

小槐花属 *Ohwia* H. Ohashi

小槐花 *Ohwia caudata* (Thunberg) H. Ohashi【*Desmodium caudatum* (Thunberg) Candolle】

陈功锡、张代贵等，LXP-06-0273、0529、1873 等。

落叶灌木。安福县、茶陵县、分宜县、莲花县、芦溪县、攸县、袁州区。海拔 50~800 米，密林、疏林、灌丛溪边等。安徽、福建、广东、广西、贵州、湖北、湖南、江苏、江西、四川、台湾、西藏、云南、浙江。不丹、印度、印度尼西亚、日本、朝鲜、老挝、马来西亚、缅甸、斯里兰卡、越南。

红豆属 *Ormosia* Jackson

花榈木 *Ormosia henryi* Prain

陈功锡、张代贵等，LXP-065181、5213、5581。

常绿乔木。安福县、茶陵县、莲花县、攸县、袁州区。海拔 100~200 米，草地、疏林、水库边。安徽、广东、贵州、湖北、湖南、江西、四川、云南、浙江。

保护级别：二级保护（第一批次）

濒危等级：VU

红豆树 *Ormosia hosiei* Hemsley et E. H. Wilson

《江西林业科技》。

常绿乔木。安福县、芦溪县、上高县。海拔 200~900 米，河旁、山坡。安徽、福建、甘肃、贵州、湖北、江苏、江西、陕西、四川、浙江。

保护级别：二级保护（第一批次）

濒危等级：EN

软荚红豆 *Ormosia semicastrata* Hance

《江西林业科技》。

常绿乔木。安福县、芦溪县。海拔 100~1700 米，山地、路旁、林中。福建、广东、广西、贵州、海南、湖南、江西。

木荚红豆 *Ormosia xylocarpa* Chun ex L. Chen

赖书坤、户向恒等，1518。(KUN 0618874)

常绿乔木。安福县、莲花县。海拔 200~1600 米，路旁、溪边、疏林、密林。福建、广东、广西、贵州、海南、湖南、江西。

老虎刺属 *Pterolobium* R. Brown ex Wight & Arnott

老虎刺 *Pterolobium punctatum* Hemsley

陈功锡、张代贵等，LXP-06-0424、2780。

藤本。安福县、茶陵县。海拔 200~300 米，疏林、路旁。福建、广东、广西、贵州、海南、湖北、湖南、江苏、江西、四川、云南、浙江。老挝。

葛属 *Pueraria* Candolle

贵州葛 *Pueraria bouffordii* H. Ohashi（本种长期被误定为葛麻姆）

藤本。广布种，海拔 200~500 米，路边荒地、山坡林缘。贵州。

葛 *Pueraria montana* (Loureiro) Merrill

陈功锡、张代贵等，LXP-06-2130、2330、2749、2910、2987 等。

藤本。安福县、分宜县、芦溪县、莲花县、攸县、袁州区。海拔 80~900 米，溪边、灌丛、路旁、疏林、灌丛溪边、疏林溪边、草地。中国广布（除青海、新疆、西藏）。亚洲、澳大利亚。

粉葛 *Pueraria montana* var. *thomsonii* (Bentham) M. R. Almeida

《江西植物志》。

藤本。安福县、芦溪县。海拔 100~400 米，密林、疏林。广东、广西、海南、江西、四川、台湾、西藏、云南。不丹、印度、老挝、缅甸、菲律宾、泰国、越南。

鹿藿属 *Rhynchosia* Loureiro

菱叶鹿藿 *Rhynchosia dielsii* Harms

陈功锡、张代贵等，LXP-06-0334、0472、0885、6485、6698。

草本。安福县、分宜县、袁州区。海拔 200~700 米，草地、山坡、路旁灌丛。广东、广西、贵州、河南、湖北、湖南、陕西、四川。

鹿藿 *Rhynchosia volubilis* Loureiro

陈功锡、张代贵等，LXP-06-2038、22668、5562、8831。

藤本。安福县、茶陵县、芦溪县。海拔 100~600 米，溪边、路旁。广东、湖南、江西、海南、台湾。日本、朝鲜、越南。

坡油甘属 *Smithia* Aiton

坡油甘 *Smithia sensitiva* Aiton

《江西大岗山森林生物多样性研究》。

一年生草本。安福县、分宜县、莲花县。海拔 100~1000 米，湿地。福建、广东、广西、贵州、海南、湖南、江西、四川、台湾、云南。不丹、印度、印度尼西亚、老挝、马来西亚、克什米尔、尼泊尔、菲律宾、斯里兰卡、泰国、越南；非洲、澳大利亚。

槐属 *Sophora* Linnaeus

短蕊槐 *Sophora brachygyna* C. Y. Ma

岳俊三等，3263。(NAS NAS00393814)

落叶乔木。安福县。海拔 100~300 米，林中。广西、湖南、江西、浙江。

苦参 *Sophora flavescens* Aiton

岳俊三，3275。(IBSC 0155458)

草本。安福县、莲花县。海拔 100~1500 米，灌丛。全国各省广布。印度、日本、朝鲜、俄罗斯。

野豌豆属 *Vicia* Linnaeus

广布野豌豆 *Vicia cracca* Linnaeus var. *cracca* Linnaeus

聂敏祥，6940。(KUN 0624756)

一年生草本。莲花县。海拔 500~1900 米，草甸、林缘、山坡、河滩草地及灌丛。安徽、重庆、福建、甘肃、广东、广西、贵州、河北、黑龙江、河南、湖北、江西、吉林、辽宁、内蒙古、陕西、上海、山西、四川、台湾、新疆、西藏、云南、浙江。日本、哈萨克斯坦、朝鲜、吉尔吉斯斯坦、蒙古、俄罗斯、越南；亚洲、欧洲，引入和自然生长于其他地方。

蚕豆 *Vicia faba* Linnaeus

陈功锡、张代贵等，LXP-06-1002。

一年生草本。安福县。海拔 400~500 米，路旁。广布于全国。

牯岭野豌豆 *Vicia kulingana*

《江西林业科技》。

多年生草本。安福县、芦溪县。海拔 200~1200 米，山谷竹林、湿地、草丛、沙地。河南、湖南、江西、辽宁、山东、浙江。

救荒野豌豆 *Vicia sativa* Linnaeus

陈功锡、张代贵等，LXP-06-3490。

一年生草本。安福县、茶陵县。海拔 200~300 米，路旁、草丛、林中。安徽、重庆、福建、甘肃、广东、贵州、河北、黑龙江、湖北、湖南、江苏、内蒙古、四川、台湾、新疆、西藏、云南、浙江。阿富汗、不丹、印度、日本、哈萨克斯坦、朝鲜、吉尔吉斯斯坦、蒙古、尼泊尔、巴基斯坦、俄罗斯、塔吉克斯坦、土库曼斯坦；非洲、亚洲、大西洋群岛、欧洲；广泛栽培和自然生长于其他地方。

四籽野豌豆 *Vicia tetrasperma* (Linnaeus) Schreber

陈功锡、张代贵等，LXP-06-4943。

一年生草本。上高县、渝水区。海拔100~300米，山谷、草地阳坡。安徽、福建、甘肃、贵州、河北、河南、湖北、湖南、江苏、江西、陕西、四川、台湾、新疆、云南、浙江。阿富汗、不丹、印度、日本、哈萨克斯坦、朝鲜、吉尔吉斯斯坦、巴基斯坦、俄罗斯、塔吉克斯坦、乌兹别克斯坦；非洲、亚洲、大西洋群岛、欧洲，广泛栽培和自然生长于其他地方。

豇豆属 *Vigna* Savi

贼小豆 *Vigna minima* (Roxburgh) Ohwi et Ohashi f. *minima* (Roxburgh) Ohwi et Ohashi

陈功锡、张代贵等，LXP-06-5713、6291、6711等。

一年生草本。安福县、袁州区。海拔200~900米，溪边、灌丛、草地等。福建、广东、广西、贵州、海南、河北、湖南、江苏、江西、辽宁、山东、山西、台湾、云南、浙江。印度、日本、菲律宾。

赤小豆 *Vigna umbellata* (Thunberg) Ohwi et Ohashi

陈功锡、张代贵等，LXP-06-5653、6800、8556、8588等。

一年生草本。安福县、茶陵县、分宜县、莲花县、芦溪县、攸县。海拔150~850米，溪边、路旁。广东、广西、江西、海南、台湾、云南。日本、朝鲜、菲律宾；广泛栽培于热带地区。

野豇豆 *Vigna vexillata* (Linnaeus) Richard

陈功锡、张代贵等，LXP-06-0066、2955、6297等。

多年生草本。安福县。海拔200~700米，路旁、疏林、溪边。安徽、福建、甘肃、广东、广西、贵州、河南、湖北、湖南、江苏、江西、陕西、四川、云南、浙江。广泛分布在热带和亚热带地区。

紫藤属 *Wisteria* Nuttall

紫藤 *Wisteria sinensis* (Sims) Sweet f. *sinensis* (Sims) Sweet

陈功锡、张代贵等，LXP-06-5989。

藤本。莲花县、上高县、渝水区。海拔50~300米，草地、水库边。安徽、福建、广西、河北、河南、湖北、湖南、江苏、江西、山西、山东、陕西、浙江。日本。

50. 酢浆草科 Oxalidaceae

酢浆草属 *Oxalis* Linnaeus

酢浆草 *Oxalis corniculata* Linnaeus

陈功锡、张代贵等，LXP-06-1278、1444、3350等。

多年生草本。安福县、茶陵县、莲花县、芦溪县、攸县、袁州区。海拔100~1500米，灌丛、草地等。安徽、重庆、福建、甘肃、广东、广西、贵州、海南、河北、河南、湖北、湖南、内蒙古、江苏、江西、辽宁、青海、陕西、山东、山西、四川、台湾、西藏、云南、浙江。不丹、印度、日本、朝鲜、马来西亚、缅甸、尼泊尔、巴基斯坦、俄罗斯、泰国；几乎世界性分布。

51. 牻牛儿苗科 Geraniaceae

老鹳草属 *Geranium* Linnaeus

野老鹳草 *Geranium carolinianum* Linnaeus

张代贵、陈功锡等，LXP-064950。

一年生草本。上高县、渝水区。海拔150~300 米，平原、低山荒坡杂草丛。山东、安徽、江苏、浙江、江西、湖南、湖北、四川、云南。原产美洲，我国为逸生。

尼泊尔老鹳草 *Geranium nepalense* Sweet

赖书坤，1652。(KUN 0132485)

多年生草本。莲花县。海拔 100~1300 米，山地阔叶林林缘、灌丛、荒山草坡、亦为山地杂草。甘肃、广西、贵州、湖北、湖南、江西、青海、陕西、山西、四川、西藏、云南。阿富汗、不丹、印度、印度尼西亚、老挝、缅甸、克什米尔、尼泊尔、巴基斯坦、斯里兰卡、泰国、越南。

老鹳草 *Geranium wilfordii* Maximowicz

岳俊三等，3567。(WUK 0220546)

多年生草本。安福县。海拔 100~1800 米，山林下、草甸。安徽、福建、甘肃、贵州、河北、黑龙江、河南、湖北、湖南、江苏、江西、吉林、辽宁、内蒙古、陕西、山东、山西、四川、台湾、云南、浙江。日本、朝鲜、俄罗斯；欧洲。

52. 古柯科 Erythroxylaceae

古柯属 *Erythroxylum* P. Browne

东方古柯 *Erythroxylum sinense* Y. C. Wu

陈功锡、张代贵等，LXP-06-0262、4599。

落叶灌木。安福县。海拔 600~900 米，密林、路旁。福建、广东、广西、贵州、海南、湖南、江西、云南、浙江。印度、缅甸、越南。

53. 芸香科 Rutaceae

石椒草属 *Boenninghausenia* Reichenbach ex Meisner

臭节草 *Boenninghausenia albiflora* (Hooker) Reichenbach ex Meisner

陈功锡、张代贵等，LXP-06-2761、2788。

常绿草本。安福县、莲花县、芦溪县、袁州区。海拔 900~1500 米，溪边、路旁。安徽、福建、甘肃、广东、广西、贵州、湖北、湖南、江苏、江西、陕西、四川、台湾、西藏、云南、浙江。不丹、印度、印度尼西亚、日本、克什米尔、老挝、缅甸、尼泊尔、巴基斯坦、菲律宾、泰国、越南。

柑橘属 *Citrus* Linnaeus

枳 *Citrus trifoliata* Linnaeus

陈功锡、张代贵等，LXP-06-0581、2771。

落叶乔木。安福县、茶陵县。海拔 100~400 米，路旁、荒地。安徽、重庆、甘肃、广东、广西、贵州、河南、湖北、湖南、江苏、江西、陕西、山东、山西、浙江。

臭常山属 *Orixa* Thunb.

臭常山 *Orixa japonica* Thunb.

《安福木本植物》。

落叶灌木。安福县。海拔 400~1300 米，山地密林、灌丛或疏林。河南（伏牛山、大别山、桐柏山以南），安徽，江苏，浙江，江西，湖北，湖南，贵州，四川，云南（丽江）。

黄檗属 *Phellodendron* Ruprecht

川黄檗 *Phellodendron chinense* C. K. Schneider

陈功锡、张代贵等，LXP-06-0646。

落叶乔木。安福县、莲花县、袁州区。海拔800~1500米，疏林。安徽、福建、甘肃、广东、广西、贵州、河南、湖北、湖南、江苏、陕西、四川、云南、浙江。

保护级别：二级保护（第一批次）

秃叶黄檗 *Phellodendron chinense* var. *glabriusculum* C. K. Schneider

陈功锡、张代贵等，LXP-06-2062。

落叶乔木。安福县、芦溪县。海拔200~800米，山地疏林、密林。福建、甘肃、广东、广西、贵州、湖北、湖南、江苏、陕西、四川、云南、浙江。

茵芋属 *Skimmia* Thunberg

茵芋 *Skimmia reevesiana* (Fortune) Fortune

陈功锡、张代贵等，LXP-06-1207、1254、3163等。

常绿灌木。安福县、芦溪县。海拔300~1500米，灌丛、疏林、路旁。安徽、福建、广东、广西、贵州、海南、河南、湖北、湖南、江西、四川、台湾、云南、浙江。缅甸、菲律宾、越南。

四数花属 *Tetradium* Loureiro

臭檀吴萸 *Tetradium daniellii* (Bennett) T. G. Hartley【*Evodia daniellii* (Bennett) Hemsley】

陈功锡、张代贵等，LXP-06-1654。

落叶乔木。茶陵县、芦溪县。海拔800~900米，密林、疏林、沟边。安徽、甘肃、贵州、河北、河南、湖北、江苏、辽宁、宁夏、青海、陕西、山东、山西、四川、西藏、云南。朝鲜。

楝叶吴萸 *Tetradium glabrifolium* (Champion ex Bentham) T. G. Hartley【臭辣树 *Evodia daniellii* (Champion ex Bentham) C. C. Huang】

陈功锡、张代贵等，LXP-06-0365、0670、0790、5490。

落叶灌木。安福县、分宜县、莲花县、攸县。海拔500~1300米，灌丛、路旁。安徽、福建、广东、广西、贵州、海南、河南、湖北、湖南、江西、陕西、四川、台湾、云南、浙江。不丹、印度、印度尼西亚、日本、马来西亚、缅甸、菲律宾、泰国、越南。

吴茱萸 *Tetradium ruticarpum* (A.Jussieu) T. G. Hartley【*Evodia ruticarpa* (A. Jussieu) Bentham】

陈功锡、张代贵等，LXP-06-0525、1642、1896等。

落叶乔木。安福县、茶陵县、上高县、渝水区、袁州区。海拔200~900米，疏林、密林、路旁。安徽、福建、甘肃、广东、广西、贵州、河北、河南、湖北、湖南、江苏、江西、陕西、四川、云南、浙江。不丹、印度、缅甸、尼泊尔。

飞龙掌血属 *Toddalia* Jussieu

飞龙掌血 *Toddalia asiatica* (Linnaeus) Lamarck

陈功锡、张代贵等，LXP-06-0232、0982、0797、5820等。

藤本。安福县、上高县。海拔100~500米，河边、溪边、路旁。福建、甘肃、广东、广西、贵州、海南、河南、湖北、湖南、陕西、四川、台湾、西藏、云南。孟加拉国、不丹、印度、印度尼西亚、日本、老挝、马来西亚、缅甸、尼泊尔、菲律宾、斯里兰卡、泰国、越南；非洲。

花椒属 *Zanthoxylum* Linnaeus

椿叶花椒 *Zanthoxylum ailanthoides* Siebold et Zuccarini

《江西大岗山森林生物多样性研究》。

落叶乔木。安福县、分宜县。海拔300~1500米，地杂木林中。福建、广东、广西、贵州、江西、四川、台湾、云南、浙江。日本、朝鲜、菲律宾。

竹叶花椒 *Zanthoxylum armatum* Candolle

陈功锡、张代贵等，LXP-06-1888、3826、5027等。

落叶乔木。安福县、茶陵县、上高县。海拔100~800米，灌丛、溪边、疏林等。安徽、福建、甘肃、广东、广西、贵州、河南、湖北、湖南、江苏、江西、陕西、山东、山西、四川、台湾、西藏、云南、浙江。孟加拉国、不丹、印度、印度尼西亚、日本、克什米尔、朝鲜、老挝、缅甸、尼泊尔、巴基斯坦、菲律宾、泰国、越南。

岭南花椒 *Zanthoxylum austrosinense* Huang

陈功锡、张代贵等，LXP-06-9618。

落叶乔木。安福县、分宜县。海拔300~1700米，坡地疏林或灌木丛中。安徽、福建、广东、广西、湖北、湖南、江西、浙江。

簕欓花椒 *Zanthoxylum avicennae* (Lamarck) Candolle

陈功锡、张代贵等，LXP-06-0045、0679。

落叶乔木。安福县、分宜县。海拔100~300米，疏林、路旁。福建、广东、广西、海南、云南。印度、印度尼西亚、马来西亚、菲律宾、泰国、越南。

花椒 *Zanthoxylum bungeanum* Maximowicz

陈功锡、张代贵等，LXP-06-7982。

落叶乔木。安福县、袁州区。海拔300~400米，溪边。安徽、福建、甘肃、广西、贵州、河北、河南、湖北、湖南、江苏、江西、辽宁、宁夏、青海、陕西、山东、山西、四川、新疆、西藏、云南、浙江。不丹。

刺壳花椒 *Zanthoxylum echinocarpum* Hemsl.

《安福木本植物》。

攀援木质藤本。安福县。海拔1000米以下山坡、沟谷疏林或灌丛。湖北、湖南、广东、广西、江西、贵州、四川、云南。

朵花椒 *Zanthoxylum molle* Rehder

陈功锡、张代贵等，LXP-06-3467。

落叶乔木。芦溪县。海拔300~350米，灌丛。安徽、贵州、河南、湖南、江西、云南、浙江。

濒危等级：VU

大叶臭花椒 *Zanthoxylum myriacanthum* Wallich ex J. D. Hooker

陈功锡、张代贵等，LXP-06-0032、0613、1610、1899、5488等。

落叶乔木。安福县、茶陵县、攸县、袁州区。海拔170~850米，路旁、疏林、灌丛、路旁溪边。福建、广东、广西、贵州、海南、湖南、江西、云南、浙江。不丹、印度、印度尼西亚、马来西亚、缅甸、菲律宾、越南。

花椒簕 *Zanthoxylum scandens* Blume

陈功锡、张代贵等，LXP-06-0250、0764、1704、2050、2366等。

常绿灌木。安福县、茶陵县、分宜县、

芦溪县、上高县。海拔200~1600米，密林、溪边、灌丛。安徽、重庆、福建、广东、广西、贵州、海南、湖北、湖南、江西、四川、台湾、云南、浙江。印度、印度尼西亚、日本、马来西亚、缅甸。

青花椒 *Zanthoxylum schinifolium* Siebold et Zuccarini

陈功锡、张代贵等，LXP-06-2329、5390、60438906。

落叶灌木。安福县、分宜县、攸县、袁州区。海拔100~300米，阳处、灌丛。安徽、福建、广东、广西、贵州、河北、河南、湖北、湖南、江苏、江西、辽宁、山东、台湾、浙江。日本、朝鲜。

野花椒 *Zanthoxylum simulans* Hance

陈功锡、张代贵等，LXP-06-3707、4876。

落叶灌木。安福县、袁州区。海拔100~700米，灌丛、路旁。安徽、福建、甘肃、广东、贵州、河北、河南、湖北、湖南、江苏、江西、青海、陕西、山东、台湾、浙江。

梗花椒 *Zanthoxylum stipitatum* Huang

《安福木本植物》。

落叶灌木或小乔木。安福县。海拔800米以下山坡疏林或灌丛。福建、湖南、广东、广西。

54. 苦木科 Simaroubaceae

臭椿属 *Ailanthus* Desfontaines

臭椿 *Ailanthus altissima* (Miller) Swingle

陈功锡、张代贵等，LXP-06-1736。

落叶乔木。安福县、芦溪县。海拔600~650米，密林。全国广布（除海南、黑龙江、吉林、宁夏、青海）。

苦木属 *Picrasma* Blume

苦树 *Picrasma quassioides* (D. Don) Bennett

熊耀国，9041 (1511) 。(LBG 00030259)

落叶乔木。安福县。海拔1400~1600米，山地杂木林中。安徽、福建、甘肃、广东、广西、贵州、海南、河北、河南、湖北、湖南、江苏、江西、辽宁、陕西、山东、山西、四川、台湾、西藏、云南、浙江。不丹、印度、日本、克什米尔、朝鲜、尼泊尔、斯里兰卡。

55. 楝科 Meliaceae

楝属 *Melia* Linnaeus

楝 *Melia azedarach* Linnaeus

陈功锡、张代贵等，LXP-06-0429、1377、2270、3144、3306等。

落叶乔木。安福县、茶陵县、莲花县、芦溪县、袁州区。海拔100~400米，路旁水库、灌丛、疏林。安徽、福建、甘肃、广东、广西、贵州、海南、河北、河南、湖北、湖南、江苏、江西、陕西、山东、山西、四川、台湾、云南、西藏、浙江。不丹、印度、印度尼西亚、老挝、尼泊尔、巴布亚新几内亚、菲律宾、斯里兰卡、泰国、越南；热带澳大利亚、太平洋群岛。

香椿属 *Toona* (Endlicher) M. Roe- mer

红椿 *Toona ciliata* M. Roemer

陈功锡、张代贵等，LXP-06-7626。

落叶乔木。上高县、渝水区。海拔300~400米，路旁。广东、海南、四川、云南。孟加拉国、不丹、柬埔寨、印度、印度尼西亚、老挝、马来西亚、缅甸、尼泊尔、巴基斯坦、巴布亚新几内亚、菲律宾、斯里兰卡、泰国、越南；澳大利亚、太平洋群岛。

保护级别：二级保护（第一批次）

濒危等级：VU

香椿 *Toona sinensis* (A. Jussieu) M. Roemer

陈功锡、张代贵等，LXP-06-1527。

落叶乔木。安福县、茶陵县。海拔 200~600 米，路旁、河边。安徽、福建、甘肃、广东、广西、贵州、河北、河南、湖北、湖南、江苏、江西、陕西、四川、西藏、云南、浙江。不丹、印度、印度尼西亚、老挝、马来西亚、缅甸、尼泊尔、泰国。

56. 远志科 Polygalaceae

远志属 *Polygala* Linnaeus

荷包山桂花 *Polygala arillata* Buchanan-Hamilton ex D. Don

《江西大岗山森林生物多样性研究》。

落叶灌木。安福县、分宜县。海拔 1000~1900 米，山坡林下或林缘。安徽、福建、广西、贵州、河南、湖北、江西、陕西、四川、西藏、云南、浙江。不丹、柬埔寨、印度、马来西亚、缅甸、尼泊尔、斯里兰卡、泰国、越南。

黄花倒水莲 *Polygala fallax* Hemsley

陈功锡、张代贵等，LXP-06-0238、0324、0910、1869、2651 等。

落叶灌木。安福县、茶陵县、袁州区。海拔 200~900 米，疏林、疏林河边、灌丛。福建、广东、广西、贵州、湖南、江西、云南。

瓜子金 *Polygala japonica* Houttuyn

陈功锡、张代贵等，LXP-06-4618、5127。

多年生草本。安福县、分宜县。海拔 150~700 米，路旁。福建、甘肃、广东、广西、贵州、河北、河南、湖北、湖南、江苏、江西、辽宁、陕西、山东、四川、台湾、新疆、云南、浙江。印度、日本、朝鲜、马来西亚、缅甸、新几内亚岛、菲律宾、俄罗斯、斯里兰卡、越南。

远志 *Polygala tenuifolia* Willdenow

陈功锡、张代贵等，LXP-06-0257、0348、2027 等。

多年生草本。安福县、芦溪县、茶陵县。海拔 100~900 米，密林、石上、路旁等。甘肃、河北、黑龙江、河南、江苏、江西、辽宁、内蒙古、宁夏、青海、陕西、山西、四川。朝鲜、蒙古、俄罗斯。

齿果草属 *Salomonia* Loureiro

齿果草 *Salomonia cantoniensis* Lour

陈功锡、张代贵等，LXP-06-0617。

一年生草本。安福县。海拔 200~1300 米，疏林。福建、广东、广西、贵州、云南、江西、浙江。不丹、柬埔寨、印度、印度尼西亚、老挝、马来西亚、缅甸、尼泊尔、菲律宾、泰国。

57. 大戟科 Euphorbiaceae

铁苋菜属 *Acalypha* Linnaeus

铁苋菜 *Acalypha australis* Linnaeus

陈功锡、张代贵等，LXP-06-5405、5423、7672 等。

一年生草本。安福县、分宜县、攸县、袁州区。海拔 100~800 米，阴处、路旁溪边。广布于全国（除内蒙古和新疆）。日本、朝鲜、老挝、菲律宾、俄罗斯、越南；引入澳大利亚和印度。

山麻杆属 *Alchornea* Swartz

山麻杆 *Alchornea davidii* Franchet

《江西林业科技》。

落叶灌木。安福县、分宜县、袁州区。海拔 300~1500 米，沟谷或溪畔、河边的坡地灌丛、坡地。福建、广东、广西、贵州、河南、湖北、湖南、江苏、江西、山西、四川、云南、浙江。

红背山麻杆 *Alchornea trewioides* (Benth.) Muell. Arg.

《安福木本植物》。

落叶灌木。安福县。海拔 400~1000 米沿海平原、内陆山地矮灌丛、疏林、石灰岩山灌丛。福建南部和西部、江西南部、湖南南部、广东、广西、海南。泰国北部、越南北部、琉球群岛。

五月茶属 *Antidesma* Linnaeus

酸味子 *Antidesma japonicum* Siebold & Zuccarini

陈功锡、张代贵等，LXP-06-0630、1503、1668 等。

常绿灌木。安福县、茶陵县、分宜县、莲花县、芦溪县。海拔 200~700 米，溪边、密林、灌丛。安徽、福建、广东、广西、贵州、海南、湖北、湖南、江苏、江西、青海、四川、台湾、西藏、云南、浙江。日本、马来西亚、泰国、越南。

五月茶 *Antidesma bunius* (Linnaeus) Spreng

《江西林业科技》。

落叶乔木。安福县、芦溪县。海拔 200~1800 米，山地疏林。福建、广东、广西、贵州、海南、江西、云南、西藏。印度、印度尼西亚、老挝、缅甸、尼泊尔、巴布亚新几内亚、菲律宾、新加坡、斯里兰卡、泰国、越南；澳大利亚、太平洋群岛。

秋枫属 *Bischofia* Blume

重阳木 *Bischofia polycarpa* (H. Léveillé) Airy Shaw

赵奇僧、高贤明，1379。(CSFI CSFI009967)

落叶乔木。安福县。海拔 200~1000 米，山地林中、平原。安徽、福建、广东、广西、贵州、湖南、江苏、江西、陕西、云南、浙江。

巴豆属 *Croton* Linnaeus

毛果巴豆 *Croton lachnocarpus* Bentham

陈功锡、张代贵等，LXP-06-3492。

落叶灌木。安福县。海拔 200~400 米，灌丛、山地疏林。广东、广西、贵州、湖南、江西。老挝、缅甸、泰国、越南。

大戟属 *Euphorbia* Linnaeus

飞扬草 *Euphorbia hirta* Linnaeus

陈功锡、张代贵等，LXP-06-0544、1823、5505、7627。

一年生草本。安福县、茶陵县、分宜县、上高县。海拔 100~200 米，路旁、路旁溪边。福建、广东、广西、贵州、海南、湖南、江西、四川、台湾、云南。热带和亚热带地区。

地锦 *Euphorbia humifusa* Willdenow ex Schlecheter

陈功锡、张代贵等，LXP-06-1505、

5551、6032。

一年生草本。安福县、茶陵县、攸县。海拔 100~600 米，灌丛溪边、水库边、路旁。全国广布（除海南）。

斑地锦 *Euphorbia maculata* Linnaeus

陈功锡、张代贵等，LXP-06-0015、5207。

一年生草本。安福县、攸县。海拔 130~180 米，石上、路旁。河北、河南、湖北、江苏、江西、台湾、浙江。亚洲、欧洲、北美洲。

千根草 *Euphorbia thymifolia* Linnaeus

岳俊三等，3028。（PE 00947523）

一年生草本。安福县、分宜县。海拔 200~800 米，路旁、屋旁、草丛、稀疏灌丛，多见于沙质土。福建、广东、广西、海南、湖南、江苏、江西、台湾、云南、浙江。广泛分布于温暖的地区。

白饭树属 *Flueggea* Willdenow

一叶萩 *Flueggea suffruticosa* (Pallas) Baillon

岳俊三等，3216。（PE 01006858）

落叶灌木。安福县。海拔 600~1200 米，山坡灌丛中或山沟、路边。全国广布（除甘肃、青海、新疆、西藏）。日本、朝鲜、蒙古、俄罗斯。

白饭树 *Flueggea virosa* (Roxburgh ex Willdenow) Voigt

陈功锡、张代贵等，LXP-06-4511、4512、4621、4842 等。

落叶灌木。安福县、莲花县、上高县、袁州区。海拔 150~1200 米，灌丛、路旁。福建、广东、广西、贵州、河北、河南、湖南、山东、台湾、云南。非洲、亚洲、大洋洲。

算盘子属 Glochidion J. R. Forster & G. Forster

算盘子 *Glochidion puberum* (Linnaeus) Hutchson

陈功锡、张代贵等，LXP-06-0049、0780、3710 等。

落叶灌木。安福县、分宜县、莲花县、攸县、袁州区。海拔 100~1300 米，疏林、灌丛、溪边、水库旁等。安徽、福建、甘肃、广东、广西、贵州、海南、河南、湖北、湖南、江苏、江西、陕西、四川、台湾、西藏、云南、浙江。日本。

里白算盘子 *Glochidion triandrum* (Blanco) C. B. Robinson

陈功锡、张代贵等，LXP-06-0060、1375、2619、3304 等。

落叶灌木。安福县、茶陵县、芦溪县、上高县、袁州区。海拔 100~900 米，路旁、路旁水库边、草地、灌丛。福建、广东、广西、贵州、湖南、四川、台湾、云南。柬埔寨、印度、日本、尼泊尔、菲律宾、泰国。

湖北算盘子 *Glochidion wilsonii* Hutchinson

陈功锡、张代贵等，LXP-06-1748。

落叶灌木。安福县、芦溪县。海拔 700~800 米，密林、灌丛。安徽、福建、广西、贵州、湖北、江西、四川、浙江。

野桐属 *Mallotus* Loureiro

白背叶 *Mallotus apelta* (Loureiro) Müller Argoviensis

陈功锡、张代贵等，LXP-06-0048、0166、1887、2324、2557 等。

落叶灌木。安福县、茶陵县、分宜县、莲花县、上高县、攸县、袁州区。海拔

100~1300 米，疏林、阳处、灌丛、路旁、灌丛溪边、灌丛池塘边、路旁溪边、疏林。福建、广东、广西、海南、湖南、江西、云南。越南。

东南野桐 *Mallotus lianus* Croiz

陈功锡、张代贵等，LXP-06-3427。

落叶灌木。芦溪县。海拔 200~300 米，灌丛、林缘、阴处。福建、广东、广西、湖南、江西、浙江。

红叶野桐 *Mallotus paxii* Pamp

陈功锡、张代贵等，LXP-06-1895。

落叶灌木。安福县、茶陵县、莲花县。海拔 800~900 米，灌丛。安徽、福建、广东、广西、贵州、河南、湖北、湖南、江苏、江西、陕西、四川、浙江。

粗糠柴 *Mallotus philippensis* (Lamarck) Müller Argoviensis

陈功锡、张代贵等，LXP-06-1529、4097。

常绿灌木。安福县、茶陵县。海拔 300~1000 米，路旁。安徽、福建、广东、广西、贵州、海南、湖北、湖南、江苏、江西、四川、台湾、西藏、云南、浙江。孟加拉国、不丹、印度、老挝、马来西亚、缅甸、尼泊尔、新几内亚岛、巴基斯坦、菲律宾、斯里兰卡、泰国、越南；澳大利亚。

石岩枫 *Mallotus repandus* (Willdenow) Müller Argoviensis

陈功锡、张代贵等，LXP-06-3473、3922、4604 等。

落叶灌木。安福县、芦溪县。海拔 100~300 米，灌丛、山地疏林、林缘。安徽、福建、甘肃、广东、广西、贵州、海南、河南、湖北、湖南、江西、山西、四川、台湾、云南、浙江。孟加拉国、不丹、柬埔寨、印度、印度尼西亚、老挝、马来西亚、缅甸、尼泊尔、新几内亚岛、菲律宾、斯里兰卡、泰国、越南；澳大利亚、太平洋群岛。

杠香藤 *Mallotus repandus* var. *chrysocarpus* (Pampanini) S. M. Hwang

陈功锡、张代贵等，LXP-06-1551、1944。

落叶灌木。茶陵县。海拔 200~800 米，河边、灌丛溪边。安徽、甘肃、贵州、河南、湖北、湖南、山西、四川。

白木乌桕属 *Neoshirakia* Esser

白木乌桕 *Neoshirakia japonica* (Siebold et Zuccarini) Esser【*Sapium japonicum* (Siebold & Zuccarini) Pax & K. Hoffmann】

陈功锡、张代贵等，LXP-06-0513、1623、1639、1640、1919 等。

落叶乔木。安福县、芦溪县。海拔 100~400 米，路旁、密林、灌木、疏林、溪边。安徽、福建、广东、广西、贵州、湖南、湖北、江苏、江西、山东、四川、浙江。日本、朝鲜。

叶下珠属 *Phyllanthus* Linnaeus

落萼叶下珠 *Phyllanthus flexuosus* (Siebold & Zuccarini) Müller Argoviensis

陈功锡、张代贵等，LXP-06-3305、3402、3558、3652 等。

落叶灌木。安福县、莲花县、芦溪县、袁州区。海拔 100~500 米，灌丛、路旁、灌丛溪边。安徽、福建、广东、广西、贵州、湖北、湖南、江苏、四川、云南、浙江。日本。

青灰叶下珠 *Phyllanthus glaucus* Wallich ex Müller Argoviensis

陈功锡、张代贵等，LXP-06-1440。

落叶灌木。茶陵县、分宜县。海拔500~1000米，山坡、疏林、林缘。安徽、福建、广东、广西、贵州、海南、湖北、湖南、江苏、江西、四川、西藏、云南、浙江。不丹、印度、尼泊尔。

小果叶下珠 *Phyllanthus reticulates* Poiret

江西调查队，311。（PE 01007998）

落叶灌木。安福县。海拔200~800米，地林下或灌木丛中。福建、广东、广西、贵州、海南、湖南、江西、四川、台湾、云南。不丹、柬埔寨、印度、印度尼西亚、老挝、马来西亚、尼泊尔、菲律宾、斯里兰卡、泰国、越南；非洲、澳大利亚。

叶下珠 *Phyllanthus urinaria* Linnaeus

陈功锡、张代贵等，LXP-06-0173、0539、2435等。

一年生草本。安福县、芦溪县、上高县、攸县。海拔100~600米，阳处、溪边、疏林等。安徽、福建、广东、广西、贵州、海南、河北、河南、湖北、湖南、江苏、江西、陕西、山东、山西、四川、台湾、西藏、云南、浙江。不丹、印度、印度尼西亚、日本、老挝、马来西亚、尼泊尔、斯里兰卡、泰国、越南；美洲南部。

蜜柑草 *Phyllanthus ussuriensis* Ruprecht & Maximowicz

张代贵、陈功锡，LXP-06-0689。

一年生草本。安福县。海拔200~600米，山坡、路旁。安徽、福建、广东、广西、黑龙江、湖北、湖南、江苏、江西、吉林、辽宁、山东、台湾、浙江。日本、朝鲜、蒙古、俄罗斯。

乌桕属 *Triadica* Loureiro

山乌桕 *Triadica cochinchinensis* Loureiro [Sapium discolor (Champion ex Bentham) Müller Argoviensis]

陈功锡、张代贵等，LXP-06-0007、1399、2489等。

落叶乔木。安福县、茶陵县、莲花县、芦溪县、攸县。海拔100~600米，灌丛、溪边、疏林等。安徽、福建、广东、广西、贵州、海南、湖北、湖南、江西、四川、台湾、云南、浙江。柬埔寨、印度、印度尼西亚、老挝、马来西亚、缅甸、菲律宾、泰国、越南。

乌桕 *Triadica sebifera* (Linnaeus) Small【*Sapium sebiferum* (Linnaeus) Roxburgh】

陈功锡、张代贵等，LXP-06-1526、1625、5211等。

落叶乔木。茶陵县、分宜县、莲花县、芦溪县、攸县、袁州区。海拔80~600米，路旁、水库边。福建、甘肃、广东、广西、贵州、海南、湖北、江西、江苏、陕西、山东、四川、台湾、云南、浙江。日本、越南，栽培于非洲、美洲、欧洲、印度。

油桐属 *Vernicia* Loureiro

油桐 *Vernicia fordii* (Hemsley) Airy Shaw

陈功锡、张代贵等，LXP-06-0207、2598、3308等。

落叶乔木。安福县、芦溪县、上高县。海拔200~700米，河边、疏林、灌丛等。福建、广东、广西、贵州、海南、河南、湖北、湖南、江苏、江西、陕西、四川、云南、浙江。越南。

木油桐 *Vernicia montana* Loureiro

陈功锡、张代贵等，LXP-06-0063、3323、3736 等。

落叶乔木。安福县。海拔 100~500 米，路旁、疏林、溪边。安徽、福建、广东、广西、贵州、海南、湖北、湖南、江西、台湾、云南、浙江。缅甸、泰国、越南，栽培于日本。

58. 交让木科 Daphniphyllaceae

虎皮楠属 *Daphniphyllum* Blume

牛耳枫 *Daphniphyllum calycinum* Bentham

陈功锡、张代贵等，LXP-06-9231、9418。

常绿灌木。茶陵县。海拔 100~800 米，灌丛、疏林。福建、广东、广西、湖南、江西。日本、越南。

交让木 *Daphniphyllum macropodum* Miquel

陈功锡、张代贵等，LXP-06-0638、0778、0812、1560、1898 等。

常绿灌木。安福县、茶陵县、分宜县、莲花县、芦溪县、攸县。海拔 300~1400 米，疏林、灌丛、溪边、河边、草地。安徽、福建、广东、广西、贵州、湖北、湖南、江西、四川、台湾、云南、浙江。日本、朝鲜。

虎皮楠 *Daphniphyllum oldhami* (Hemsley) K. Rosenthal

陈功锡、张代贵等，LXP-06-0747、1576、1989、2226、7428。

落叶乔木。安福县、茶陵县。海拔 200~800 米，溪边、路旁、灌丛。福建、广东、湖北、湖南、江西、四川、台湾、浙江。日本、朝鲜。

59. 水马齿科 Callitrichaceae

水马齿属 *Callitriche* Linnaeus

水马齿 *Callitriche palustris* Linnaeus

陈功锡、张代贵等，LXP-06-8935、9433。

一年生草本。茶陵县、袁州区。海拔 200~600 米，石上、水中、泥沼。安徽、福建、广东、贵州、黑龙江、湖北、江苏、江西、吉林、辽宁、内蒙古、青海、四川、台湾、西藏、云南、浙江。不丹、印度、日本、朝鲜、尼泊尔、克什米尔、俄罗斯；欧洲、北美洲。

60. 黄杨科 Buxaceae

黄杨属 *Buxus* Linnaeus

雀舌黄杨 *Buxus bodinieri* H. Léveillé

岳俊三等，3221。(NAS NAS00420083)

常绿灌木。安福县。海拔 300~1000 米，平地或山坡林下。甘肃、广东、广西、贵州、河南、湖北、江西、陕西、四川、云南、浙江。

黄杨 *Buxus sinica* (Rehder & E. H. Wilson) M. Cheng

陈功锡、张代贵等，LXP-06-1160。

常绿灌木。芦溪县。海拔 700~800 米，路旁。安徽、重庆、福建、甘肃、广东、广西、贵州、湖北、湖南、江苏、江西、陕西、山东、四川、台湾、浙江。

板凳果属 *Pachysandra* A. Michaux

板凳果 *Pachysandra axillaris* Franchet

陈功锡、张代贵等，LXP-06-4689、7688。

落叶灌木。莲花县、袁州区。海拔700~1200米，疏林、密林。福建、广东、江西、陕西、四川、台湾、云南。

野扇花属 *Sarcococca* Lindley

长叶柄野扇花

Sarcococca longipetiolata M. Cheng

陈功锡、张代贵等，LXP-06-3007。

常绿灌木。安福县、莲花县。海拔300~600米，疏林、山谷溪边林下。广东、湖南。

濒危等级：EN

东方野扇花 *Sarcococca orientalis* C. Y. Wu ex M. Cheng

叶华谷、曾飞燕，LXP10-1127。（IBSC 0773484）

常绿灌木。安福县、莲花县、袁州区。海拔200~1000米，林下、溪边。福建、广东、江西、浙江。

野扇花 *Sarcococca ruscifolia* Stapf

陈功锡、张代贵等，LXP-06-3007。

落叶灌木。安福县、莲花县。海拔300-600米，疏林、山谷溪边林下。广东、湖南。

61. 马桑科 Coriariacea

马桑属 *Coriaria* Linnaeus

马桑 *Coriaria nepalensis* Wallich

《湖南植物志》。

落叶灌木。茶陵县。海拔200~1000米，灌丛。甘肃、广西、贵州、河南、香港、湖北、湖南、江苏、陕西、四川、西藏、云南。不丹、印度、尼泊尔、克什米尔、缅甸、巴基斯坦。

62. 漆树科 Anacardiaceae

南酸枣属 *Choerospondias* Burtt et Hill

南酸枣 *Choerospondias axillaris* (Roxburgh) Burtt et Hill

陈功锡、张代贵等，LXP-06-0061、0691、3794、3895等。

落叶乔木。安福县、上高县。海拔200~300米，疏林池塘边、草地河边。安徽、福建、甘肃、广东、广西、贵州、湖北、湖南、江西、四川、台湾、西藏、云南、浙江。不丹、柬埔寨、印度、日本、老挝、尼泊尔、泰国、越南。

黄连木属 *Pistacia* Linnaeus

黄连木 *Pistacia chinensis* Bunge

赖书坤、1757。（KUN 0199560）

落叶乔木。安福县、莲花县。海拔200~1000米，石山林中。安徽、福建、甘肃、广东、广西、贵州、海南、河北、河南、湖北、湖南、江苏、江西、陕西、山东、山西、四川、台湾、西藏、云南、浙江。

盐肤木属 *Rhus* (Tourn.) L. emend. Moench

滨盐肤木 *Rhus chinensis* Miller var. *roxburghii* (DC) . Rehder

岳俊三，3700。（IBSC 0423714）

灌木或小乔木。安福县。海拔200~1600米，向阳山坡、沟谷、溪边的疏林或灌丛中。我国除东北、内蒙古和新疆外，其余省区均有。印度、中南半岛、马来西亚、印度尼西亚、日本、朝鲜。

盐麸木 *Rhus chinensis* Miller

陈功锡、张代贵等，LXP-06-2296、2541、2635 等。

落叶灌木。安福县、茶陵县、芦溪县、攸县、袁州区。海拔 100~600 米，阴处、灌丛。安徽、福建、甘肃、广东、广西、贵州、海南、河北、河南、湖北、湖南、江苏、江西、宁夏、青海、山东、山西、四川、台湾、西藏、云南、浙江。不丹、柬埔寨、印度、印度尼西亚、日本、朝鲜、老挝、马来西亚、新加坡、泰国、越南。

漆属 *Toxicodendron* (Tourn.) Miller

刺果毒漆藤 *Toxicodendron radians* subsp. *Hispidum* (Engler) Gillis

陈功锡、张代贵等，LXP-06-9258。

灌木。安福县。海拔 1400~1600 米，石上。贵州、湖北、湖南、四川、台湾、云南。

野漆 *Toxicodendron succedaneum* (Linnaeus) Kuntze

陈功锡、张代贵等，LXP-06-0593、4722、4998 等。

落叶乔木。安福县、莲花县、上高县。海拔 200~600 米，疏林、路旁。安徽、福建、甘肃、广东、广西、贵州、海南、河北、河南、湖北、湖南、江苏、江西、宁夏、青海、陕西、山东、山西、四川、台湾、西藏、云南、浙江。柬埔寨、印度、日本、朝鲜、老挝、泰国、越南。

木蜡树 *Toxicodendron sylvestre* (Siebold & Zuccarini) Kuntze

陈功锡、张代贵等，LXP-06-0014、0216、1547、1837 等。

落叶灌木。安福县、茶陵县、莲花县、芦溪县、上高县、袁州区。海拔 100~800 米，沼泽、河边、灌丛、溪边路旁。安徽、福建、广东、广西、贵州、湖北、湖南、江苏、江西、四川、台湾、云南、浙江。日本、朝鲜。

毛漆树 *Toxicodendron trichocarpum* (Miquel) Kuntze

陈功锡、张代贵等，LXP-06-9240。

落叶乔木。安福县。海拔 1000~1500 米，疏林、山坡密林、灌丛中。安徽、福建、贵州、湖北、湖南、江西、浙江。日本、朝鲜。

漆树 *Toxicodendron vernicifluum* (Stokes) F. A. Barkley

岳俊三等，3085。(PE 01249568)

落叶乔木。安福县、莲花县、上高县。海拔 800~1600 米，山脚、山腰或农田垅畔等海波较低的地方。安徽、福建、甘肃、广东、广西、贵州、河北、河南、湖北、湖南、江苏、江西、辽宁、陕西、山东、山西、四川、西藏、云南、浙江。印度、日本、朝鲜。

63. 冬青科 Aquifoliaceae

冬青属 *Ilex* Linnaeus

满树星 *Ilex aculeolata* Nakai

陈功锡、张代贵等，LXP-06-0051、0563、0776、0892、1856 等。

落叶灌木。安福县、茶陵县、分宜县、莲花县。海拔 100~1300 米，疏林、溪边、灌丛、路旁。福建、广东、广西、贵州、湖北、湖南、江西、浙江。

秤星树 *Ilex asprella* (Hooker & Arnott) Champion ex Bentham

陈功锡、张代贵等，LXP-06-0253、3302、3322、3799、3828 等。

落叶灌木。安福县。海拔 200~1300 米，密林、灌丛、灌丛河边、路旁。福建、广东、广西、湖南、江西、台湾、浙江。菲律宾、越南。

短梗冬青 *Ilex buergeri* Miq.

江西调查队，1598。（PE 01289727）

常绿灌木。安福县。海拔 200~700 米，山坡、沟边常绿阔叶林中或林缘。福建、广东、广西、湖北、湖南、江西、浙江。日本。

华中枸骨 *Ilex centrochinensis* S. Y. Hu

陈功锡、张代贵等，LXP-06-5371。

常绿灌木。攸县。海拔 200~1000 米，阳处、路旁、溪边、灌丛。安徽、重庆、湖北、云南。

凹叶冬青 *Ilex championii* Loesener

陈功锡、张代贵等，LXP-06-1629、1678、1771、2849。

常绿乔木。安福县、茶陵县、芦溪县、攸县。海拔 400~1600 米，河边、密林、灌丛。福建、广东、广西、贵州、湖南、江西。

冬青 *Ilex chinensis* Sims

陈功锡、张代贵等，LXP-06-0709、1314、5590、8377、8810。

常绿乔木。安福县、分宜县、莲花县、芦溪县。海拔 100~800 米，溪边、疏林、水库边、路旁。安徽、福建、广东、广西、河南、湖北、湖南、江苏、江西、台湾、云南、浙江。日本。

枸骨 *Ilex cornuta* Lindley & Paxton

陈功锡、张代贵等，LXP-06-1049、1258、1563、3681、3918 等。

常绿灌木。安福县、茶陵县、分宜县、莲花县、芦溪县、上高县、渝水区。海拔 100~1500 米，密林、路旁、灌丛溪边、疏林、草地。安徽、北京、福建、广东、海南、河南、湖北、湖南、江苏、江西、山东、天津、浙江。朝鲜。

龙里冬青 *Ilex dunniana* Leveille

常绿乔木。分宜县。海拔 1200~1500 米，山坡阔叶林、杂木林。湖北、四川、贵州、江西、云南。

显脉冬青 *Ilex editicostata* Hu et Tang

陈功锡、张代贵等，LXP-06-2540。

常绿灌木。安福县。海拔 400~1500 米，疏林、山坡、常绿阔叶林、林缘。安徽、福建、广东、广西、贵州、湖北、湖南、江西、四川、浙江。

厚叶冬青 *Ilex elmerrilliana* S. Y. Hu

赖书绅，1365。（LBG 00041199）

常绿乔木。安福县、莲花县。海拔 500~1300 米，地常绿阔叶林、灌丛、林缘。安徽、福建、广东、广西、贵州、湖北、湖南、江西、四川、浙江。

硬叶冬青 *Ilex ficifolia* C. J. Tseng ex S. K. Chen & Y. X. Feng

岳俊三等，2592。（NAS NAS00423908）

常绿乔木。安福县、莲花县。海拔 400~1200 米，山地疏林中。福建、广东、广西、湖南、江西、浙江。

榕叶冬青 *Ilex ficoidea* Hemsley

陈功锡、张代贵等，LXP-06-1513、1514。

常绿乔木。安福县、茶陵县、芦溪县。海拔 300~800 米，灌丛溪边、山地常绿阔叶林、杂木林、疏林内、林缘。安徽、福建、广东、广西、贵州、海南、湖北、湖南、江西、四川、台湾、云南、浙江。日本。

台湾冬青 *Ilex formosana* Maximowicz

姚淦等，9282。(NAS NAS00426824)

常绿灌木。分宜县。海拔 1000~1600 米，山地常绿阔叶林中、林缘、灌木丛、溪旁。安徽、福建、广东、广西、贵州、湖北、湖南、江西、四川、台湾、云南、浙江。菲律宾。

广东冬青 *Ilex kwangtungensis* Merrill

《江西大岗山森林生物多样性研究》。

常绿灌木。安福县、分宜县。海拔 200~1000 米，山坡常绿阔叶林、灌木丛。福建、广东、广西、贵州、海南、湖南、江西、云南、浙江。

大叶冬青 *Ilex latifolia* Thunberg

陈功锡、张代贵等，LXP-06-2839。

常绿乔木。安福县。海拔 200~1200 米，路旁。安徽、福建、广东、广西、河南、湖北、湖南、江苏、江西、云南、浙江。日本。

木姜冬青 *Ilex litseifolia* Hu & T. Tang

陈功锡、张代贵等，LXP-06-2673。

常绿乔木。袁州区。海拔 700~800 米，疏林、常绿阔叶林、林缘。福建、广东、广西、贵州、湖南、江西、浙江。

矮冬青 *Ilex lohfauensis* Merrill

江西调查队，00512。(PE 01322827)

常绿灌木。安福县、分宜县。海拔 200~1000 米，坡常绿阔叶林中、疏林中、灌木丛。安徽、福建、广东、广西、贵州、湖南、江西、浙江。

大柄冬青 *Ilex macropoda* Miqel

江西调查队，1235。(PE 01323262)

落叶乔木。安福县。海拔 500~1500 米，山地杂木林中。安徽、福建、河南、湖北、湖南、江西、浙江。日本、朝鲜。

黑叶冬青 *Ilex melanophylla* H. T Chang

岳俊三等，3174。(IBSC 0216677)

常绿灌木或小乔木。安福县。海拔 400~1100 米，茂密的混交林中。广东、广西、湖南、江西。

小果冬青 *Ilex micrococca* Maximowicz

8904，(1374)。(LBG 00041678)

落叶乔木。安福县。海拔 600~1500 米，山地常绿阔叶林内。安徽、福建、广东、广西、贵州、海南、湖北、湖南、江西、四川、台湾、西藏、云南、浙江。日本、越南。

亮叶冬青 *Ilex nitidissima* C. J. Tseng

《江西大岗山森林生物多样性研究》。

常绿灌木。安福县、分宜县。海拔 600~1200 米，山坡密林、疏林或杂木林中。广西、湖南、江西。

具柄冬青 *Ilex pedunculosa* Miquel

岳俊三等，3666。(NAS NAS00424867)

常绿灌木。安福县。海拔 900~1600 米，山地阔叶林中、灌木丛中、林缘。安徽、福建、广西、贵州、河南、湖北、湖南、江西、陕西、四川、台湾、浙江。日本。

猫儿刺 *Ilex pernyi* Franchet

岳俊三等，3697。(NAS NAS00424969)

常绿灌木。安福县。海拔 800~1600 米，山谷林中或山坡、路旁灌丛中。安徽、甘肃、贵州、河南、湖北、湖南、江西、陕西、四川、西藏、浙江。

毛冬青 *Ilex pubescens* Hooker & Arnott

陈功锡、张代贵等，LXP-06-0326、0639、0690 等。

常绿灌木。安福县、茶陵县。海拔100~700米，疏林、溪边、河边等。安徽、福建、广东、广西、贵州、海南、湖北、湖南、江西、台湾、云南、浙江。

铁冬青 *Ilex rotunda* Thunberg

陈功锡、张代贵等，LXP-06-2801、7562。

常绿灌木。分宜县、莲花县、芦溪县、上高县。海拔200~1400米，灌丛、山坡常绿阔叶林中、林缘。安徽、福建、广东、广西、贵州、海南、湖北、湖南、江苏、江西、台湾、云南、浙江。日本、朝鲜、越南。

黔桂冬青 *Ilex stewardii* S. Y. Hu

陈功锡、张代贵等，LXP-06-3549。

常绿灌木。安福县。海拔200~600米，灌丛、山地、阔叶林中。广东、广西、贵州、湖南。越南。

香冬青 *Ilex suaveolens* (H. Léveillé) Loesener

岳俊三等，3604。(NAS NAS00425815)

常绿乔木。安福县、莲花县。海拔500~1000米，常绿阔叶林中。安徽、福建、广东、广西、贵州、湖北、湖南、江西、四川、云南、浙江。

四川冬青 *Ilex szechwanensis* Loesener

陈功锡、张代贵等，LXP-06-0828。

常绿灌木。安福县。海拔200~600米，山地常绿阔叶林、杂木林、疏林、灌木丛中、溪边。重庆、广东、广西、贵州、湖北、湖南、江西、四川、西藏、云南。

三花冬青 *Ilex triflora* Blume

陈功锡、张代贵等，LXP-06-0533、0963、1315等。

常绿灌木。安福县、芦溪县。海拔200~600米，疏林、溪边。安徽、福建、广东、广西、贵州、海南、湖北、湖南、江西、四川、台湾、云南、浙江。孟加拉国、印度、印度尼西亚、马来西亚、缅甸、泰国、越南。

钝头冬青 *Ilex triflora* var. *kanehirae* (Yamamoto) S. Y. Hu

熊耀国，09121 (1591) 。

常绿乔木。安福县、芦溪县。海拔200~800米，山地阔叶林、杂木林或灌木丛中。福建、广东、湖南、江西、台湾、浙江。

紫果冬青 *Ilex tsoii* Merrill & Chun

姚淦等，9334。(NAS NAS00426829)

落叶灌木。分宜县。海拔300~800米，山谷密林、疏林或路旁灌丛中。安徽、福建、广东、广西、贵州、湖北、湖南、江苏、江西、四川、浙江。

尾叶冬青 *Ilex wilsonii* Loesener

江西调查队，1105。(PE 01370797)

常绿灌木。安福县。海拔300~900米，山地、沟谷阔叶林、杂木林中。安徽、福建、广东、广西、贵州、湖北、湖南、江西、四川、台湾、云南、浙江。

武功山冬青 *Ilex wugongshanensis* C. J. Tseng ex S. K. Chen & Y. X. Feng

熊耀国，07845。(LBG 00118120)

常绿灌木。安福县。海拔400~800米，山坡灌丛中。江西。

濒危等级：EN

64. 卫矛科 Celastraceae

南蛇藤属 *celastrus* Linnaeus

过山枫 *Celastrus aculeatus* Merrill

赖书绅，02004。(LBG 00035213)

常绿藤本。安福县。海拔200~800米，山地灌丛、路边疏林中。福建、广东、广西、江西、云南、浙江。

苦皮藤 *Celastrus angulatus* Maximowicz

《江西林业科技》。

落叶灌木。安福县、芦溪县。海拔800~1600米，地丛林、山坡灌丛中。安徽、甘肃、广东、广西、贵州、河北、河南、湖北、湖南、江苏、江西、陕西、山东、四川、云南。

大芽南蛇藤 *Celastrus gemmatus* Loesener

陈功锡、张代贵等，LXP-06-0797、1601。

落叶灌木。安福县、莲花县、攸县。海拔600~1100米，灌丛、路旁。安徽、福建、甘肃、广东、广西、贵州、河南、湖北、湖南、江苏、江西、山西、陕西、四川、台湾、云南、浙江。

灰叶南蛇藤 *Celastrus glaucophyllus* Rehder & E. H. Wilson

陈功锡、张代贵等，LXP-06-2037、2121、2856、6640、6664。

落叶灌木。茶陵县、分宜县、芦溪县、上高县、袁州区。海拔200~1500米，密林、灌丛、路旁、疏林。贵州、湖北、湖南、陕西、四川、云南。

粉背南蛇藤 *Celastrus hypoleucus* (Oliver) Warburg ex Loesener

陈功锡、张代贵等，LXP-06-4989、8629、0098。

落叶灌木。安福县、上高县。海拔200~900米，路旁、密林。安徽、甘肃、贵州、河南、湖北、湖南、陕西、四川、云南、浙江。

南蛇藤 *Celastrus orbiculatus* Thunberg

《萍乡市种植物名录》。

落叶灌木。安福县、莲花县、芦溪县、袁州区。海拔300~1000米，山坡灌丛。安徽、甘肃、河北、黑龙江、河南、湖北、江苏、江西、吉林、辽宁、内蒙古、山西、山东、陕西、四川、浙江。日本、朝鲜。

短梗南蛇藤 *Celastrus rosthornianus* Loesener

陈功锡、张代贵等，LXP-06-0025、1437、1821、1893、2272。

藤本。安福县、茶陵县、莲花县、攸县、袁州区。海拔200~1000米，路旁、灌丛、灌丛水库边、疏林、灌丛树上、路旁、阳处。安徽、福建、甘肃、广东、广西、贵州、河南、湖北、湖南、江西、山西、陕西、四川、云南、浙江。

显柱南蛇藤 *Celastrus stylosus* Wallich

《江西林业科技》。

藤本。安福县、芦溪县。海拔300~1000米，山坡林地。安徽、重庆、广东、广西、贵州、湖北、湖南、江苏、江西、四川、云南、浙江。不丹、印度、缅甸、尼泊尔、泰国。

卫矛属 *Euonymus* Linnaeus

庐山卫矛 *Euonymus lushanensis* F. H. Chen & M. C. Wang

陈功锡、张代贵等，LXP-06-0730。

落叶灌木。安福县、茶陵县。海拔700~800米，溪边、路旁石上。安徽、贵州、湖北、湖南、江西、浙江。

刺果卫矛 *Euonymus acanthocarpus*

Franchet

陈功锡、张代贵等，LXP-06-8358、8975。

常绿灌木。安福县、莲花县、袁州区。海拔 200~500 米，路旁、丛林、山谷、溪边。安徽、福建、广东、广西、贵州、河南、湖北、湖南、江西、陕西、四川、西藏、云南、浙江。缅甸。

小千金 *Euonymus aculeatus* Hemsley

陈功锡、张代贵等，LXP-06-3406、4061。

常绿灌木。芦溪县。海拔 200~600 米，灌丛、疏林树上。广东、广西、贵州、河南、湖北、湖南、四川、云南。

卫矛 *Euonymus alatus* (Thunberg) Siebold

江西调查队，295。（PE 00771614）

常绿灌木。安福县。海拔 1200~1600 米，山坡、沟地边沿。广西、贵州、河北、黑龙江、河南、湖北、湖南、江苏、江西、吉林、辽宁、内蒙古、宁夏、陕西、山东、山西、四川、云南、浙江。日本、朝鲜、俄罗斯，种植于欧洲和美洲北部。

百齿卫矛 *Euonymus centidens* H. Lévllé

王江林、黄大付，58。(LBG 00035588)

常绿灌木。安福县、莲花县。海拔 300~1200 米，山坡、密林中。安徽、福建、广东、广西、贵州、河南、湖北、湖南、江苏、江西、四川、云南、浙江。

裂果卫矛 *Euonymus dielsianus* Loesener ex Diels

陈功锡、张代贵等，LXP-06-0453、0932、0980、1508 等。

常绿灌木。安福县、茶陵县、莲花县、芦溪县、上高县、攸县。海拔 200~700 米，溪边、草地溪边、河边、疏林、灌丛、灌丛溪边。广东、广西、贵州、河南、湖北、湖南、江西、四川、云南、浙江。

棘刺卫矛 *Euonymus echinatus* Wallich

《江西植物志》。

常绿灌木。安福县、芦溪县。海拔 1000~1600 米，湿山谷、水边、岩石山林。安徽、福建、甘肃、广东、广西、贵州、海南、湖北、湖南、江西、四川、台湾、西藏、云南、浙江。不丹、印度、日本、缅甸、尼泊尔、巴基斯坦、泰国。

鸭椿卫矛 *Euonymus euscaphis* Handel-Mazzetti

常绿灌木。安福县、芦溪县。海拔 900~1400 米，山地林中。安徽、福建、广东、湖南、江西、浙江。

扶芳藤 *Euonymus fortunei* (Turczaninow) Handel -Mazzetti

陈功锡、张代贵等，LXP-06-3557。

常绿灌木。安福县。海拔 300~400 米，灌丛。安徽、福建、河北、甘肃、广东、广西、贵州、海南、河南、湖北、湖南、江苏、江西、辽宁、青海、陕西、山东、山西、四川、台湾、新疆、云南、浙江。印度、印度尼西亚、日本、朝鲜、老挝、缅甸、巴基斯坦、菲律宾、泰国、越南，栽培到非洲、欧洲、美洲、大洋洲。

西南卫矛 *Euonymus hamiltonianus* Wallich

《江西林业科技》。

落叶乔木。安福县、莲花县、芦溪县。海拔 1000~1600 米，山地林中。福建、甘肃、广东、广西、贵州、河南、湖北、湖南、江苏、江西、陕西、山西、四川、西藏、云南、浙江。阿富汗、不丹、印度、日本、朝鲜、缅甸、克什米尔、尼泊尔、巴基斯坦、俄罗斯、泰国。

疏花卫矛 *Euonymus laxiflorus* Champion ex Bentham

《江西大岗山森林生物多样性研究》。

常绿灌木。安福县、分宜县。海拔300~1500米，山上、山腰、路旁密林中。福建、广东、广西、贵州、海南、湖北、湖南、江苏、江西、四川、台湾、西藏、云南、浙江。柬埔寨、印度、缅甸、越南。

白杜 *Euonymus maackii*

《江西大岗山森林生物多样性研究》。

落叶乔木。安福县、分宜县、芦溪县。海拔500~1500米，灌丛。安徽、甘肃、贵州、河北、黑龙江、河南、湖北、江苏、江西、吉林、辽宁、内蒙古、宁夏、青海、陕西、山东、山西、四川、新疆、云南、浙江。日本、朝鲜、俄罗斯，栽培到欧洲和美洲北部。

大果卫矛 *Euonymus myrianthus* Hemsley

陈功锡、张代贵等，LXP-06-0738，1079，2045，2098，1712等。

常绿灌木。安福县、茶陵县、莲花县、芦溪县、袁州区。海拔400~1500米，溪边、密林溪边、密林、灌丛、灌丛溪边、路旁。安徽、福建、广东、广西、贵州、湖北、湖南、江西、陕西、四川、云南、浙江。

中华卫矛 *Euonymus nitidus* Bentham

陈功锡、张代贵等，LXP-06-1499。

常绿灌木。茶陵县。海拔100~600米，阴处、溪边。安徽、福建、广东、广西、贵州、海南、湖北、湖南、江西、四川、云南、浙江。孟加拉国、柬埔寨、日本、越南。

石枣子 *Euonymus sanguineus* Loesener

陈功锡、张代贵等，LXP-06-1796。

落叶灌木。安福县、芦溪县。海拔1300~1800米，灌丛、林中树上、林下、沟旁石山上。贵州、河南、湖北、湖南、宁夏、青海、陕西、山西、四川、西藏、云南（贵州的分发报告尚未得到证实）。

假卫矛属 *Microtropis* Wallich ex Meisner

福建假卫矛 *Microtropis fokienensis* Dunn

《江西大岗山森林生物多样性研究》。

落叶灌木。安福县、分宜县。海拔600~1500米，山坡或沟谷林中。安徽、福建、湖南、江西、台湾、浙江。

永瓣藤属 *Monimopetalum* Rehder

永瓣藤 *Monimopetalum chinense* Rehder

《江西大岗山森林生物多样性研究》。

落叶灌木。安福县、分宜县。海拔300~600米，山坡、路边及山谷杂林中。安徽、湖北、江西。

保护级别：二级保护（第一批次）

濒危等级：EN

雷公藤属 *Tripterygium* J. D. Hooker

雷公藤 *Tripterygium wilfordii* J. D. Hooker

陈功锡、张代贵等，LXP-06-0649、0707、3905。

落叶灌木。安福县、莲花县。海拔100~800米，疏林、溪边、灌丛。安徽、福建、广东、广西、贵州、湖北、湖南、江苏、江西、吉林、辽宁、四川、台湾、西藏、云南、浙江。日本、朝鲜、缅甸。

65. 瘿椒树科 Tapisciaceae

瘿椒树属 *Tapiscia* Oliver

瘿椒树 *Tapiscia sinensis* Oliver

陈功锡、张代贵等，LXP-06-9639。

落叶乔木，国家珍稀及重点保护树种。安福县、分宜县、芦溪县。海拔 500~900 米，山地林中。安徽、福建、广东、广西、贵州、湖北、湖南、江西、四川、云南、浙江。

保护级别：二级保护（第一批次）

66. 省沽油科 Staphyleaceae

野鸦椿属 *Euscaphis* Siebold & Zuccarini

野鸦椿 *Euscaphis japonica* (Thunberg) Kanitz 【福建野鸦椿 *Euscaphis fukienensis* Hsu】

陈功锡、张代贵等，LXP-06-0097、0182、0230 等。

落叶乔木。安福县、茶陵县、分宜县、莲花县、芦溪县、上高县、攸县、袁州区。海拔 100~1400 米，河边、密林等。广泛分布于中国（除了西北地区、特别是长江以南到海南）。日本、朝鲜、越南。

山香圆属 *Turpinia* Ventenat

硬毛山香圆 *Turpinia affinis* Merrill & L. M. Perry

陈功锡、张代贵等，LXP-06-3574。

落叶乔木。安福县。海拔 300~1500 米，灌丛、溪边。广西、贵州、四川、云南。

锐尖山香圆 *Turpinia arguta* (Lindley) Seemann

陈功锡、张代贵等，LXP-06-0258、0531、0749 等。

落叶乔木。安福县、茶陵县、分宜县、莲花县、芦溪县、上高县、攸县、袁州区。海拔 200~900 米，密林、疏林、溪边、河边等。安徽、重庆、福建、广东、广西、贵州、湖北、湖南、江西、浙江。

67. 槭树科 Aceraceae

枫属 *Acer* Linnaeus

阔叶枫 *Acer amplum* Rehder

陈功锡、张代贵等，LXP-06-2812。

落叶乔木。安福县。海拔 100~2000 米，疏林。安徽、福建、广东、广西、贵州、湖北、湖南、江西、四川、云南、浙江。越南。

三角枫 *Acer buergerianum* Miquel

《江西林业科技》。

落叶乔木。安福县、芦溪县。海拔 600~1500 米，阔叶林中。安徽、福建、甘肃、广东、贵州、河南、湖北、湖南、江苏、江西、陕西、山东、四川、台湾、浙江。日本。

樟叶枫 *Acer cinnamomifolium* Hayata

赖书坤，1515。(PE 00899298)

落叶乔木。安福县、分宜县、莲花县。海拔 1000~1600 米，阔叶林中。安徽、福建、广东、广西、贵州、湖北、湖南、江苏、江西、四川、浙江。

紫果枫 *Acer cordatum* Pax

陈功锡、张代贵等，LXP-06-1734、2648、4869 等。

落叶乔木。安福县、芦溪县、袁州区。海拔 500~800 米，密林、疏林、路旁。安徽、福建、广东、广西、贵州、海南、湖北、湖南、江西、四川、云南、浙江。

青榨枫 *Acer davidii* Franch

陈功锡、张代贵等，LXP-06-0362、0432、1510、1638、1735 等。

落叶乔木。安福县、茶陵县、分宜县、莲花县、芦溪县、袁州区。海拔 200~1300 米，溪边、灌丛、密林、疏林、草地等。安徽、福建、甘肃、广东、广西、贵州、河北、河南、湖北、湖南、江苏、江西、宁夏、陕西、山西、四川、云南、浙江。缅甸。

葛罗枫 *Acer davidii*Franch subsp. *grosseri* Pax.

《安福木本植物》。

落叶乔木。安福县。海拔 1000~1620 米，混合林中。安徽、甘肃、河北、河南、湖北、湖南、江西、陕西、山西、四川、浙江。

秀丽枫 *Acer elegantulum* Fang et P. L. Chiu

《安福木本植物》。

落叶乔木。安福县。海拔 800~1200 米林中。安徽、福建、广西、贵州、湖南、江西、浙江。

罗浮枫 *Acer fabri* Hance

陈功锡、张代贵等，LXP-06-0756、1109、1500、1664、1710 等。

落叶乔木。安福县、茶陵县、芦溪县。海拔 200~1200 米，溪边、路旁、灌丛溪边、密林。广东、广西、贵州、海南、湖北、湖南、江西、四川、云南。越南。

扇叶枫 *Acer flabellatum* Rehder

江西调查队，1659。(PE 00907343)

落叶乔木。安福县、芦溪县、袁州区。海拔 900~1500 米，阔叶林中。广西、贵州、湖北、江西、四川、云南。缅甸、越南。

建始槭/三角枫 *Acer henryi* Pax

《安福木本植物》。

落叶乔木。安福县。海拔 1000~1200 米，林中、毛竹林中。山西南部、河南、陕西、甘肃、江苏、浙江、安徽、湖北、湖南、四川、贵州、江西。

色木槭/五角枫 *Acer mono* Maxim.

《安福木本植物》，熊耀国，07618。

落叶乔木。安福县。海拔 300~1500 米，林中。东北、华北和长江流域各省。俄罗斯西伯利亚东部、蒙古、朝鲜、日本。

五裂枫 *Acer oliverianum* Pax

陈功锡、张代贵等，LXP-06-9626。

落叶乔木。芦溪县、莲花县。海拔 800~1600 米，阔叶林中。安徽、福建、甘肃、贵州、河南、湖北、湖南、江西、陕西、四川、台湾、云南、浙江。

鸡爪枫 *Acer palmatum* Thunb.

《安福木本植物》。

落叶小乔木。安福县。广泛种植于中国的园林中。原产于日本和朝鲜。

毛脉枫 *Acer pubinerve* Rehder

岳俊三等，3544。(PE 00909132)

落叶乔木。安福县。海拔 600~1000 米，阔叶林中。安徽、福建、广东、广西、贵州、江西、浙江。

中华枫 *Acer sinense* Pax

陈功锡、张代贵等，LXP-06-0516、4865。

落叶乔木。安福县、袁州区。海拔 700~1200 米，路旁。福建、广东、广西、贵州、河南、湖北、四川。

岭南枫 *Acer tutcheri* Duthie

江西调查队，1735。(PE 00926521)

落叶乔木。安福县、莲花县。海拔

200~800 米，阔叶林中。福建、广东、广西、湖南、江西、台湾、浙江。

三峡枫 *Acer wilsonii* Rehder

陈功锡、张代贵等，LXP-06-9593。

落叶乔木。安福县、分宜县、袁州区。海拔 800~1500 米，阔叶林中。广东、广西、贵州、河南、湖北、湖南、江苏、江西、陕西、四川、西藏、云南、浙江。缅甸、泰国、越南。

68. 七叶树科 Hippocastanaceae

七叶树属 *Aesculus* Linnaeus

七叶树 *Aesculus chinensis* Bunge

岳俊三等，3631。(PE 01371584)

落叶乔木。安福县。海拔 1000~1600 米，灌丛。原产重庆、甘肃、广东、贵州、河南、湖北、湖南、江西、陕西、四川、云南；栽培于河北、河南、江苏、山西、陕西、浙江。

天师栗 *Aesculus chinensis* var. *wilsonii* (Rehder) Turland & N. H. Xia

落叶乔木。安福县、芦溪县。海拔 500~1500 米，阔叶林中。重庆、甘肃、广东、贵州、河南、湖北、湖南、江西、陕西、四川、云南。

69. 无患子科 Sapindaceae

伞花木属 *Eurycorymbus* Hand. -Mazz

伞花木 *Eurycorymbus cavaleriei* (Lévl.) Rehd. Et Hand. -Mazz.

《安福木本植物》。

落叶乔木。安福县。生于海拔 300~1400 米处的阔叶林中。云南、贵州、广西、湖南、江西、广东、福建、台湾。

保护级别：一级保护（第二批次）

栾树属 *Koelreuteria* Laxmann

复羽叶栾树 *Koelreuteria bipinnata* Franchet

陈功锡、张代贵等，LXP-06-7576。

落叶乔木。上高县。海拔 200~800 米，灌丛。广东、广西、贵州、湖北、湖南、四川、云南。

无患子属 *Sapindus* Linnaeus

无患子 *Sapindus saponaria* Linnaeus

陈功锡、张代贵等，LXP-06-0183。

落叶乔木。安福县。海拔 200~300 米，路旁。安徽、福建、广东、广西、贵州、海南、河南、湖北、湖南、江苏、江西、四川、台湾、云南、浙江。印度、印度尼西亚、日本、朝鲜、缅甸、新几内亚岛、泰国、越南。

70. 清风藤科 Sabiaceae

泡花树属 *Meliosma* Blume

珂楠树 *Meliosma beaniana* Rehd. et Wils.

《安福木本植物》。

落叶乔木。安福县。海拔 800 米以上湿润山地林中。福建、贵州西北部、湖北、湖南、江西、四川、云南北部、浙江。缅甸北部。

垂枝泡花树 *Meliosma flexuosa* Pampanini

陈功锡、张代贵等，LXP-06-2811。

落叶乔木。芦溪县。海拔 1000~1400 米，灌丛。安徽、福建、广东、贵州、河南、湖北、湖南、江苏、江西、陕西、四川、浙江。

多花泡花树 *Meliosma myriantha* Siebold & Zuccarini

江西调查队，238。(PE 01378874)

落叶乔木。安福县。海拔 800~1300 米，湿润山地落叶阔叶林中。安徽、福建、广东、广西、贵州、河南、湖北、湖南、江苏、江西、陕西、山东、四川、浙江。日本、朝鲜。

红柴枝 *Meliosma oldhamii* Miquel ex Maximowicz

陈功锡、张代贵等，LXP-06-0810、1643、2782、2848。

落叶乔木。安福县、茶陵县、分宜县、芦溪县。海拔 500~1600 米，溪边、密林、草地、路旁。安徽、福建、广东、广西、贵州、河南、湖北、湖南、江苏、江西、陕西、云南、浙江。日本、朝鲜。

毡毛泡花树 *Meliosma rigida* var. *pannosa* (Handel -Mazzetti) Y. W. Law

《江西大岗山森林生物多样性研究》。

落叶乔木。安福县、分宜县。海拔 300~900 米，阔叶林。福建、广东、广西、贵州、湖北、湖南、江西、浙江。

清风藤属 *Sabia* Colelbrooke

革叶清风藤 *Sabia coriacea* Rehder & E. H. Wilson

《江西大岗山森林生物多样性研究》。

常绿藤本。安福县、分宜县。海拔 200~900 米，山坑、山坡灌木林中。福建、广东、江西。

灰背清风藤 *Sabia discolor* Dunn

熊耀国，8089。(LBG 00046117)

落叶藤本。安福县。海拔 200~900 米，山地灌木林间。福建、广东、广西、贵州、江西、浙江。

凹萼清风藤 *Sabia emarginata* Lecomte

陈功锡、张代贵等，LXP-06-1087、1146、2134。

落叶藤本。芦溪县。海拔 600~900 米，密林、疏林、溪边。广西、贵州、湖北、湖南、四川。

清风藤 *Sabia japonica* Maximowicz

陈功锡、张代贵等，LXP-06-0064、0458、0998、1091 等。

落叶藤本。安福县、茶陵县、分宜县、莲花县、芦溪县、上高县。海拔 100~900 米，溪边路旁、灌丛、疏林等。安徽、福建、广东、广西、贵州、河南、湖北、江苏、江西、浙江。日本。

尖叶清风藤 *Sabia swinhoei* Hemsley

陈功锡、张代贵等，LXP-06-1082、2858、7420。

常绿藤本。安福县、芦溪县。海拔 200~800 米，密林溪边、疏林、灌丛。福建、广东、广西、贵州、海南、湖北、湖南、江苏、江西、四川、台湾、云南、浙江。越南。

阔叶清风藤 *Sabia yunnanensis* Franch. subsp. *latifolia* (Rehd. et Wils.) Y. F. Wu

《安福木本植物》。

落叶攀援藤本。安福县。海拔 1000 米左右，山谷、溪旁、疏林中。云南西北部至中部。

71. 凤仙花科 Balsaminaceae

凤仙花属 *Impatiens* Linnaeus

凤仙花 *Impatiens balsamina* Linnaeus

陈功锡、张代贵等，LXP-06-0600、6428、8354。

一年生草本。安福县、茶陵县、莲花县、芦溪县、上高县、攸县、袁州区。海拔 200~450 米，溪边、路旁溪边、路旁。广布于全国。

睫毛萼凤仙花 *Impatiens blepharosepala* E. Pritzel

陈功锡、张代贵等，LXP-06-0763、1535、1761。

一年生草本。安福县、茶陵县、芦溪县。海拔 200~800 米，溪边、路旁、密林溪边。安徽、福建、广东、广西、贵州、湖北、湖南、江西、浙江。

华凤仙 *Impatiens chinensis* Linnaeus

陈功锡、张代贵等，LXP-06-0212、0770、3916、57347331 等。

一年生草本。安福县、莲花县。海拔 100~1300 米，沼泽、灌丛、草地沼泽、溪边、路旁。安徽、福建、广东、广西、海南、湖南、江西、云南、浙江。印度、马来西亚、缅甸、泰国、越南。

鸭跖草状凤仙花 *Impatiens commelinoides* Handel-Mazzetti

杨祥学，651163。(IBSC 0184977)

一年生草本。莲花县。海拔 300~500 米，田边或山谷沟边、沟旁。福建、广东、湖南、江西、浙江。

牯岭凤仙花 *Impatiens davidi* Franchet

陈功锡、张代贵等，LXP-06-0079、0721、1716。

一年生草本。安福县、芦溪县。海拔 700~900 米，疏林、溪边、密林。安徽、福建、广东、湖北、湖南、江西、浙江。

齿萼凤仙花 *Impatiens dicentra* Franchet ex J. D. Hooker

陈功锡、张代贵等，LXP-06-2720、6139、7877、8212、8992 等。

一年生草本。安福县、芦溪县、攸县、袁州区。海拔 400~1100 米，路旁、灌丛溪边、草地溪边、路旁石上。贵州、河南、湖北、湖南、陕西、四川、云南。

井冈山凤仙花 *Impatiens jinggangensis* Y. L. Chen

陈功锡、张代贵等，LXP-06-1507、2003。

一年生草本。安福县、茶陵县。海拔 500~1100 米，灌丛溪边、路旁。湖南、江西。

水金凤 *Impatiens nolitangere* Linnaeus

《江西大岗山森林多样性研究》。

一年生草本。茶陵县、分宜县。海拔 500~1100 米，灌丛溪边、路旁。黑龙江、吉林、辽宁、内蒙古、河北、河南、山西、陕西、甘肃、浙江、安徽、浙江、山东、湖北、湖南。

块节凤仙花 *Impatiens piufanensis* J. D. Hooker

陈功锡、张代贵等，LXP-06-2885、5778、7425、9151。

多年生草本。安福县、芦溪县。海拔 200~1300 米，疏林、溪边、路旁。重庆、贵州。

湖北凤仙花 *Impatiens pritzelii* J. D. Hooker

陈功锡、张代贵等，LXP-06-2202。

一年生草本。茶陵县。海拔 200~800 米，草地溪边。湖北、四川。

濒危等级：VU

翼萼凤仙花 *Impatiens pterosepala* J. D. Hooker

陈功锡、张代贵等，LXP-06-3943、7687。

一年生草本。安福县、袁州区。海拔500~1600米，灌丛、溪边。安徽、广西、河南、湖北、湖南、陕西、四川。

黄金凤 *Impatiens siculifer* J. D. Hooker

陈功锡、张代贵等，LXP-06-0080、0407、1700、2652、2816等。

一年生草本。安福县、分宜县、莲花县、芦溪县、上高县、攸县、袁州区。海拔300~1500米，疏林、密林、草地、灌丛、路旁溪边、溪边、路旁石上。福建、广东、广西、贵州、湖北、湖南、江西、四川、云南。

管茎凤仙花 *Impatiens tubulosa* Hemsley

陈功锡、张代贵等，LXP-06-8136。

一年生草本。安福县。海拔200~600米，溪边。福建、广东、湖南、江西、浙江。

72. 鼠李科 Rhamnaceae

勾儿茶属 *Berchemia* Necker ex Candolle

多花勾儿茶 *Berchemia floribunda* (Wallich) Brongniart

陈功锡、张代贵等，LXP-06-3198、4821、5280、5365、5744等。

落叶灌木。安福县、莲花县、上高县、攸县。海拔200~900米，溪边、路旁、阳处、灌丛。安徽、福建、广东、广西、贵州、河南、湖北、湖南、江苏、江西、陕西、山西、四川、西藏、云南、浙江。不丹、印度、日本、尼泊尔、泰国、越南。

牯岭勾儿茶 *Berchemia kulingensis* C. K. Schneider

《江西大岗山森林生物多样性研究》。

落叶灌木。安福县、分宜县。海拔200~1000米，山谷灌丛、林缘或林中。安徽、福建、广西、贵州、湖北、湖南、江苏、江西、四川、浙江。

多叶勾儿茶 *Berchemia polyphylla* Wallich ex M. A. Lawson

陈功锡、张代贵等，LXP-06-2490、2566、2567、2853、7479。

落叶灌木。安福县、芦溪县。海拔200~800米，灌丛、路旁。福建、甘肃、广东、广西、贵州、湖北、湖南、陕西、四川、云南。印度、缅甸。

勾儿茶 *Berchemia sinica* Schneid.

《安福木本植物》。

藤状或攀援灌木。安福县。海拔1000~1500米，向阳山坡灌丛或路旁。河南、山西、陕西、甘肃、四川、云南、贵州、湖北。

枳椇属 *Hovenia* Thunberg

枳椇 *Hovenia acerba* Lindley

陈功锡、张代贵等，LXP-06-0199、1883、4057。

落叶乔木。安福县、茶陵县。海拔100~500米，路旁、疏林、林缘。安徽、福建、甘肃、广东、广西、贵州、河南、湖北、湖南、江苏、江西、陕西、四川、西藏、云南。不丹、印度、缅甸、尼泊尔。

北枳椇 *Hovenia dulcis* Thunberg

岳俊三等，2717。(NAS NAS00578092)

落叶乔木。安福县。海拔400~800米，次生林中或庭园栽培。安徽、甘肃、河北、河南、湖北、江苏、江西、陕西、山东、山西、四川。日本、朝鲜、泰国。

毛果枳椇 *Hovenia trichocarpa* Chun & Tsiang

《江西植物志》。

落叶乔木。安福县。海拔 500~1200 米，山地林中。安徽、福建、广东、广西、贵州、湖北、湖南、江西、浙江。日本。

马甲子属 *Paliurus* Miller

马甲子 *Paliurus ramosissimus* (Loureiro) Poiret

陈功锡、张代贵等，LXP-06-2176、2176。

落叶灌木。茶陵县、攸县。海拔 100~200 米，路旁、阴处。安徽、福建、广东、广西、贵州、湖北、湖南、江苏、江西、四川、台湾、云南、浙江。日本、朝鲜。

铜钱树 *Paliurus hemsleyanus* Rehder ex Schirarend & Olabi

《江西大岗山森林生物多样性研究》。

落叶乔木。安福县、分宜县。海拔 200~1200 米，山地林中。安徽、重庆、甘肃、广东、广西、贵州、河南、湖北、湖南、江苏、江西、陕西、四川、云南、浙江。

猫乳属 *Rhamnella* Miquel

猫乳 *Rhamnella franguloides* (Maximowicz) Weberbauer

陈功锡、张代贵等，LXP-06-1585。

落叶灌木。茶陵县。海拔 900~1100 米，密林、山坡、路旁、林中。安徽、河北、河南、湖北、湖南、江苏、江西、陕西、山西、山东、浙江。

鼠李属 *Rhamnus* Linnaeus

长叶冻绿 *Rhamnus crenata Siebold* & Zuccarini

陈功锡、张代贵等，LXP-06-0067、0674、0716 等。

落叶灌木。安福县、茶陵县、莲花县、攸县。海拔 100~1300 米，灌丛、溪边、疏林、草地等。安徽、福建、广东、广西、贵州、河南、湖北、湖南、江苏、江西、陕西、四川、台湾、云南、浙江。柬埔寨、日本、朝鲜、老挝、泰国、越南。

刺鼠李 *Rhamnus dumetorum* Schneid.

《安福木本植物》。

落叶灌木。安福县。海拔 100 米以上林缘、灌丛。四川、云南西北部、贵州、西藏、甘肃东南部、陕西南部、湖北西部、江西、浙江、安徽。

圆叶鼠李 *Rhamnus globosa* Bunge

《江西大岗山森林生物多样性研究》。

落叶灌木。安福县、分宜县。海拔 600~1500 米，山坡、林下或灌丛中。安徽、甘肃、河北、河南、湖南、江苏、江西、辽宁、陕西、山东、山西。

薄叶鼠李 *Rhamnus leptophylla* C. K. Schneider

陈功锡、张代贵等，LXP-06-3165、5657。

落叶灌木。安福县、莲花县。海拔 470~800 米，路旁、溪边。安徽、福建、广东、广西、贵州、河南、湖北、湖南、江西、陕西、山东、四川、云南、浙江。

尼泊尔鼠李 *Rhamnus napalensis* (Wallich) Lawson

陈功锡、张代贵等，LXP-06-0125、0961、2408、5863。

落叶灌木。安福县、芦溪县、上高县、渝水区。海拔 100~600 米，疏林、溪边、灌丛。福建、广东、广西、贵州、湖北、湖南、江西、西藏、云南、浙江。不丹、印度、马来西亚、缅甸、尼泊尔、泰国。

皱叶鼠李 *Rhamnus rugulosa* Hemsley

陈功锡、张代贵等，LXP-06-9407。

灌木。茶陵县。海拔 100~600 米，灌丛、山坡、山谷林中、路旁。安徽、甘肃、广东、河南、湖北、湖南、江西、陕西、山西、四川、浙江。

冻绿 *Rhamnus utilis* Decaisne.

陈功锡、张代贵等，LXP-06-0335、1602、2119。

落叶灌木。安福县、莲花县、芦溪县、攸县。海拔 300~1600 米，阳处、路旁。安徽、福建、甘肃、广东、广西、贵州、河北、河南、湖北、湖南、江苏、江西、陕西、山西、四川、浙江。日本、朝鲜。

山鼠李 *Rhamnus wilsonii* C. K. Schneider

陈功锡、张代贵等，LXP-06-4895、4907。

灌木。莲花县。海拔 900~1300 米，山坡路旁、沟边灌丛、林下。安徽、福建、广东、广西、贵州、湖南、江西、浙江。

雀梅藤属 *Sageretia* Brongniart

钩枝雀梅藤 *Sageretia hamosa* (Wallich) Brongniart

熊耀国，9083。(LBG 00046826)

灌木。安福县。海拔 200~1500 米，丘陵、山地林下、灌丛中。福建、广东、广西、贵州、湖北、湖南、江西、四川、西藏、云南、浙江。印度、尼泊尔、菲律宾、斯里兰卡、越南。

尾叶雀梅藤 *Sageretia subcaudata* Schneid.

《安福木本植物》。

藤壮或直立灌木。安福县。200~1500 米的山谷山地林中或灌丛。湖北、湖南、四川东部、陕西南部、河南西部、江西、贵州、云南、西藏（吉隆）、广东北部。

雀梅藤 *Sageretia thea* (Osbeck) M. C. Johnston

《江西林业科技》。

灌木。安福县、芦溪县。海拔 300~1600 米，丘陵、山地林下或灌丛中。安徽、福建、甘肃、广东、广西、湖北、湖南、江苏、江西、四川、台湾、云南、浙江。印度、日本、朝鲜、泰国、越南。

枣属 *Ziziphus* Mill.

酸枣 *Ziziphus jujube* Mill. var. *spinosa* (Bunge) Hu ex H. F. Chow.

《安福木本植物》。

落叶灌木。安福县。海拔 100~500 米山坡灌丛。吉林、辽宁、河北、山东、山西、陕西、河南、甘肃、新疆、安徽、江苏、浙江、江西、福建、广东、广西、湖南、湖北、四川、云南、贵州。

73. 葡萄科 Vitaceae

蛇葡萄属 *Ampelopsis* Michaux

蓝果蛇葡萄 *Ampelopsis bodinieri* (H. Lévllé & Vantiot) Rehder

陈功锡、张代贵等，LXP-06-0271、3319、3772、3859、3926 等。

藤本。安福县、芦溪县、袁州区。海拔 100~700 米，阳处、灌丛、草地、路旁。福建、广东、广西、贵州、海南、河南、湖北、湖南、陕西、四川、云南。

灰毛蛇葡萄 *Ampelopsis bodinieri* var. *cinerea* (Gagnepain) Rehder

陈功锡、张代贵等，LXP-06-0003、

1393、2612。

藤本。安福县、茶陵县。海拔 100~200 米，路旁河边、草地溪边、灌丛。湖南、陕西、四川。

广东蛇葡萄 *Ampelopsis cantoniensis* (Hooker & Arnott) K. Koch

陈功锡、张代贵等，LXP-06-0188、0523、0614、1565、1931 等。

藤本。安福县、茶陵县、莲花县、上高县、袁州区。海拔 100~500 米，疏林、路旁、灌丛、溪边。安徽、福建、广东、广西、贵州、海南、湖北、湖南、台湾、西藏、云南、浙江。日本、马来西亚、泰国、越南。

羽叶蛇葡萄 *Ampelopsis chaffanjoni* (Lévillé & Vantiot) Rehder

陈功锡、张代贵等，LXP-06-9415。

藤本。茶陵县。海拔 200~800 米，灌丛、林缘、山谷、山谷边湿地、山坡灌丛、山坡林中。安徽、重庆、广西、贵州、湖北、湖南、江西、四川、云南。

毛三裂蛇葡萄 *Ampelopsis delavayana* var. *setulosa* (Diels & Gilg) C. L. Li

陈功锡、张代贵等，LXP-06-9412。

藤本。茶陵县。海拔 100~400 米，灌丛。甘肃、贵州、河北、河南、陕西、江西、四川、云南。

三裂蛇葡萄 *Ampelopsis delavayana* Planchon ex Franchet

陈功锡、张代贵等，LXP-06-3316、4045、8123 等。

藤本。安福县、莲花县、袁州区。海拔 100~500 米，灌丛、路旁。重庆、福建、甘肃、广东、广西、贵州、海南、河北、河南、湖北、江苏、吉林、辽宁、内蒙古、陕西、山东、四川、云南。

蛇葡萄 *Ampelopsis glandulosa* (Wallich) Momiyama

陈功锡、张代贵等，LXP-06-2140、2940、5111 等。

藤本。安福县。海拔 100~300 米，疏林、路旁溪边。安徽、福建、广东、广西、贵州、河北、黑龙江、河南、湖北、湖南、江苏、江西、吉林、辽宁、山东、四川、台湾、云南、浙江。印度、日本、缅甸、尼泊尔、菲律宾、越南。

光叶蛇葡萄 *Ampelopsis glandulosa* var. *hancei* (Planchon) Momiyama

《江西植物志》。

藤本。安福县。海拔 100~600 米，山坡岩石、林下石壁上。福建、广东、广西、贵州、河南、湖南、江苏、江西、山东、四川、台湾、云南。日本、菲律宾。

显齿蛇葡萄 *Ampelopsis grossedentata* (Handel-Mazzetti) W. T. Wang

陈功锡、张代贵等，LXP-06-0328、1681、1731 等。

藤本。安福县、茶陵县。海拔 200~600 米，疏林溪边、密林、灌丛等。福建、广东、广西、贵州、湖北、湖南、江西、云南。越南。

异叶蛇葡萄 *Ampelopsis glandulosa* var. *heterophylla* (Thunberg) Momiyama

陈功锡、张代贵等，LXP-06-5594、5929、7239 等。

藤本。安福县。海拔 100~600 米，水库边、路旁、灌丛。安徽、福建、广东、广西、贵州、河北、黑龙江、河南、湖北、湖南、江苏、江西、吉林、辽宁、山东、四川、云南、浙江。日本。

牯岭蛇葡萄 *Ampelopsis glandulosa* var. *kulingensis* (Rehder) Momiyama

岳俊三等，2738。(PE 00625429)

藤本。安福县。海拔 200~1000 米，山谷林中或山坡灌丛荫处。安徽、福建、广东、广西、贵州、湖南、江苏、江西、四川、浙江。

白蔹 *Ampelopsis japonica* (Thunberg) Makino

《江西林业科技》。

藤本。安福县、芦溪县、袁州区。海拔 200~800 米，山坡地边、灌丛或草地。广东、广西、河北、河南、湖北、湖南、江苏、江西、吉林、辽宁、陕西、山西、四川、浙江。

毛枝蛇葡萄 *Ampelopsis rubifolia* (Wallich) Planchon

陈功锡、张代贵等，LXP-06-1659。

藤本。茶陵县。海拔 800~1400 米，路旁。广西、贵州、湖南、江西、四川、云南。印度。

乌蔹莓属 *Cayratia* Jussieu

白毛乌蔹莓 *Cayratia albifolia* C. L. Li

陈功锡、张代贵等，LXP-06-1520。

藤本。茶陵县。海拔 400~1200 米，灌丛、旷野、山谷、林下、路旁。安徽、福建、广东、广西、贵州、湖北、湖南、江西、四川、云南、浙江。

乌蔹莓 *Cayratia japonica* (Thunberg) Gagnepain

陈功锡、张代贵等，LXP-06-0069、0244、1865 等。

藤本。安福县、茶陵县、分宜县、莲花县、芦溪县、攸县、渝水区。海拔 100~1600 米，路旁、疏林、灌丛等。安徽、重庆、福建、甘肃、广东、广西、贵州、海南、河北、河南、湖南、江苏、陕西、山东、四川、台湾、云南、浙江。不丹、印度、印度尼西亚、日本、朝鲜、老挝、马来西亚、缅甸、尼泊尔、菲律宾、泰国、越南；澳大利亚。

毛乌蔹莓 *Cayratia japonica* var. *mollis* (Wallich ex M. A. Lawson) Momiyama

陈功锡、张代贵等，LXP-06-3450。

藤本。芦溪县。海拔 300~800 米，山谷林中、山坡灌丛。广东、广西、贵州、海南、云南。不丹、印度、尼泊尔。

华中乌蔹莓 *Cayratia oligocarpa* (H. Léveillé & Vaniot) Gagnepain

陈功锡、张代贵等，LXP-06-4093、4986。

藤本。上高县。海拔 200~500 米，路旁、山谷、山坡林。重庆、贵州、湖北、陕西、四川、云南。

白粉藤属 *Cissus* Linnaeus

苦郎藤 *Cissus assamica* (M. A. Lawson) Craib

陈功锡、张代贵等，LXP-06-0046。

藤本。安福县、茶陵县。海拔 100~900 米，疏林。福建、广东、广西、贵州、海南、湖南、江西、四川、台湾、西藏、云南。不丹、柬埔寨、印度、尼泊尔、泰国、越南。

地锦属 *Parthenocissus* Planchon

异叶地锦 *Parthenocissus dalzielii* Gangnepain

陈功锡、张代贵等，LXP-06-0645、1878、2819 等。

藤本。安福县、茶陵县、莲花县。海拔 400~1000 米，疏林、密林、路旁。福建、广东、广西、贵州、河南、湖北、湖南、江西、四川、台湾、浙江。

绿叶地锦 *Parthenocissus laetevirens* Rehder

陈功锡、张代贵等，LXP-06-0526、2235、7620。

藤本。安福县、茶陵县、上高县、渝水区。海拔 200~500 米，疏林、灌丛。安徽、福建、广东、广西、河南、湖北、湖南、江苏、江西、四川、浙江。

三叶地锦 *Parthenocissus semicordata* (Wallich) Planchon

陈功锡、张代贵等，LXP-06-3569。

藤本。安福县、茶陵县。海拔 200~800 米，疏林树上、山坡林中、灌丛。甘肃、广东、贵州、湖北、湖南、陕西、四川、西藏、云南。不丹、印度、印度尼西亚、马来西亚、缅甸、尼泊尔、泰国、越南。

地锦 *Parthenocissus tricuspidata* (Sieb. et Zucc.) Planch.

《安福木本植物》。

攀援藤本。安福县。常攀援于岩石、树干及墙壁上。除海南外，分布于全国（特别是长江以北地区）。广布于欧亚大陆温带。

崖爬藤属 *Tetrastigma* (Miquel) Planchon

三叶崖爬藤 *Tetrastigma hemsleyanum* Diels & Gilg

陈功锡、张代贵等，LXP-06-5133、8103。

藤本。安福县。海拔 100~200 米，山坡、疏灌丛、路边草丛。重庆、福建、广东、广西、贵州、湖北、湖南、江苏、江西、四川、台湾、西藏、云南、浙江。印度。

无毛崖爬藤 *Tetrastigma obtectum* var. *glabrum* (H. Léveillé) Gagnepain

《江西大岗山森林生物多样性研究》。

藤本。安福县、分宜县。海拔 200~600 米，山坡岩石或林下石壁上。福建、广东、广西、贵州、江西、四川、台湾、云南。

葡萄属 *Vitis* Linnaeus

小果葡萄 *Vitis balanseana* Planch.

《安福木本植物》，岳俊三，2738。

落叶藤本。安福县。海拔 250~800 米，生沟谷阳处，攀援于乔灌木上。广东、广西、海南。越南。

蘡薁 *Vitis bryoniifolia*

岳俊三等，3023。(PE 00726409)

落叶藤本。安福县、莲花县。海拔 200~800 米，山谷林中、灌丛、沟边或田埂。安徽、福建、广东、广西、河北、湖北、湖南、江苏、江西、陕西、山东、山西、四川、云南、浙江。

东南葡萄 *Vitis chunganensis* Hu

赖书坤，1320。(KUN 0458805)

藤本。莲花县。海拔 400~800 米，山坡灌丛、沟谷林。安徽、福建、广东、广西、湖南、江西、浙江。

闽赣葡萄 *Vitis chungii* Metcalf

杨祥学，651322。(PE 00726533)

藤本。莲花县。海拔 300~600 米，山坡、沟谷林中或灌丛。福建、广东、广西、江西。

刺葡萄 *Vitis davidii* (Romanet du Caillaud) Föex

江西调查队，365。(PE 00726635)

藤本。安福县。海拔 600~800 米，山坡、沟谷林中或灌丛。安徽、重庆、福建、甘肃、广东、广西、贵州、湖北、湖南、江苏、江西、陕西、四川、云南、浙江。

红叶葡萄 *Vitis erythrophylla* W. T. Wang

陈功锡、张代贵等，LXP-06-0218。

藤本。安福县、茶陵县、上高县。海拔 200~600 米，沼泽、灌丛溪边、路旁。江西、浙江。

葛藟葡萄 *Vitis flexuosa* Thunberg

陈功锡、张代贵等，LXP-06-0249。

藤本。安福县。海拔 500~700 米，密林、草地、灌丛、林中。安徽、福建、甘肃、广东、广西、贵州、河南、湖南、江苏、江西、陕西、山东、四川、台湾、云南、浙江。印度、日本、老挝、尼泊尔、菲律宾、泰国、越南。

毛葡萄 *Vitis heyneana* Roemer & Schultes

《江西大岗山森林生物多样性研究》。

藤本。安福县、茶陵县、分宜县、芦溪县、上高县。海拔 300~700 米，山坡、沟谷灌丛、林缘。安徽、重庆、福建、甘肃、广东、广西、贵州、河南、湖北、湖南、江西、陕西、山东、山西、四川、西藏、云南、浙江。不丹、印度、尼泊尔。

桑叶葡萄 *Vitis heyneana* subsp. *ficifolia* (Bunge) C. L. Li

陈功锡、张代贵等，LXP-06-9592。

木质藤本。分宜县。海拔 200~1200 米，森林，灌木林，山坡。河北、河南、江苏、江西、陕西、山东、山西。

华东葡萄 *Vitis pseudoreticulata* W. T. Wang

陈功锡、张代贵等，LXP-06-3446、3936。

藤本。安福县、芦溪县。海拔 200~400 米，灌丛、河边、草丛、林中。安徽、福建、广东、广西、河南、湖北、湖南、江苏、江西、浙江。朝鲜。

小叶葡萄 *Vitis sinocinerea* W. T. Wang

《安福木本植物》，王文采，11。

藤本。安福县。海拔 200 米以上，生山坡林中或灌丛。产江苏、浙江、福建、江西、湖北、湖南、台湾、云南。

网脉葡萄 *Vitis wilsonae* Veitch

陈功锡、张代贵等，LXP-06-1882。

藤本。茶陵县。海拔 100~800 米，山坡灌丛、林下、溪边林。安徽、重庆、福建、甘肃、贵州、河南、湖北、湖南、陕西、四川、云南、浙江。

俞藤属 *Yua* C. L. Li

大果俞藤 *Yua austro-orientalis* (Metcalf) C. L. Li

江西调查队，1631。(PE 00727996)

藤本。安福县。海拔 200~600 米，坡沟谷林中或林缘灌木丛。福建、广东、广西、江西。

俞藤 *Yua thomsoni* (M. A.Lawson) C. L. Li

陈功锡、张代贵等，LXP-06-0500、1425、1632 等。

藤本。安福县、茶陵县。海拔 500~1200 米，路旁、疏林。安徽、福建、广西、贵州、河南、湖北、湖南、江苏、江西、四川、台湾、云南、浙江。印度、尼泊尔。

华西俞藤 *Yua thomsoni* var. *glaucescens* (Diels & Gilg) C. L. Li

陈功锡、张代贵等，LXP-06-2827、3592、3653。

藤本。安福县、分宜县、袁州区。海

拔 100~1000 米，密林、灌丛。贵州、河南、湖北、江西、四川、云南。

74. 杜英科 Elaeocarpaceae

杜英属 *Elaeocarpus* Linnaeus

华杜英 *Elaeocarpus chinensis* (Gardner & Chanpion) J. D. Hooker ex Bentham

陈功锡、张代贵等，LXP-06-5936。

常绿乔木。安福县。海拔 100~600 米，林中。福建、广东、广西、贵州、江西、浙江。越南。

杜英 *Elaeocarpus decipiens* Hemsley

《江西林业科技》。

常绿乔木。安福县、莲花县、芦溪县。海拔 300~900 米，密林。福建、广东、广西、贵州、湖南、江西、台湾、云南、浙江。日本、越南。

冬桃 *Elaeocarpus duclouxii* Gagnepain

陈功锡、张代贵等，LXP-06-0086、075、1765、1637。

常绿乔木。安福县、茶陵县、芦溪县。海拔 400~1000 米，疏林、溪边、密林、密林溪边。广东、广西、贵州、湖北、湖南、江西、四川、云南。

褐毛杜英 *Elaeocarpus duclouxii* Gagnepain

熊耀国，09126。(LBG 00042753)

常绿乔木。安福县、莲花县。海拔 700~900 米，密林。云南、贵州、四川、湖南、广西、广东、江西。

秃瓣杜英 *Elaeocarpus glabripetalus* Merrill

陈功锡、张代贵等，LXP-06-0757、1519、3816 等。

常绿乔木。安福县、莲花县、袁州区、茶陵县、攸县。海拔 100~600 米，溪边、灌丛、密林等。安徽、福建、广东、广西、贵州、湖北、湖南、江西、云南、浙江。

薯豆 *Elaeocarpus japonicus* Siebold & Zuccarini

陈功锡、张代贵等，LXP-06-1662。

常绿乔木。安福县、茶陵县、莲花县。海拔 600~900 米，路旁、山坡林中。安徽、福建、广东、广西、贵州、湖北、湖南、江苏、江西、四川、台湾、云南、浙江。日本、越南。

山杜英 *Elaeocarpus sylvestris* (Loureiro) Poiret

赖书绅，1332。(PE 01351943)

常绿乔木。安福县、莲花县。海拔 300~800 米，密林。福建、广东、广西、贵州、海南、湖南、江西、四川、云南、浙江。越南。

猴欢喜属 *Sloanea* Linnaeus

仿栗 *Sloanea hemsleyana* (T. Itô) Rehder & E. H. Wilson

陈功锡、张代贵等，LXP-06-1122。

常绿乔木。芦溪县。海拔 700~1600 米，路旁。广西、贵州、湖北、湖南、四川、云南。

猴欢喜 *Sloanea sinensis* (Hance) Hemsley

陈功锡、张代贵等，LXP-06-0946、1180、6903。

常绿乔木。安福县、芦溪县。海拔 400~900 米，密林、疏林。福建、广东、广西、贵州、海南、湖南、江西、浙江。柬埔寨、老挝、缅甸、泰国、越南。

75. 椴树科 Tiliaceae

黄麻属 *Corchorus* Linnaeus

甜麻 *Corchorus aestuans* Linnaeus

岳俊三，3775。(IBSC 0234647)

一年生草本。安福县。海拔 100~500 米，灌丛、草地。广泛栽培安徽、福建、广东、广西、贵州、湖北、湖南、江苏、江西、四川、台湾、云南、浙江。孟加拉国、不丹、印度、印度尼西亚、马来西亚、缅甸、尼泊尔、巴基斯坦、菲律宾、斯里兰卡、泰国、越南；热带非洲、澳大利亚、美洲中部、印度西部。

扁担杆属 *Grewia* Linnaeus

扁担杆 *Grewia biloba* G. Don

陈功锡、张代贵等，LXP-06-0528、1604、1626、1833、5870 等。

落叶灌木。安福县、茶陵县、分宜县、莲花县、上高县、攸县、袁州区。海拔 200~750 米，疏林、路旁、灌丛溪边、灌丛。安徽、广东、广西、贵州、河北、河南、湖北、湖南、江苏、江西、陕西、山东、山西、四川、台湾、云南、浙江。朝鲜。

小花扁担杆 *Grewia biloba* var. *parviflora* (Bunge) Handel -Mazzetti

赖书绅，1724。(PE 01333967)

落叶乔木。安福县、分宜县、莲花县。海拔 200~600 米，灌丛、草地。安徽、广东、广西、贵州、河北、河南、湖北、湖南、江苏、江西、陕西、山东、山西、四川、云南、浙江。

椴树属 *Tilia* Linnaeus

白毛椴 *Tilia endochrysea* Handel- Mazzetti

岳俊三，3583。(IBSC 0251353)

落叶乔木。安福县、莲花县。海拔 500~1000 米，地常绿林里。安徽、福建、广东、广西、湖南、江西、浙江。

糯米椴 *Tilia henryana* var. *subglabra* V. Engler

《江西大岗山森林多样性研究》。

落叶乔木。安福县、分宜县、莲花县。海拔 600~800 米，草地。安徽、江苏、江西、浙江。

椴树 *Tilia tuan* Szyszyłowicz

陈功锡、张代贵等，LXP-06-1646。

落叶乔木。安福县、茶陵县。海拔 800~900 米，密林、山谷。广西、贵州、湖北、湖南、江苏、江西、四川、云南、浙江。

刺蒴麻属 *Triumfetta* Linnaeus

单毛刺蒴麻 *Triumfetta annua* Linnaeus

岳俊三等，3047。(KUN 0409006)

一年生草本。安福县。海拔 150~500 米，荒野及路旁。广东、广西、贵州、湖北、湖南、江西、四川、云南、浙江。不丹、印度、马来西亚、尼泊尔、巴基斯坦；非洲。

刺蒴麻 *Triumfetta rhomboidea* Jacuin

陈功锡、张代贵等，LXP-06-2925、5753、5917、6998、8112 等。

落叶灌木。安福县。海拔 100~700 米，草地、溪边、路旁、草地。福建、广东、广西、江西、台湾、云南。广泛分布于热带地区，原产西印度群岛。

76. 锦葵科 Malvaceae

秋葵属 *Abelmoschus* Medicus

黄葵 *Abelmoschus moschatus* Medicus

陈功锡、张代贵等，LXP-06-6473。

一年生草本。安福县。海拔 300~400 米，路旁、山谷、溪边、灌丛。广东、广西、湖南、江西、台湾、云南。柬埔寨、印度、老挝、泰国、越南。

苘麻属 *Abutilon* Miller

苘麻 *Abutilon theophrasti* Medicus

赖书绅，1434。(PE 01286213)

一年生草本。莲花县。海拔 100~400 米，路旁、荒地和田野间。安徽、福建、甘肃、广东、广西、河北、黑龙江、河南、湖北、湖南、江苏、江西、吉林、辽宁、内蒙古、宁夏、陕西、山东、上海、四川、台湾、新疆、云南。印度、日本、哈萨克斯坦、朝鲜、吉尔吉斯斯坦、蒙古、巴基斯坦、俄罗斯、塔吉克斯坦、泰国、土库曼斯坦、越南；非洲、亚洲、澳大利亚、欧洲、北美洲。

木槿属 *Hibiscus* Linnaeus

木芙蓉 *Hibiscus mutabilis* Linnaeus

陈功锡、张代贵等，LXP-06-0515、5823、6738、6983、7405 等。

落叶灌木。安福县、袁州区。海拔 400~1200 米，路旁、溪边。原产福建、广东、湖南、台湾、云南；栽培于安徽、福建、广东、广西、贵州、河北、湖北、湖南、江苏、江西、辽宁、山东、四川、台湾、云南、浙江。

木槿 *Hibiscus syriacus* Linnaeus

陈功锡、张代贵等，LXP-06-0426、0560、0597、2770。

落叶灌木。安福县、茶陵县、莲花县。海拔 100~400 米，疏林、路旁、溪边。原产安徽、广东、广西、江苏、四川、台湾、云南、浙江，栽培于福建、贵州、海南、河北、河南、湖北、湖南、江西、陕西、山东、西藏。热带和亚热带地区广泛栽培。

黄花稔属 *Sida* Linnaeus

长梗黄花稔 *Sida cordata* (N. L. Burman) Borssum Waalkes

陈功锡、张代贵等，LXP-06-0162、1829、2191 等。

多年生草本。安福县、茶陵县。海拔 50~300 米，灌丛、草地、水库边等。福建、广东、广西、海南、台湾、云南。印度、菲律宾、斯里兰卡、泰国；泛热带物种来源不明。

梵天花属 *Urena* Linnaeus

地桃花 *Urena lobata* Linnaeus

陈功锡、张代贵等，LXP-06-0527、1596、2147、2887、3153 等。

草本。安福县、攸县、袁州区。海拔 100~800 米，疏林、路旁。安徽、福建、广东、广西、贵州、海南、湖北、湖南、江苏、江西、四川、台湾、西藏、云南、浙江。孟加拉国、不丹、柬埔寨、印度、印度尼西亚、日本、老挝、缅甸、尼泊尔、泰国、越南；热带地区。

梵天花 *Urena procumbens* Linnaeus

陈功锡、张代贵等，LXP-06-0043、0473、0569、2591、2608 等。

落叶灌木。安福县、茶陵县、攸县、袁州区。海拔 100~700 米，疏林、灌丛、路旁、溪边、草地。福建、广东、广西、海南、湖南、江西、台湾、浙江。

77. 梧桐科 Sterculiaceae

田麻属 *Corchoropsis* Siebold & Zuccarini

田麻 *Corchoropsis crenata* Siebold & Zuccarini

陈功锡、张代贵等，LXP-06-0177、1991、2705 等。

一年生草本。安福县、茶陵县、上高县、攸县、袁州区。海拔 100~1000 米，阳处、灌丛、溪边等。安徽、福建、甘肃、广东、广西、贵州、河北、河南、湖北、湖南、江苏、江西、辽宁、陕西、山东、山西、四川、浙江。日本、朝鲜。

梧桐属 *Firmiana* Marsili

梧桐 *Firmiana simplex* (Linnaeus) W. Wight

陈功锡、张代贵等，LXP-06-0065、1480、3981。

落叶乔木。安福县、茶陵县。海拔 100~700 米，路旁、灌丛。安徽、福建、广东、广西、贵州、海南、湖北、湖南、江苏、江西、陕西、山东、山西、四川、台湾、云南、浙江。日本，栽培于欧洲及美洲北部。

山芝麻属 *Helicteres* Linnaeus

山芝麻 *Helicteres angustifolia* Linnaeus

岳俊三，3811。(IBSC 0262895)

落叶灌木。安福县。海拔 200~500 米，草地。福建、广东、广西、海南、湖南、江西、台湾、云南。柬埔寨、印度尼西亚、日本、老挝、马来西亚、缅甸、菲律宾、泰国、越南；澳大利亚。

马松子属 *Melochia* Linnaeus

马松子 *Melochia corchorifolia* Linnaeus

陈功锡、张代贵等，LXP-06-0165、0552、2917、5269、5509 等。

草本。安福县、芦溪县、攸县、袁州区。海拔 200~500 米，路旁、草地、阴处、水库边、路旁溪边。长江南部。日本；泛热带。

78. 猕猴桃科 Actinidiaceae

猕猴桃属 *Actinidia* Lindley

软枣猕猴桃 *Actinidia arguta* (Siebold & Zuccarini) Planchon ex Miquel

《安福木本植物》。

大型落叶藤本。安福县。海拔 800 米以上山地林中或灌丛。黑龙江、吉林、辽宁、山东、山西、河北、河南、安徽、浙江、云南等，主产东北地区。朝鲜和日本有分布。

硬齿猕猴桃 *Actinidia callosa* Lindley

岳俊三等，3039。(WUK 0221018)

落叶藤本。安福县。海拔 300~900 米，山区山谷丛林中。长江以南各省区、西起云贵高原和四川内陆、东至台湾省都产。

异色猕猴桃 *Actinidia callosa* var. *discolor* C. F. Liang

岳俊三，3039。(IBSC 0227760)

落叶藤本。安福县。海拔 300~1000 米，沟谷或山坡乔木林或灌丛林中或林缘。浙江、安徽、福建、台湾、江西、湖南、四川、云南、贵州、广西、广东等长江以南各省区。

京梨猕猴桃 *Actinidia callosa* var. *henryi* Maximowicz

陈功锡、张代贵等，LXP-06-1804、2234、2561、2757、2809 等。

落叶藤本。安福县、茶陵县、芦溪县、袁州区。海拔 200~1400 米，密林、灌丛、疏林、路旁、溪边。产长江以南各省区，四川、湖北、湖南等地最盛，华东较少，甘肃、陕西也有少量分布。

中华猕猴桃 *Actinidia chinensis* Planchon

陈功锡、张代贵等，LXP-06-0720、1916、2446 等。

落叶藤本。安福县、茶陵县、莲花县、芦溪县、袁州区。海拔 100~1000 米，溪边、灌丛、路旁。产陕西、湖北、湖南、河南、安徽、江苏、浙江、江西、福建、广东北部和广西北部等地。

金花猕猴桃 *Actinidia chrysantha* C. F. Liang

《安福木本植物》。

大型落叶藤本。安福县。大多出现在海拔 900~1300 米的高度，更高或更低处较少，常见于疏林中、灌丛中或山林迹地上等阳光较多的环境。南岭山地乃至广西、广东和湖南等都有分布，其中广西较盛。

毛花猕猴桃 *Actinidia eriantha* Bentham

陈功锡、张代贵等，LXP-06-0357、0463、1868 等。

落叶藤本。安福县、茶陵县、莲花县、芦溪县、袁州区。海拔 200~700 米，溪边、灌丛、路旁。浙江、福建、江西、湖南、贵州、广西、广东等。

条叶猕猴桃 *Actinidia fortunatii* Finet & Gagnepain

陈功锡、张代贵等，LXP-06-0120、2505。

半常绿藤本。安福县、芦溪县。海拔 200~300 米，路旁、灌丛。产贵州平坝（黔南），即模式标本产地。

保护级别：二级保护（第二批次）

濒危等级：NT

小叶猕猴桃 *Actinidia lanceolata* Dunn

陈功锡、张代贵等，LXP-06-1828。

落叶藤本。茶陵县、莲花县。海拔 100~400 米，灌丛中、疏林中、林缘。产浙江、江西、福建、湖南、广东等。

保护级别：二级保护（第二批次）

濒危等级：VU

阔叶猕猴桃 *Actinidia latifolia* (Gardner & Champion) Merrill

陈功锡、张代贵等，LXP-06-0030、0131、0769、1580 等。

落叶藤本。安福县、茶陵县、莲花县、芦溪县、攸县、袁州区。海拔 100~700 米，路旁、溪边、灌丛、疏林、灌丛河边。产四川、云南、贵州、安徽、浙江、台湾、福建、江西、湖南、广西、广东等。

美丽猕猴桃 *Actinidia melliana* Handel-Mazzetti

陈功锡、张代贵等，LXP-06-1932。

半常绿藤本。茶陵县。海拔 400~600 米，灌丛、密林。主产广西和广东，南可到海南岛，北可到湖南、江西。

红茎猕猴桃 *Actinidia rubricaulis* Dunn

陈功锡、张代贵等，LXP-06-0461、0556、1552、2211、2571 等。

半常绿藤本。安福县、茶陵县、袁州区。海拔 200~600 米，溪边、路旁、河边、灌丛、路旁溪边。主产我国西南部的云南、贵州、四川各省，广西、湖南、湖北也有分布。

保护级别：二级保护（第二批次）

濒危等级：NT

革叶猕猴桃 *Actinidia rubricaulis* var. *coriacea* (Finet & Gagnepain) C. F. Liang

陈功锡、张代贵等，LXP-06-1550。

落叶灌木。茶陵县。海拔 350~400 米，河边、灌丛、林中。主产四川、贵州两省、云南、广西西北、湖南西部、湖北西部等地也有分布。

毛蕊猕猴桃 *Actinidia trichogyna* Franch

《安福木本植物》。

中型落叶藤本。安福县。海拔 500 米以上林缘、疏林中。产巴蜀东部巫溪、巫山、城口和湖北利川、鹤峰以及江西黎川、景德镇等地。

对萼猕猴桃 *Actinidia valvata* Dunn

江西调查队，335。(PE 01574540)

落叶藤本。安福县。海拔 300~700 米，山区山谷丛林中。主产华东，延及湖南、湖北。

保护级别：二级保护（第二批次）

濒危等级：NT

79. 山茶科 Theaceae

杨桐属 *Adinandra* Jack

川杨桐 *Adinandra bockiana* E. Pritzel

熊耀国，8976 (1446)。(LBG 00009069)

常绿灌木。安福县、莲花县。海拔 400~1000 米，山坡路旁灌丛中或山地疏林或密林中。福建、广东、广西、贵州、湖南、江西、四川。

两广杨桐 *Adinandra glischroloma* Handel-Mazzetti

陈功锡、张代贵等，LXP-06-5267、7429、7558。

常绿灌木。安福县、上高县、攸县。海拔 100~500 米，阴处、路旁、灌丛。福建、广东、广西、湖南、江西、浙江。

大萼杨桐 *Adinandra glischro- loma* var. *macrosepala* (F. P. Metcalf) Kobuski

陈功锡、张代贵等，LXP-06-0008、0681、1421、3340、3850 等。

常绿灌木。安福县、茶陵县、芦溪县。海拔 200~600 米，路旁、密林、灌丛、灌丛溪边。福建、广东、广西、江西、浙江。

杨桐 *Adinandra millettii* (Hooker & Arnott) Bentham & J. D. Hooker ex Hance

王江林、黄大付，96。(LBG 00016272)

灌木。安福县、分宜县、莲花县。海拔 300~800 米，山坡路旁灌丛中或山地阳坡的疏林中或密林中。安徽、福建、广东、广西、贵州、湖北、湖南、江西、浙江。越南。

茶梨属 *Anneslea* Wallich

茶梨 *Anneslea fragrans* Wallich

陈功锡、张代贵等，LXP-06-9284。

常绿乔木。安福县。海拔 300~1000 米，灌丛。福建、广东、广西、贵州、海南、湖南、江西、台湾、云南。柬埔寨、老挝、马来西亚、缅甸、泰国、越南。

山茶属 *Camellia* Linnaeus

短柱油茶 *Camellia brevistyla* (Hayata) Cohen-Stuart

岳俊三等，2953。(PE 00628678)

灌木。安福县、分宜县。海拔 400~900 米，灌丛。安徽、福建、广东、广西、贵州、湖北、湖南、江西、台湾、浙江。

浙江山茶 *Camellia Chekiang- oleosa* Hu

吴丙乐。(SYS sys00089348)

灌木。莲花县。海拔 300-900 米，灌丛。安徽、福建、湖南、江西、浙江。

心叶毛蕊茶 *Camellia cordifolia* (Metc.) Nakai

《安福木本植物》

灌木或小乔木。安福县。海拔 800~1300 米林缘或溪边。广东、广西、江西、台湾。

贵州连蕊茶 *Camellia costei* Levl.

《安福木本植物》。

常绿灌木或小乔木。安福县。海拔 1300 米以下疏林或灌丛中。广西、广东西部、湖北、湖南、贵州。

连蕊茶 *Camellia cuspidata* (Kochs) H. J. Veitch

陈功锡、张代贵等，LXP-06-0761、0489。

常绿灌木。安福县。海拔 500~1500 米，溪边、密林溪边。安徽、福建、广东、广西、贵州、湖北、湖南、江西、陕西、四川、云南、浙江。

尖连蕊茶 *Camellia cuspidata* (Kochs) Wright ex Gard. var. *trichandra* (H. T. Chang) Ming

陈功锡、张代贵等，LXP-06-1673、6867、9093。

常绿灌木。安福县、茶陵县、芦溪县。海拔 400~600 米，密林、路旁。产江西、广西、湖南、贵州、安徽、陕西、湖北、云南、广东、福建。

大花连蕊茶 *Camellia cuspidata* var. *grandiflora* Sealy

赖书绅，1697。(PE 01513737)

常绿灌木。安福县、茶陵县、芦溪县。海拔 500~1200 米，灌丛。广东、广西、湖南、江西。

柃叶连蕊茶 *Camellia euryoides* Lindley

陈功锡、张代贵等，LXP-06-1136。

常绿灌木。安福县、茶陵县、分宜县、莲花县、芦溪县。海拔 300~1500 米，密林、灌丛、山坡林中、疏林中向阳。福建、广东、湖南、江西、四川、台湾。

毛花连蕊茶 *Camellia fraterna*

赖书绅，02005。(LBG 00009216)

常绿灌木。安福县。海拔 400~1000 米，灌丛。安徽、福建、河南、江苏、江西、浙江。

毛柄连蕊茶 *Camellia fraterna* Hance

王名金、单汉荣、黄树芝，2420。(PE 00591852)

常绿灌木或小乔木。安福县。海拔 300~800 米，灌丛、疏林。浙江、江西、江苏、安徽、福建，模式标本采自福州。

长瓣短柱茶 (闽鄂山茶) *Camellia grijsii* Hance

《安福木本植物》。

常绿小乔木。安福县。海拔 500~1300 米的阔叶林中。福建、重庆巫溪、江西黎川、湖北、广西北部。

油茶 *Camellia oleifera* C. Abel

陈功锡、张代贵等，LXP-06-0456、0468、1911 等。

常绿灌木。安福县、茶陵县、分宜县、莲花县、芦溪县、上高县、攸县、渝水区、袁州区。海拔 200~1000 米，溪边、灌丛、密林等。安徽、福建、广东、广西、贵州、海南、河南、湖北、湖南、江苏、江西、陕西、四川、云南、浙江。老挝、缅甸、越南。

茶 *Camellia sinensis* (Linnaeus) Kuntze

陈功锡、张代贵等，LXP-06-0137、0306、0920、2616、2683 等。

常绿灌木。安福县、井冈山市、攸县、袁州区。海拔 100~600 米，路旁、阴处树上、密林、灌丛、溪边、路旁、草地、灌丛溪边。安徽、福建、广东、广西、贵州、海南、河南、湖北、湖南、江苏、江西、陕西、四川、台湾、西藏、云南、浙江。印度、日本、朝鲜、老挝、缅甸、泰国、越南。

全缘叶山茶 *Camellia subintegra* T. C. Huang ex Hung T. Chang

陈功锡、张代贵等，LXP-06-0816。

常绿灌木。安福县、芦溪县、袁州区。海拔 500~1100 米，灌丛。广东、湖南、江西。

濒危等级：NT

毛萼连蕊茶 *Camellia transarisanensis* (Hayata) Cohen-Stuart

陈功锡、张代贵等，LXP-06-0039、0557、0693 等。

常绿灌木。安福县、分宜县、芦溪县、攸县、袁州区。海拔 100~500 米，阴处、石上、灌丛等。福建、广西、贵州、湖南、江西、台湾、云南。

红淡比属 *Cleyera* Thunberg

齿叶红淡比 *Cleyera lipingensis* (Handel-Mazzetti) T. L. Ming

赖书坤、户向恒，1971。(KUN 390353)

常绿灌木或小乔木。安福县、莲花县。海拔 500~1200 米，山地、沟谷林中或山坡沟谷溪边灌丛中或路旁。广西、贵州、湖北、湖南、江西、陕西、四川、台湾。

红淡比 *Cleyera japonica* Thun-berg

江西调查队，292。(PE 00716591)

常绿灌木。安福县、分宜县、莲花县。海拔 200~800 米，山地、沟谷林中或山坡沟谷溪边灌丛中或路旁。安徽、福建、广东、广西、贵州、河南、湖北、湖南、江苏、江西、四川、台湾、西藏、云南、浙江。印度、日本、缅甸、尼泊尔。

厚叶红淡比 *Cleyera pachyphylla* Chun ex Hung T. Chang

陈功锡、张代贵等，LXP-06-1809、2260。

常绿乔木。安福县、茶陵县、袁州区。海拔 200~1000 米，密林、路旁。福建、广东、广西、湖南、江西、浙江。

柃木属 *Eurya* Thunberg

尖萼毛柃 *Eurya acutisepala* Hu et L. K. Ling

《江西林业科技》。

常绿灌木。安福县、芦溪县、袁州区 。海拔 600~1000 米，山地密林中或沟谷溪边林下阴湿地。福建、广东、广西、贵州、湖南、江西、云南、浙江。

翅柃 *Eurya alata* Kobuski

《安福木本植物》。

常绿灌木。安福县。海拔 200~1300 米山地、沟谷、溪边、林下湿润处。广泛分布于陕西南部、安徽南部、浙江南部和西部、江西东部、福建、湖北西部、湖南南部和西北部、广东北部、广西北部、四川东部、贵州东部等地。

短柱柃 *Eurya brevistyla* Kobuski

陈功锡、张代贵等，LXP-06-0026、0254、0329、1047、1894 等。

常绿灌木。安福县、茶陵县、袁州区。海拔 100~1400 米，路旁、疏林、灌丛、密林、草地。安徽、福建、广东、广西、贵州、河南、湖北、湖南、江西、陕西、四川、云南。

米碎花 *Eurya chinensis* R. Brown in C.

Abel

《江西大岗山深林生物多样性研究》。

常绿灌木。安福县、分宜县、莲花县、袁州区。海拔 400~800 米，低山丘陵山坡灌丛路边或溪河沟谷灌丛中。福建、广东、广西、湖南、江西、四川、台湾。

二列叶柃 *Eurya distichophylla* Hemsl.

《安福木本植物》。

常绿灌木或小乔木。安福县。海拔 200~1400 米山坡、路旁或沟谷、溪边湿润疏林、灌丛。产于江西南部、福建南部和西南部、湖南、广东南部、中部、东部及北部、广西以及贵州等地。越南北部也有分布。

微毛柃 *Eurya hebeclados* Ling

岳俊三，3413。(IBSC 0258958)

常绿灌木。安福县。海拔 300~900 米，山坡林中、林缘以及路旁灌丛中。安徽、福建、广东、广西、贵州、河南、湖北、湖南、江苏、江西、四川、浙江。

细枝柃 *Eurya loquaiana* Dunn

陈功锡、张代贵等，LXP-06-0261、0327、1798 等。

常绿灌木。安福县、茶陵县、莲花县、芦溪县、袁州区。海拔 200~1000 米，密林、疏林、溪边等。安徽、福建、广东、广西、贵州、海南、河南、湖北、湖南、江西、四川、台湾、云南、浙江。

金叶细枝柃 *Eurya loquaiana* var. *aureopunctata* Hung T. Chang

岳俊三，3178。(IBSC 0259623)

常绿灌木。安福县。海拔 800~1500 米，山坡沟谷、溪边林中或林缘以及山坡路旁阴湿灌丛中。福建、广东、广西、贵州、湖南、江西、云南、浙江。

黑柃 *Eurya macartneyi* Champion

《江西林业科技》。

常绿灌木。安福县。海拔 200~800 米，山地或山坡沟谷密林或疏林中。福建、广东、广西、海南、湖南、江西。

格药柃 *Eurya muricata* Dunn

陈功锡、张代贵等，LXP-06-1099、1548、3874、4569、5140 等。

常绿灌木。安福县、茶陵县、分宜县、芦溪县。海拔 300~1200 米，路旁、河边、灌丛。安徽、福建、广东、贵州、湖北、湖南、江苏、江西、四川、云南、浙江。

细齿叶柃 *Eurya nitida* Korthals

陈功锡、张代贵等，LXP-06-0872、1175、2115 等。

常绿灌木。安福县、茶陵县、芦溪县、上高县。海拔 200~1600 米，疏林、灌丛、溪边等。安徽、福建、广东、广西、贵州、海南、河南、湖北、湖南、江西、四川、台湾、云南、浙江。柬埔寨、印度、印度尼西亚、老挝、马来西亚、缅甸、菲律宾、斯里兰卡、泰国、越南。

半齿柃 *Eurya semiserrulata* H. T. Chang

岳俊三，3671。(IBSC 0276223)

常绿灌木。安福县。海拔 1700~1800 米，山地林中或山顶疏林中、也常见于林缘岩石边灌丛中。产于江西西部、广西东北部、四川南部和西南部、贵州北部和西部及云南等地。

四角柃 *Eurya tetragonoclada* Merrill & Chun

陈功锡、张代贵等，LXP-06-1174。

常绿灌木。芦溪县。海拔 800~1100 米，疏林、沟谷、山顶密林中、山坡灌丛阴地。广东、广西、贵州、河南、湖北、湖南、江西、四川、云南。

单耳柃 *Eurya weissiae* Chun

《江西林业科技》。

常绿灌木。安福县、芦溪县。海拔300~900米，山谷密林下或山坡路边阴湿地。福建、广东、广西、贵州、湖南、江西、浙江。

核果茶属 *Pyrenaria* Blume

粗毛核果茶 *Pyrenaria hirta* (Handel-Mazzetti) H. Keng

陈功锡、张代贵等，LXP-06-0624、2494。

常绿灌木。安福县、芦溪县。海拔200~500米，溪边、灌丛。广东、广西、贵州、湖北、湖南、江西、云南。越南。

木荷属 *Schima* Reinwardt ex Blume

银木荷 *Schima argentea* E. Pritz

陈功锡、张代贵等，LXP-06-1593、1772、2398等。

常绿乔木。安福县、莲花县、芦溪县、攸县。海拔200~1500米，路旁、密林、疏林。广西、江西、四川、云南。缅甸、越南。

木荷 *Schima superba* Gardner & Champion

陈功锡、张代贵等，LXP-06-0012、0241、1433、1881、3541等。

常绿乔木。安福县、茶陵县、分宜县、莲花县、上高县、攸县、袁州区。海拔100~500米，路旁、疏林、密林、灌丛河边。安徽、福建、广东、广西、贵州、海南、湖北、湖南、江西、台湾、浙江。日本。

紫茎属 *Stewartia* Linnaeus

紫茎 *Stewartia sinensis* Rehder & E. H. Wilson

陈功锡、张代贵等，LXP-06-2787、2838。

落叶灌木。安福县、芦溪县。海拔900~1500米，路旁、密林、林缘。安徽、福建、广西、贵州、河南、湖北、湖南、江西、陕西、四川、云南、浙江。

厚皮香属 *Ternstroemia* Mutis

厚皮香 *Ternstroemia gymnanthera* (Wight & Arnott) Beddome

陈功锡、张代贵等，LXP-06-2043、2097。

常绿乔木。安福县、茶陵县、莲花县、芦溪县。海拔500~1500米，密林、灌丛。安徽、福建、广东、广西、贵州、湖北、湖南、江西、四川、云南、浙江。不丹、柬埔寨、印度、老挝、缅甸、尼泊尔、泰国、越南。

厚叶厚皮香 *Ternstroemia kwangtungensis* Merrill

《江西林业科技》。

常绿灌木。安福县、分宜县。海拔800~1400米，山地或山顶林中以及溪沟边路旁灌丛中。福建、广东、广西、江西。越南。

尖萼厚皮香 *Ternstroemia luteoflora* L. K. Ling

赵奇僧、高贤明等，1238。(CSFI CSFI007807)

常绿乔木。安福县。海拔400~1200米，沟谷疏林中、林缘路边及灌丛中。福建、广东、广西、贵州、湖北、湖南、江西、云南。

亮叶厚皮香 *Ternstroemia nitida* Merrill

胡启明，2608。(IBSC 0279164)

常绿乔木。安福县、莲花县。海拔300~800 米，山地林中、林下或溪边荫蔽地。安徽、福建、广东、广西、贵州、湖南、江西、浙江。

80. 藤黄科 Clusiaceae

藤黄属 *Garcinia* Linnaeus

木竹子 *Garcinia multiflora* Champion ex Bentham

陈功锡、张代贵等，LXP-06-5801、5846。

一年生草本。安福县。海拔 100~400 米，溪边、山地沟谷、常绿阔叶林中。福建、广东、广西、贵州、海南、湖南、江西、台湾、云南。越南。

金丝桃属 *Hypericum* Linnaeus

黄海棠 *Hypericum ascyron* Linnaeus

赖书绅，1955。(LBG 00016534)

多年生草本。安福县、莲花县。海拔100~800 米，山坡林下、林缘、灌丛间、草丛或草甸中、溪旁及河岸湿地等处。广布于全国（除西藏）。日本、朝鲜、蒙古、俄罗斯、越南；北美洲。

赶山鞭 *Hypericum attenuatum* C. E. C. Fischer ex Choisy

岳俊三，3349。(IBSC 0231226)

多年生草本。袁州区。海拔 800~1000 米，田野、半湿草地、草原、山坡草地、石砾地、草丛、林内及林缘等处。安徽、福建、甘肃、贵州、河北、黑龙江、河南、湖北、湖南、江苏、江西、吉林、辽宁、内蒙古、陕西、山西、四川、浙江、 广东、广西。朝鲜、蒙古、俄罗斯。

挺茎遍地金 *Hypericum elodeoides* Choisy

陈功锡、张代贵等，LXP-06-6699。

多年生草本。莲花县、袁州区。海拔400~800 米，山坡草丛、灌丛、林下、田埂上。广西、四川、西藏、云南、福建、广东、贵州、湖北、湖南、江西。不丹、印度、克什米尔、缅甸、尼泊尔。

扬子小连翘 *Hypericum faberi* R. Keller

陈功锡、张代贵等，LXP-06-1768、2795。

多年生草本。芦溪县、袁州区。海拔300~1900 米，密林、溪边、灌丛。安徽、福建、甘肃、广东、广西、贵州、湖北、湖南、江苏、江西、陕西、山西、四川、云南、浙江。

衡山金丝桃 *Hypericum hengshanense* W. T. Wang

陈功锡、张代贵等，LXP-06-0070、0380、0773、1634、1922 等。

多年生草本。安福县、茶陵县、莲花县。海拔 300~2000 米，路旁、草地、灌丛、溪边。广东、广西、湖南、江西。

地耳草 *Hypericum japonicum* Thunberg ex Murray

陈功锡、张代贵等，LXP-06-0174、0285、0616、0744、1408 等。

多年生草本。安福县、茶陵县、莲花县、芦溪县。海拔 100~800 米，阳处、沼泽、疏林、溪边、草地溪边、密林、路旁、草地沼泽、草地。安徽、福建、广东、广西、贵州、海南、湖北、湖南、江苏、江西、辽宁、山东、四川、台湾、云南、浙江。不丹、柬埔寨、印度、印度尼西亚、日本、朝鲜、老挝、马来西亚、缅甸、尼泊尔、菲律宾、斯里兰卡、泰国、越南；澳大利亚、太平洋群岛。

金丝桃 *Hypericum monogynum* Linnaeus

陈功锡、张代贵等，LXP-06-7118。

多年生草本。茶陵县。海拔 300~400 米，灌丛。四川、安徽、福建、广东、广西、贵州、河南、湖北、湖南、江苏、江西、陕西、山东、四川、台湾、浙江。日本，广泛栽培于非洲、亚洲、澳大利亚、美洲中部、欧洲、毛里求斯、印度西部。

元宝草 *Hypericum sampsonii* Hance

陈功锡、张代贵等，LXP-06-3342、3415、3520 等。

多年生草本。安福县、莲花县、芦溪县、袁州区。海拔 100~500 米，路旁、草地、灌丛。安徽、福建、广东、广西、贵州、河南、湖北、湖南、江苏、江西、陕西、四川、台湾、云南、浙江。日本、缅甸、越南。

81. 沟繁缕科 Elatinaceae

田繁缕属 *Bergia* Linnaeus

田繁缕 *Bergia amm annioides* Roxburgh ex Roth

陈功锡、张代贵等，LXP-06-5736、7443、8106 等。

一多年生草本。安福县。海拔 100~400 米，溪边、路旁。广东、广西、海南、湖南、台湾、云南。老挝、印度尼西亚、尼泊尔。

82. 堇菜科 Violaceae

堇菜属 *Viola* Linnaeus

鸡腿堇菜 *Viola acuminata* Ledebour

陈功锡、张代贵等，LXP-06-5057、7375。

多年生草本。安福县。海拔 500~600 米，路旁、溪边。安徽、甘肃、河北、黑龙江、河南、湖北、吉林、辽宁、内蒙古、宁夏、陕西、山东、山西、四川、浙江。日本、朝鲜、蒙古、俄罗斯。

戟叶堇菜 *Viola betonicifolia* J. E. Smith

陈功锡、张代贵等，LXP-06-1095。

多年生草本。芦溪县。海拔 400~500 米，路旁、田野、路边、草地、灌丛、林缘。安徽、重庆、福建、广东、广西、贵州、海南、河南、湖北、湖南、江苏、江西、陕西、四川、台湾、西藏、云南、浙江。阿富汗、不丹、日本、印度、印度尼西亚、克什米尔、马来西亚、缅甸、尼泊尔、菲律宾、斯里兰卡、泰国、越南；澳大利亚。

南山堇菜 *Viola chaerophyll-oides* (Regel) W. Becker

陈功锡、张代贵等，LXP-06-9457。

一年生草本。安福县。海拔 400~1200 米，草地、阔叶林下、林缘、溪谷阴湿处、阳坡灌丛。安徽、重庆、河北、河南、湖北、江苏、江西、辽宁、山东、浙江。日本、朝鲜、俄罗斯。

七星莲 *Viola diffusa* Ging

陈功锡、张代贵等，LXP-06-0710、0860、1273、1471、2000 等。

多年生草本。安福县、茶陵县、分宜县、莲花县、芦溪县、上高县、攸县、袁州区。海拔 100~1500 米，溪边、草地、阳处、石上、灌丛。安徽、重庆、福建、甘肃、广东、广西、贵州、海南、河南、湖北、湖南、江苏、江西、陕西、四川、台湾、西藏、云南、浙江。不丹、日本、印度、印度尼西亚、马来西亚、缅甸、尼泊尔、巴布亚新几内亚、菲律宾、泰国、越南。

裂叶堇菜 *Viola dissecta* Ledebour

陈功锡、张代贵等，LXP-06-5139。

多年生草本。安福县。海拔 100~200 米，路旁、山坡草地、杂木林缘、灌丛、田边。甘肃、河北、黑龙江、吉林、辽宁、内蒙古、宁夏、青海、陕西、山东、山西、四川。朝鲜、蒙古、俄罗斯。

紫花堇菜 *Viola grypoceras* A. Gray

陈功锡、张代贵等，LXP-06-0488、2830、4603 等。

多年生草本。安福县、分宜县、袁州区。海拔 700~1100 米，密林、溪边、路旁。安徽、福建、甘肃、广东、广西、贵州、河南、湖北、湖南、江苏、江西、陕西、四川、台湾、云南、浙江。日本、朝鲜。

如意草 *Viola hamiltoniana* D. Don

陈功锡、张代贵等，LXP-06-0217、0883、1072 等。

多年生草本。安福县、茶陵县、芦溪县、上高县、袁州区。海拔 200~900 米，沼泽、溪边路旁、草地等。安徽、重庆、福建、甘肃、广东、广西、贵州、黑龙江、河南、湖北、湖南、江苏、江西、吉林、辽宁、陕西、山东、四川、台湾、云南、浙江。不丹、印度、印度尼西亚、日本、朝鲜、马来西亚、蒙古、缅甸、巴布亚新几内亚、尼泊尔、俄罗斯、泰国、越南。

长萼堇菜 *Viola inconspicua* Blume

陈功锡、张代贵等，LXP-06-0861、1013、3600 等。

多年生草本。安福县、茶陵县、芦溪县、攸县、袁州区。海拔 100~1100 米，路旁、草地。安徽、福建、广东、广西、贵州、海南、河南、湖北、湖南、江苏、江西、陕西、四川、台湾、云南、浙江。印度、印度尼西亚、日本、马来西亚、缅甸、新几内亚岛、菲律宾、越南。

犁头草 *Viola japonica* Langsdorff ex Candolle

《江西大岗山森林多样性研究》。

多年生草本。安福县、分宜县、芦溪县。海拔 300~800 米，疏林。安徽、重庆、福建、贵州、湖北、湖南、江苏、江西、四川、浙江。日本、朝鲜。

福建堇菜 *Viola kosanensis* Hayata

陈功锡、张代贵等，LXP-06-6859。

多年生草本。安福县。海拔 500~1200 米，草地。安徽、福建、广东、广西、贵州、湖北、湖南、江西、陕西、四川、台湾、云南。

亮毛堇菜 *Viola lucens* W. Becker

陈又生，5063。(PE 01840340)

多年生草本。芦溪县。海拔 1200~1700 米，山坡草丛或路旁等。安徽、福建、广东、贵州、湖北、湖南、江西。

濒危等级：EN

犁头叶堇菜 *Viola magnifica* C. J. Wang et X. D. Wang

陈功锡、张代贵等，LXP-06-1184、3104。

多年生草本。安福县、芦溪县。海拔 300~1000 米，路旁、草地。安徽、重庆、贵州、河南、湖北、湖南、江西、浙江。

萱 *Viola moupinensis* Franchet

陈又生，5051。(PE 01819199)

多年生草本。安福县、芦溪县。海拔

700~1400 米，草地。安徽、福建、甘肃、广东、广西、贵州、湖北、湖南、江苏、江西、陕西、四川、西藏、云南、浙江。不丹、印度锡金、尼泊尔。

紫花地丁 *Viola philippica* Cavanilles

陈功锡、张代贵等，LXP-06-1284、2850。

多年生草本。安福县、芦溪县。海拔 1400~1600 米，路旁、灌丛。安徽、重庆、福建、甘肃、广东、广西、贵州、海南、河北、黑龙江、河南、湖北、江苏、江西、吉林、辽宁、内蒙古、宁夏、陕西、山东、山西、四川、台湾、云南、浙江。柬埔寨、印度、印度尼西亚、日本、朝鲜、老挝、蒙古、菲律宾、越南。

柔毛堇菜 *Viola fargesii* H. Boissieu

陈功锡、张代贵等，LXP-06-0715、0947、0966 等。

多年生草本。安福县、茶陵县、分宜县、芦溪县。海拔 400~1200 米，灌丛、溪边、草地、石上等。安徽、福建、广东、广西、贵州、湖北、湖南、江苏、江西、四川、台湾、云南、浙江。

庐山堇菜 *Viola stewardiana* W. Becker

陈又生，5049。(PE 01840203)

多年生草本。安福县。海拔 200~700 米，山坡草地、路边、杂木林下、山沟溪边或石缝中。安徽、福建、甘肃、广东、贵州、湖北、湖南、江苏、江西、陕西、四川、浙江。

83. 大风子科 Flacourtiaceae

山桐子属 *Idesia* Maximowicz

山桐子 *Idesia polycarpa* Maximowicz

陈功锡、张代贵等，LXP-06-1900、2257、2734 等。

落叶乔木。安福县、茶陵县、分宜县、袁州区。海拔 400~900 米，山坡、落叶阔叶林。安徽、福建、广东、广西、贵州、湖北、湖南、江苏、江西、陕西、山东、四川、云南、台湾、浙江。日本、朝鲜。

毛叶山桐子 *Idesia polycarpa* var. *vestita*Diels

王名金等，2567。(PE 01280834)

常绿乔木。安福县、芦溪县、袁州区。海拔 800~1500 米，密林。福建、广西、贵州、湖北、湖南、江苏、江西、陕西、山东、四川、云南、浙江。日本。

柞木属 *Xylosma* G. Forster

南岭柞木 *Xylosma controversum* Clos

《江西大岗山森林生物多样性研究》。

常绿灌木。安福县、分宜县。海拔 800~1200 米，常绿阔叶林中和林缘。福建、广东、广西、贵州、海南、湖南、江苏、江西、四川、云南。印度、马来西亚、尼泊尔、越南。

柞木 *Xylosma congesta* (Loureiro) Merrill

岳俊三等，3220。(PE 01281409)

常绿灌木。安福县。海拔 600~1200 米，林边、丘陵和平原或村边附近灌丛中。安徽、福建、广东、广西、贵州、湖北、湖南、江苏、江西、陕西、四川、台湾、西藏、云南、浙江。印度、日本、朝鲜。

84. 旌节花科 Stachyuraceae

旌节花属 *Stachyurus* Siebold & Zuccarini

中国旌节花 *Stachyurus chinensis* Franchet

岳俊三，2928。(IBSC 0326583)

落叶灌木。安福县、莲花县。海拔300~1300米，山坡谷地林中或林缘。安徽、重庆、福建、甘肃、广东、广西、贵州、河南、湖北、湖南、江西、陕西、四川、台湾、云南、浙江。

西域旌节花 *Stachyurus himalaicus* J. D. Hooker & Thomson ex Bentham

陈功锡、张代贵等，LXP-06-0479、2090、2733。

落叶灌木。安福县、莲花县、芦溪县、攸县、袁州区。海拔300~1500米，疏林、灌丛、溪边。西藏、云南。不丹、印度、缅甸、尼泊尔。

85. 秋海棠科 Begoniaceae

秋海棠属 *Begonia* Linnaeus

美丽秋海棠 *Begonia algaia* L.B. Smith et D. C. Wasshausen

岳俊三等，2744。(KUN 0532738)

多年生草本。安福县。海拔 300~800米，山谷水沟边阴湿处、山地灌丛中石壁上和河畔或阴山坡林下。江西。

濒危等级：NT

槭叶秋海棠 *Begonia digyna* Irmscher

《江西大岗山森林多样性研究》。

多年生草本。安福县、分宜县。海拔400~700 米，水沟边林下阴湿处或山谷石壁上。福建、江西、浙江。

中华秋海棠 *Begonia grandis* subsp. *sinensis* (A. Candolle) Irmscher

岳俊三等，3539。(KUN 0533086)

多年生草本。安福县。海拔 300~1600米，山谷潮湿石壁上、山谷溪旁密林石上、山沟边岩石上和山谷灌丛中。福建、甘肃、广西、贵州、河北、河南、江西、陕西、山东、山西、四川、云南、浙江。

秋海棠 *Begonia grandis* Dryander

《江西大岗山森林多样性研究》。

多年生草本。安福县、分宜县、莲花县、芦溪县。海拔 100~1700 米，山谷潮湿石壁上、山谷溪旁密林石上、山沟边岩石上和山谷灌丛中。安徽、福建、甘肃、广西、贵州、河北、河南、湖北、湖南、江西、陕西、山东、山西、四川、云南、浙江。

裂叶秋海棠 *Begonia palmata* D. Don

陈功锡、张代贵等，LXP-06-0245。

多年生草本。安福县。海拔 400~500米，疏林、河边、阴处、林中潮湿的石上。福建、广东、广西、贵州、海南、湖南、江西、四川、台湾、西藏、云南。孟加拉国、不丹、印度、老挝、缅甸、尼泊尔、泰国、越南。

红孩儿 *Begonia palmate* var. *Bowringiana* Golding & Karegeannes

《江西植物志》。

多年生草本。安福县、莲花县、芦溪县。海拔 500~900 米，边阴处湿地、山谷阴处岩石上、密林中岩壁上、山谷阴处岩石边潮湿地、山坡常绿阔叶林下、石山林下石壁上、林中潮湿的石上。福建、广东、广西、贵州、海南、湖南、江西、四川、台湾、西藏、云南。

掌裂秋海棠 *Begonia pedatifida* H. Léveillé

陈功锡、张代贵等，LXP-06-1498、1667、1691 等。

多年生草本。安福县、茶陵县、分宜县、芦溪县。海拔 200~1900 米，灌丛、溪边、密林、阴处石上等。贵州、湖北、湖南、四川。

86. 瑞香科 Thymelaeaceae

瑞香属 *Daphne* Linnaeus

芫花 *Daphne genkwa* Siebold & Zuccarini

岳俊三等，3116。(PE 01017911)

落叶灌木。安福县、莲花县。海拔300~1200米，灌丛。安徽、福建、甘肃、贵州、河北、河南、湖北、湖南、江苏、江西、陕西、山东、山西、四川、台湾、浙江。朝鲜。

毛瑞香 *Daphne kiusiana* var. *atrocaulis* (Rehder) F. Maekawa

岳俊三等，3571。(NAS NAS00010637)

常绿灌木。安福县、莲花县。海拔300~400米，林边或疏林中较阴湿处。安徽、福建、广东、广西、湖北、湖南、江苏、江西、四川、台湾、浙江。

瑞香 *Daphne odora* Thunberg

陈功锡、张代贵等，LXP-06-0874、1243、4543。

常绿灌木。安福县、芦溪县。海拔200~1500米，路旁、灌丛。广泛栽培于中国。起源模糊，可能在中国或日本，现被广泛栽培。

结香属 *Edgeworthia* Meisner

结香 *Edgeworthia chrysantha* Lindley

岳俊三等，2706。(PE 01058951)

落叶灌木。安福县。海拔300~800米，灌丛。福建、广东、广西、贵州、河南、湖南、江西、云南、浙江。栽培引入日本。

荛花属 *Wikstroemia* Endlicher

南岭荛花（了哥王）*Wikstroemia indica* (Linnaeus) C. A. Meyer

张代贵、陈功锡等，LXP-06-4676、9642。

落叶灌木。安福县、芦溪县、袁州区。海拔1500左右，林中，岩石边坡灌木。福建、广东、广西、贵州、湖南、海南、云南、四川、浙江、台湾。马来西亚、缅甸、印度、菲律宾、泰国、越南、澳大利亚、斐济、毛里求斯、斯里兰卡。

小黄构 *Wikstroemia micrantha* Hemsl.

《安福木本植物》。

落叶灌木。安福县。常见于海拔250~1000米的山谷、路旁、河边、林下、灌丛中。陕西、甘肃、四川、湖北、湖南、云南、贵州。

北江荛花 *Wikstroemia monnula* Hance

陈功锡、张代贵等，LXP-06-4676、7647。

落叶灌木。安福县、上高县、袁州区。海拔850~1130米，路旁、溪边。安徽、广东、广西、贵州、湖南、浙江。

细轴荛花 *Wikstroemia nutans* Champion ex Bentham

陈功锡、张代贵等，LXP-06-0255、1870、1997等。

落叶灌木。安福县、茶陵县、攸县。海拔100~800米，密林、疏林、草地等。福建、广东、广西、海南、湖南、江西、台湾。越南。

多毛荛花 *Wikstroemia pilosa* Cheng

陈功锡、张代贵等，LXP-06-6608、7593。

落叶灌木。分宜县、上高县、渝水区。海拔400~500米，灌丛、路旁。安徽、广东、湖南、江西、浙江。

白花荛花 *Wikstroemia trichotoma* (Thunberg) Makino

王燕良，1458。(NAS NAS00008541)

常绿灌木。分宜县、莲花县。海拔 200~800 米，树荫、疏林下或路旁。安徽、广东、广西、湖南、江西、浙江。日本、朝鲜。

87. 胡颓子科 Elaeagnaceae

胡颓子属 *Elaeagnus* Linnaeus

毛木半夏 *Elaeagnus courtoisi* Belval

陈功锡、张代贵等，LXP-06-9652。

落叶直立灌木。芦溪县。海拔 300~1100 米的向阳空旷地区。安徽、湖北、江西、浙江。

巴东胡颓子 *Elaeagnus difficilis* Servettaz

陈功锡、张代贵等，LXP-06-1210、1294、1348。

常绿灌木。安福县、芦溪县。海拔 400~1500 米，灌丛、阳处、溪边。重庆、广东、广西、贵州、湖北、湖南、江西、四川。

蔓胡颓子 *Elaeagnus glabra* Thunberg

陈功锡、张代贵等，LXP-06-1023、1209、3063、4539。

常绿灌木。安福县、芦溪县。海拔 300~1400 米，溪边、灌丛、草地。安徽、福建、广东、广西、贵州、湖北、湖南、江苏、江西、四川、台湾、浙江。日本、朝鲜。

钟花胡颓子 *Elaeagnus griffithii* Servettaz

陈功锡、张代贵等，LXP-06-6108、6108。

落叶灌木。上高县、攸县、渝水区。海拔 100~500 米，灌丛、密林。广西、四川、云南。孟加拉国。

宜昌胡颓子 *Elaeagnus henryi* Warburg ex Diels

江西调查队，313。(PE 01015207)

常绿灌木。安福县。海拔 500~1600 米，疏林或灌丛中。陕西、浙江、安徽、江西、湖北、湖南、四川、云南、贵州、福建、广东、广西。

披针叶胡颓子 *Elaeagnus lanceolata* Warburg ex Diels

陈功锡、张代贵等，LXP-06-2015，2286。

常绿灌木。安福县、茶陵县。海拔 100~400 米，路旁、灌丛。甘肃、广西、贵州、湖北、山西、四川、云南。

鸡柏紫藤 *Elaeagnus loureirii* Champ.

《安福木本植物》。

常绿直立或者攀援灌木。安福县。生于海拔 500~2100 米的丘陵或山区。江西、广东、广西、云南。

银果牛奶子 *Elaeagnus magna* (Servettaz) Rehder

陈功锡、张代贵等，LXP-06-3682。

落叶灌木。安福县、分宜县、莲花县。海拔 100~500 米，灌丛、山地、路旁、林缘、河边。广东、广西、贵州、湖北、湖南、江西、四川。

木半夏 *Elaeagnus multiflora* Thunberg

聂敏祥、陈世隆，6924。(KUN 0453282)

落叶灌木。莲花县。海拔 1200~1800 米，灌丛。安徽、福建、广东、贵州、河北、河南、湖北、江苏、江西、山东、山西、四川、浙江。日本、朝鲜。

胡颓子 *Elaeagnus pungens* Thunberg

岳俊三等，3745。(NAS NAS00009654)

常绿灌木。安福县、分宜县。海拔500~1000米，向阳山坡或路旁。安徽、福建、广东、广西、贵州、湖北、湖南、江苏、江西、浙江。日本。

星毛羊奶子 *Elaeagnus stellipila* Rehder

陈功锡、张代贵等，LXP-06-1335、1357。

落叶灌木。安福县、芦溪县。海拔400~1500米，疏林、溪边。贵州、湖北、湖南、江西、四川、云南。

88. 千屈菜科 Lythraceae

水苋菜属 *Ammannia* Linnaeus

水苋菜 *Ammannia baccifera* Linnaeus

陈功锡、张代贵等，LXP-06-8469。

一年生草本。安福县。海拔 100~300米，潮湿地、水田、路旁。安徽、福建、广东、广西、河北、湖北、湖南、江苏、江西、山西、台湾、云南、浙江。阿富汗、不丹、柬埔寨、印度、老挝、马来西亚、尼泊尔、菲律宾、泰国、越南；热带非洲、澳大利亚、加勒比群岛。

多花水苋菜 *Ammannia multiflora* Roxburgh

《江西大岗山森林多样性研究》。

一年生草本。安福县、茶陵县、分宜县、莲花县、芦溪县、上高县、袁州区。海拔 100~300 米，湿地或稻田。中国南部（包括台湾）。非洲的热带和亚热带地区、亚洲、澳大利亚。

紫薇属 *Lagerstroemia* Linnaeus

紫薇 *Lagerstroemia indica* Linnaeus

陈功锡、张代贵等，LXP-06-0153、0559、0596 等。

落叶灌木。安福县、茶陵县、上高县。海拔 50~400 米，路旁水库边。安徽、福建、广东、广西、贵州、海南、河南、湖北、湖南、江西、吉林、山东、山西、四川、台湾、云南、浙江。孟加拉国、不丹、柬埔寨、印度、印度尼西亚、日本、老挝、马来西亚、缅甸、尼泊尔、巴基斯坦、菲律宾、新加坡、斯里兰卡、泰国、越南，广泛在世界温暖地区种植。

南紫薇 *Lagerstroemia subcostata* Koehne

赖书坤等，1967。（KUN 0480498）

落叶灌木。安福县。海拔 200~500 米，林缘、溪边。安徽、福建、广东、广西、湖南、湖北、江苏、江西、青海、四川、台湾、浙江。日本、菲律宾。

千屈菜属 *Lythrum* Linnaeus

千屈菜 *Lythrum salicaria* Linnaeus

赖书绅，1412。(PE 01014092)

多年生草本。莲花县。海拔 200~600米，河岸、湖畔、溪沟边和潮湿草地。广布于全国。阿富汗、印度、日本、朝鲜、蒙古、俄罗斯；非洲、欧洲、北美洲。

节节菜属 *Rotala* Linnaeus

节节菜 *Rotala indica* (Willdenow) Koehne

陈功锡、张代贵等，LXP-06-7194。

一年生草本。安福县、芦溪县、袁州区。海拔 300~400 米，路旁、湿地。安徽、福建、广东、广西、贵州、湖北、湖南、江苏、江西、山西、四川、台湾、云南、浙江。不丹、柬埔寨、印度、印度尼西亚、日本、朝鲜、老挝、马来西亚、缅甸、尼泊尔、菲律宾、斯里兰卡、泰国、越南；亚洲，引入非洲、欧洲、北美洲 (美国)。

圆叶节节菜 *Rotala rotundifolia* (Buchanan -Hamilton ex Roxburgh) Koehne

江西调查队，502。(PE 01014294)

多年生草本。安福县。海拔 100~500 米，水田或潮湿、地方。福建、广东、广西、贵州、海南、湖北、湖南、江西、山东、四川、台湾、云南、浙江。孟加拉国、不丹、印度、日本、老挝、缅甸、尼泊尔、泰国、越南。

89. 菱科 Trapaceae

菱属 *Trapa* Linnaeus

欧菱 *Trapa natans* Linnaeus

《江西植物志》。

一年生草本。安福县、莲花县、芦溪县。海拔 100~300 米，疏林。安徽、福建、广东、广西、贵州、海南、河北、黑龙江、河南、湖北、湖南、江苏、江西、吉林、辽宁、内蒙古、陕西、山东、四川、台湾、新疆、西藏、云南、浙江。印度、印度尼西亚、日本、朝鲜、老挝、马来西亚、巴基斯坦、菲律宾、俄罗斯、泰国、越南；非洲、亚洲、欧洲，引入澳大利亚和北美洲。

90. 蓝果树科 Nyssaceae

喜树属 *Camptotheca* Decaisne

喜树 *Camptotheca acuminata* Decaisne

陈功锡、张代贵等，LXP-06-0157、1879、2253 等。

落叶乔木。安福县、茶陵县、分宜县、袁州区。海拔 100~1000 米，路旁、溪边。福建、广东、广西、贵州、湖北、湖南、江苏、江西、四川、云南、浙江。

保护级别：二级保护（第一批次）

蓝果树属 *Nyssa* Gronov. ex Linnaeus

蓝果树 *Nyssa sinensis* Oliver

陈功锡、张代贵等，LXP-06-1907、4063。

落叶乔木。安福县、茶陵县、分宜县、莲花县。海拔 300~900 米，灌丛、路旁。安徽、福建、广东、广西、贵州、湖北、湖南、江苏、江西、四川、云南、浙江。越南。

91. 八角枫科 Alangiaceae

八角枫属 *Alangium* Lamarck

八角枫 *Alangium chinense* (Loureiro) Harms

陈功锡、张代贵等，LXP-06-0410、1738、3455、3553、3676 等。

落叶灌木。安福县、分宜县、莲花县、芦溪县、袁州区。海拔 150~600、路旁、密林、灌丛、灌丛溪边。安徽、重庆、福建、甘肃、广东、广西、贵州、海南、河南、湖北、湖南、江苏、江西、山西、四川、台湾、西藏、云南、浙江。不丹、印度、尼泊尔；非洲、亚洲。

伏毛八角枫 *Alangium chinense* subsp. *Strigosum* W. P. Fang

赖书坤，1623。(KUN 0509552)

落叶乔木。莲花县。海拔 800~1200 米，山地、疏林。安徽、重庆、贵州、湖北、湖南、江苏、江西、山西、云南。

毛八角枫 *Alangium kurzii* Craib

陈功锡、张代贵等，LXP-06-0265、0361、1608、2309、3404。

落叶乔木。安福县、茶陵县、莲花县、芦溪县、攸县。海拔 300-700 米，密林、路旁、溪边。安徽、福建、广东、广西、贵州、海南、河南、湖北、湖南、江苏、江西、山西、云南、浙江。印度尼西亚、日本、朝鲜、老挝、马来西亚、缅甸、菲律宾、泰国、越南。

云山八角枫 *Alangium kurzii* Craib var. *handelii* (Schnarf) Fang

《江西林业科技》。

常绿乔木。安福县、芦溪县。海拔 200~1000 米，疏林。安徽、福建、广东、广西、贵州、河南、湖北、湖南、江西、浙江。日本、朝鲜。

三裂瓜木 *Alangium platanifolium* var. *trilobum* (Miquel) Ohwi

常绿乔木。安福县、芦溪县。海拔 800~1500 米，密林。甘肃、贵州、河北、河南、湖北、江西、吉林、辽宁、陕西、山东、山西、四川、台湾、云南、浙江。日本、朝鲜。

92. 桃金娘科 Myrtaceae

蒲桃属 *Syzygium* P. Browne ex Gaertner

赤楠 *Syzygium buxifolium* Hooker & Arnott

陈功锡、张代贵等，LXP-06-0305、0610、1040、3971、5346 等

常绿灌木。安福县、分宜县、莲花县、攸县。海拔 80~200 米，草地河边、溪边、密林、灌丛、路旁、路旁水库边、水库边。安徽、福建、广东、广西、贵州、海南、湖北、湖南、江西、四川、台湾、浙江。日本、越南。

轮叶蒲桃 *Syzygium grijsii* (Hance) Merrill & Perry

赵奇僧、高贤明，1269。(CSFI CSFI008639)

常绿灌木。安福县。海拔 200~800 米，灌丛。安徽、福建、广东、广西、贵州、湖北、湖南、江西、浙江。

93. 野牡丹科 Melastomataceae

野海棠属 *Bredia* Blume

过路惊 *Bredia quadrangularis* Cogniaux

杨祥学、651202。(IBSC 0223802)

落叶灌木。莲花县。海拔 400~1200 米，山坡、山谷林下、荫湿、地方或路旁。安徽、福建、广东、广西、湖南、江西、浙江。

异药花属 *Fordiophyton* Stapf

异药花 *Fordiophyton faberi* Stapf

陈功锡、张代贵等，LXP-06-0352、1584、1715 等。

多年生草本。安福县、茶陵县、芦溪县。海拔 600~1500 米，疏林、密林、路旁。福建、广东、广西、贵州、湖南、江西、四川、云南、浙江。

野牡丹属 *Melastoma* Linnaeus

野牡丹 *Melastoma candidum* D. Don

陈功锡、张代贵等，LXP-06-5871

落叶灌木。安福县。海拔 100~500 米，路旁。福建、广东、广西、贵州、海南、湖南、江西、四川、台湾、西藏、云南、浙江。柬埔寨、印度、日本、老挝、马来西亚、缅甸、尼泊尔、菲律宾、泰国、越

南；太平洋群岛。

地菍 *Melastoma dodecandrum* Loureiro

陈功锡、张代贵等，LXP-06-5871。

常绿灌木。安福县、茶陵县、分宜县、莲花县、攸县。海拔 200~900 米，路旁、草地、密林、溪边。安徽、福建、广东、广西、贵州、湖南、江西、浙江。越南。

金锦香属 *Osbeckia* Linnaeus

金锦香 *Osbeckia chinensis* Linnaeus

陈功锡、张代贵等，LXP-06-1909。

常绿灌木。安福县、茶陵县、莲花县。海拔 800~900 米，灌丛。福建、广东、广西、贵州、湖南、江西、四川、云南、浙江。

星毛金锦香 *Osbeckia stellata* Buchanan-Hamilton ex Kew Gawler

陈功锡、张代贵等，LXP-06-0619。

常绿灌木。安福县。海拔 200~600 米，疏林、沟边灌木丛、山坡林缘。福建、广东、广西、贵州、海南、湖北、湖南、江西、四川、台湾、西藏、云南、浙江。不丹、柬埔寨、老挝、印度、缅甸、尼泊尔、泰国、越南。

锦香草属 *Phyllagathis* Blume

毛柄锦香草 *Phyllagathis anisophylla* Diels

陈功锡、张代贵等，LXP-06-1320。

常绿灌木。安福县。海拔 600~700 米，路旁、山谷、山坡林下。广东、广西、湖南、江西。

锦香草 *Phyllagathis cavaleriei* (Lévllé & Vaniot) Guillaumin

陈功锡、张代贵等，LXP-06-1909。

草本。安福县、茶陵县、莲花县。海拔 800~900 米，灌丛。福建、广东、广西、贵州、湖南、江西、四川、云南、浙江。

短毛熊巴掌 *Phyllagathis cavaleriei* (Lévllé & Vaniot) Guillaum. var. *tankahkeei* (Merrill) C. Y. Wu ex C. Chen

熊耀国，9003 (1473) 。(LBG 00012934)

草本。安福县、莲花县。海拔 500~1400 米，山谷、山坡疏、密林下荫湿的地方或水沟旁。湖南、江西，广西、广东、贵州、云南。

偏斜锦香草 *Phyllagathis plagiopetala* C. Chen

陈功锡、张代贵等，LXP-06-2199、2430、2522、2712 等。

一年生草本。安福县、茶陵县、芦溪县、攸县、袁州区。海拔 100~1200 米，灌丛、疏林、溪边、路旁溪边。广西、湖南、江西。

肉穗草属 *Sarcopyramis* Wallich

楮头红 *Sarcopyramis napalensis* Wallich

陈功锡、张代贵等 LXP-06-0103。

草本。安福县。海拔 1000~1300 米，密林。福建、广东、广西、贵州、湖北、湖南、江西、四川、西藏、云南、浙江。不丹、印度、印度尼西亚、马来西亚、缅甸、尼泊尔、菲律宾、泰国。

94. 柳叶菜科 Onagraceae

露珠草属 *Circaea* Linnaeus

露珠草 *Circaea cordata* Royle

赖书坤等，1576。(KUN 0481743)

多年生草本。莲花县。海拔 300~1000 米，疏林。安徽、甘肃、贵州、河北、河南、黑龙江、湖北、湖南、江西、吉林、辽宁、陕西、山东、山西、四川、台湾、西藏、云南、浙江。印度、日本、克什米尔、朝鲜、尼泊尔、巴基斯坦、俄罗斯。

谷蓼 *Circaea erubescens* Franchet & Savatier

陈功锡、张代贵等，LXP-06-0075、1666、5466、6169 等。

多年生草本。安福县、茶陵县、攸县。海拔 350~900 米，疏林、溪边、灌丛、路旁。安徽、福建、广东、贵州、湖北、湖南、江苏、江西、陕西、山西、四川、台湾、云南、浙江。日本、朝鲜。

南方露珠草 *Circaea mollis* Siebold & Zuccarini

岳俊三，2957。(IBSC 0220787)

多年生草本。安福县、分宜县。海拔 800~1500 米，草地。安徽、福建、甘肃、广东、广西、贵州、河北、黑龙江、河南、湖北、湖南、江苏、江西、吉林、辽宁、山东、四川、云南、浙江。柬埔寨、印度、日本、朝鲜、老挝、缅甸、俄罗斯、越南。

柳叶菜属 *Epilobium* Linnaeus

光滑柳叶菜 *Epilobium amurense* subsp. *cephalostigma* (Haussknecht) C. J. Chen

岳俊三等，3336。(NAS NAS00051793)

多年生草本。袁州区。海拔 500~1500 米，沼泽地、草坡、林缘湿润处。安徽、福建、甘肃、广东、广西、贵州、河北、河南、湖北、湖南、江西、吉林、辽宁、陕西、山东、四川、云南、浙江。日本、朝鲜、俄罗斯。

腺茎柳叶菜 *Epilobium brevifolium* subsp. *trichoneurum* (Haussknecht) Raven

江西调查队，1021。(PE 01115604)

多年生草本。安福县。海拔 600~1200 米，山区溪沟旁湿处。安徽、福建、甘肃、广东、广西、贵州、河南、湖北、湖南、江西、陕西、四川、台湾、西藏、云南、浙江。不丹、印度、缅甸、尼泊尔、菲律宾、越南。

柳叶菜 *Epilobium hirsutum* Linnaeus

陈功锡、张代贵等，LXP-06-1390、5366、5714、7489 等。

多年生草本。安福县、茶陵县、攸县。海拔 100~1100 米，草地溪边、路旁、溪边。安徽、甘肃、广东、贵州、河北、河南、湖北、湖南、江苏、江西、吉林、辽宁、内蒙古、宁夏、陕西、山东、山西、四川、新疆、西藏、云南、浙江。阿富汗、印度、日本、朝鲜、蒙古、尼泊尔、巴基斯坦、俄罗斯；非洲、亚洲、欧洲，引入北美洲。

小花柳叶菜 *Epilobium parviflorum* Schreber

陈功锡、张代贵等，LXP-06-3126、6013、6688 等。

多年生草本。安福县、攸县、袁州区。海拔 100~800 米，路旁、灌丛。甘肃、贵州、河北、河南、湖北、湖南、内蒙古、陕西、山东、山西、四川、新疆、云南。阿富汗、印度、日本、朝鲜、尼泊尔、巴基斯坦、俄罗斯；非洲、亚洲，引入新西兰、北美洲。

长籽柳叶菜 *Epilobium pyrricholophum* Franchet & Savatier

陈功锡、张代贵等，LXP-06-0388、1781、6282 等。

多年生草本。安福县、莲花县、芦溪县。海拔 400~1800 米，石上、草地、溪边。安徽、福建、广东、广西、贵州、河南、湖北、湖南、江苏、江西、陕西、山东、四川、浙江。日本、俄罗斯。

丁香蓼属 *Ludwigia* Linnaeus

水龙 *Ludwigia adscendens* (Linnaeus) Hara

《江西植物志》。

一年生草本。安福县、袁州区。海拔100~400米，草地。福建、广东、广西、海南、湖南、江西、台湾、云南、浙江。印度、印度尼西亚、日本、马来西亚、尼泊尔、巴基斯坦、菲律宾、斯里兰卡、泰国；非洲、亚洲、澳大利亚。

假柳叶菜 *Ludwigia epilobioides* Maximowicz

陈功锡、张代贵等，LXP-06-2156、2376、2859、5403、5537。

多年生草本。安福县、莲花县、芦溪县、上高县、攸县、渝水区、袁州区。海拔100~700米，草地、路旁、疏林溪边、草地、溪边。安徽、福建、广东、广西、贵州、海南、河北、黑龙江、河南、湖北、湖南、江苏、江西、吉林、辽宁、内蒙古、陕西、山东、山西、四川、台湾、云南、浙江。日本、朝鲜、俄罗斯、越南。

卵叶丁香蓼 *Ludwigia ovalis* Miquel

《生物多样性》。

多年生草本。茶陵县。海拔100~500米，生长于潮湿的地方，特别是在湖泊和池塘床。安徽、湖南、福建、广东、江苏、台湾、浙江。韩国、日本。

丁香蓼 *Ludwigia prostrata* Roxburgh

《生物多样性》。

一年生草本。茶陵县。海拔150~800米，生长于平原、稻田、溪边。湖南、广西、海南、云南。不丹、印度、印度尼西亚、尼泊尔、菲律宾、斯里兰卡。

95. 小二仙草科 Haloragaceae

小二仙草属 *Gonocarpus* J. R.

小二仙草 *Gonocarpus micranthus* Thunberg

陈功锡、张代贵等，LXP-06-0288、1451、1452等。

多年生草本。安福县、茶陵县、莲花县。海拔100~800米，沼泽、路旁溪边、草地等。安徽、福建、广东、广西、贵州、河北、河南、湖北、湖南、江苏、江西、山东、四川、台湾、云南、浙江。不丹、印度、印度尼西亚、日本、朝鲜、马来西亚、巴布亚新几内亚、菲律宾、新加坡、泰国、越南；澳大利亚、太平洋群岛。

狐尾藻属 *Myriophyllum* Linnaeus

穗状狐尾藻 *Myriophyllum spicatum* Linnaeus

陈功锡、张代贵等，LXP-06-5620、5631。

多年生草本。安福县。海拔100~300米，路旁、池塘边。广布于全国。亚洲、欧洲。

96. 五加科 Araliaceae

楤木属 *Aralia* Linnaeus

黄毛楤木 *Aralia chinensis*

陈功锡、张代贵等，LXP-06-2036。

落叶灌木。安福县、茶陵县、莲花县。海拔800~900米，密林、阳处、疏林。福建、广东、广西、贵州、海南、江西。

头序楤木 *Aralia dasyphylla* Miquel

陈功锡、张代贵等。LXP-06-2641。

落叶灌木。安福县、莲花县。海拔100~300米，林中、林缘、向阳山坡。安徽、重庆、福建、广东、广西、贵州、湖北、湖南、江西、四川、浙江。印度尼西亚、马来西亚、越南。

棘茎楤木 *Aralia echinocaulis* Handel-Mazzetti

陈功锡、张代贵等，LXP-06-1862、2127。

落叶灌木。安福县、茶陵县、芦溪县。海拔 500~900 米，草地、溪边。安徽、福建、广东、广西、贵州、湖北、湖南、江西、四川、云南、浙江。

楤木 *Aralia elata* (Miquel) Seemann

陈功锡、张代贵等，LXP-06-0336。

落叶灌木。安福县。海拔 300~400 米，阳处、森林、灌丛。安徽、福建、甘肃、广东、广西、贵州、河北、黑龙江、河南、湖北、湖南、江苏、江西、吉林、辽宁、陕西、山东、山西、四川、云南、浙江。日本、朝鲜、俄罗斯。

虎刺楤木 *Aralia finlaysoniana* (Wallich ex G. Don) Seemann

陈功锡、张代贵等，LXP-06-5250、8399。

落叶灌木。安福县、攸县。海拔 100~600 米，阴处、路旁。广西、贵州、海南、云南。泰国、越南。

树参属 *Dendropanax* Decaisne Planchon

树参 *Dendropanax dentiger* (Harms) Merrill

陈功锡、张代贵等，LXP-06-1445、2247、1860 等。

常绿灌木。安福县、茶陵县、分宜县、莲花县、袁州区。海拔 200~900 米，灌丛、溪边。安徽、福建、广东、广西、贵州、湖北、湖南、江西、四川、云南、浙江。柬埔寨、老挝、泰国、越南。

变叶树参 *Dendropanax proteus* (Champion ex Bentham) Bentham

陈功锡、张代贵等，LXP-06-0240、0256、0318、0367、1713 等。

常绿灌木。安福县、莲花县、芦溪县、攸县、袁州区。海拔 300~900 米，疏林、密林、疏林石上、灌丛、溪边、路旁。福建、广东、广西、海南、湖南、江西、云南。

五加属 *Eleutherococcus* Maximowicz

糙叶五加 *Eleutherococcus henryi* Oliver

《江西林业科技》。

落叶灌木。安福县、芦溪县。海拔 700~1600 米，疏林。安徽、河南、湖北、江西、陕西、山西、四川、浙江。

藤五加 *Eleutherococcus leucorrhizus* (Oliver) Harms

陈功锡、张代贵等，LXP-06-0505。

落叶灌木。安福县。海拔 800~1500 米，疏林。安徽、甘肃、广东、贵州、河南、湖北、湖南、江西、陕西、四川、云南、浙江。不丹。

糙叶藤五加 *Eleutherococcus leucorrhizus*var *fulvescens* (Harms & Rehder) Nakai

江西调查队，1339。(PE 00745823)

落叶灌木。安福县。海拔 1000~1800 米，疏林。广东、贵州、河南、湖北、湖南、江西、四川、云南。

狭叶藤五加 *Eleutherococcus leucorrhizus* var. *scaberulus* (Harms & Rehder) Nakai

岳俊三等，3627。(PE 00745936)

落叶灌木。安福县。海拔 1100~1600 米，疏林。安徽、广东、贵州、河南、湖北、湖南、江西、四川、云南、浙江。

细柱五加 *Eleutherococcus nodiflorus* (Dunn) S. Y. Hu

陈功锡、张代贵等，LXP-06-1914。

落叶灌木。安福县、茶陵县。海拔800~1500米，灌木丛林、林缘、山坡路旁、村落中。安徽、福建、甘肃、广东、广西、贵州、河南、湖北、湖南、江苏、江西、陕西、山西、四川、台湾、云南、浙江。

刚毛白簕 *Eleutherococcus setosus* (H. L. Li) Y. R. Ling

陈功锡、张代贵等，LXP-06-9601。

落叶灌木。分宜县。海拔低于1300米的灌丛田野、山坡或路旁林缘。福建、广东、广西、贵州、湖南、江西、台湾、云南。

白簕 *Eleutherococcus trifoliatus* (Linnaeus) S. Y. Hu

陈功锡、张代贵等，LXP-06-1925、2621、2693、2921、3174。

落叶灌木。安福县、茶陵县、莲花县、芦溪县、攸县、袁州区。海拔150~1500米，路旁溪边、灌丛、草地、路旁、溪边。安徽、福建、广东、广西、贵州、湖南、湖北、江苏、江西、四川、台湾、云南、浙江。印度、日本、菲律宾、泰国、越南。

萸叶五加属 *Gamblea* C. B. Clarke

吴茱萸五加 *Gamblea ciliata* C. B. Clarke

陈功锡、张代贵等，LXP-06-2840、9438。

落叶灌木。安福县。海拔900~1300米，路旁、疏林。安徽、福建、广东、广西、贵州、湖北、湖南、江西、陕西、四川、云南、浙江。越南。

濒危等级：VU

常春藤属 *Hedera* Linnaeus

常春藤 *Hedera nepalensis*var. *sinensis* (Tobler) Rehder

陈功锡、张代贵等LXP-06-0922、1128、3161、4894、6085。

常绿灌木。安福县、莲花县、芦溪县、攸县。海拔200~1300米，路旁树上、路旁、灌丛、溪边。安徽、福建、甘肃、广东、广西、贵州、河南、湖北、湖南、江苏、江西、陕西、山东、四川、西藏、云南、浙江。老挝、越南。

刺楸属 *Kalopanax* Miquel

刺楸 *Kalopanax septemlobus* (Thunberg) Koidzumi

岳俊三等，3266。(PE 00911437)

落叶乔木。安福县。海拔200~1500米，灌丛。安徽、福建、广东、广西、贵州、河北、河南、湖北、湖南、江苏、江西、辽宁、陕西、山东、山西、四川、云南、浙江。日本、朝鲜、俄罗斯。

大参属 *Macropanax* Miquel

短梗大参 *Macropanax rosthornii* (Harms) C. Y. Wu ex G. Hoo

陈功锡、张代贵等，LXP-06-0536。

常绿灌木。安福县。海拔200~300米，疏林、林缘、路旁。福建、甘肃、广东、广西、贵州、湖北、湖南、江西、四川、云南。

鹅掌柴属 *Schefflera* Miquel

穗序鹅掌柴 *Schefflera delavayi*

(Franchet) Harms

陈功锡、张代贵等，LXP-06-1764。

常绿灌木。安福县、芦溪县。海拔600~800米，密林、溪边。福建、广东、广西、贵州、湖北、湖南、江西、四川、云南。越南。

鹅掌柴 *Schefflera heptaphylla* (Linnaeus) Frodin

《江西林业科技》。

常绿灌木。安福县、芦溪县。海拔100~1300米，阳处、疏林。福建、广东、广西、贵州、湖南、江西、西藏、云南、浙江。印度、日本、泰国、越南。

星毛鹅掌柴 *Schefflera minutistellata* Merrill ex H. L. Li

《江西林业科技》。

常绿乔木。安福县、芦溪县。海拔100~1600米，山地密林或疏林中。福建、广东、广西、贵州、湖南、江西、云南、浙江。

通脱木属 *Tetrapanax* K. Koch

通脱木 *Tetrapanax papyrifer* (Hooker) K. Koch

岳俊三等，3013。(NAS NAS00031341)

落叶乔木。安福县。海拔200~1600米，向阳肥厚的土壤上。安徽、福建、广东、广西、贵州、湖北、湖南、江西、陕西、四川、台湾、云南、浙江。

97. 伞形科 Apiaceae

当归属 *Angelica* Linnaeus

重齿当归 *Angelica biserrata* (Shan et Yuan) Yuan et Shan

岳俊三等，3167。(NAS NAS00005202)

多年生草本。安福县。海拔900~1600米，阴湿山坡、林下草丛中或稀疏灌丛中。安徽、湖北、江西、四川、浙江。

紫花前胡 *Angelica decusiva* (Miquel) Franchet & Savatier

陈功锡、张代贵等，LXP-06-0802、2254、6168等。

多年生草本。安福县、茶陵县、莲花县、芦溪县、上高县、攸县、袁州区。海拔200~1500米，灌丛、溪边。安徽、广东、广西、河北、河南、湖北、江苏、江西、辽宁、台湾、浙江以及我国东北部。日本、朝鲜、俄罗斯、越南。

峨参属 *Anthriscus* Person

峨参 *Anthriscus sylvestris* (Linnaeus) Hoffmann

《江西大岗山森林生物多样性研究》。

多年生草本。安福县、分宜县。海拔300~1400米，山坡林下或路旁以及山谷溪边石缝中。安徽、甘肃、河北、河南、湖北、江苏、江西、吉林、辽宁、内蒙古、陕西、山西、四川、新疆、西藏、云南。印度、日本、克什米尔、朝鲜、尼泊尔、巴基斯坦、俄罗斯；欧洲，引入北美洲。

积雪草属 *Centella* Linnaeus

积雪草 *Centella asiatica* (Linnaeus) Urban

陈功锡、张代贵等，LXP-06-1470、1719、2057、3363、3522等。

多年生草本。安福县、茶陵县、分宜县、芦溪县、攸县、袁州区。海拔100~600米，灌丛、路旁、草地、溪边。安徽、福建、广东、广西、湖北、湖南、江苏、江西、陕西、四川、台湾、云南、浙江。广泛分布于热带、亚热带国家（不丹、印度、印度尼西亚、日本、朝鲜、老挝、马来西亚、缅甸、尼泊尔、巴基斯坦、泰国、越南)。

鸭儿芹属 *Cryptotaenia* de Candolle

鸭儿芹 *Cryptotaenia japonica* Hasskarl

陈功锡、张代贵等，LXP-06-3545、3839、4000等。

多年生草本。安福县、莲花县。海拔100~600米，草地、溪边、路旁。安徽、福建、甘肃、广东、广西、贵州、河北、湖北、湖南、江苏、江西、陕西、山西、四川、台湾、云南。日本、朝鲜。

胡萝卜属 *Daucus* Linnaeus

野胡萝卜 *Daucus carota* Linnaeus

陈功锡、张代贵等，LXP-06-3863。

多年生草本。安福县。海拔100~300米，草地、山坡路旁。安徽、贵州、湖北、江苏、江西、四川、浙江。非洲、亚洲、欧洲，全世界温带地区栽培。

天胡荽属 *Hydrocotyle* Linnaeus

红马蹄草 *Hydrocotyle nepalensis* Hooker

陈功锡、张代贵等，LXP-06-0096、0729、1456、2240、2504等。

多年生草本。安福县、茶陵县、莲花县、芦溪县、攸县、袁州区。海拔100~900米，密林、溪边、草地、路旁、灌丛。安徽、广东、广西、贵州、海南、湖北、湖南、江西、陕西、四川、西藏、云南、浙江。不丹、印度、缅甸、尼泊尔、越南。

天胡荽 *Hydrocotyle sibthorpioides* Lamarck

陈功锡、张代贵等，LXP-06-3393、3711、3776等。

多年生草本。安福县、分宜县、芦溪县、攸县。海拔100~400米，草地、疏林、阴处等。安徽、福建、广东、广西、贵州、海南、湖北、湖南、江苏、江西、陕西、四川、台湾、云南、浙江。不丹、印度、印度尼西亚、日本、朝鲜、尼泊尔、菲律宾、泰国、越南；热带非洲。

破铜钱 *Hydrocotyle sibthorpioides* var. *batrachium* (Hance) Handel-Mazzetti ex R. H. Shan

陈功锡、张代贵等，LXP-06-2182、3806、5030。

多年生草本。安福县、茶陵县、上高县。海拔100~300米，草地、路旁、池塘边。安徽、福建、广东、广西、湖北、湖南、江西、四川、台湾。菲律宾、越南。

藁本属 *Ligusticum* Linnaeus

藁本 *Ligusticum sinense* Oliver

陈功锡、张代贵等，LXP-06-2890、7857。

多年生草本。安福县、分宜县。海拔300~800米，疏林、溪边。甘肃、贵州、河南、湖北、江西、内蒙古、陕西、四川、云南。

白苞芹属 *Nothosmyrnium* Miquel

白苞芹 *Nothosmyrnium japonicum* Miquel

赖、杨、王、黄等，00606。(PE 00758821)

多年生草本。安福县。海拔700~1500米，山坡林下阴湿草丛中或杂木林下。安徽、福建、甘肃、广东、广西、贵州、河南、湖北、湖南、江苏、江西、陕西、四川、云南、浙江。

水芹属 *Oenanthe* Linnaeus

水芹 *Oenanthe javanica* (Blume) de

Candolle

陈功锡、张代贵等，LXP-06-1318、1965、3599 等。

多年生草本。安福县、茶陵县、芦溪县、上高县、渝水区。海拔 100~1200 米，疏林、草地、溪边等。广布于全国。印度、印度尼西亚、日本、朝鲜、老挝、马来西亚、缅甸、尼泊尔、新几内亚、巴基斯坦、菲律宾、俄罗斯、泰国、越南。

卵叶水芹 *Oenanthe rosthornii* Diels

陈功锡、张代贵等，LXP-06-1418。

多年生草本。茶陵县。海拔 1400~1700 米，路旁、山谷、林下、水沟旁、草丛。福建、广东、广西、贵州、湖南、四川、台湾、云南。泰国。

香根芹属 *Osmorhiza* Rafinesque

香根芹 *Osmorhiza aristata* (Thunberg) Rydberg

江西调查队，364。(PE 00759352)

多年生草本。安福县。海拔 500~1500 米，山坡林下的溪边及路旁草丛中。全国广布。不丹、印度、日本、克什米尔、朝鲜、蒙古、尼泊尔、巴基斯坦、俄罗斯；美洲北部。

山芹属 *Ostericum* Hoffmann

隔山香 *Ostericum citriodorum* (Hance) C. Q. Yuan & R. H. Shan

《江西植物志》。

多年生草本。安福县。海拔 700~1200 米，山坡灌木林下或林缘、草丛中。福建、广东、广西、湖南、江西、浙江。

前胡属 *Peucedanum* Linnaeus

台湾前胡 *Peucedanum formosanum* Hayata

岳俊三等，3562。(WUK 0220553)

多年生草本。安福县、芦溪县。海拔 600~800 米，山坡林缘草丛中。广东、广西、江西、台湾。

濒危等级：NT

鄂西前胡 *Peucedanum henryi* Wolff

陈功锡、张代贵等，LXP-06-1778、7742、9017。

多年生草本。安福县、芦溪县。海拔 1300~1900 米，灌丛、草地、路旁。湖北、江西。

濒危等级：NT

南岭前胡 *Peucedanum longshengense* Shan et Sheh

江西调查队，1016。(PE 00757117)

多年生草本。安福县、袁州区。海拔 800~1200 米，山坡林缘路旁或山顶草丛中。广西、江西。

华中前胡 *Peucedanum medicum* Dunn

陈功锡、张代贵等，LXP-06-0373、1994。

多年生草本。安福县、茶陵县。海拔 200~2000 米，草地、路旁。重庆、广东、广西、贵州、湖北、湖南、江西、四川。

前胡 *Peucedanum praeruptorum* Dunn

岳俊三等，3562。(IBSC 0440556)

一年生草本。安福县、袁州区。海拔 300~1500 米，山坡林缘、路旁或半阴性的山坡草丛中。安徽、福建、甘肃、广西、贵州、河南、湖北、湖南、江苏、江西、四川、浙江。

囊瓣芹属 *Pternopetalum* Franchet

膜蕨囊瓣芹 *Pternopetalum trichomanifolium* (Franchet) Handel- Mazzetti

陈功锡、张代贵等，LXP-06-9611。

多年生草本。分宜县。海拔 600~1300 米，林中或阴暗潮湿的岩石中。广东、广西、贵州、湖北、湖南、江西、四川、西藏、云南。

变豆菜属 *Sanicula* Linnaeus

变豆菜 *Sanicula chinensis* Bunge

陈功锡、张代贵等，LXP-06-0144、3648、6785、8881。

多年生草本。安福县、袁州区。海拔 200~700 米，河边、灌丛、路旁。全国广布。日本、朝鲜、俄罗斯。

薄片变豆菜 *Sanicula lamelligera* Hance

赖书绅，0044。(LBG 00028924)

多年生草本。分宜县。海拔 800~1200 米，坡林下、沟谷、溪边。全国广布。日本、朝鲜、俄罗斯。

野鹅脚板 *Sanicula orthacantha* S. Moore

陈功锡、张代贵等，LXP-06-1185。

多年生草本。安福县、莲花县、芦溪县、袁州区。海拔 900~1000 米，山坡林下、路旁、沟谷、溪边。安徽、重庆、福建、甘肃、广东、广西、贵州、湖南、江西、陕西、四川、云南、浙江。柬埔寨、印度、老挝、越南。

窃衣属 *Torilis* Adanson

小窃衣 *Torilis japonica* (Houttuyn) de Candolle

杨祥学等，651190。(WUK 0255862)

一年生草本。莲花县。海拔 400~900 米，杂木林下、林缘、路旁、河沟边以及溪边草丛。广布于全国（除黑龙江、内蒙古、新疆等）。广泛分布于亚洲与欧洲。

窃衣 *Torilis scabra* (Thunberg) de Candolle

陈功锡、张代贵等，LXP-06-3513、3725、3861、3958 等。

多年生草本。安福县、分宜县。海拔 100~900 米，灌丛、草地、溪边等。安徽、福建、甘肃、广东、广西、贵州、湖北、湖南、江苏、江西、陕西、四川。日本、朝鲜，引入北美洲。

98. 山茱萸科 Cornaceae

山茱萸属 *Cornus* Linnaeus

头状四照花 *Cornus capitata* Wallich

陈功锡、张代贵等，LXP-06-0102。

常绿乔木。安福县。海拔 600~1200 米，密林、混交林中。贵州、四川、西藏、云南。不丹、印度、缅甸、尼泊尔。

灯台树 *Cornus controversa* Hemsley

陈功锡、张代贵等，LXP-06-4891。

落叶乔木。安福县、莲花县。海拔 1000~1200 米，路旁。安徽、福建、甘肃、广东、广西、贵州、海南、河北、河南、湖北、湖南、江苏、江西、辽宁、陕西、山东、山西、四川、台湾、西藏、云南、浙江。不丹、印度、日本、朝鲜、缅甸、尼泊尔。

尖叶四照花 *Cornus elliptica* (Pojarkova) Q. Y. Xiang et Boufford

陈功锡、张代贵等，LXP-06-0660、0746、0968、1448、2089 等。

落叶乔木。安福县、茶陵县、分宜县、莲花县、芦溪县。海拔 200~1500 米，疏林、溪边、灌丛、路旁。福建、广东、广西、贵州、湖北、湖南、江西、四川。

香港四照花 *Cornus hongkongensis* Hemsley

《江西林业科技》。

落叶乔木。安福县、莲花县、芦溪县。海拔 300~1500 米，密林。福建、广东、广西、贵州、湖南、江西、四川、云南、浙江。老挝、越南。

四照花 *Cornus kousa* subsp. *chinensis* (Osborn) Q. Y. Xiang

《江西大岗山森林生物多样性研究》。

常绿乔木。安福县、分宜县、茶陵县、莲花县、芦溪县。海拔 500~900 米，密林。安徽、福建、甘肃、贵州、河南、湖北、湖南、江苏、江西、内蒙古、陕西、山西、四川、台湾、云南、浙江。

光皮梾木 *Cornus wilsoniana* Wangerin

《江西大岗山森林生物多样性研究》。

落叶乔木。安福县、分宜县。海拔 400~800 米，灌丛。福建、甘肃、广东、广西、贵州、河南、湖北、湖南、江西、陕西、四川、浙江。

梾木 *Cornus macrophylla* Wallich

江西调查队，60。(NAS NAS00036224)

落叶乔木。安福县。海拔 400~700 米，密林。安徽、福建、甘肃、广东、广西、贵州、海南、湖北、湖南、江苏、江西、宁夏、陕西、山东、四川、台湾、西藏、云南、浙江。阿富汗、不丹、印度、克什米尔、缅甸、尼泊尔、巴基斯坦。

毛梾 *Cornus walteri* Wangerin

《江西大岗山森林生物多样性研究》。

落叶乔木。安福县、分宜县、芦溪县。海拔 400~1500 米，密林。安徽、福建、广东、广西、贵州、海南、河北、河南、湖北、湖南、江苏、江西、辽宁、宁夏、陕西、山东、山西、四川、云南、浙江。

99. 桃叶珊瑚科 Aucubaceae

桃叶珊瑚属 *Aucuba* Thunberg

桃叶珊瑚 *Aucuba chinensis* Bentham

陈功锡、张代贵等，LXP-06-1188、1231、1240 等。

常绿灌木。芦溪县。海拔 900~1500 米，路旁、阳处。福建、广东、广西、贵州、海南、四川、台湾、云南。缅甸、越南。

100. 青荚叶科 Helwingiaceae

青荚叶属 *Helwingia* Willdenow

青荚叶 *Helwingia japonica* (Thunberg) F. Dietrich

《江西大岗山森林生物多样性研究》。

落叶灌木。安福县、分宜县。海拔 300~1500 米，疏林。安徽、福建、甘肃、广东、广西、贵州、河南、湖北、湖南、江苏、江西、陕西、山东、山西、四川、台湾、云南、浙江。不丹、日本、朝鲜、缅甸。

101. 桤叶树科 Clethraceae

桤叶树属 *Clethra* Linnaeus

髭脉桤叶树 *Clethra barbinervis* Siebold & Zuccarini

姚淦等，9469。(NAS NAS00052975)

落叶灌木。分宜县。海拔 1000~1500 米，山谷疏林中。安徽、福建、湖北、湖南、江西、山东、浙江。日本、朝鲜。

云南桤叶树 *Clethra delavayi* Franchet

陈功锡、张代贵等，LXP-06-2871。

落叶灌木。安福县。海拔 1000~1100 米，密林、山地林缘。重庆、福建、广东、广西、贵州、湖北、湖南、江西、四川、西藏、云南、浙江。不丹、印度、缅甸、越南。

华南桤叶树 *Clethra faberi* Hance

陈功锡、张代贵等，LXP-06-0651、2100、2249、2461。

落叶灌木。茶陵县、莲花县、芦溪县。海拔 200~1500 米，疏林、灌丛、路旁。广东、广西、贵州、海南、湖南、云南。越南。

城口桤叶树 *Clethra fargesii* Franchet.

岳俊三等，3121。(PE 00053816)

落叶灌木。安福县。海拔 800~1600 米，山地疏林及灌丛中。贵州、湖北、湖南、江西、四川。

濒危等级：EN

贵州桤叶树 *Clethra kaipoensis* H. Léveillé

熊耀国等，9049。(LBG 00023335)

落叶灌木。安福县、莲花县。海拔 600~1500 米，山地路旁、溪边或山谷密林、疏林及灌丛中。福建、广东、广西、贵州、湖北、湖南、江西。

102. 杜鹃花科 Ericaceae

吊钟花属 *Enkianthus* Loureiro

灯笼吊钟花 *Enkianthus chinensis* Franchet

岳俊三，3679。(KUN 0001032)

落叶灌木。安福县、芦溪县、袁州区。海拔 900~1200 米，灌丛。安徽、福建、广东、贵州、广西、湖北、湖南、江西、四川、云南、浙江。

吊钟花 *Enkianthus quinqueflorus* Loureiro

陈功锡、张代贵等，LXP-06-0499。

落叶灌木。安福县。海拔 1100~1200 米，路旁、灌丛。福建、广东、广西、贵州、海南、湖北、湖南、江西、四川、云南。越南。

齿缘吊钟花 *Enkianthus serrulatus* (E. H. Wilson) C. K. Schneider

陈功锡、张代贵等，LXP-06-1161、1182、1740、3156、4870。

落叶灌木。安福县、莲花县、芦溪县、袁州区。海拔 600~1000 米，路旁、疏林、密林。福建、广东、广西、贵州、海南、湖北、湖南、江西、四川、云南、浙江。

白珠树属 *Gaultheria* Kalm ex Linnaeus

滇白珠 *Gaultheria leucocarpa* var. *yunnanensis* (Franchet) T. Z. Hsu & R. C. Fang

陈功锡、张代贵等，LXP-06-0806、2493。

常绿灌木。莲花县、芦溪县。海拔 400~1300 米，灌丛、路旁。福建、广东、广西、贵州、湖北、湖南、江西、四川、台湾、云南。柬埔寨、老挝、泰国、越南。

珍珠花属 *Lyonia* Nuttall

毛果珍珠花 *Lyonia ovalifolia* var. *hebecarpa* (Franchet xe Forbes & Hemsley) Chun

赖书坤，1740。(KUN 0004116)

常绿灌木。安福县、莲花县。海拔 500~1000 米，疏林。安徽、福建、广东、广西、贵州、湖北、江苏、江西、陕西、四川、云南、浙江。

珍珠花 *Lyonia ovalifolia* (Wallich) Drude

陈功锡、张代贵等，LXP-06-0035、1858、3202 等。

落叶灌木。安福县、茶陵县。海拔 100~600 米，密林、溪边、路旁等。安徽、福建、甘肃、广东、广西、贵州、海南、湖北、湖南、江苏、江西、陕西、四川、台湾、西藏、云南、浙江。孟加拉国、不丹、柬埔寨、印度、日本、老挝、马来西亚、缅甸、尼泊尔、巴基斯坦、泰国、越南。

水晶兰属 *Monotropa* Linnaeus

水晶兰 *Monotropa uniflora* Linnaeus

《江西大岗山森林生物多样性研究》。

多年生草本。安福县、分宜县。海拔 300~1500 米，疏林。安徽、甘肃、贵州、湖北、江西、青海、陕西、山西、四川、西藏、云南、浙江。孟加拉国、不丹、印度、日本、朝鲜、缅甸、尼泊尔；美洲北部、中部和南部。

濒危等级：NT

马醉木属 *Pieris* D. Don

美丽马醉木 *Pieris formosa* (Wallich) D. Don

陈功锡、张代贵等，LXP-06-0815、1777。

常绿灌木。安福县、芦溪县。海拔 800~1800 米，溪边、密林。福建、甘肃、广东、广西、贵州、湖北、湖南、江西、陕西、四川、西藏、云南、浙江。不丹、印度、缅甸、尼泊尔、越南。

马醉木 *Pieris japonica* (Thunberg) D. Don ex G. Don

《江西大岗山森林生物多样性研究》。

常绿灌木。安福县、分宜县、芦溪县。海拔 800~1800 米，灌丛。安徽、福建、湖北、江西、台湾、浙江。日本。

鹿蹄草属 *Pyrola* Linnaeus

鹿蹄草 *Pyrola calliantha* H. Andr.

陈功锡、张代贵等，LXP-06-0366。

草本。安福县。海拔 700~1800 米，疏林。安徽、福建、甘肃、贵州、河北、河南、湖北、湖南、江苏、江西、青海、山东、山西、四川、西藏、云南、浙江。

普通鹿蹄草 *Pyrola decorata* Andres

姚淦等，9508。(NAS NAS00053376)

多年生草本。分宜县。海拔 600~1500 米，阔叶林或灌丛下。安徽、福建、甘肃、广东、广西、贵州、河南、湖北、湖南、江西、陕西、四川、西藏、云南、浙江。不丹。

杜鹃属 *Rhododendron* Linnaeus

耳叶杜鹃 *Rhododendron auriculatum* Hemsley

陈功锡、张代贵等，LXP-06-9235。

常绿灌木或小乔木。安福县。海拔 800~1600 米，疏林。贵州、湖北、陕西、四川。

腺萼马银花 *Rhododendron bachii* H. Léveillé

陈功锡、张代贵等，LXP-06-1663、2101、3437 等。

常绿灌木。茶陵县、莲花县、芦溪县、上高县。海拔 300~1600 米，灌丛、石上、路旁。安徽、广东、广西、贵州、湖北、湖南、江西、四川、浙江。

西施花 *Rhododendron ellipticum* Maxim

陈功锡、张代贵等，LXP-06-1308、

2739、3441。

常绿灌木。安福县、分宜县、莲花县、芦溪县、袁州区。海拔 300~1500 米，路旁、疏林、灌丛。安徽、福建、广东、广西、贵州、湖北、湖南、江西、四川、台湾、浙江。日本。

云锦杜鹃 *Rhododendron fortunei* Lindley

陈功锡、张代贵等，LXP-06-3137、7748、9245 等。

常绿灌木。安福县、芦溪县、袁州区。海拔 700~1500 米，路旁、疏林、灌丛。安徽、福建、广东、广西、贵州、河南、湖北、湖南、江西、陕西、四川、云南、浙江。

江西杜鹃 *Rhododendron kiangsiense* W. P. Fang

陈功锡、张代贵等，LXP-06-9238。

常绿灌木。安福县、芦溪县、袁州区。海拔 1000~1500 米，疏林。江西。

濒危等级：EN

南岭杜鹃 *Rhododendron levinei* Merrill

陈功锡、张代贵等，LXP-06-4530。

常绿灌木。袁州区。海拔 1000~1500 米，灌丛、山地林中、林缘。福建、广东、广西、贵州、湖南。

濒危等级：NT

百合花杜鹃 *Rhododendron liliiflorum* Lévl.

《安福木本植物》。

常绿灌木或乔木。安福县。海拔 1000~1500 米山坡疏林及灌丛。广西、贵州、湖南、云南、江西。

黄山杜鹃 *Rhododendron maculiferum* subsp. Anwheiense

江西调查队，137。（PE 00255249）

常绿灌木。安福县。海拔 800~1500 米，密林。安徽、广西、湖南、江西、浙江。

满山红 *Rhododendron mariesii* Hemsley & E. H. Wilson

陈功锡、张代贵等，LXP-06-1671、2685、4016、4883、4886 等。

落叶灌木。安福县、茶陵县、分宜县、袁州区。海拔 400~1300 米，密林、灌丛溪边、路旁、灌丛。安徽、福建、广东、广西、贵州、河南、河北、湖北、湖南、江苏、江西、山西、四川、台湾、浙江。

羊踯躅 *Rhododendron molle* (Blume) G. Don

岳俊三，3762。（IBSC 0482825）

落叶灌木。安福县。海拔 800~1500 米，山坡草地或丘陵地带的灌丛或山脊杂木林下。安徽、福建、广东、广西、贵州、河南、湖北、湖南、江苏、江西、四川、云南、浙江。

毛棉杜鹃花（丝线吊芙蓉） *Rhododendron moulmainense* Hook. F.

《安福木本植物》。

常绿灌木或小乔木。安福县。800~1500 米山坡沟谷疏林或灌丛。西藏、云南、贵州、江西、广西、湖南、广东、海南、台湾、香港；日本及东南亚也有。

马银花 *Rhododendron ovatum* (Lindley) Planchon ex Maximowicz

丁凌霄，20。（IBSC 0483790）

常绿灌木。安福县、莲花县、上高县。海拔 400~700 米，灌丛。安徽、福建、广东、广西、贵州、湖北、湖南、江苏、江西、四川、台湾、浙江。

猴头杜鹃 *Rhododendron simiarum* Hance

陈功锡、张代贵等，LXP-06-2103、2803、2806、2836 等。

常绿灌木。安福县、莲花县、芦溪县。海拔 500~1500 米，灌丛、路旁、疏林。安徽、福建、广东、广西、贵州、海南、湖南、江西、浙江。

杜鹃 *Rhododendron simsii* Planchon

陈功锡、张代贵等，LXP-06-0225、1889、2687、3183、4542 等。

常绿灌木。安福县、茶陵县、莲花县、袁州区。海拔 400~1500 米，灌丛、疏林。安徽、福建、广东、广西、贵州、湖北、湖南、江苏、江西、四川、台湾、云南、浙江。日本、老挝、缅甸、泰国。

长蕊杜鹃 *Rhododendron stamineum* Franchet

杨祥学，651237。(IBSC 0486188)

常绿灌木。莲花县。海拔 500~1500 米，灌丛或疏林内。安徽、广东、广西、贵州、湖北、湖南、江西、山西、四川、云南、浙江。

越橘属 *Vaccinium* Linnaeus

南烛 *Vaccinium bracteatum* Thunberg

陈功锡、张代贵等，LXP-06-2197、3717、3722、3789 等。

常绿灌木。安福县、茶陵县、莲花县、攸县。海拔 100~200 米，灌丛、水库边、阴处。安徽、福建、广东、广西、贵州、海南、湖南、江苏、江西、四川、台湾、云南、浙江。柬埔寨、印度尼西亚、日本、朝鲜、老挝、马来西亚、泰国、越南。

短尾越橘 *Vaccinium carlesii* Dunn

陈功锡、张代贵等，LXP-06-2194。

常绿灌木。茶陵县、莲花县。海拔 100~600 米，灌丛。安徽、福建、广东、广西、贵州、湖南、江西、浙江。

黄背越橘 *Vaccinium iteophyllum* Hance

《安福木本植物》。

常绿小乔木。安福县。海拔 400~1440 米。江苏、安徽、浙江、江西、福建、湖北、湖南、广东、广西、四川、贵州、云南、西藏。

扁枝越橘 *Vaccinium japonicum* var. *sinicum* (Nakai) Rehder

陈功锡、张代贵等，LXP-06-2843。

落叶灌木。安福县。海拔 900~1000 米，路旁。安徽、福建、甘肃、广东、广西、贵州、湖北、湖南、江西、四川、云南、浙江。

江南越橘 *Vaccinium mandarinorum* Diels

陈功锡、张代贵等，LXP-06-0028、1416、1920、3714、3721 等。

落叶灌木。安福县、茶陵县、莲花县、芦溪县、上高县、攸县、袁州区。海拔 100~900 米，路旁、灌丛、阴处、阳处、水库边、溪边。安徽、福建、广东、广西、贵州、湖北、湖南、江苏、江西、云南、浙江。

笃斯越橘 *Vaccinium uliginosum* Linnaeus

陈功锡、张代贵等，LXP-06-2055。

落叶灌木。茶陵县。海拔 400~500 米，林下、林缘、高山草原、沼泽。黑龙江、吉林、内蒙古。日本、朝鲜、蒙古、俄罗斯；欧洲、美洲北部。

103. 紫金牛科 Myrsinaceae

紫金牛属 *Ardisia* Swartz

少年红 *Ardisia alyxiifolia* Tsiang ex C. Chen

陈功锡、张代贵等，LXP-06-0089、0121、0448 等。

常绿灌木。安福县、茶陵县。海拔 200~700 米，密林、灌丛、溪边、阴处等。福建、广东、广西、贵州、海南、湖南、江西、四川。

九管血 *Ardisia brevicaulis* Diels

陈功锡、张代贵等，LXP-06-0915、0934、1064。

常绿灌木。安福县、分宜县、莲花县。海拔 200~1200 米，阴处、密林、路旁。福建、广东、广西、贵州、湖北、湖南、江西、四川、台湾、西藏、云南。

朱砂根 *Ardisia crenata* Sims

陈功锡、张代贵等，LXP-06-0087、0088、0148 等。

常绿灌木。安福县、茶陵县、分宜县、莲花县、上高县、攸县、袁州区。海拔 100~1200 米，密林、灌丛、河边等。安徽、福建、广东、广西、海南、湖北、湖南、江苏、江西、台湾、西藏、云南、浙江。印度、日本、马来西亚、菲律宾、越南。

百两金 *Ardisia crispa* (Thunberg) A. de Candolle

陈功锡、张代贵等，LXP-06-0925、0991、1062、6173、6606 等。

常绿灌木。安福县、分宜县、莲花县、上高县、攸县。海拔 500~1200 米，石上、溪边、路旁、灌丛、疏林。安徽、福建、广东、广西、贵州、湖北、湖南、江苏、江西、四川、台湾、云南、浙江。印度尼西亚、日本、朝鲜、越南。

大罗伞树 *Ardisia hanceana* Mez

赖书绅，1456。(LBG 00000751)

常绿灌木。莲花县。海拔 800~1500 米，山谷、山坡林下、荫湿的地方。安徽、福建、广东、广西、湖南、江西、浙江。越南。

紫金牛 *Ardisia japonica* (Thunberg) Blume

陈功锡、张代贵等，LXP-06-0889、0935、1036 等。

常绿灌木。安福县、分宜县、莲花县。海拔 200~1200 米，密林、路旁。安徽、福建、广西、贵州、湖北、湖南、江苏、江西、陕西、四川、台湾、云南、浙江。日本、朝鲜。

山血丹 *Ardisia lindleyana* D. Dietrich

常绿灌木。安福县、分宜县、莲花县。海拔 500~1000 米，山谷、山坡密林下、水旁和荫湿的地方。福建、广东、广西、湖南、江西、浙江。越南。

罗伞树 *Ardisia quinquegona* Blume

《安福木本植物》。

灌木或者小乔木。安福县。海拔 500 米左右，林下。云南、广西、广东、台湾。

九节龙 *Ardisia pusilla* A. de Candolle

岳俊三，3238。(IBSC 0026057)

常绿灌木。安福县、分宜县。海拔 200~700 米，山间密林下、路旁、溪边荫湿的地方、或石上土质肥沃的地方。福建、广东、广西、贵州、湖南、江西、四川、台湾。日本、朝鲜、马来西亚、菲律宾。

酸藤子属 *Embelia* N. L. Burme

瘤皮孔酸藤子 *Embelia scandens* (Loureiro) Mez

陈功锡、张代贵等，LXP-06-2900、3355、3509、3633、4626 等。

常绿灌木。安福县、茶陵县、芦溪县、攸县、袁州区。海拔 200~700 米，草地、灌丛、路旁、阴处、灌丛溪边。广东、广西、海南、云南。柬埔寨、老挝、泰国、越南。

密齿酸藤子 *Embelia vestita* Roxburgh

陈功锡、张代贵等，LXP-06-0222、0567、2213 等。

常绿灌木。安福县、茶陵县、分宜县、芦溪县。海拔 100~300 米，河边、疏林、灌丛等。福建、广东、广西、贵州、海南、湖南、江西、四川、台湾、西藏、云南、浙江。印度、缅甸、尼泊尔、越南。

杜茎山属 *Maesa* Forsskål

杜茎山 *Maesa japonica* (Thunerg) Moritzi & Zollinger

陈功锡、张代贵等，LXP-06-0431、0436、0449、0841、1086 等。

落叶灌木。安福县、茶陵县、分宜县、莲花县、芦溪县、攸县、袁州区。海拔 100~800 米，溪边、阴处溪边、密林、灌丛溪边、路旁、灌丛、阴处。安徽、福建、广东、广西、贵州、湖北、湖南、江西、四川、台湾、云南、浙江。日本、越南。

铁仔属 *Myrsine* Linnaeus

打铁树 *Myrsine linearis* (Loureiro) Poiret

陈功锡、张代贵等，LXP-06-7642。

落叶灌木。上高县。海拔 100~200 米，灌丛。广东、广西、江西、贵州、海南。越南。

密花树 *Myrsine seguinii* H. léveille

《江西林业科技》。

落叶灌木。安福县、芦溪县。海拔 500~1500 米，林缘、路旁等灌木丛中。安徽、福建、广东、广西、贵州、海南、湖北、湖南、江西、四川、台湾、西藏、云南、浙江。日本、缅甸、越南。

针齿铁仔 *Myrsine semiserrata* Wall.

《安福木本植物》。

常绿灌木或小乔木。安福县。海拔 500~1400 米的山坡疏、密林内，路旁、沟边、石灰岩山坡等阳处。湖北、湖南、广西、广东、四川、贵州、云南、西藏。印度，缅甸。

光叶铁仔 *Myrsine stolonifera* (Koidzumi) E. Walker

陈功锡、张代贵等，LXP-06-1225、1242。

常绿灌木。芦溪县。海拔 1400~1500 米，疏林溪边、阴处。安徽、福建、广东、广西、贵州、海南、江西、四川、台湾、云南、浙江。日本。

104. 报春花科 Primulaceae

点地梅属 *Androsace* Linnaeus

点地梅 *Androsace umbellate* (Loureiro) Merrill

陈功锡、张代贵等，LXP-06-4822。

一年生草本。安福县。海拔 100~200 米，路旁。安徽、福建、广东、广西、贵州、海南、河北、黑龙江、湖北、湖南、江苏、江西、吉林、辽宁、内蒙古、陕西、山东、山西、四川、台湾、西藏、云南、浙江。印度、日本、朝鲜、缅甸、新几内亚、巴基斯坦、菲律宾、俄罗斯、越南、克什米尔。

珍珠菜属 *Lysimachia* Linnaeus

广西过路黄 *Lysimachia alfredii* Hance

陈功锡、张代贵等，LXP-06-2031、3330、3399、3400、5888。

多年生草本。茶陵县、莲花县、芦溪县。海拔 200~900 米，密林、石上、路旁。福建、广东、广西、贵州、湖南、江西。

泽珍珠菜 *Lysimachia candida* Lindley

陈功锡、张代贵等，LXP-06-3820、5149。

多年生草本。安福县。海拔 100~400 米，草地、路旁。安徽、福建、广东、广西、贵州、海南、河南、湖北、湖南、江苏、江西、陕西、山东、四川、台湾、西藏、云南、浙江。日本、缅甸、越南。

细梗香草 *Lysimachia capillipes* Hemsley

陈功锡、张代贵等，LXP-06-0412。

多年生草本。安福县。海拔 100~500 米，山谷林下、溪边。福建、广东、广西、贵州、河南、湖南、江西、四川、台湾、云南、浙江。菲律宾。

过路黄 *Lysimachia christinae* Hance

陈功锡、张代贵等，LXP-06-0718。

多年生草本。安福县。海拔 850~900 米，溪边。安徽、福建、广东、广西、贵州、河南、湖北、湖南、江苏、江西、陕西、四川、云南、浙江。

矮桃 *Lysimachia clethroides* Duby

陈功锡、张代贵等，LXP-06-0379。

多年生草本。安福县、分宜县、莲花县。海拔 1900~2000 米，草地。福建、广东、广西、贵州、海南、湖北、湖南、江苏、江西、辽宁、四川、台湾、云南、浙江。日本、朝鲜、俄罗斯。

临时救 *Lysimachia congestiflora* Hemsley

陈功锡、张代贵等，LXP-06-3334、3412、4037、5137、9228。

多年生草本。安福县、茶陵县、莲花县、芦溪县。海拔 100~500 米，疏林、路旁、草地。安徽、福建、甘肃、广东、广西、贵州、海南、湖北、湖南、江苏、江西、青海、陕西、四川、台湾、西藏、云南、浙江。不丹、印度、缅甸、尼泊尔、泰国、越南。

延叶珍珠菜 *Lysimachia decurrensb* Forst. F

多年生草本。海拔 500~1000 米，生于村旁荒地、路边、山谷溪边疏林下及草丛中。产于云南南部、贵州、广西、广东、湖南南部、江西南部、福建、台湾。分布于中南半岛、日本、菲律宾。

灵香草 *Lysimachia foenum- graecum* Hance

陈功锡、张代贵等，LXP-06-3640、8462。

多年生草本。安福县、茶陵县、攸县、袁州区。海拔 100~300 米，草地、路旁。广东、广西、湖南、云南。

红根草 *Lysimachia fortunei* Maximowicz

陈功锡、张代贵等，LXP-06-0019、0642、1849、3050、3388 等。

多年生草本。安福县、茶陵县、莲花县、攸县、袁州区。海拔 100~600 米，水库边、疏林、密林、灌丛、草地、草地池塘边、阴处。安徽、广东、广西、湖南、江西、浙江。

黑腺珍珠菜 *Lysimachia heterogenea* Klatt

《江西大岗山森林生物多样性研究》。

多年生草本。安福县、分宜县、芦溪县、袁州区。海拔 200~700 米，水边湿地。安徽、福建、广东、河南、湖北、湖南、江苏、江西、浙江。

轮叶过路黄 *Lysimachia klattiana* Hance

《江西植物志》。

多年生草本。安福县、袁州区。海拔600~800 米，林下、林缘和山坡阴处草丛中。安徽、河南、湖北、江苏、江西、山东、浙江。

小叶珍珠菜 *Lysimachia parvifolia* Franchet

《江西大岗山森林生物多样性研究》。

多年生草本。安福县、分宜县、袁州区。海拔 300~800 米，田边、溪边湿地。安徽、福建、广东、贵州、湖北、湖南、江西、四川、云南。

巴东过路黄 *Lysimachia patungensis* Handel-Mazzetti

岳俊三等，3162。(PE 00204909)

多年生草本。安福县。海拔 500~1000 米，山谷溪边和林下。安徽、福建、广东、湖北、湖南、江西、浙江。

疏头过路黄 *Lysimachia pseudohenryi* Pampanini

《江西大岗山森林生物多样性研究》。

多年生草本。茶陵县、分宜县。海拔400~500 米，山地林缘和灌丛中。安徽、广东、河南、湖北、湖南、江西、陕西、四川、浙江。

报春花属 *Primula* Linnaeus

毛茛叶报春 *Primula cicutariifolia* Pax

《湖南植物志》。

多年生草本。茶陵县。海拔 600~800 米，林缘、山谷阔叶林中。安徽、湖北、湖南、江西、浙江。

濒危等级：VU

鄂报春 *Primula obconica* Hance

陈功锡、张代贵等，LXP-06-3411。

一年生草本。芦溪县。海拔 300~350 米，路旁。广东、广西、贵州、湖北、湖南、江西、四川、西藏、云南。

假婆婆纳属 *Stimpsonia* Wright ex A. Gray

假婆婆纳 *Stimpsonia chamaedryoides* Wright ex A. Gray

陈功锡、张代贵等，LXP-06-3328、4668、4909、4973。

多年生草本。安福县、分宜县、莲花县、芦溪县、上高县。海拔 100~900 米，路旁、灌丛。安徽、福建、广东、广西、湖南、江苏、江西、台湾、浙江。日本。

105. 柿树科 Ebenaceae

柿树属 *Diospyros* Linnaeus

山柿 *Diospyros japonica* Siebold & Zuccarini

陈功锡、张代贵等，LXP-06-1913。

落叶乔木。安福县、茶陵县、莲花县。海拔 700~1100 米，灌丛、疏林、林缘。安徽、福建、广东、广西、贵州、湖南、江西、四川、云南、浙江。日本。

柿 *Diospyros kaki* Thunberg

陈功锡、张代贵等，LXP-06-2563、7416、8827 等。

落叶乔木。安福县、芦溪县、袁州区。海拔 200~700 米，疏林、灌丛、路旁。安徽、福建、甘肃、广东、广西、贵州、海南、河南、湖北、湖南、江苏、江西、山东、山西、四川、台湾、云南、浙江。广泛栽培于日本等地。

野柿 *Diospyros kaki* var. *silvestris* Makino

陈功锡、张代贵等，LXP-06-3320、

3593。

落叶乔木。安福县、莲花县、芦溪县。海拔 100~300 米，疏林、池塘边。福建、湖北、江苏、江西、四川、云南。

君迁子 *Diospyros lotus* Linnaeus

《江西林业科技》。

常绿乔木。安福县、茶陵县、分宜县、莲花县、芦溪县。海拔 600~1600 米，山地、山坡、山谷的灌丛中、林缘。安徽、甘肃、贵州、河北、河南、湖北、湖南、江苏、江西、辽宁、陕西、山东、山西、四川、西藏、云南、浙江。亚洲、欧洲，引入地中海沿岸国家。

罗浮柿 *Diospyros morrisiana* Hance

陈功锡、张代贵等，LXP-06-7566、8400。

落叶乔木。安福县、芦溪县、上高县、袁州区。海拔 400~600 米，灌丛、山坡、疏林、密林。福建、广东、广西、贵州、四川、台湾、云南、浙江。日本、越南。

油柿 *Diospyros oleifera* Cheng

陈功锡、张代贵等，LXP-06-0332、1605、2026 等。

落叶乔木。安福县。海拔 200~900 米，草地、溪边、密林等。安徽、福建、广东、广西、湖南、江西、浙江。

老鸦柿 *Diospyros rhombifolia* Hemsley

《江西大岗山森林生物多样性研究》。

落叶乔木。安福县、分宜县、芦溪县、上高县。海拔 300~800 米，山坡灌丛或山谷沟畔林中。安徽、福建、江苏、江西、浙江。

延平柿 *Diospyros tsangii* Merrill

陈功锡、张代贵等，LXP-06-1624、2035、3150 等。

落叶乔木。安福县、茶陵县、莲花县、攸县。海拔 100~1400 米，灌丛、阳处、溪边等。福建、广东、江西。

106. 山矾科 Symplocaceae

山矾属 *Symplocos* Jacquin

腺柄山矾 *Symplocos adenopus* Hance

《安福木本植物》，岳俊三等，3398。

常绿灌木或小乔木。安福县、袁州区。生于海拔 460~1800 米的山地、路旁、山谷或疏林中。福建、广东、广西、湖南、贵州、云南。

薄叶山矾 *Symplocos anomala* Brand

陈功锡、张代贵等，LXP-06-0190、0680、0977、1105、1857 等。

常绿灌木。安福县、茶陵县、芦溪县。海拔 300~1100 米，疏林、路旁、溪边、灌丛、密林。安徽、福建、广东、广西、贵州、海南、湖北、湖南、江苏、四川、台湾、西藏、云南、浙江。印度尼西亚、日本、马来西亚、缅甸、泰国、越南。

黄牛奶树 *Symplocos cochinchinensis* var. *laurina* (Retzius) Nooteboom

陈功锡、张代贵等，LXP-06-1441、1950。

常绿灌木。茶陵县。海拔 200~800 米，灌丛、灌丛溪边。福建、广东、广西、湖南。

密花山矾 *Symplocos congesta* Bentham

岳俊三等，3665。(PE 00794648)

常绿灌木。安福县。海拔 300~1200 米，密林。福建、广东、广西、海南、湖南、江西、台湾、云南、浙江。

团花山矾 *Symplocos glomerata* King ex C. B. Clarke

岳俊三，3398，宜春市明月山。

常绿乔木。安福县。海拔 1200~1600 米，密林。福建、广东、湖南、江西、西藏、云南、浙江。不丹、印度。

毛山矾 *Symplocos groffii* Merrill

陈功锡、张代贵等，LXP-06-2874。

常绿乔木。芦溪县。海拔 1000~1100 米，密林、山坡。广东、广西、湖南、江西。越南。

光叶山矾 *Symplocos lancifolia* Siebold & Zuccarini

岳俊三，3602。(IBSC 0465848)

常绿乔木。安福县、分宜县、莲花县。海拔 800~1400 米，疏林。福建、广东、广西、贵州、海南、湖北、湖南、江西、四川、台湾、云南、浙江。印度、日本、菲律宾、越南。

光亮山矾 *Symplocos lucida* (Thunberg) Siebold & Zuccarini

陈功锡、张代贵等，LXP-06-0798。

常绿灌木。莲花县、芦溪县。海拔 400~1500 米，灌丛、路旁。安徽、福建、甘肃、广东、广西、贵州、海南、湖北、湖南、江苏、江西、四川、台湾、西藏、云南、浙江。不丹、柬埔寨、印度、印度尼西亚、日本、老挝、马来西亚、缅甸、泰国、越南。

白檀 *Symplocos paniculata* (Thunberg) Miquel

陈功锡、张代贵等，LXP-06-0004、0047、0399、0658、1376 等。

落叶灌木。安福县、茶陵县、分宜县、莲花县、芦溪县、上高县、渝水区、袁州区。海拔 100~1200 米，路旁河边、疏林、草地、灌丛水库边、路旁、灌丛、阳处。安徽、福建、广东、广西、贵州、海南、河北、黑龙江、河南、湖北、湖南、江苏、江西、吉林、辽宁、内蒙古、宁夏、陕西、山东、山西、四川、台湾、云南、西藏、浙江。不丹、印度、日本、朝鲜、老挝、缅甸、越南。

南岭山矾 *Symplocos pendula* var. *hirtistylis* (C. B. Clarke) Nooteboom

赖书绅，1336。(PE 00794576)

落叶乔木。莲花县。海拔 600~1400 米，溪边、路旁、石山或山坡阔叶林中。福建、广东、广西、贵州、湖南、江西、台湾、云南、浙江。印度尼西亚、日本、马来西亚、缅甸、越南。

山矾 *Symplocos sumuntia* Buchanan-Hamilton ex D. Don

陈功锡、张代贵等，LXP-06-0615、0859、1189 等。

常绿乔木。安福县、茶陵县、莲花县、芦溪县。海拔 100~900 米，疏林、溪边、河边等。福建、广东、广西、贵州、海南、湖北、湖南、江苏、江西、四川、台湾、云南、浙江。不丹、印度、日本、朝鲜、马来西亚、缅甸、尼泊尔、泰国、越南。

107. 安息香科 Styracaceae

赤杨叶属 *Alniphyllum* Matsumura

赤杨叶 *Alniphyllum fortunei* (Hemsley) Makino

陈功锡、张代贵等，LXP-06-0735、1475、2382、3505、3615 等。

落叶乔木。安福县、分宜县、莲花县、芦溪县。海拔 400~1200 米，溪边、灌丛、疏林、路旁。安徽、福建、广东、广西、贵州、海南、湖北、湖南、江苏、江西、四川、云南、浙江。印度、老挝、缅甸、越南。

银钟花属 *Halesia* Ellia ex Linnaeus

银钟花 *Halesia macgregorii* Chun

赖书绅，1624。(LBG 00011447)

落叶乔木。莲花县。海拔 700~900 米，山坡、山谷较阴湿的密林中。福建、广东、广西、贵州、湖南、江西、浙江。

濒危等级：NT

陀螺果属 *Melliodendron* Handel- Mazzetti

陀螺果 *Melliodendron xylocarpum* Handel-Mazzetti

陈功锡、张代贵等，LXP-06-0548、1219、2047 等。

乔木。安福县、茶陵县、莲花县、芦溪县。海拔 200~600 米，路旁、密林、疏林。福建、广东、广西、贵州、湖南、江西、四川、云南。

白辛树属 *Pterostyrax* Siebold & Zuccarini

小叶白辛树 *Pterostyrax corymbosus* Siebold & Zuccarini

陈功锡、张代贵等，LXP-06-1753、1902、4868 等。

落叶乔木。安福县、茶陵县、莲花县、芦溪县、上高县、袁州区。海拔 400~1200 米，密林、灌丛、溪边等。福建、广东、湖南、江苏、江西、浙江。日本。

白辛树 *Pterostyrax psilophyllus* Diels ex Perkins

陈功锡、张代贵等，LXP-06-2065。

乔木。芦溪县。海拔 180~600 米，密林。广西、贵州、湖北、四川、云南。

濒危等级：NT

秤锤树属 *Sinojackia* Hu

狭果秤锤树 *Sinojackia rehderiana* Hu

《江西大岗山森林生物多样性研究》。

落叶乔木。分宜县、芦溪县。海拔 500~800 米，林中或灌丛中。广东、湖南、江西。

濒危等级：EN

安息香属 *Styrax* Linnaeus

大果安息香 *Styrax macrocarpus* Cheng

《安福木本植物》。

落叶乔木。安福县。海拔 500~850 米，山谷密林中。湖南、广东、江西。

越南安息香 *Styrax tonkinensis* (Pierre) Craib ex Hartwich

陈功锡、张代贵等，LXP-06-0252、1317、1325 等。

落叶乔木。安福县、茶陵县、攸县。海拔 100~1100 米，密林、溪边、灌丛等。福建、广东、广西、贵州、湖南、江西、云南。柬埔寨、老挝、泰国、越南。

灰叶安息香 *Styrax calvescens* Perkins

江西调查队，314。(PE 00857658)

常绿灌木。安福县。海拔 600~1000 米，山坡、河谷林中或林缘灌丛中。河南、湖北、湖南、江西、浙江。

赛山梅 *Styrax confusus* Hemsley

岳俊三等，2858。(PE 00857987)

常绿乔木。安福县、莲花县。海拔 100~1500 米，丘陵、山地疏林中。安徽、福建、广东、广西、贵州、湖北、湖南、江苏、江西、四川、浙江。

垂珠花 *Styrax dasyanthus* Perkins

赖书绅，1687。(LBG 00011407)

落叶乔木。安福县、分宜县、莲花县。海拔 200~1500 米，丘陵、山地、山坡及溪边杂木林。安徽、福建、广西、贵州、河北、河南、湖南、江苏、江西、山东、四川、云南、浙江。

白花龙 *Styrax faberi* Perkins

陈功锡、张代贵等，LXP-06-0303、0315、0413、0686、1322。

落叶灌木。安福县、茶陵县、袁州区。海拔 100~1200 米，河边、疏林溪边、路旁、草地溪边、灌丛、灌丛溪边、水库处。安徽、福建、广东、广西、贵州、湖北、湖南、江苏、江西、四川、台湾、浙江。

台湾安息香 *Styrax formosanus* Matsumura

陈功锡、张代贵等，LXP-06-1363。

落叶灌木。安福县。海拔 200~500 米，疏林、丘陵地、山地灌木丛。安徽、福建、广东、广西、湖南、江西、台湾、浙江。

野茉莉 *Styrax japonicas* Siebold & Zuccarini

陈功锡、张代贵等，LXP-06-1568、3894、3928 等。

落叶灌木。安福县、茶陵县、上高县、袁州区。海拔 100~1300 米，灌丛、溪边、路旁。安徽、福建、广东、广西、贵州、海南、河北、河南、湖南、江苏、江西、陕西、山东、山西、四川、云南、浙江。日本、朝鲜。

芬芳安息香 *Styrax odoratissimus* Champion

陈功锡、张代贵等，LXP-06-0512。

落叶乔木。安福县。海拔 1000~1200 米，溪边。安徽、福建、广东、广西、贵州、湖北、湖南、江苏、江西、浙江。

栓叶安息香 *Styrax suberifolius* Hooker & Arnott

陈功锡、张代贵等，LXP-06-1686、2396、5831。

落叶乔木。安福县、茶陵县、莲花县、芦溪县。海拔 300~500 米，密林、灌丛、溪边。安徽、福建、广东、广西、贵州、海南、湖北、湖南、江苏、江西、四川、台湾、云南、浙江。缅甸、越南。

108. 木犀科 Oleaceae

流苏树属 *Chionanthus* Linnaeus

枝花流苏树 *Chionanthus ramiflorus* Roxburgh

陈功锡、张代贵等，LXP-06-2663、2742。

落叶灌木。袁州区。海拔 300~800 米，灌丛、山坡、河边。广西、贵州、海南、台湾、云南。印度、尼泊尔、越南；澳大利亚、太平洋群岛。

流苏树 *Chionanthus retusus* Lindley Paxton

《江西大岗山森林生物多样性研究》。

落叶灌木。安福县、分宜县、芦溪县。海拔 200~1600 米，稀疏混交林中或灌丛中、或山坡、河边。福建、甘肃、广东、河北、河南、江西、陕西、山西、四川、台湾、云南。日本、朝鲜。

连翘属 *Forsythia* Vahl

金钟花 *Forsythia viridissima* Lindley

陈功锡、张代贵等，LXP-06-1255。

落叶灌木。芦溪县。海拔 1400~1500 米，路旁。安徽、福建、湖北、湖南、江苏、江西、云南、浙江。

梣属 *Fraxinus* Linnaeus

白蜡树（梣）*Fraxinus chinensis* Roxb.

《安福木本植物》。

落叶乔木。安福县。海拔 800-1500 米混交林中。产于南北各省区，多为栽培。越南、朝鲜。

苦枥木 *Fraxinus insularis* Hemsl

赖书绅，1828。(LBG 00011931)

落叶乔木。安福县。海拔 400~1200 米，各种海拔高度的山地、河谷等处，在石灰岩裸坡上常为仅见的大树。安徽、福建、甘肃、广东、广西、贵州、海南、湖北、湖南、江苏、江西、陕西、四川、台湾、云南、浙江。日本。

庐山梣 *Fraxinus sieboldiana* Blume

陈功锡、张代贵等，LXP-06-2301、2745、2923、4694、6552 等。

落叶乔木。安福县、上高县、袁州区。海拔 100~800 米，阴处、灌丛、草地、路旁。安徽、福建、江苏、江西、浙江。日本。

茉莉属 *Jasminum* Linnaeus

清香藤 *Jasminum lanceolaria* Roxburgh

陈功锡、张代贵等，LXP-06-0921、0987、1553、1941 等。

藤本。安福县、茶陵县、分宜县、芦溪县、袁州区。海拔 200~500 米，溪边、河边、灌丛、疏林等。安徽、福建、甘肃、广东、广西、贵州、海南、湖北、湖南、江西、陕西、四川、台湾、云南、浙江。

华素馨 *Jasminum sinense* Hemsl

陈功锡、张代贵等，LXP-06-6612。

藤本。安福县、分宜县、上高县。海拔 400~500 米，疏林。产于浙江、江西、福建、广东、广西、湖南、湖北、四川、贵州、云南。

女贞属 *Ligustrum* Linnaeus

蜡子树 *Ligustrum leucanthum* (S. Moore) P. S. Green

陈功锡、张代贵等，LXP-06-1794。

落叶灌木。安福县、芦溪县。海拔 1500~1600 米，灌丛、林下、路边、溪边。安徽、福建、甘肃、湖北、湖南、江苏、江西、陕西、四川、浙江。

华女贞 *Ligustrum lianum* P. S. Hsu

岳俊三等，3293。(IBSC 0512834)

常绿乔木。安福县。海拔 500~1700 米，谷疏、密林或灌木丛中、旷野。福建、广东、广西、贵州、海南、湖南、江西、浙江。

女贞 *Ligustrum lucidum* W. T. Aiton

陈功锡、张代贵等，LXP-06-1614、6637、8519。

常绿灌木。安福县、分宜县、上高县、攸县。海拔 100~300 米，路旁、疏林。安徽、福建、甘肃、广东、广西、贵州、海南、河南、湖北、湖南、江苏、江西、陕西、四川、西藏、云南、浙江。

小叶女贞 *Ligustrum quihoui* Carrière

《江西大岗山森林生物多样性研究》。

落叶灌木。安福县、分宜县、上高县。海拔 200~1500 米，沟边、路旁或河边灌丛中、山坡。安徽、贵州、河南、湖北、江苏、江西、陕西、山东、四川、西藏、云南、浙江。

多毛小蜡 *Ligustrum sinense* var. *coryanum* (W. W. Smith) Handel- Mazzetti

陈功锡、张代贵等，LXP-06-0974、1108、1469、46650、5264 等。

落叶灌木。安福县、茶陵县、芦溪县、

攸县、袁州区。海拔 200~900 米，溪边、路旁、灌丛、阴处、草地。四川、云南。

光萼小蜡 *Ligustrum sinense* var. *myrianthum* (Didls) Hoefker

江西队，225。(PE 01510207)

落叶灌木。安福县、分宜县。海拔 400~1600 米，山坡、山谷、溪边、河旁、路边的密林、疏林或混交林中。福建、甘肃、广东、广西、贵州、湖北、湖南、江西、陕西、四川、云南。

小蜡 *Ligustrum sinense* Loureiro

陈功锡、张代贵等，LXP-06-1861、2314、5469 等。

落叶灌木。安福县、茶陵县、分宜县、莲花县、芦溪县、上高县、攸县、渝水区、袁州区。海拔 100~1100 米，灌丛、疏林、溪边等。安徽、福建、甘肃、广东、广西、贵州、海南、湖北、湖南、江苏、江西、陕西、四川、台湾、西藏、云南、浙江。越南。

木犀属 *Osmanthus* Loureiro

厚边木犀 *Osmanthus marginatus* (Champion ex Bentham) Hemsley

岳俊三，3157。(IBSC 0649863)

常绿灌木。安福县。海拔 800~1500 米，山谷、山坡密林中。安徽、福建、广东、广西、贵州、海南、湖南、江西、四川、台湾、云南、浙江。日本。

长叶木犀 *Osmanthus marginatus* var. *longissimus* (H. T. Chang) R. L. Lu

岳俊三等，3157。(NAS NAS00075541)

常绿灌木。安福县。海拔 1000~1700 米，山谷、山坡密林中。福建、广西、贵州、湖南、江西、浙江。

109. 马钱科 Loganiaceae

醉鱼草属 *Buddleja* Linnaeus

大叶醉鱼草 *Buddleja davidii* Franchet

邢吉庆等，10641。(WUK 0128834)

落叶灌木。安福县。海拔 800~1600 米，山坡、沟边灌木丛。甘肃、广东、广西、贵州、湖北、湖南、江苏、江西、陕西、四川、西藏、云南、浙江。日本。

醉鱼草 *Buddleja lindleyana* Fortune

陈功锡、张代贵等，LXP-06-0435、1383、2300 等。

多年生草本。安福县、茶陵县、分宜县、莲花县、芦溪县、上高县、攸县、袁州区。海拔 200~1000 米，溪边、阴处、灌丛等。安徽、福建广东、广西、贵州、湖北、湖南、江苏、江西、四川、云南、浙江。

蓬莱葛属 *Gardneria* Wallich

蓬莱葛 *Gardneria multiflora* Makino

陈功锡、张代贵等，LXP-06-1612。

常绿藤本。安福县、攸县。海拔 400~600 米，密林、山坡、灌丛。安徽、福建、广东、广西、贵州、河北、河南、湖北、湖南、江苏、江西、陕西、四川、台湾、云南、浙江。日本。

尖帽草属 *Mitrasacme* Labillardière

水田白 *Mitrasacme pygmaea* R. Brown

《江西大岗山森林生物多样性研究》。

多年生草本。安福县、茶陵县、分宜县、芦溪县、攸县。海拔 200~600 米，旷野草地。安徽、福建、广东、广西、贵州、海南、湖南、江苏、江西、台湾、云南、浙江。印度、印度尼西亚、日本、朝鲜、马来西亚、缅甸、尼泊尔、菲律宾、泰国、越南；澳大利亚。

110. 龙胆科 Gentianaceae

龙胆属 *Gentiana* Linnaeus

五岭龙胆 *Gentiana davidii* Franchet

陈功锡、张代贵等，LXP-06-0375。

多年生草本。安福县。海拔 500~2000 米，草地、山坡草丛、山坡路旁、林缘、林下。安徽、福建、广东、广西、海南、河南、湖北、湖南、江苏、江西、台湾、浙江。

华南龙胆 *Gentiana loureirii* (G. Don) Grisebach

陈功锡、张代贵等，LXP-06-3365、5175。

一年生草本。茶陵县、芦溪县。海拔 100~500 米，草地、路旁、林下。福建、广东、广西、海南、湖南、江苏、江西、台湾、浙江。不丹、印度、缅甸、泰国、越南。

条叶龙胆 *Gentiana manshurica* Kitagawa

《江西大岗山森林生物多样性研究》。

多年生草本。分宜县、芦溪县。海拔 300~1100 米，山坡草地、湿草地、路旁。安徽、福建、广东、广西、海南、河北、黑龙江、河南、湖北、湖南、江苏、江西、吉林、辽宁、内蒙古、宁夏、陕西、山东、山西、台湾、浙江。

濒危等级：EN

灰绿龙胆 *Gentiana yokusai* Burkill

熊耀国，8128。(LBG 00027559)

多年生草本。安福县。海拔 200~1200 米，水边湿草地、空日地、荒地、路旁、农田、山坡阳处、山顶草地、林下及灌丛中。安徽、福建、贵州、河北、湖北、湖南、江苏、江西、内蒙古、陕西、山西、四川、台湾、浙江。日本、朝鲜。

獐牙菜属 *Swertia* Linnaeus

美丽獐牙菜 *Swertia angustifolia* var. *pulchella* (D. Don) Burkill

《江西林业科技》。

多年生草本。安福县。海拔 400~1200 米，田边、草坡、荒地。福建、广东、广西、贵州、湖北、湖南、江西、云南。不丹、印度、克什米尔、尼泊尔。

獐牙菜 *Swertia bimaculata* (Siebold & Zuccarini) J. D. Hooker &Thomson ex C. B. Clarke

陈功锡、张代贵等，LXP-06-2161、6179、6710 等。

一年生草本。安福县、芦溪县、攸县、袁州区。海拔 700~1500 米，疏林、灌丛、草地等。安徽、福建、甘肃、广东、广西、贵州、海南、河北、河南、湖北、湖南、江苏、江西、陕西、山西、四川、西藏、云南、浙江。不丹、印度、日本、马来西亚、缅甸、尼泊尔、越南。

双蝴蝶属 *Tripterospermum* Blume

双蝴蝶 *Tripterospermum chinense* (Migo) H. Smith

陈功锡、张代贵等，LXP-06-2245、3187、5722 等。

多年生草本。安福县、茶陵县、芦溪县、上高县、攸县。海拔 100~1400 米，灌丛、溪边、疏林等。安徽、福建、广西、江苏、江西、浙江。

峨眉双蝴蝶 *Tripterospermum cordatum* (Marquand) Harry Smith

陈功锡、张代贵等，LXP-06-0888。

多年生草本。安福县。海拔 200~800 米，沼泽、林下、林缘、灌丛。贵州、湖北、湖南、陕西、四川、云南。

湖北双蝴蝶 *Tripterospermum discoideum* (C. Marquand) Harry Smith

陈功锡、张代贵等，LXP-06-2766。

一年生草本。袁州区。海拔 600~700 米，灌丛、山坡林下、林缘、灌丛、草丛。湖北、陕西、四川。

濒危等级：NT

111. 夹竹桃科 Apocynaceae

链珠藤属 *Alyxia* Banks ex R. Brown

链珠藤 *Alyxia sinensis* Champion ex Bentham

陈功锡、张代贵等，LXP-06-0109、0446、0697、0847、4077 等。

常绿灌木。安福县。海拔 200~600 米，路旁、溪边、阴处石上、路旁石上、灌丛溪边。福建、广东、广西、贵州、海南、湖南、江西、台湾、浙江。

帘子藤属 *Pottsia* Hooker & Arnott

帘子藤 *Pottsia laxiflora* (Blume) Kuntze

陈功锡、张代贵等，LXP-06-7123。

常绿灌木。茶陵县。海拔 200~1300 米，灌丛、山坡路旁、水沟边。福建、广东、广西、贵州、海南、湖南、云南、浙江。柬埔寨、印度、印度尼西亚、老挝、马来西亚、泰国、越南。

毛药藤属 *Sindechites* Oliver

毛药藤 *Sindechites henryi* Oliver

岳俊三等，3530。(NAS NAS00207097)

藤本。安福县。海拔 600~1500 米，山地疏林中、山腰路旁阳处灌木丛中或山谷密林中水沟旁。广西、贵州、湖北、湖南、江西、四川、云南、浙江。

络石属 *Trachelospermum* Lemaire

紫花络石 *Trachelospermum axillare* J. D. Hooker

陈功锡、张代贵等，LXP-06-0717、1052、1110 等。

常绿藤本。安福县、茶陵县、莲花县、芦溪县、袁州区。海拔 200~1200 米，溪边、灌丛、路旁石上等。福建、广东、广西、贵州、湖北、湖南、江西、四川、西藏、云南、浙江。

细梗络石 *Trachelospermum gracilipes* Hook. F.

《安福木本植物》。

木质藤本。安福县。海拔 400~700 米林中或灌丛，攀援树上或灌丛。分布于浙江、台湾、福建、江西、湖北、湖南、广东、广西、云南、贵州、四川、甘肃、西藏等。印度和朝鲜也有分布。

络石 *Trachelospermum jasminoides* (Lindley) Lemaire

陈功锡、张代贵等，LXP-06-0299、2295、4804、4957。

常绿藤本。安福县、分宜县、莲花县、芦溪县、上高县、袁州区。海拔 100~700 米，阴处树上、阴处、路旁、溪边、路旁石上。安徽、福建、广东、广西、贵州、海南、河南、湖北、湖南、江苏、江西、山东、山西、四川、台湾、西藏、云南、浙江。日本、朝鲜、越南。

112. 萝藦科 Asclepiadaceae

鹅绒藤属 *Cynanchum* Linnaeus

合掌消 *Cynanchum amplexicaule* (Siebold & Zuccarini) Hemsley

岳俊三等，3279。(KUN 307458)

多年生草本。安福县、莲花县。海拔200~800 米，山坡草地或田边、湿地及沙滩草丛中。广西、河北、黑龙江、河南、湖北、湖南、江苏、江西、吉林、辽宁、内蒙古、陕西、山东。日本、朝鲜。

白薇 *Cynanchum atratum Bunge*

陈功锡、张代贵等，LXP-06-0786。

多年生草本。莲花县。海拔 1000~1200 米，灌丛。福建、广东、广西、贵州、河北、黑龙江、河南、湖南、江苏、江西、吉林、辽宁、内蒙古、陕西、山东、山西、四川、云南。日本、朝鲜、俄罗斯。

牛皮消 *Cynanchum auriculatum* Royle ex Wight

陈功锡、张代贵等，LXP-06-0782、0785、9178。

多年生草本。安福县、分宜县、莲花县、芦溪县。海拔 100~1200 米，灌丛、山坡林缘、路旁、灌丛。四川、西藏、云南。不丹、印度、克什米尔、尼泊尔、巴基斯坦。

白前 *Cynanchum glaucescens* (Decasne) Handel -Mazzetti

《江西大岗山森林生物多样性研究》。

落叶灌木。安福县、分宜县。海拔200~800 米，江边河岸及沙石间、也有在路边丘陵地区。福建、广东、广西、湖南、江苏、江西、四川、浙江。

毛白前 *Cynanchum mooreanum* Hemsley

岳俊三等，3026。(NAS NAS00208584)

藤本。安福县、分宜县。海拔 200~800 米，山坡、灌木丛中或丘陵地疏林中。安徽、福建、广东、广西、河南、湖北、湖南、江西、浙江。

朱砂藤 *Cynanchum officinale* (Hemsley) Tsiang et Tsiang et Zhang

《江西林业科技》。

落叶灌木。安福县、分宜县、芦溪县、袁州区。海拔 900~1800 米，山坡、路边或水边或灌木丛中及疏林下。安徽、甘肃、广西、贵州、湖北、湖南、江西、陕西、四川、云南。

徐长卿 *Cynanchum paniculatum* (Bunge) Kitagawa

岳俊三等，3445。(NAS NAS00208719)

多年生草本。袁州区。海拔 200~1000 米，向阳山坡及草丛中。安徽、福建、甘肃、广东、广西、贵州、河北、河南、湖北、湖南、江苏、江西、辽宁、内蒙古、陕西、山东、山西、四川、台湾、云南、浙江。日本、朝鲜、蒙古。

柳叶白前 *Cynanchum stauntonii* (Decasne) Schlecheter ex H. Léveillé

陈功锡、张代贵等，LXP-06-0542、1975、4021。

落叶灌木。安福县、茶陵县。海拔100~700 米，溪边、灌丛溪边、路旁溪边。安徽、福建、甘肃、广东、广西、贵州、湖南、江苏、江西、云南、浙江。

牛奶菜属 *Marsdenia* R. Brown

牛奶菜 *Marsdenia sinensis* Hemsley

陈功锡、张代贵等，LXP-06-2403。

藤本。安福县、分宜县、芦溪县。海拔 200~400 米，灌丛、疏林。福建、广东、广西、贵州、湖北、湖南、江西、四川、云南、浙江。

萝藦属 *Metaplexis* R. Brown

华萝藦 *Metaplexis hemsleyana* Oliver

《江西大岗山森林生物多样性研究》。

藤本。安福县、分宜县。海拔 500~1300 米，山地林谷、路旁或山脚湿润地灌木丛中。分布于陕西、四川、云南、贵州、广西、湖北和江西等省区。

娃儿藤属 *Tylophora* R. Brown

娃儿藤 *Tylophora ovata* (Lindley) Hooker ex Steudel

陈功锡、张代贵等，LXP-06-1897、3384、3435 等。

落叶灌木。茶陵县、芦溪县、攸县。海拔 200~900 米，灌丛、路旁。福建、广东、广西、贵州、海南、湖南、四川、台湾、云南。印度、缅甸、尼泊尔、巴基斯坦、越南。

113. 旋花科 Convolvulaceae

打碗花属 *Calystegia* R. Brown

打碗花 *Calystegia hederacea* Wallich

《江西林业科技》。

一年生草本。安福县、芦溪县。海拔 200~1800 米，农田、荒地、路旁常见的杂草。安徽、福建、甘肃、广东、广西、贵州、海南、河北、黑龙江、河南、湖北、湖南、江苏、江西、吉林、辽宁、内蒙古、宁夏、青海、陕西、山东、山西、四川、台湾、新疆、云南、浙江。阿富汗、印度、日本、朝鲜、马来西亚、蒙古、缅甸、尼泊尔、巴基斯坦、俄罗斯、塔吉克斯坦；非洲、北美洲。

菟丝子属 *Cuscuta* Linnaeus

南方菟丝子 *Cuscuta australis* R. Brown

岳俊三，3509。(IBSC 0552345)

一年生草本。安福县。海拔 200~1500 米，寄生于田边、路旁的豆科、菊科蒿子、马鞭草科牡荆属等草本或小灌木上。安徽、福建、甘肃、广东、广西、贵州、海南、河北、黑龙江、河南、湖北、湖南、江苏、江西、吉林、辽宁、内蒙古、宁夏、青海、陕西、山东、山西、四川、台湾、新疆、云南、浙江。亚洲、澳大利亚、欧洲。

菟丝子 *Cuscuta chinensis* Lamarck

陈功锡、张代贵等，LXP-06-1826、3534、3669 等。

一年生草本。安福县、茶陵县、攸县。海拔 100~400 米，灌丛、草地、路旁。广布于中国各省。阿富汗、印度尼西亚、日本、哈萨克斯坦、朝鲜、蒙古、俄罗斯、斯里兰卡；非洲、亚洲、澳大利亚。

金灯藤 *Cuscuta japonica* Choisy

陈功锡、张代贵等，LXP-06-0163、1832、2087、2259、3171 等。

一年生草本。安福县、茶陵县、芦溪县、上高县、攸县、袁州区。海拔 100~1500 米，路旁、灌丛、灌丛溪边、疏林、草地、溪边。安徽、福建、甘肃、广东、广西、贵州、海南、河北、黑龙江、河南、湖北、湖南、江苏、江西、吉林、辽宁、内蒙古、宁夏、青海、陕西、山东、山西、四川、台湾、新疆、云南、浙江。日本、朝鲜、俄罗斯、越南。

马蹄金属 *Dichondra* J. R. & G. Forster

马蹄金 *Dichondra micrantha* Urban

《江西林业科技》。

多年生草本。安福县。海拔 1200~1700 米，山坡草地、路旁或沟边。安徽、福建、广东、广西、贵州、海南、湖北、湖南、江苏、江西、青海、四川、台湾、西藏、云南、浙江。日本、朝鲜、泰国；北美洲、太平洋群岛、南美洲。

飞蛾藤属 *Dinetus* Buchanan- Hamilton ex Sweet

飞蛾藤 *Dinetus racemosus* (Wallich) Sweet

陈功锡、张代贵等，LXP-06-5976、6479、6918、7719 等。

落叶灌木。安福县、芦溪县、袁州区。海拔 200~600 米，溪边、路旁、草地。安徽、福建、广东、广西、贵州、海南、湖北、湖南、江苏、江西、青海、四川、台湾、西藏、云南、浙江。日本、朝鲜、泰国；北美洲、太平洋群岛、南美洲。

土丁桂属 *Evolvulus* Linnaeus

土丁桂 *Evolvulus alsinoides* (Linnaeus) Linnaeus

岳俊三等，3806。(NAS NAS00210994)

一年生草本。安福县、分宜县。海拔 400~1500 米，草坡、灌丛及路边。安徽、福建、广东、广西、贵州、海南、湖北、湖南、江苏、江西、青海、四川、台湾、西藏、云南、浙江。孟加拉国、柬埔寨、印度、印度尼西亚、日本、老挝、马来西亚、缅甸、尼泊尔、巴基斯坦、菲律宾、泰国、越南；非洲、澳大利亚、美洲北部、太平洋群岛、美洲南部。

番薯属 *Ipomoea* Linnaeus

毛牵牛 *Ipomoea biflora* (Linnaeus) Persoon

《江西植物志》。

藤本。安福县、分宜县、莲花县、芦溪县。海拔 300-1500 米，山谷。福建、广东、广西、贵州、湖南、江西、台湾、云南。印度、印度尼西亚、日本、缅甸、越南；非洲、澳大利亚。

牵牛 *Ipomoea nil* (Linnaeus) Roth

陈功锡、张代贵等，LXP-06-5504。

一年生缠绕草本。广布种，海拔 100~600 米，路边、园边、宅旁，或为栽培。除西北和东北的一些省外，大部分地区都有分布。原产热带美洲，现已广植于热带和亚热带地区。

圆叶牵牛 *Ipomoea purpurea* (Linnaeus) Roth

一年生缠绕草本。广布种，海拔 100~600 米，路边、园边、宅旁，或为栽培。大部分地区有分布，原产热带美洲，广泛引植于世界各地。

三裂叶薯 *Ipomoea triloba* Linnaeus

叶华谷、曾飞燕，LXP10-2736。(IBSC 0774551)

一年生缠绕草本。宜春市 袁州区、宜丰县。海拔 500~800 米，温湿环境。长江流域各地，以及河北、山东、河南、福建、广东、广西、陕西，台湾。日本、越南、印度、巴基斯坦。

鱼黄草属 *Merremia* Dennstedt ex Endlicher

篱栏网 *Merremia hederacea* (N. L. Burman) H. Hallier

《江西大岗山森林生物多样性研究》。

一年生草本。安福县、分宜县。海拔

200~800 米，路旁草丛。福建、广东、广西、海南、江西、台湾、云南。孟加拉国、柬埔寨、印度、印度尼西亚、日本、老挝、马来西亚、缅甸、尼泊尔、新几内亚、巴基斯坦、菲律宾、斯里兰卡、泰国、越南、太平洋群岛；非洲、澳大利亚。

114. 紫草科 Boraginaceae

斑种草属 *Bothriospermum* Bunge

柔弱斑种草 *Bothriospermum zeylanicum* (J. Jacquin) Druce

陈功锡、张代贵等，LXP-06-4952。

一年生草本。上高县、渝水区。海拔 100~300 米，田间草丛、山坡草地、山坡路边、溪边阴湿处。福建、广东、广西、贵州、海南、河北、黑龙江、湖南、江西、吉林、辽宁、内蒙古、宁夏、陕西、山东、山西、四川、台湾、云南、浙江。阿富汗、印度、印度尼西亚、日本、哈萨克斯坦、朝鲜、吉尔吉斯斯坦、巴基斯坦、俄罗斯、塔吉克斯坦、土库曼斯坦、越南。

琉璃草属 *Cynoglossum* Linnaeus

琉璃草 *Cynoglossum furcatum* Wallich

岳俊三等，3557。(PE 01337113)

多年生草本。安福县。海拔 400~1200 米，林间草地、向阳山坡及路边。福建、甘肃、广东、广西、贵州、海南、河南、湖南、江苏、江西、陕西、四川、台湾、云南、浙江。阿富汗、印度、日本、马来西亚、巴基斯坦、菲律宾、泰国、越南。

小花琉璃草 *Cynoglossum Lanceolatum* Forsskål

《江西林业科技》。

一年生草本。安福县、芦溪县。海拔 400~1800 米，丘陵、山坡草地及路边。福建、甘肃、广东、广西、贵州、海南、河南、湖南、江苏、江西、陕西、四川、台湾、云南、浙江。柬埔寨、印度、克什米尔、老挝、马来西亚、缅甸、尼泊尔、巴基斯坦、菲律宾、斯里兰卡、泰国；非洲、亚洲。

厚壳树属 *Ehretia* Linnaeus

厚壳树 *Ehretia acuminata* R. Brown

《江西林业科技》。

落叶乔木。安福县、芦溪县。海拔 200~1000 米，丘陵、平原疏林、山坡灌丛及山谷密林。广东、广西、贵州、河南、湖南、江苏、江西、山东、四川、台湾、云南、浙江。不丹、印度、印度尼西亚、日本、越南；澳大利亚。

粗糠树 *Ehretia dicksonii* Hance

陈功锡、张代贵等，LXP-06-0425。

落叶乔木。安福县、莲花县。海拔 300~1500 米，疏林。福建、甘肃、广东、广西、贵州、海南、河南、湖南、江苏、江西、青海、陕西、四川、台湾、云南、浙江。不丹、日本、尼泊尔、越南。

皿果草属 *Omphalotrigonotis* W. T. Wang

皿果草 *Omphalotrigonotis cupulifera* (I. M. Johnston) W. T. Wang

《江西林业科技》。

草本。安福县、莲花县、芦溪县。海拔 100~200 米，林下、山坡草丛、湿地等处。安徽、广西、湖南、江西、浙江。

盾果草属 *Thyrocarpus* Hance

弯齿盾果草 *Thyrocarpus glochidiatus* Maximowicz

《江西大岗山森林生物多样性研究》。

多年生草本。安福县、分宜县、莲花

县。海拔 300~1000 米，坡草地、田埂、路旁。安徽、甘肃、广东、河南、江苏、江西、陕西、四川。

盾果草 *Thyrocarpus sampsonii* Hance

陈功锡、张代贵等，LXP-06-1271、3358、3651、4725。

一年生草本。安福县、芦溪县、袁州区。海拔 200~1500 米，路旁。安徽、广东、广西、贵州、河南、湖北、湖南、江苏、江西、陕西、四川、台湾、云南、浙江。越南。

附地菜属 *Trigonotis* Steven

硬毛南川附地菜 *Trigonotis laxa* var. *hirsuta* W. T. Wang ex C. J. Wang

江西调查队，304。（PE 01355615）

多年生草本。安福县、芦溪县、袁州区。海拔 800~1800 米，山地灌丛、林缘、溪谷潮湿地。贵州、湖南、江西。

附地菜 *Trigonotis peduncularis* (Triranus) Bentham ex Baker & Moore

陈功锡、张代贵等，LXP-06-1272、3357、3533、3607、4497 等。

多年生草本。安福县、芦溪县、上高县、渝水区。海拔 100~1500 米，路旁、草地。福建、甘肃、广西、河北、黑龙江、江西、吉林、辽宁、内蒙古、宁夏、陕西、山东、山西、新疆、西藏、云南。温带亚洲、欧洲。

115. 马鞭草科 Verbenaceae

紫珠属 *Callicarpa* Linnaeus

紫珠 *Callicarpa bodinier* var. *bodinieri*

陈功锡、张代贵等，LXP-06-0434、1478、1721 等。

落叶灌木。安福县、茶陵县、分宜县、莲花县、芦溪县、攸县、袁州区。海拔 100~800 米，溪边、密林、灌丛等。安徽、广东、广西、贵州、河南、湖北、湖南、江苏、江西、四川、云南、浙江。越南。

华紫珠 *Callicarpa cathayana* H. T. Chang

陈功锡、张代贵等，LXP-06-0333、5419、5611、6680、6843 等。

落叶灌木。安福县、莲花县、芦溪县、攸县、袁州区。海拔 100~1400 米，草地、路旁、灌丛、溪边。安徽、广东、广西、贵州、河南、湖北、湖南、江苏、江西、四川、云南、浙江。越南。

白棠子树 *Callicarpa dichotoma* (Loureiro) K. Koch

陈功锡、张代贵等，LXP-06-0033、0213、1454、1990、3884 等。

落叶灌木。安福县、茶陵县、分宜县。海拔 200~800 米，沼泽、草地、路旁、灌丛河边。安徽、福建、广东、广西、贵州、河北、河南、湖北、湖南、江苏、江西、山东、台湾、浙江。日本、朝鲜、越南。

杜虹花 *Callicarpa formosana* Rolfe

陈功锡、张代贵等，LXP-06-5480。

落叶灌木。攸县。海拔 550~600 米，草地。福建、广东、广西、海南、江西、台湾、云南、浙江。日本、菲律宾。

老鸦糊 *Callicarpa giraldii* Hesse ex Rehder

陈功锡、张代贵等，LXP-06-0415、0666、3099。

落叶灌木。安福县、莲花县。海拔 200~1300 米，灌丛、草地。安徽、福建、甘肃、广东、广西、贵州、河南、湖北、湖南、江苏、江西、陕西、四川、云南、浙江。

毛叶老鸦糊 *Callicarpa giraldii* var. *subcanescens* Rehder

岳俊三等，3618。(PE 00967306)

藤本。安福县、莲花县。海拔 500~1200 米，疏林和灌丛中。安徽、广东、广西、贵州、河南、湖南、江苏、江西、四川、云南、浙江。

全缘叶紫珠 *Callicarpa integerrima* Champ.

《安福木本植物》。

藤本或蔓性灌木。安福县。海拔 150 米以上山坡、谷地林缘或林中。产浙江南部、江西、福建、广东、广西。

藤紫珠 *Callicarpa integerrima* var. *chinensis* (P'ei) S. L. Chen

陈功锡、张代贵等，LXP-06-0110、0864。

落叶灌木。安福县。海拔 200~500 米，山坡、林边、林中以、谷地溪边。广东、广西、湖北、江西、四川。

枇杷叶紫珠 *Callicarpa kochiana* Makino

陈功锡、张代贵等，LXP-06-0111、0437、0869、0975 等。

落叶灌木。安福县、茶陵县、芦溪县、上高县、渝水区。海拔 100~500 米，溪边、阴处、灌丛、草地、水库边。福建、广东、海南、河南、湖南、江西、台湾、浙江。日本、越南。

广东紫珠 *Callicarpa kwangtungensis* Chun

陈功锡、张代贵等，LXP-06-0099、0239、0416、1319、1871 等。

落叶灌木。安福县、茶陵县、莲花县、芦溪县、上高县、攸县、袁州区。海拔 300~1200 米，密林、疏林、路旁、灌丛。福建、广东、广西、贵州、湖北、湖南、江西、云南、浙江。

光叶紫珠 *Callicarpa lingii* Merr.

《安福木本植物》。

落叶灌木。安福县。海拔 800~900 米左右林下或灌丛。产江西、安徽（南部）、浙江。

长柄紫珠 *Callicarpa longipes* Dunn

《江西植物志》。

落叶灌木。安福县、芦溪县。海拔 300~500 米，山坡灌丛或疏林中。安徽、福建、广东、江西。

尖尾枫 *Callicarpa longissima* (Hemsley) Merrill

《江西大岗山森林生物多样性研究》。

落叶灌木。安福县、分宜县、芦溪县、袁州区。海拔 200-1000 米，荒野、山坡、谷地丛林中。福建、广东、广西、海南、江西、四川、台湾。日本、越南。

红紫珠 *Callicarpa rubella* Lindley

陈功锡、张代贵等，LXP-06-0325、1558、2059、2577 等。

落叶灌木。安福县。海拔 200~900 米，疏林溪边、路旁、灌丛、溪边。安徽、福建、广东、广西、贵州、海南、湖南、江西、四川、云南、浙江。印度尼西亚、老挝、马来西亚、缅甸、泰国、越南。

秃红紫珠 *Callicarpa rubella* var. *subglabra* (P'ei) Chang

陈功锡、张代贵等，LXP-06-1658、9171。

落叶灌木。安福县、茶陵县、芦溪县。海拔 800~1100 米，密林、路旁。广东、广西、贵州、湖南、江西、浙江。

莸属 *Caryopteris* Bunge

兰香草 *Caryopteris incana* (Thunberg ex Houtuyn) Miquel

陈功锡、张代贵等，LXP-06-3182、5340、7476、7646。

落叶灌木。安福县、上高县、攸县。海拔 100~500 米，溪边、阳处、路旁。安徽、福建、广东、广西、湖北、湖南、江苏、江西、台湾、浙江。日本、朝鲜。

大青属 *Clerodendrum* Linnaeus

臭牡丹 *Clerodendrum bungei* Steudel

陈功锡、张代贵等，LXP-06-3999。

落叶灌木。安福县、莲花县。海拔 400~1500 米，路旁、山坡、林缘、水沟。安徽、福建、甘肃、广东、广西、贵州、海南、河北、河南、湖北、湖南、江苏、江西、宁夏、青海、陕西、山东、山西、四川、台湾、云南、浙江。越南。

灰毛大青 *Clerodendrum canescens* Wallich ex Walpers

陈功锡、张代贵等，LXP-06-0040、0184、0201、1984、3619 等。

落叶灌木。安福县、茶陵县、莲花县。海拔 100~600 米，路旁、河边、灌丛、溪边。福建、广东、广西、贵州、湖南、江西、四川、台湾、云南、浙江。印度、越南。

大青 *Clerodendrum cyrtophyllum* Turczaninow

陈功锡、张代贵等，LXP-06-0029、1820、3813、3857、3914 等。

落叶灌木。安福县、茶陵县、分宜县、莲花县。海拔 200~1400 米，路旁、灌丛水库边、灌丛池塘边、灌丛。安徽、福建、广东、广西、贵州、海南、河南、湖北、湖南、江西、四川、台湾、云南、浙江。朝鲜、马来西亚、越南。

浙江大青 *Clerodendrum kaichianum* Hsu

《江西林业科技》。

落叶灌木。芦溪县。海拔 500~1200 米，山谷、山坡阔叶林或溪边路旁。安徽、福建、江西、浙江。

尖齿臭茉莉 *Clerodendrum lindleyi* Decaisne ex Planchon

杨祥学等，651161。

落叶灌木。莲花县。海拔 1000~1800 米，山坡、沟边、杂木林或路边。安徽、福建、广东、广西、贵州、湖南、江苏、江西、四川、云南、浙江。

海通 *Clerodendrum mandarinorum* Diels

陈功锡、张代贵等，LXP-06-0242、0337、1705、1706。

落叶灌木。安福县、莲花县、芦溪县。海拔 300~800 米，疏林、阳处、密林、密林溪边、灌丛。广东、广西、贵州、湖北、湖南、江西、四川、云南。越南。

海州常山 *Clerodendrum trichotomum* Thunberg

陈功锡、张代贵等，LXP-06-0402、1435、1545、2784、3175。

落叶灌木。安福县、茶陵县、芦溪县。海拔 400~1600 米，草地、疏林、路旁。广布于全国、除内蒙古、新疆、西藏地区。印度、日本、朝鲜；亚洲。

豆腐柴属 *Premna* Linnaeus

臭黄荆 *Premna ligustroides* Hemsl.

《安福木本植物》。

落叶灌木。安福县。海拔 300~500 米山坡林缘或灌丛。四川、贵州、湖北及江西。

豆腐柴 *Premna microphylla* Turczaninow

陈功锡、张代贵等，LXP-06-1430。

落叶灌木。安福县、茶陵县、莲花县。海拔 700~800 米，路旁、林下、林缘。安徽、福建、广东、广西、贵州、海南、河南、湖北、湖南、江西、四川、台湾、云南、浙江。日本。

狐臭柴 *Premna puberula* Pamp.

《安福木本植物》。

直立或攀援灌木至小乔木。安福县。生于海拔 700-1800 米的山坡路边丛林中。产甘肃、陕西南部、湖北、湖南、四川、云南、贵州、福建、广西、广东西北部等地。

四棱草属 *Schnabelia* Hand.-Mazz.

四棱草 *Schnabelia oligophylla* Handel-Mazzetti

陈功锡、张代贵等，LXP-06-3566。

多年生草本。安福县、莲花县。海拔 200~500 米，阴处溪边、林下潮湿处。福建、广东、广西、海南、湖南、江西、四川、云南。

马鞭草属 *Verbena* Linnaeus

马鞭草 *Verbena officinalis* Linnaeus

陈功锡、张代贵等，LXP-06-0586、1938、2319、2479 等。

多年生草本。安福县、茶陵县、分宜县、芦溪县、莲花县、上高县。海拔 100~700 米，路旁、草地。安徽、福建、甘肃、广东、广西、贵州、海南、湖北、湖南、江苏、江西、陕西、山西、四川、台湾、新疆、西藏、云南、浙江。广泛种植于温带地区热带地区。

牡荆属 *Vitex* Linnaeus

黄荆 *Vitex negundo* Linnaeus

陈功锡、张代贵等，LXP-06-2584、3536、3697、3766、3924 等。

落叶灌木。安福县、茶陵县、分宜县、莲花县、上高县、攸县。海拔 100~300 米，路旁、灌丛、阳处、阴处、水库边。安徽、福建、甘肃、广东、广西、贵州、海南、河北、河南、湖北、湖南、江苏、江西、内蒙古、宁夏、山西、山东、陕西、四川、台湾、西藏、云南、浙江。日本；非洲、亚洲、太平洋群岛。

牡荆 *Vitex negundo* var. *cannabifolia* (Siebold & Zuccarini) Handel-Mazzetti

陈功锡、张代贵等，LXP-06-0002、1374、6523、7467。

常绿乔木。安福县、茶陵县、分宜县、莲花县、上高县、渝水区。海拔 100~200 米，路旁、路旁河边、路旁水库边、草地。广东、广西、江西、贵州、河北、河南、湖南、四川。印度、尼泊尔；亚洲。

山牡荆 *Vitex quinata* (Loureiro) Williams

《江西大岗山森林生物多样性研究》。

常绿乔木。安福县、茶陵县、分宜县、芦溪县、攸县。海拔 200~1500 米，山坡林中。福建、广东、广西、贵州、海南、湖南、江西、台湾、西藏、云南、浙江。印度、印度尼西亚、日本、马来西亚、菲律宾、泰国。

116. 唇形科 Lamiaceae

藿香属 *Agastache* Clayton ex Gronovius

藿香 *Agastache rugosa* (Fischer & Meyer) Kuntze.

陈功锡、张代贵等，LXP-06-1933、6285。

多年生草本。安福县、茶陵县。海拔400~600 米，灌丛、阳处。广泛分布、在中国作为药用植物栽培。日本、朝鲜、俄罗斯；北美洲。

筋骨草属 *Ajuga* Linnaeus

筋骨草 *Ajuga ciliata* Bunge

陈功锡、张代贵等，LXP-06-3667。

一年生草本。袁州区。海拔 200~300 米，草地。甘肃、河北、湖北、陕西、山东、山西、四川、浙江。

金疮小草 *Ajuga decumbens* Thunberg

陈功锡、张代贵等，LXP-06-1124、1569、2222、2434、3801 等。

一年生草本。安福县、茶陵县、莲花县、芦溪县。海拔 100~800 米，灌丛、路旁、草地。安徽、福建、广东、广西、贵州、海南、湖北、湖南、江苏、江西、青海、四川、台湾、云南、浙江。日本、朝鲜。

紫背金盘 *Ajuga nipponensis* Makino

陈功锡、张代贵等，LXP-06-1277。

一年生草本。安福县、莲花县、芦溪县、袁州区。海拔 300~1500 米，灌丛、溪边、路旁等。福建、广东、广西、贵州、海南、河北、湖南、江苏、江西、四川、台湾、云南、浙江。日本、朝鲜。

广防风属 *Anisomeles* R. Brown

广防风 *Anisomeles indica* (Linnaeus) Kuntze

赖书绅，1684。(PE 00741850)

多年生草本。安福县。海拔 200~900 米，热带及南亚热带地区的林缘或路旁等荒地上。福建、广东、广西、贵州、湖南、江西、四川、台湾、西藏、云南、浙江。柬埔寨、印度、老挝、马来西亚、缅甸、菲律宾、泰国、越南。

风轮菜属 *Clinopodium* Linnaeus

风轮菜 *Clinopodium chinense* (Bentham) Kuntze

陈功锡、张代贵等，LXP-06-1867、3095、5761、6294、6703 等。

多年生草本。安福县、茶陵县、分宜县、莲花县、袁州区。海拔 300~800 米，路旁溪边、草地、溪边、灌丛、路旁、疏林。安徽、福建、广东、广西、湖北、湖南、江苏、江西、山东、台湾、云南、浙江。日本。

邻近风轮菜 *Clinopodium confine* (Hance) Kuntze

岳俊三，2977。(WUK 0220356)

多年生草本。安福县。海拔 100~500 米，田边、山坡、草地。安徽、福建、广东、广西、贵州、河南、湖南、江苏、江西、四川、浙江。日本。

细风轮菜 *Clinopodium gracile* (Bentham) Matsum.

陈功锡、张代贵等，LXP-06-1921、2424、3366 等。

多年生草本。安福县、茶陵县、芦溪县、袁州区。海拔 100~900 米，灌丛、草地、灌丛等。产江苏、浙江、福建、台湾、安徽、江西、湖南、广东、广西、贵州、云南、四川、湖北及陕西南部。

匍匐风轮菜 *Clinopodium repens* (Buchanan-Hamilton ex D. Don) Bentham

陈功锡、张代贵等，LXP-06-3805、4607。

多年生草本。安福县。海拔 100~700 米，草地、池塘边、路旁。福建、甘肃、贵州、湖北、湖南、江苏、江西、陕西、四川、台湾、云南、浙江。不丹、印度、印度尼西亚、日本、缅甸、尼泊尔、菲律宾、斯里兰卡。

水蜡烛属 *Dysophylla* Blume

水虎尾 *Dysophylla stellata* (Loureiro) Bentham

《江西大岗山森林生物多样性研究》。

多年生草本。安福县、分宜县。海拔 400~1200 米，稻田中或水边。安徽、福建、广东、广西、海南、湖南、江西、云南、浙江。孟加拉国、不丹、柬埔寨、印度、印度尼西亚、日本、老挝、马来西亚、泰国、越南；澳大利亚。

水蜡烛 *Dysophylla yatabeana* Makino

陈功锡、张代贵等，LXP-06-8442。

一年生草本。安福县。海拔 100~300 米，路旁、水池中、水稻田内、湿润空旷地方。安徽、贵州、湖南、浙江。日本、朝鲜。

香薷属 *Elsholtzia* Willdenow

紫花香薷 *Elsholtzia argyi* H. Léveillé

岳俊三等，3683。(WUK 0219824)

一年生草本。安福县。海拔 400~1200 米，山坡灌丛中、林下、溪旁及河边草地。安徽、福建、广东、广西、贵州、湖北、湖南、江苏、江西、四川、浙江。日本、越南。

香薷 *Elsholtzia ciliata* (Thunberg) Hylander

陈功锡、张代贵等，LXP-06-2020、2473、2702 等。

一年生草本。安福县、茶陵县、芦溪县、袁州区。海拔 200~1500 米，路旁、疏林、草地。广泛分布于中国各省市、除了青海、新疆。柬埔寨、印度、日本、老挝、马来西亚、蒙古、缅甸、俄罗斯、泰国、越南；引入欧洲及美洲北部。

海州香薷 *Elsholtzia splendens*

岳俊三等，3683。(KUN 215281)

一年生草本。安福县。海拔 200~300 米，山坡路旁或草丛。广东、河北、河南、湖北、江苏、江西、辽宁、山东、浙江。朝鲜。

小野芝麻属 *Galeobdolon* Adanson

小野芝麻 *Galeobdolon chinensis* (Bentham) C. Y. Wu

陈功锡、张代贵等，LXP-06-4969。

一年生草本。莲花县、上高县。海拔 100~300 米，路旁、疏林。安徽、福建、广东、广西、湖南、江苏、江西、台湾、浙江。

活血丹属 *Glechoma* Linnaeus

白透骨消 *Glechoma biondiana* (Diels) C. Y. Wu & C. Chen

陈功锡、张代贵等，LXP-06-1304。

多年生草本。芦溪县。海拔 1400~1500 米，路旁。甘肃、河北、河南、湖北、陕西、四川。

活血丹 *Glechoma longituba* (Nakai) Kuprianova

陈功锡、张代贵等，LXP-06-1092、3487、5009、8586。

多年生草本。安福县、分宜县、芦溪县、上高县。海拔 200~600 米，路旁溪边、路旁。遍布全国、除甘肃、青海、新疆、西藏。朝鲜、俄罗斯。

四轮香属 *Hanceola* Kudo

出蕊四轮香 *Hanceola exserta Sun*

岳俊三等，3632。(IBSC 0587861)

多年生草本。安福县。海拔 600~1300 米，草坡阴地及亚热带常绿林下。福建、广东、湖南、江西、浙江。

濒危等级：NT

香茶菜属 *Isodon* (Schrader ex Bentham) Spach

香茶菜 *Isodon amethystoides* (Bentham) Hara

陈功锡、张代贵等，LXP-06-2255、7582。

多年生草本。茶陵县、上高县。海拔 200~600 米，路旁、溪边。安徽、福建、广东、广西、贵州、湖北、江西、台湾、浙江。

内折香茶菜 *Isodon inflexus* (Thunberg) Kudo

陈功锡、张代贵等，LXP-06-5668、5749、7671、7818 等。

多年生草本。安福县、袁州区。海拔 100~800 米，溪边、山坡草地、林边、灌丛下。河北、湖北、湖南、江苏、江西、吉林、辽宁、山东、浙江。日本、朝鲜。

蓝萼毛叶香茶菜 *Isodon japonicus* var. *glaucocalyx* (Maximowicz) H. W. Li

《江西植物志》。

多年生草本。安福县。海拔 400~1200 米，山坡、路旁、林缘、林下及草丛中。河北、黑龙江、吉林、辽宁、山东、山西。日本、朝鲜、俄罗斯。

线纹香茶菜 *Isodon lophanthoides* (Buchanan-Hamilton ex D. Don) H. Hara

《江西植物志》。

多年生草本。安福县。海拔 400~1000 米，沼泽地上或林下潮湿处。福建、甘肃、广东、广西、贵州、湖北、湖南、江西、四川、西藏、云南、浙江。印度、老挝、缅甸、尼泊尔、泰国、越南。

显脉香茶菜 *Isodon nervosus* (Hemsley) Kudô

陈功锡、张代贵等，LXP-06-6950。

多年生草本。安福县。海拔 300~600 米，溪边、山谷、草丛、林下荫处。安徽、广东、广西、贵州、河南、湖北、江苏、江西、陕西、四川、浙江。

香简草属 *Keiskea* Miquel

香薷状香简草 *Keiskea elsholtzioides*

熊耀国，9058 (1528) 。(LBG 00039821)

多年生草本。安福县。海拔 200~500 米，红壤丘陵草丛或树丛中。安徽、广东、湖北、湖南、江西、浙江。

动蕊花属 *Kinostemon* Kudo

粉红动蕊花 *Kinostemon alborubrum* (Hemsley) C. Y. Wu et S. Chow

陈功锡、张代贵等，LXP-06-2357、8027。

多年生草本。安福县、分宜县、芦溪县。海拔 300~800 米，灌丛、路旁。湖北、四川。

动蕊花 *Kinostemon ornatum* (Hemsley) Kudo

陈功锡、张代贵等，LXP-06-2986。

多年生草本。安福县。海拔 300~400 米，疏林、草地。安徽、贵州、湖北、陕西、四川、云南。

野芝麻属 *Lamium* Linn.

野芝麻 *Lamium barbatum* Siebold & Zuccarini

陈功锡、张代贵等，LXP-06-9616。

多年生草本。武功山地区广布。海拔200~1500米，路旁，田野，废弃地区的山坡，溪边。安徽、甘肃、贵州、河北、黑龙江、河南、湖北、湖南、江苏、江西、吉林、辽宁、内蒙古、陕西、山东、山西、四川、浙江。韩国、俄罗斯、日本。

益母草属 *Leonurus* Linnaeus

益母草 *Leonurus japonicus* Houttuyn

陈功锡、张代贵等，LXP-06-1838、3356、3528等。

一年生草本。安福县、茶陵县、分宜县、芦溪县。海拔100~300米，草地、路旁。安徽、福建、甘肃、广东、广西、贵州、海南、河北、黑龙江、河南、湖北、湖南、江苏、江西、吉林、辽宁、内蒙古、宁夏、青海、陕西、山东、山西、四川、台湾、新疆、西藏、云南、浙江。柬埔寨、日本、朝鲜、老挝、马来西亚、缅甸、泰国、越南；非洲、美洲。

绣球防风属 *Leucas* R. Brown

绣球防风 *Leucas ciliata* Bentham

陈功锡、张代贵等，LXP-06-0826。

多年生草本。安福县。海拔100~500米，山谷溪边、路旁、灌丛。广西、贵州、四川、云南、江西。不丹、印度、老挝、缅甸、尼泊尔、越南。

疏毛白绒草 *Leucas mollissima* var. *chinensis* Bentham

陈功锡、张代贵等，LXP-06-5889、8811、8863等。

多年生草本。安福县、芦溪县、袁州区。海拔100~400米，山坡、路旁灌丛。福建、广东、贵州、湖北、湖南、四川、台湾、云南。日本。

白绒草 *Leucas mollissima* Wallich ex Bentham

陈功锡、张代贵等，LXP-06-0310。

一年生草本。安福县。海拔400~800米，阳性灌丛、路旁、草地、阴处、溪边。福建、广东、广西、贵州、湖北、湖南、四川、台湾、云南。印度、印度尼西亚、日本、马来西亚、缅甸、尼泊尔、斯里兰卡、泰国、越南。

地笋属 *Lycopus* Linnaeus

硬毛地笋 *Lycopus lucidus* var. *hirtus* Regel

岳俊三等，2710。(NAS NAS00223291)

多年生草本。安福县。海拔300~1500米，沼泽地、水边、沟边等潮湿处。安徽、福建、甘肃、广东、广西、贵州、河北、黑龙江、湖北、湖南、江苏、江西、吉林、辽宁、内蒙古、陕西、山东、山西、四川、台湾、云南、浙江。日本、俄罗斯。

薄荷属 *Mentha* Linnaeus

薄荷 *Mentha canadensis* Linnaeus

陈功锡、张代贵等，LXP-06-8450。

多年生草本。安福县、莲花县。海拔150~200米，路旁。广布于全国各省。柬埔寨、日本、朝鲜、老挝、马来西亚、缅甸、俄罗斯、泰国、越南；北美洲。

留兰香 *Mentha spicata* Linnaeus

《江西植物志》。

多年生草本。茶陵县。海拔400~500米，路旁草地。广东、广西、贵州、河北、湖北、江苏、四川、西藏、云南、浙江。俄罗斯、土库曼斯坦；非洲、亚洲、欧洲。

凉粉草属 *Mesona* Blume

凉粉草 *Mesona chinensis* Bentham

《江西大岗山森林生物多样性研究》。

多年生草本。安福县、分宜县、莲花县、芦溪县、袁州区。海拔 300~800 米，水沟、沙地草丛。广东、广西、江西、台湾、浙江。

石荠苎属 *Mosla* (Bentham) Buchanan-Hamilton ex Maximowicz

石香薷 *Mosla chinensis* Maximowicz

陈功锡、张代贵等，LXP-06-5342、7639、7711。

一年生草本。上高县、攸县、袁州区。海拔 100~1500 米，路旁、草地、灌丛。安徽、福建、广东、广西、贵州、湖北、湖南、江苏、江西、山东、四川、台湾、浙江。越南。

小鱼荠苎 *Mosla dianthera* (Buchanan-Hamilton ex Roxburgh) Maximo- wicz

陈功锡、张代贵等，LXP-06-0618、2183、2440 等。

一年生草本。安福县、茶陵县、芦溪县、上高县、攸县、渝水区、袁州区。海拔 100~600 米，疏林、草地、路旁。福建、广东、广西、贵州、湖北、湖南、江苏、江西、陕西、四川、台湾、云南、浙江。不丹、印度、日本、马来西亚、缅甸、尼泊尔、巴基斯坦、越南。

石荠苎 *Mosla scabra* (Thunberg) C. Y. Wu et H. W. Li

陈功锡、张代贵等，LXP-06-2150、2439、2583 等。

多年生草本。安福县、莲花县、芦溪县、攸县、袁州区。海拔 100~800 米，路旁、灌丛、草地等。安徽、福建、甘肃、广东、广西、河南、湖北、湖南、江苏、江西、辽宁、陕西、四川、台湾、浙江。日本、越南。

罗勒属 *Ocimum* Linnaeus

罗勒 *Ocimum basilicum* Linnaeus

岳俊三等，2956。(PE 01689302)

多年生草本。安福县。海拔 200~900 米，路旁草地。安徽、福建、广东、广西、贵州、河北、河南、湖北、湖南、江苏、江西、吉林、四川、台湾、新疆、云南、浙江。非洲、亚洲。

牛至属 *Origanum* Linnaeus

牛至 *Origanum vulgare* Linnaeus

岳俊三、褚瑞芝，2751。(NAS NAS00224228)

一年生草本。安福县、分宜县、莲花县。海拔 600~1200 米，路旁、山坡、林下及草地。安徽、福建、甘肃、广东、贵州、河南、湖北、湖南、江苏、江西、陕西、四川、台湾、新疆、西藏、云南、浙江。哈萨克斯坦、吉尔吉斯斯坦、俄罗斯；非洲、欧洲，引入北美洲。

假糙苏属 *Paraphlomis* Prain

纤细假糙苏 *Paraphlomis gracilis* (Hemsley) Kudô

陈功锡、张代贵等，LXP-06-1903。

多年生草本。茶陵县。海拔 700~900 米，密林下荫处。安徽、福建、甘肃、广东、贵州、河南、湖北、湖南、江苏、江西、陕西、四川、台湾、新疆、西藏、云南、浙江。哈萨克斯坦、吉尔吉斯斯坦、俄罗斯；非洲、欧洲，引入北美洲。

紫苏属 *Perilla* Linnaeus

紫苏 *Perilla frutescens* (Linnaeus) Britton

陈功锡、张代贵等，LXP-06-2204、2456、3035 等。

多年生草本。安福县、茶陵县、上高县、袁州区。海拔 50~800 米，草地、灌丛、溪边等。福建、广东、广西、贵州、河北、湖北、江苏、江西、山西、四川、台湾、西藏、云南、浙江。不丹、柬埔寨、印度、印度尼西亚、日本、朝鲜、老挝、越南。

夏枯草属 *Prunella* Linnaeus

山菠菜 *Prunella asiatica* Nakai

岳俊三等，2811。(WUK 0219647)

多年生草本。安福县。海拔 200~1200 米，路旁、山坡草地、灌丛及潮湿地上。安徽、黑龙江、江苏、江西、吉林、辽宁、山东、山西、浙江。日本、朝鲜。

夏枯草 *Prunella vulgaris* Linnaeus

陈功锡、张代贵等，LXP-06-3386、3477、4033 等。

多年生草本。安福县、莲花县、芦溪县。海拔 200~500 米，路旁、草地。福建、甘肃、广东、广西、贵州、河南、湖北、湖南、江西、陕西、四川、台湾、新疆、西藏、云南、浙江。不丹、印度、日本、哈萨克斯坦、朝鲜、吉尔吉斯斯坦、尼泊尔、巴基斯坦、俄罗斯、塔吉克斯坦、土库曼斯坦；非洲、亚洲、欧洲、美洲北部。

鼠尾草属 *Salvia* Linnaeus

南丹参 *Salvia bowleyana*

陈功锡、张代贵等，LXP-06-3416。

一年生草本。安福县、芦溪县。海拔 100~300 米，山地、山谷、路旁、林下、水边。福建、广东、广西、湖南、江西、浙江。

贵州鼠尾草 *Salvia cavaleriei* H. Léveillé

陈功锡、张代贵等，LXP-06-4634、5055、6163。

一年生草本。安福县。海拔 500~900 米，路旁、灌丛。广东、广西、贵州、湖北、湖南、江西、陕西、四川、云南。

血盆草 *Salvia cavaleriei* var. *simplicifolia* E. Peter

陈功锡、张代贵等，LXP-06-4046、1286、4509。

一年生草本。海拔 400~800 米，山坡、疏林、溪边。广东、广西、贵州、湖北、湖南、江西、四川、云南。

华鼠尾草 *Salvia chinensis* Bentham

岳俊三等，2899。(PE 01690228)

一年生草本。安福县。海拔 200~500 米，山坡或平地的林荫处或草丛中。安徽、福建、广东、广西、湖北、湖南、江苏、江西、山东、四川、台湾、浙江。

鼠尾草 *Salvia japonica* Thunberg

陈功锡、张代贵等，LXP-06-0347、0383、0632 等。

一年生草本。安福县、分宜县、芦溪县、袁州区。海拔 100~2000 米，密林、疏林、灌丛等。安徽、福建、广东、广西、湖北、江苏、江西、四川、台湾、浙江。

荔枝草 *Salvia plebeia* R. Brown

陈功锡、张代贵等，LXP-06-3596、3748、4659、4870 等。

多年生草本。安福县、上高县。海拔 100~300 米，路旁、草地、疏林。广泛分布于中国各省除甘肃、青海、新疆、西藏。

阿富汗、印度、印度尼西亚、日本、朝鲜、马来西亚、缅甸、俄罗斯、泰国、越南；澳大利亚。

佛光草 *Salvia substolonifera* E. Peter

陈功锡、张代贵等，LXP-06-9574。

一年生草本。分宜县。海拔 900 米以下，河边地带、岩石裂缝，林中。福建、贵州、湖南、江西、四川、浙江。

黄芩属 *Scutellaria* Linnaeus

半枝莲 *Scutellaria barbata* D. Don

陈功锡、张代贵等，LXP-06-3609、4811、4942、5090、5178 等。

多年生草本。安福县、茶陵县、上高县、渝水区。海拔 100~500 米，草地、路旁、水库边。福建、广东、广西、贵州、河北、河南、湖北、湖南、江苏、江西、陕西、山东、四川、台湾、云南、浙江。印度、日本、朝鲜、老挝、缅甸、尼泊尔、泰国、越南。

湖南黄芩 *Scutellaria hunanensis* C. Y. Wu et H. W. Li

陈功锡、张代贵等，LXP-06-9635。

直立草本。分宜县。海拔 500~1000 米，路旁、灌丛。湖南、江西。

韩信草 *Scutellaria indica* Linnaeus

陈功锡、张代贵等，LXP-06-4494。

多年生草本。莲花县。海拔 800~900 米，路旁、疏林。安徽、福建、广东、广西、贵州、河南、湖北、湖南、江苏、江西、陕西、四川、台湾、云南、浙江。柬埔寨、印度、印度尼西亚、日本、老挝、马来西亚、缅甸、泰国、越南。

筒冠花属 *Siphocranion* Kudo

光柄筒冠花 *Siphocranion nudipes* (Hemsley) Kudô

岳俊三等，3632。(KUN 821433)

多年生草本。安福县。海拔 1000~1600 米，亚热带常绿林或混交林下。福建、广东、贵州、湖北、江西、四川、云南。

水苏属 *Stachys* Linnaeus

水苏 *Stachys japonica* Miquel

陈功锡、张代贵等，LXP-06-3489。

多年生草本。安福县。海拔 100~500 米，路旁、湿地。安徽、福建、河北、河南、江苏、江西、辽宁、内蒙古、山东、浙江。日本、俄罗斯。

针筒菜 *Stachys oblongifolia* Wallich ex Bentham

陈功锡、张代贵等，LXP-06-5106。

多年生草本。安福县、莲花县。海拔 100~800 米，林下、河岸、竹丛、灌丛、苇丛、草丛、湿地。安徽、福建、广东、广西、贵州、河南、湖北、湖南、江苏、江西、四川、台湾、云南。印度。

香科科属 *Teucrium* Linnaeus

二齿香科科 *Teucrium bidentatum* Hemsley

陈功锡、张代贵等，LXP-06-0117。

多年生草本。安福县。海拔 300~400 米，路旁、山地林下。广西、贵州、湖北、四川、台湾、云南。

穗花香科科 *Teucrium japonicum* Willdenow

陈功锡、张代贵等，LXP-06-0364、0423、2482 等。

多年生草本。安福县、莲花县、莲花县、攸县。海拔 100~700 米，疏林、密林、溪边等。甘肃、广东、贵州、河北、河南、湖南、江苏、江西、四川、浙江。日本、朝鲜。

庐山香科科 *Teucrium pernyi* Franchet

陈功锡、张代贵等，LXP-06-6204。

多年生草本。安福县。海拔 300~800 米，路旁。安徽、福建、广东、广西、河南、湖北、湖南、江苏、江西、浙江。

长毛香科科 *Teucrium pilosum* (Pampanini) C. Y. Wu & S. Chow

陈功锡、张代贵等，LXP-06-0309。

多年生草本。安福县、莲花县。海拔 100~800 米，山坡、河边。广西、贵州、湖北、湖南、江西、四川、浙江。

铁轴草 *Teucrium quadrifarium* Buchana-Hamilton ex D. Don

陈功锡、张代贵等，LXP-06-0154。

多年生草本。安福县、莲花县。海拔 100~400 米，山地阳坡、林下、灌丛。福建、广东、贵州、湖南、江西、云南。印度、印度尼西亚、缅甸、尼泊尔。

血见愁 *Teucrium viscidum* Blume

岳俊三等，3237。(KUN 821958)

一年生草本。安福县、分宜县、莲花县。海拔 400~1200 米，山地林下润湿处。安徽、福建、甘肃、广东、广西、贵州、湖北、湖南、江苏、江西、陕西、四川、台湾、西藏、云南、浙江。印度、印度尼西亚、日本、朝鲜、缅甸、菲律宾。

117. 茄科 Solanaceae

红丝线属 *Lycianthes* (Dunal) Hassler

单花红丝线 *Lycianthes lysimachioides* (Wallich) Bitter

赖书坤等，1646。(KUN 182426)

多年生草本。莲花县。1500~1700 米，林下或路旁。广布于全国。印度、印度尼西西亚、尼泊尔。

中华红丝线 *Lycianthes lysimachioides* (Wallich) Bitter var. *sinensis* Bitter

江西调查队，1655。(PE 00633396)

一年生草本。安福县。海拔 600~1200 米，林下或路旁。广东、湖北、湖南、江西、四川、云南。

枸杞属 *Lycium* Linnaeus

枸杞 *Lycium chinense* Miller

陈功锡、张代贵等，LXP-06-1690、2056、3072、6113。

落叶灌木。安福县、茶陵县、攸县。海拔 200~500 米，路旁、灌丛。安徽、福建、甘肃、广东、广西、贵州、海南、河北、黑龙江、河南、湖北、湖南、江苏、江西、吉林、辽宁、内蒙古、宁夏、青海、陕西、山西、四川、台湾、云南、浙江。日本、朝鲜、蒙古、尼泊尔、巴基斯坦、泰国；亚洲、欧洲。

散血丹属 *Physaliastrum* Makino

江南散血丹 *Physaliastrum heterophyllum* (Hemsley) Migo

岳俊三等，3710。(IBSC 0530149)

一年生草本。安福县。海拔 600~1000 米，山坡或山谷林下潮湿地。安徽、福建、河南、湖北、湖南、江苏、江西、云南、浙江。

酸浆属 *Physalis* Linnaeus

苦职 *Physalis angulata* Linnaeus

陈功锡、张代贵等，LXP-06-0139、0589、2906、3751、3961 等。

多年生草本。安福县、分宜县、莲花县、攸县。海拔 100~400 米，河边、路旁、草地、路旁水库边。安徽、福建、广东、广西、海南、河南、湖北、湖南、江苏、江西、台湾、浙江。世界广布。

小酸浆 *Physalis minima* Linnaeus

《江西植物志》。

一年生草本。安福县、茶陵县、袁州区。海拔 1000~1600 米，山坡。广东、广西、江西、四川、云南。世界广布。

茄属 *Solanum* Linnaeus

少花龙葵 *Solanum americanum* Miller

岳俊三等，2715。(KUN 183491)

草本。安福县、莲花县。海拔 300~1200 米，溪边、密林阴湿处或林边荒地。福建、广东、广西、海南、湖南、江西、四川、台湾、云南。所有热带和温带地区。

白英 *Solanum lyratum* Thunberg

陈功锡、张代贵等，LXP-06-1872、2016、2551、2735、2758 等。

一年生草本。安福县、茶陵县、芦溪县、攸县、袁州区。海拔 100~1400 米，疏林、路旁、灌丛、灌丛溪边、路旁溪边、疏林、草地。安徽、福建、甘肃、广东、广西、贵州、海南、河南、湖北、湖南、江苏、江西、陕西、山东、山西、四川、台湾、西藏、云南、浙江。柬埔寨、日本、朝鲜、老挝、缅甸、泰国、越南。

龙葵 *Solanum nigrum* Linnaeus

陈功锡、张代贵等，LXP-06-0983、13887、2309、2420、3376 等。

一年生草本。安福县、茶陵县、分宜县、莲花县、芦溪县、上高县、攸县、袁州区。海拔 100~1500 米，溪边、路旁溪边、灌丛、草地、阳处。福建、广西、贵州、湖南、江苏、四川、台湾、西藏、云南。印度、日本；亚洲、欧洲。

海桐叶白英 *Solanum pittosporifolium* Hemsley

岳俊三等，3545。(PE 00709468)

落叶灌木。安福县、袁州区。海拔 600~1200 米，密林或疏林下。安徽、广东、广西、贵州、河北、湖北、湖南、江西、四川、台湾、西藏、云南、浙江。越南。

珊瑚樱 *Solanum Pseudocapsicum* Linnaeus

陈功锡、张代贵等，LXP-06-0587、1018、2269 等。

常绿灌木。安福县。海拔 100~500 米，石上、灌丛、溪边等。全国各地广泛栽培。原产南美洲。

龙珠属 *Tubocapsicum* (Wettstein) Makino

龙珠 *Tubocapsicum anomalum* (Franchet et Savatier) Makino

陈功锡、张代贵等，LXP-06-0281、2911、5971、6273、6934 等。

多年生草本。安福县、芦溪县、袁州区。海拔 200~800 米，密林、路旁、溪边、疏林、灌丛。福建、广东、广西、贵州、湖南、江西、四川、台湾、云南、浙江。印度尼西亚、日本、朝鲜、菲律宾、泰国。

118. 玄参科 Scrophulariaceae

黑草属 *Buchnera* Linnaeus

黑草 *Buchnera cruciata* Buchanan-Hamilton ex D. Don

赖书绅等，1995。(PE 01373349)

一年生草本。安福县。海拔 500~1200 米，旷野、山坡及疏林中。福建、广东、广西、贵州、湖北、湖南、江西、云南。柬埔寨、印度、印度尼西亚、老挝、马来西亚、缅甸、尼泊尔、泰国、越南。

胡麻草属 *Centranthera* R. Brown

胡麻草 *Centranthera cochinchinensis* (Loureiro) Merrill

岳俊三等，3276。(IBSC 0555799)

多年生草本。安福县、分宜县。海拔600~1200米，路旁草地、干燥或湿润处。安徽、福建、广东、广西、海南、湖南、江苏、江西、四川、西藏、云南。柬埔寨、印度、印度尼西亚、日本、朝鲜、老挝、马来西亚、缅甸、尼泊尔、菲律宾、斯里兰卡、泰国、越南；澳大利亚、大洋洲。

水八角属 *Gratiola* Linnaeus

白花水八角 *Gratiola japonica* Miquel

《江西大岗山森林生物多样性研究》。

一年生草本。安福县、分宜县。海拔200~500米，稻田及水边带黏性的淤泥上。黑龙江、江苏、江西、吉林、辽宁、云南。日本、朝鲜、俄罗斯。

石龙尾属 *Limnophila* R. Brown

紫苏草 *Limnophila aromatica* (Lamarck) Merrill

《生物多样性》。

多年生草本。安福县、茶陵县、芦溪县。海拔200~400米，旷野沼泽、田边、塘边湿处。福建、湖南、广东、广西、海南、江西、台湾。不丹、印度、印度尼西亚、日本、朝鲜、老挝、菲律宾、越南；澳大利亚。

石龙尾 *Limnophila sessiliflora* (Vahl) Blume

陈功锡、张代贵等，LXP-06-2289、5296。

一年生草本。安福县、攸县。海拔100~200米，阴处、阳处。安徽、福建、广东、广西、贵州、河南、湖南、江苏、江西、辽宁、四川、台湾、云南、浙江。不丹、印度、印度尼西亚、日本、朝鲜、马来西亚、缅甸、尼泊尔、斯里兰卡、越南。

母草属 *Lindernia* Allioni

长蒴母草 *Lindernia anagallis* (N. L. Burman) Pennell

陈功锡、张代贵等，LXP-06-0169、1487、2284等。

一年生草本。安福县、茶陵县、芦溪县、攸县。海拔100~500米，阳处、草地、路旁等。福建、广东、广西、贵州、湖南、江西、四川、台湾、云南。不丹、柬埔寨、印度、日本、老挝、马来西亚、缅甸、菲律宾、泰国、越南；澳大利亚。

母草 *Lindernia crustacea* (Linnaeus) F. Muell

陈功锡、张代贵等，LXP-06-0168、0192、0585、2174、3067等。

一年生草本。安福县、茶陵县、分宜县、莲花县、攸县、袁州区。海拔100~800米，阳处、疏林、路旁、草地、溪边。安徽、福建、广东、广西、贵州、海南、河南、湖北、湖南、江苏、江西、四川、台湾、西藏、云南、浙江。广泛分布于热带和亚热带地区。

狭叶母草 *Lindernia micrantha* D. Don

岳俊三等，3070。(PE 01394019)

一年生草本。安福县。海拔1200~1600米，稻田边、河边低湿地、河滩、林缘沼泽、路边低湿地、山坡潮湿地、湿地、湿地稻田中、溪边。安徽、福建、广东、广西、贵州、江苏、江西、河南、湖北、湖南、云南、浙江。柬埔寨、印度、印度尼西亚西亚、日本、朝鲜、老挝、缅甸、尼泊尔、斯里兰卡、泰国、越南。

陌上菜 *Lindernia procumbens* (Krocker) Borbás

陈功锡、张代贵等，LXP-06-0450。

一年生草本。安福县。海拔 200~400 米，溪边。安徽、福建、广东、广西、贵州、江苏、江西、河南、湖北、湖南、云南、浙江。柬埔寨、印度、印度尼西亚、日本、朝鲜、老挝、缅甸、尼泊尔、斯里兰卡、泰国、越南。

旱田草 *Lindernia ruellioides* (Colsmann) Pennell

陈功锡、张代贵等，LXP-06-3213。

一年生草本。安福县。海拔 400~500 米，路旁、草地、平原、山谷、林下。福建、广东、广西、贵州、湖北、湖南、江西、四川、台湾、云南、浙江。柬埔寨、印度、印度尼西亚、日本、马来西亚、缅甸、新几内亚、菲律宾、越南。

刺毛母草 *Lindernia setulosa* (Maximowicz) Tuyama ex Hara

赖书坤等，1393。(KUN 700436)

一年生草本。莲花县。海拔 400~1000 米，山谷、道旁、林中、草地等比较湿润的地方。福建、广东、广西、贵州、江西、四川、浙江。日本。

通泉草属 *Mazus* Loureiro

纤细通泉草 *Mazus gracilis* Hemsley

聂敏祥等，6959。(KUN 822283)

多年生草本。莲花县。海拔 200~600 米，潮湿的丘陵、路旁及水边。河南、湖北、江苏、江西、浙江。

匍茎通泉草 *Mazus miquelii* Makino

陈功锡、张代贵等，LXP-06-4710、4852、7979。

一年生草本。安福县、莲花县、袁州区。海拔 300~900 米，潮湿的草地、低海拔的荒地、沟渠旁、路旁。河南、湖北、江苏、江西、浙江。

通泉草 *Mazus pumirus* (N. L. Burman) Steenis

陈功锡、张代贵等，LXP-06-0863、1009、1075 等。

多年生草本。安福县、芦溪县、攸县 。海拔 200~1500 米，沼泽、路旁溪边、阳处等。安徽、福建、甘肃、广东、广西、贵州、海南、河北、黑龙江、河南、湖北、湖南、江苏、江西、吉林、辽宁、陕西、山东、山西、四川、台湾、西藏、云南、浙江。不丹、印度、印度尼西亚、日本、克什米尔、朝鲜、尼泊尔、新几内亚、菲律宾、俄罗斯、泰国、越南。

弹刀子菜 *Mazus stachydifolius* (Turczaninow) Maximowicz

《江西大岗山森林生物多样性研究》。

多年生草本。安福县、分宜县。海拔 500~1500 米，潮湿的山坡、田野、路旁、草地及林缘。安徽、福建、甘肃、广东、广西、贵州、海南、河北、黑龙江、河南、湖北、湖南、江苏、江西、吉林、辽宁、陕西、山东、山西、四川、台湾、西藏、云南、浙江。不丹、印度、印度尼西亚、日本、克什米尔、朝鲜、尼泊尔、新几内亚、菲律宾、俄罗斯、泰国、越南。

山罗花属 *Melampyrum* Linnaeus

山罗花 *Melampyrum roseum* Maximowicz

陈功锡、张代贵等，LXP-06-0672、1811。

一年生草本。莲花县、芦溪县。海拔1200~1500米，灌丛、密林。安徽、福建、甘肃、广东、贵州、河北、黑龙江、河南、湖北、湖南、江苏、江西、吉林、辽宁、陕西、山东、山西、浙江。日本、朝鲜、俄罗斯。

沟酸浆属 *Mimulus* Linnaeus

沟酸浆 *Mimulus tenellus* Bunge

陈功锡、张代贵等，LXP-06-1720。

多年生草本。芦溪县。海拔 500~800米，路旁。甘肃、贵州、河北、河南、湖北、湖南、江西、吉林、辽宁、陕西、山东、山西、四川、台湾、西藏、云南、浙江。印度、日本、尼泊尔、越南。

尼泊尔沟酸浆 *Mimulus tenellus* Bunge var. *nepalensis* (Bentham) Tsoongex H. P. Yang

陈功锡、张代贵等，LXP-06-3638。

一年生草本。莲花县、袁州区。海拔100~600 米，路旁沼泽、水边、湿地。甘肃、贵州、河南、湖北、湖南、江西、四川、台湾、西藏、云南、浙江。印度、日本、尼泊尔、越南。

鹿茸草属 *Monochasma* Maximowicz

白毛鹿茸草 *Monochasma Savatieri* Franchet

岳俊三等，3140。

一年生草本。安福县、分宜县、莲花县。海拔 300~900 米，山坡草地。福建、江西、浙江。日本。

鹿茸草 *Monochasma sheareri* (S. Moore) Maximowicz

陈功锡、张代贵等，LXP-06-0246、0356、1420、2767 等。

多年生草本。安福县、茶陵县。海拔400~800 米，阴处、疏林、密林、灌丛、草地。安徽、广西、湖北、江苏、江西、浙江。日本。

泡桐属 *Paulownia* Siebold & Zuccarini

白花泡桐 *Paulownia fortunei* (Seemen) Hemsley

陈功锡、张代贵等，LXP-06-1524、3687。

落叶乔木。安福县、茶陵县。海拔100~400 米，路旁、疏林。安徽、福建、广东、广西、贵州、湖北、湖南、江西、四川、台湾、云南、浙江。老挝、越南。

台湾泡桐 *Paulownia kawakamii* T. Itô

陈功锡、张代贵等，LXP-06-1264、2444、3058 等。

落叶乔木。安福县、莲花县、芦溪县、攸县。海拔 100~1500 米，灌丛、路旁。福建、广东、广西、贵州、湖北、湖南、江西、台湾、浙江。

毛泡桐 *Paulownia tomentosa* (Thunb.) Steud.

《安福木本植物》。

落叶乔木。安福县。海拔 300~800 米疏林、灌丛。分布于辽宁南部、河北、河南、山东、江苏、安徽、湖北、江西等地，通常栽培，西部地区有野生。日本，朝鲜，欧洲和北美洲也有引种栽培。

马先蒿属 *Pedicularis* Linnaeus

亨氏马先蒿 *Pedicularis henryi* Maximowicz

岳俊三等，3334。(IBSC 0574229)

多年生草本。袁州区。海拔 600~1200

米，空旷处、草丛及林边。广东、广西、贵州、湖北、湖南、江苏、江西、云南、浙江。老挝、越南。

江西马先蒿 *Pedicularis kiangsiensis* P. C. Tsoong & S. H. Cheng

岳俊三等，3667。(IBSC 0574323)

一年生草本。安福县。海拔 1500~1700 米，阳坡石岩上、或山顶阴处灌丛边缘。江西、浙江。

濒危等级：VU

松蒿属 *Phtheirospermum* Bunge ex Fischer & C. A. Meyer

松蒿 *Phtheirospermum japonicum* (Thunberg) Kanitz

陈功锡、张代贵等，LXP-06-8660。

多年生草本。安福县。海拔 300~700 米，山坡、沙质地、草地。广布于全国、除新疆。日本、朝鲜、俄罗斯。

玄参属 *Scrophularia* Linnaeus

玄参 *Scrophularia ningpoensis* Hemsley

陈功锡、张代贵等，LXP-06-0783、0808。

一年生草本。安福县、莲花县。海拔 800~1400 米，灌丛、竹林、溪旁、丛林、高草丛中。安徽、福建、广东、贵州、河北、河南、江苏、江西、陕西、山西、四川、浙江。

阴行草属 *Siphonostegia* Bentham

阴行草 *Siphonostegia chinensis* Bentham

岳俊三等，3280。(IBSC 0575874)

一年生草本。安福县、莲花县。海拔 800~1400 米，干山坡与草地中。安徽、福建、甘肃、广东、广西、贵州、河北、黑龙江、河南、湖南、江苏、江西、吉林、辽宁、内蒙古、陕西、山东、山西、四川、台湾、云南、浙江。日本、朝鲜、俄罗斯。

腺毛阴行草 *Siphonostegia laeta* S. Moore

陈功锡、张代贵等，LXP-06-0071、0270、1937 等。

多年生草本。安福县、茶陵县、分宜县、莲花县、攸县。海拔 100~1000 米，阳处、密林、灌丛等。安徽、福建、广东、湖南、江苏、江西、浙江。

短冠草属 *Sopubia* Buchanan- Hamilton ex D. Don

短冠草 *Sopubia trifida* Buchanan-Hamilton ex D. Don

《江西林业科技》。

多年生草本。分宜县、芦溪县。海拔 1500~1800 米，空旷草坡或荒地中。广东、广西、贵州、湖南、江西、四川、云南。不丹、印度、印度尼西亚、老挝、马来西亚、尼泊尔、巴基斯坦、菲律宾；非洲。

蝴蝶草属 *Torenia* Linnaeus

光叶蝴蝶草 *Torenia asiatica* Linnaeus

陈功锡、张代贵等，LXP-06-5309、5799、6077、6252、6349。

多年生草本。安福县、茶陵县、分宜县、莲花县、攸县、袁州区。海拔 150~800 米，阴处、溪边、路旁。分布于广东、广西、福建、江西、浙江、湖南、湖北、四川、西藏、云南、贵州等。

紫萼蝴蝶草 *Torenia violacea* (Azaola ex Blanco) Pennell

陈功锡、张代贵等，LXP-06-1538、2425、8029 等。

一年生草本。安福县、茶陵县、分宜县、芦溪县。海拔 200~500 米，草地、疏林、路旁。广东、广西、贵州、湖北、江西、四川、台湾、云南、浙江。不丹、柬埔寨、印度、印度尼西亚、老挝、马来西亚、菲律宾、泰国、越南。

婆婆纳属 *Veronica* Linnaeus

直立婆婆纳 *Veronica arvensis* Linnaeus

一年生草本。袁州区。海拔 1200~1800 米，路边及荒野草地。安徽、福建、河南、湖北、湖南、江苏、江西、山东、台湾。

华中婆婆纳 *Veronica henryi* T. Yamazaki

陈功锡、张代贵等，LXP-06-4841。

一年生草本。袁州区。海拔 800~900 米，路旁、阴处。广西、贵州、湖北、湖南、江西、四川、云南。

多枝婆婆纳 *Veronica javanica* Blume

岳俊三等，3684。(IBSC 0577139)

一年生草本。安福县。海拔 1200~1800 米，山坡、路边、溪边的湿草丛中。福建、甘肃、广东、广西、贵州、湖南、江西、陕西、四川、台湾、西藏、云南、浙江。不丹、印度、印度尼西亚、日本、老挝、缅甸、菲律宾、越南；非洲。

阿拉伯婆婆纳 *Veronica persica* Poiret

陈功锡、张代贵等，LXP-06-1274、4954。

一年生草本。莲花县、芦溪县、上高县、渝水区。海拔 1400~1500 米，路旁。安徽、福建、广西、贵州、湖北、湖南、江苏、江西、台湾、新疆、西藏、云南、浙江。

婆婆纳 *Veronica polita* Fries

陈功锡、张代贵等，LXP-06-1011、3521、4605、5092。

一年生草本。安福县。海拔 100~900 米，山坡荒地、路旁。安徽、北京、福建、甘肃、贵州、河南、湖北、湖南、江苏、江西、青海、陕西、四川、台湾、新疆、云南、浙江。原产亚洲，引入世界各地。

腹水草属 *Veronicastrum* Heister

四方麻 *Veronicastrum caulopterum* (Hance) Yamazaki

陈功锡、张代贵等，LXP-06-5253、5916、6129。

多年生草本。安福县、分宜县、攸县。海拔 100~200 米，阴处、路旁。广东、广西、贵州、湖北、湖南、江西、云南。

宽叶腹水草 *Veronicastrum latifolium* (Hemsley) Yamazaki

陈功锡、张代贵等，LXP-06-8972。

多年生草本。袁州区。海拔 300~500 米，路旁、林中、灌丛。贵州、湖北、湖南、四川。

细穗腹水草 *Veronicastrum stenostachyum* (Hemsley) Yamazaki

陈功锡、张代贵等，LXP-06-0530、1707、5813 等。

多年生草本。安福县、分宜县、莲花县、芦溪县。海拔 200~700 米，疏林、密林、溪边等。福建、贵州、湖北、湖南、江西、陕西、四川。

腹水草 *Veronicastrum stenostachyum* subsp. *plukenetii* (T. Yamazaki) D. Y. Hong

陈功锡、张代贵等，LXP-06-6198。

多年生草本。安福县、莲花县、攸县。海拔 200-600 米，路旁、林下、林缘、草地、阴处。福建、贵州、湖北、湖南、江西。

毛叶腹水草 *Veronicastrum villosulum* (Miquel) T. Yamazaki

《江西大岗山森林生物多样性研究》。

多年生草本。分宜县。海拔 400~900 米，林下。安徽、福建、江西、浙江。日本。

119. 紫葳科 Bignoniaceae

凌霄属 ***Campsis*** **Loureiro**

凌霄 *Campsis grandiflora* (Thunberg) Schumann

陈功锡、张代贵等，LXP-06-0289。

落叶乔木。广布种，海拔 200~600 米，山坡林缘、房边墙上，也有栽培。长江流域各地，河北、山东、河南、福建、广东、广西、陕西。日本，越南、印度、巴基斯坦。

梓属 ***Catalpa*** **Scopoli**

梓 *Catalpa ovata* G. Don

陈功锡、张代贵等，LXP-06-3848。

落叶乔木。安福县。海拔 100~500 米，草地、河边。安徽、甘肃、河北、黑龙江、河南、湖北、江苏、吉林、辽宁、内蒙古、宁夏、青海、陕西、山东、山西、四川、新疆。

120. 胡麻科 Pedaliaceae

茶菱属 ***Trapella*** **Oliver**

茶菱 *Trapella sinensis* Oliver

赖书绅等，1793。(LBG 00031519)

一年生草本。安福县。海拔 100~300 米，池塘或湖泊中。安徽、福建、广西、河北、黑龙江、湖北、湖南、江苏、江西、吉林、辽宁。日本、朝鲜、俄罗斯。

121. 列当科 Orobanchaceae

野菰属 ***Aeginetia*** **Linnaeus**

野菰 *Aeginetia indica* Linnaeus

陈功锡、张代贵等，LXP-06-6723、6803、8503。

一年生草本。安福县、袁州区。海拔 100~800 米，路旁、溪边。安徽、福建、广东、广西、贵州、湖南、江苏、江西、四川、台湾、云南、浙江。孟加拉国、不丹、柬埔寨、印度、印度尼西亚、日本、老挝、马来西亚、缅甸、尼泊尔、菲律宾、斯里兰卡、泰国、越南。

中国野菰 *Aeginetia sinensis* Beck

姚淦等，9204。(NAS NAS00242463)

多年生草本。分宜县。海拔 800~900 米，寄生于禾草类植物的根上。安徽、福建、江西、浙江。日本。

122. 苦苣苔科 Gesneriaceae

旋蒴苣苔属 ***Boea*** **Comm. ex Lamarck**

大花旋蒴苣苔 *Boea clarkeana* Hemsley

陈功锡、张代贵等，LXP-065191。

多年生草本。茶陵县。海拔 100~200 米，路旁石上。安徽、湖北、湖南、江西、陕西、四川、云南、浙江。

旋蒴苣苔 *Boea hygrometrica* (Bunge) R. Brown

陈功锡、张代贵等，LXP-06-2882、4827、9403 等。

多年生草本。安福县、茶陵县。海拔 100~400 米，路旁、石上。安徽、福建、广东、广西、河北、河南、湖北、湖南、江西、辽宁、陕西、山东、山西、四川、云南、浙江。

唇柱苣苔属 *Chirita* Buchanan- Hamilton ex D. Don

牛耳朵 *Chirita eburnea* Hance

陈功锡、张代贵等，LXP-06-9414。

多年生草本。茶陵县。海拔 100~600 米，石上、沟边林下。广东、广西、贵州、湖北、湖南、四川。

蚂蝗七 *Chirita fimbrisepala* Handel-Mazzetti

陈功锡、张代贵等，LXP-06-1290、3423、7617。

落叶灌木。安福县、芦溪县、上高县。海拔 200~1500 米，阴处、石上。福建、广东、广西、贵州、湖南、江西。

长蒴苣苔属 *Didymocarpus* Wallich

闽赣长蒴苣苔 *Didymocarpus heucherifolius* Hander -Mazzetti

陈功锡、张代贵等，LXP-06-2867、5397、9063。

多年生草本。茶陵县、芦溪县、攸县。海拔 80~600 米，石上、阳处、路旁。安徽、福建、广东、湖北、江西、浙江。

半蒴苣苔属 *Hemiboea* C. B. Clarke

贵州半蒴苣苔 *Hemiboea cavaleriei* H. Léveillé

岳俊三等，2927。(KUN 74629)

多年生草本。安福县、莲花县。海拔 300~1500 米，山谷林下石上。福建、广东、广西、贵州、湖南、江西、四川、云南。越南。

纤细半蒴苣苔 *Hemiboea gracilis* Franchet

陈功锡、张代贵等，LXP-06-5830、6372、6906 等。

多年生草本。安福县。海拔 200~600 米，溪边、灌丛、路旁。贵州、湖北、湖南、江西、四川。

腺毛半蒴苣苔 *Hemiboea strigosa* W. Y. Chun ex W. T. Wang

《江西林业科技》。

多年生草本。安福县、芦溪县。海拔 400~900 米，山谷、林下。广东、湖南、江西。

半蒴苣苔 *Hemiboea subcapitata* C. B. Clarke

赖书绅等，1738。(IBSC 0549790)

多年生草本。安福县。海拔 200~1500 米，山谷林下或沟边阴湿处。安徽、福建、甘肃、广东、广西、贵州、河南、湖北、湖南、江苏、江西、陕西、四川、云南、浙江。

吊石苣苔属 *Lysionotus* D. Don

吊石苣苔 *Lysionotus pauciflorus* Maximowicz

陈功锡、张代贵等，LXP-06-1239、1808、2105。

多年生草本。安福县、芦溪县。海拔 1400~1500 米，路旁、密林、石上。安徽、福建、广东、广西、贵州、海南、河南、湖北、湖南、江苏、江西、陕西、四川、台湾、云南、浙江。日本、越南。

马铃苣苔属 *Oreocharis* Bentham

长瓣马铃苣苔 *Oreocharis auricula* (S. Moore) C. B. Clarke

陈功锡、张代贵等，LXP-06-0698、1057、1728 等。

多年生草本。安福县、茶陵县、分宜县、莲花县、芦溪县。海拔 200~1300 米，密林、溪边、草地等。安徽、福建、广东、广西、贵州、湖北、湖南、江西、四川。

大叶石上莲 *Oreocharis benthamii* C. B. Clarke

陈功锡、张代贵等，LXP-06-1346。

多年生草本。芦溪县。海拔 1400~1500 米，石上。广东、广西、湖南、江西。

大齿马铃苣苔 *Oreocharis magnidens* Chun ex K. Y. Pan

《亚热带植物科学》。

多年生草本。安福县。海拔 800 米。山谷潮湿石壁。广西（金秀、象州），广东（开平、乳源），江西（武功山）。

123. 葫芦科 Cucurbitaceae

盒子草属 *Actinostemma* Griffith

盒子草 *Actinostemma tenerum* Griffith

陈功锡、张代贵等，LXP-06-0607。

多年生草本。安福县、莲花县。海拔 200~300 米，溪边。安徽、福建、广西、河北、河南、湖北、湖南、江苏、江西、辽宁、山东、四川、西藏、云南、浙江。印度、日本、朝鲜、老挝、泰国、越南。

绞股蓝属 *Gynostemma* Blume

光叶绞股蓝 *Gynostemma laxum* (Wallich) Cogniaux

陈功锡、张代贵等，LXP-06-2112、2829、9029。

草本。安福县、芦溪县。海拔 900~1500 米，灌丛、密林、路旁。广西、江西、海南、云南。印度、印度尼西亚、马来西亚、缅甸、尼泊尔、菲律宾、泰国、越南。

绞股蓝 *Gynostemma pentaphyllum* (Thunberg) Makino

陈功锡、张代贵等，LXP-06-0106、0906、2437、2465、2506 等。

草本。安福县、分宜县、芦溪县、袁州区。海拔 200~700 米，路旁、灌丛、溪边。安徽、福建、广东、广西、贵州、海南、河南、湖北、湖南、江苏、江西、山东、四川、台湾、云南、浙江。孟加拉国、不丹、印度、印度尼西亚、日本、朝鲜、老挝、马来西亚、缅甸、尼泊尔、新几内亚、斯里兰卡、泰国、越南。

雪胆属 *Hemsleya* Cogniaux ex F. B. Forbes & Hemsley J. Linnaeus

雪胆 *Hemsleya chinensis* Cogniaux ex F. B. Forbes & Hemsley J. Linnaeus

陈功锡、张代贵等，LXP-06-0487。

多年生草本。安福县。海拔 1000~1200 米，密林溪边。贵州、湖北、四川、云南。

浙江雪胆 *Hemsleya zhejiangensis* C. Z. Zheng

岳俊三等，3617。（IBSC 0208042）

多年生草本。安福县。海拔 800~1000 米，山谷灌丛中和竹林下。安徽、江西、浙江。

濒危等级：NT

苦瓜属 *Momordica* Linnaeus

木鳖子 *Momordica cochinchin- ensis* (Loureiro) Sprengel

陈功锡、张代贵等，LXP-06-1648、5588、8138、8378。

藤本。安福县、茶陵县。海拔 100~1000 米，密林、水库边、溪边、灌丛。安徽、福建、广东、广西、贵州、湖南、江苏、江西、四川、台湾、西藏、云南、浙江。孟加拉国、印度、马来西亚、缅甸。

帽儿瓜属 *Mukia* Arnott

帽儿瓜 *Mukia maderaspatana* Linnaeus

陈功锡、张代贵等，LXP-06-0294、3002、3957 等。

一年生草本。安福县、攸县。海拔 100~500 米，沼泽、疏林、灌丛等。广东、广西、贵州、台湾、云南。热带非洲、亚洲、澳大利亚。

罗汉果属 *Siraitia* Merrill

罗汉果 *Siraitia grosvenorii* (Swingle) C. Jeffrey ex A. M. Lu & Zhi Y. Zhang

陈功锡、张代贵等，LXP-06-0823。

多年生草本。安福县。海拔 400~1400 米，溪边、山坡林下、河边、或灌丛。广东、广西、贵州、湖南、江西。

濒危等级：NT

赤瓟属 *Thladiantha* Bunge

南赤瓟 *Thladiantha nudiflora* Hemsley

陈功锡、张代贵等，LXP-06-0634、2579、7621。

多年生草本。安福县、上高县、渝水区。海拔 100~600 米，溪边沟边、林缘、山坡、灌丛。安徽、福建、甘肃、广东、广西、贵州、河南、湖北、湖南、江苏、江西、陕西、四川、台湾、浙江。菲律宾。

台湾赤瓟 *Thladiantha punctata* Hayata

岳俊三等，3635。(PE 01198958)

一年生草本。安福县。海拔 600~900 米，山坡、沟边林下或湿地。安徽、福建、江西、台湾、浙江。

栝楼属 *Trichosanthes* Linnaeus

王瓜 *Trichosanthes cucumeroides* (Seringe) Maximowicz

陈功锡、张代贵等，LXP-06-0604、5667。

藤本。安福县、分宜县、莲花县。海拔 200~800 米，山坡疏林中、灌丛。广东、广西、海南、湖南、江西、四川、台湾、西藏、浙江。印度、日本。

栝楼 *Trichosanthes kirilowii* Maximowicz

陈功锡、张代贵等，LXP-06-2668、5268。

藤本。安福县、分宜县、莲花县、攸县、袁州区。海拔 100~700 米，灌丛、阴处。甘肃、河北、河南、江苏、江西、山东、山西、浙江。日本、朝鲜。

中华栝楼 *Trichosanthes rosthornii* Harms

陈功锡、张代贵等，LXP-06-0161、0259、0503 等。

藤本。安福县、茶陵县、攸县。海拔 100~1200 米，密林、草地、路旁。安徽、广东、广西、贵州、江西、四川、云南。

马㼎儿属 *Zehneria* Endlicher

马㼎儿 *Zehneria japonica* (Thunberg) H. Y. Liu

《江西大岗山森林生物多样性研究》。

草本。安福县、分宜县、莲花县、芦溪县、攸县、袁州区。海拔 500~1600 米，林中阴湿处及路旁、田边及灌丛中。分布于江苏、浙江、江西、福建、湖北、湖南、广东、广西、四川、贵州、云南。

钮子瓜 *Zehneria maysorensis* (H. Léveillé) W. J. de Wilde & Duyfjes

陈功锡、张代贵等，LXP-06-3066、7325、8120、8372。

藤本。安福县、袁州区。海拔 100~600 米，路旁、灌丛。福建、广东、广西、贵州、海南、江西、四川、云南。印度、印度尼西亚、老挝、缅甸、斯里兰卡、泰国、越南。

124. 茜草科 Rubiaceae

水团花属 *Adina* Salisbury

水团花 *Adina pilulifera* (Lamarck) Franchet ex Drake

陈功锡、张代贵等，LXP-06-0304、0534、0868 等。

常绿灌木。安福县、芦溪县。海拔 100~1500 米，草地河边、沼泽、密林等。福建、广东、广西、贵州、海南、湖南、江苏、江西、云南、浙江。日本、越南。

细叶水团花 *Adina rubella* Hance

陈功锡、张代贵等，LXP-06-1993、2975、5586 等。

常绿灌木。安福县、茶陵县、分宜县、莲花县、上高县、渝水区。海拔 50~400 米，路旁、疏林、灌丛、水库边。福建、广东、广西、湖南、江苏、江西、陕西、浙江。朝鲜。

茜树属 *Aidia* Loureiro

茜树 *Aidia cochinchinensis* Loureiro

陈功锡、张代贵等，LXP-06-0197、0457、0766、0895 等。

常绿灌木或乔木。安福县、茶陵县、莲花县、芦溪县。海拔 100~1200 米，疏林、溪边、密林、灌丛。江苏、浙江、江西、福建、台湾、湖北、湖南、广东、广西、海南、四川、贵州、云南。

风箱树属 *Cephalanthus* Linnaeus

风箱树 *Cephalanthus tetrandrus* (Roxburgh) Ridsdale & Bak-huizen

陈功锡、张代贵等，LXP-06-0699、3903。

常绿灌木。安福县。海拔 400~900 米，路旁、灌丛。福建、广东、广西、海南、湖南、江西、台湾、云南、浙江。孟加拉国、印度、老挝、缅甸、泰国、越南。

流苏子属 *Coptosapelta* Korthals

流苏子 *Coptosapelta diffusa* (Champion ex Bentham) Steenis Amer

陈功锡、张代贵等，LXP-06-0092、0704、1039、1083、1572 等。

藤本。安福县、莲花县、芦溪县、攸县。海拔 100~800 米，密林、路旁、密林溪边、灌丛溪边、草地溪边、路旁树上、灌丛、草地。安徽、福建、广东、广西、贵州、湖北、湖南、江西、四川、台湾、云南、浙江。日本。

虎刺属 *Damnacanthus* C. F. Gaertner

短刺虎刺 *Damnacanthus giganteus* (Makino) Nakai

陈功锡、张代贵等，LXP-06-0360、0945。

常绿灌木。安福县。海拔 600-1000 米，疏林、密林、灌丛。安徽、福建、广东、广西、贵州、湖南、江西、云南、浙江。日本。

虎刺 *Damnacanthus indicus* C. F. Gaertner

陈功锡、张代贵等，LXP-06-0881。

常绿灌木。安福县、分宜县。海拔 200~300 米，溪边、疏林、密林、灌丛。安徽、福建、广东、广西、贵州、湖北、湖南、江苏、江西、四川、台湾、西藏、云南、浙江。印度、日本、朝鲜。

柳叶虎刺 *Damnacanthus labordei* (Lévl.) Lo

《安福木本植物》。

无刺小灌木。安福县。海拔 1800 米山地疏林、密林或灌丛。湖南、广东（北部）、广西（北部）、四川、贵州、云南。

狗骨柴属 *Diplospora* Candolle

狗骨柴 *Diplospora dubia* (Lindley) Masamune Trans

陈功锡、张代贵等，LXP-06-6870、7106、7112、8236 等。

常绿灌木。安福县、茶陵县、芦溪县。海拔 300~800 米，路旁、灌丛。安徽、福建、广东、广西、海南、湖南、江苏、江西、四川、台湾、云南、浙江。日本、越南。

毛狗骨柴 *Diplospora fruticosa* Hemsley

杨祥学等，651313。（IBSC 0398359）

常绿灌木。莲花县。海拔 300~900 米，山谷或溪边的林中或灌丛中。广东、广西、贵州、湖北、湖南、江西、四川、西藏、云南。越南。

香果树属 *Emmenopterys* Oliver Hooker

香果树 *Emmenopterys henryi* Oliver Hooker

《江西林业科技》。

落叶乔木。安福县。海拔 500~1500 米，山谷林中。安徽、福建、甘肃、广东、广西、贵州、河南、湖北、湖南、江苏、江西、山西、四川、云南、浙江。

保护级别：二级保护（第一批次）

濒危等级：NT

拉拉藤属 *Galium* Linnaeus

车叶葎 *Galium asperuloides* Edgeworth Trans

江西调查队，420。（PE 00712368）

多年生草本。安福县。海拔 1500~1800 米，山坡草地。遍布中国（除西藏）。阿富汗、印度、克什米尔、巴基斯坦。

四叶葎 *Galium bungei* Steudel

张代贵、陈功锡 LXP-06-4944

多年生草本。安福县、上高县、攸县、渝水区。海拔 100-1000 米，山坡草地。安徽、福建、甘肃、广东、广西、贵州、河北、黑龙江、河南、湖北、湖南、江苏、江西、辽宁、内蒙古、宁夏、陕西、山东、山西、四川、台湾、云南、浙江。日本、朝鲜。

六叶葎 *Galium hoffmeisteri* (Klotzsch) Ehrendorfer & Schönbeck- Temesy

熊耀国等，07928。（LBG 00045540）

多年生草本。安福县。海拔 400~1500 米，山坡、沟边、河滩、草地的草丛或灌丛中及林下。安徽、甘肃、贵州、河北、黑龙江、河南、湖北、湖南、江苏、江西、陕西、山西、四川、西藏、云南、浙江。阿富汗、不丹、印度、日本、克什米尔、朝鲜、缅甸、尼泊尔、巴基斯坦。

小猪殃殃 *Galium innocuum* Miquel

陈功锡、张代贵等，LXP-06-4930。

多年生草本。莲花县。海拔 500~1000 米，路旁、潮湿地。福建、四川、台湾、云南、全国。印度、印度支那、印度尼西亚、新几内亚。

猪殃殃 *Galium spurium* Linnaeus

《江西林业科技》。

一年生草本。芦溪县。海拔 500~800 米，山坡、旷野、沟边、河滩、田中、林缘、草地。广泛分布于中国（除海南与南海诸岛）。非洲、亚洲、地中海地区。

栀子属 *Gardenia* Ellis

栀子 *Gardenia jasminoides* J. Ellis

陈功锡、张代贵等，LXP-06-0159、0359、0850 等。

常绿灌木。安福县、茶陵县、分宜县、莲花县、芦溪县、攸县。海拔 50~700 米，阳处、溪边、草地等。安徽、福建、广东、广西、贵州、海南、河北、湖北、湖南、江苏、江西、山东、四川、台湾、云南、浙江。不丹、柬埔寨、印度、日本、朝鲜、老挝、尼泊尔、巴基斯坦、泰国、越南；栽培于非洲、亚洲、澳大利亚、欧洲、美洲。

耳草属 *Hedyotis* Linnaeus

耳草 *Hedyotis auricularia* Linnaeus

陈功锡、张代贵等，LXP-06-0175、6985、7271、8098。

多年生草本。安福县。海拔 200~400 米，阳处、路旁。广东、广西、贵州、海南、云南。印度、日本、马来西亚、缅甸、尼泊尔、菲律宾、斯里兰卡、泰国、越南；澳大利亚。

毛耳草 *Hedyotis chrysotricha* (Palibin) Merrill

陈功锡、张代贵等，LXP-06-0095、3333、3454、3499、3605 等。

一年生草本。安福县、分宜县、莲花县、芦溪县、攸县、袁州区。海拔 100~800 米，密林、疏林、路旁、草地。安徽、福建、广东、广西、贵州、海南、湖北、湖南、江苏、江西、台湾、云南、浙江。日本、菲律宾。

白花蛇耳草 *Hedyotis diffusa* Willdenow

陈功锡、张代贵等，LXP-06-0172、0227、0621、2186、2542。

多年生草本。安福县、茶陵县、分宜县、上高县、攸县、渝水区、袁州区。海拔 100~800 米，阳处、河边、疏林溪边、草地、路旁。安徽、福建、广东、广西、海南、台湾、云南、浙江。孟加拉国、不丹、印度尼西亚、日本、马来西亚、尼泊尔、菲律宾、斯里兰卡、泰国。

粗毛耳草 *Hedyotis mellii* Tutcher

陈功锡、张代贵等，LXP-06-0074、0345、0851、1409、1998 等。

多年生草本。安福县、茶陵县、分宜县、莲花县、芦溪县、上高县、袁州区。海拔 100~1100 米，疏林、路旁、草地、灌丛、溪边。福建、广东、广西、湖南、江西。

长节耳草 *Hedyotis uncinella* Hooker & Arnott

陈功锡、张代贵等，LXP-06-0011。

多年生草本。安福县。海拔 100~500 米，生于干旱旷地上。福建、广东、贵州、海南、湖南、台湾。印度、缅甸。

粗叶木属 *Lasianthus* Jack

西南粗叶木 *Lasianthus henryi* Hutch.

《安福木本植物》。

常绿灌木或小乔木。安福县。海拔 200~300 米，生于疏林中。我国特有，产四川（乐山和峨眉山、筠连、壁山、屏山、长宁）、贵州、云南东南部至西南部。

日本粗叶木 *Lasianthus japonicus* Miquel

陈功锡、张代贵等，LXP-06-0711、1506、1573、2208 等。

常绿灌木。安福县、茶陵县、芦溪县。海拔 200~800 米，溪边、灌丛。安徽、福建、广东、广西、贵州、湖北、湖南、江西、四川、台湾、西藏、云南、浙江。印度、日本、老挝、越南。

蔓虎刺属 *Mitchella* Linnaeus

蔓虎刺 *Mitchella undulate* Sieb. et Zucc

中山大学博士论文。

匍匐草本。安福县。海拔 400~700 米。生于溪边。产台湾省北部。分布于朝鲜半岛南部和日本。

巴戟天属 *Morinda* Linnaeus

羊角藤 *Morinda umbellata* Linnaeus

陈功锡、张代贵等，LXP-06-0101、1111、1479 等。

藤本。安福县、茶陵县、芦溪县、攸县。海拔 100~1600 米，密林、溪边、灌丛等。安徽、福建、广东、广西、海南、湖南、江苏、江西、台湾、浙江。

玉叶金花属 *Mussaenda* Linnaeus

大叶白纸扇 *Mussaenda esquirolii* Léveillé

陈功锡、张代贵等，LXP-06-0054、0211、1403、1684、2518 等。

落叶灌木。安福县、茶陵县、芦溪县、上高县、攸县。海拔 180~550 米，疏林、沼泽、灌丛溪边、溪边、灌丛、阴处、路旁。安徽、福建、广东、广西、贵州、湖北、湖南、江西、四川、浙江。日本。

玉叶金花 *Mussaenda pubescens* W. T. Aiton

陈功锡、张代贵等，LXP-06-0866、3691、3938 等。

落叶灌木。安福县。海拔 100~300 米，疏林、灌丛、河边。福建、广东、广西、海南、湖南、江西、台湾、浙江。越南。

新耳草属 *Neanotis* W. H. Lewis

薄叶新耳草 *Neanotis hirsuta* (Linnaeus) W. H. Lewis

陈功锡、张代贵等，LXP-06-0351、6143、7397、873、5407。

草本。安福县、分宜县、攸县。海拔 80~750 米，溪边、草地、路旁、路旁溪边。广东、海南、江苏、江西、台湾、云南、浙江。不丹、柬埔寨、印度、日本、朝鲜、老挝、缅甸、尼泊尔、巴基斯坦、泰国、越南。

蛇根草属 *Ophiorrhiza* Linnaeus

广州蛇根草 *Ophiorrhiza cantoniensis* Hance

陈功锡、张代贵等，LXP-06-0490、0912、1089、1234、2760 等。

草本。安福县、分宜县、芦溪县、袁州区。海拔 300~1500 米，密林溪边、密林、路旁、疏林、灌丛、灌丛溪边、路旁溪边。广东、广西、贵州、海南、四川、云南。

中华蛇根草 *Ophiorrhiza chinensis* H. S. Lo Bull

岳俊三等，3181。（IBSC 1473393）

一年生草本。安福县。海拔 500~1200 米，阔叶林下的潮湿沃土上。安徽、福建、广东、广西、贵州、湖北、湖南、江西、四川。

日本蛇根草 *Ophiorrhiza japonica* Blume

陈功锡、张代贵等，LXP-06-0894、1291、5035 等。

多年生草本。安福县、分宜县、芦溪县。海拔 200~1500 米，阴处、灌丛、溪边等。安徽、福建、广东、广西、贵州、海南、湖北、湖南、江西、山西、四川、台湾、云南、浙江。日本、越南。

东南蛇根草 *Ophiorrhiza mitchelloides* (Masamune) H. S. Lo Bull

陈功锡、张代贵等，LXP-06-1126、1212、1313。

草本。安福县、芦溪县。海拔 400~750 米，路旁、林下、林缘。福建、广东、湖南、江西、台湾。

蛇根草 *Ophiorrhiza mungos* Linnaeus

《江西大岗山森林生物多样性研究》。

多年生草本。安福县、分宜县、芦溪县。海拔 500-900 米，山坡路边、林下阴湿处草丛中及水沟边。云南。印度、缅甸、菲律宾、泰国、马来西亚、越南。

鸡矢藤属 *Paederia* Linnaeus

鸡矢藤 *Paederia foetida* Linnaeus

陈功锡、张代贵等，LXP-06-0036、0641、1652、1875、1901 等。

藤本。安福县、茶陵县、分宜县、莲花县、芦溪县、攸县、袁州区。海拔 100~1600 米，路旁、疏林、密林、灌丛、阴处、溪边、草地。安徽、福建、甘肃、广东、广西、贵州、海南、河南、湖北、江苏、江西、山东、山西、四川、台湾、云南、浙江。孟加拉国、不丹、婆罗洲、柬埔寨、印度、印度尼西亚、日本、朝鲜、老挝、马来西亚、缅甸、尼泊尔、菲律宾、泰国、越南。

白毛鸡矢藤 *Paederia pertomentosa* Merrill

《江西大岗山森林生物多样性研究》。

藤本。安福县、茶陵县、分宜县、莲花县、芦溪县、攸县、袁州区。海拔 300~1200 米，低海拔或石灰岩山地的矮林内。福建、广东、广西、海南、湖南、江西。

茜草属 *Rubia* Linnaeus

金剑草 *Rubia alata* Wallich

陈功锡、张代贵等，LXP-06-6339、6609、6885、8300、8707。

藤本。安福县、上高县。海拔 300~600 米，灌丛、路旁。福建、广东、广西、海南、湖南、江西。

东南茜草 *Rubia argyi* (H. Léveillé & Vaniot) H. Hara ex Lauener & D. K. Ferguson

岳俊三等，2724。(IBSC 0509186)

藤本。安福县、莲花县。海拔 500~1500 米，林缘、灌丛或村边园篱等处。安徽、福建、广东、广西、河南、湖北、湖南、江苏、江西、陕西、四川、台湾、浙江。日本、朝鲜。

茜草 *Rubia cordifolia* Lauener

陈功锡、张代贵等，LXP-06-1482、2346、5953、6253 等。

藤本。茶陵县、分宜县、芦溪县、上高县、袁州区。海拔 300~1800 米，灌丛、溪边、疏林。安徽、甘肃、河北、湖南、青海、山东、山西、四川、西藏、云南。日本、朝鲜、蒙古、俄罗斯。

白马骨属 *Serissa* Commerson

六月雪 *Serissa japonica* (Thunberg) Thunberg

陈功锡、张代贵等，LXP-06-0643、1379、2343、2731、4042 等。

常绿灌木。安福县、茶陵县、分宜县、莲花县、上高县、攸县、渝水区、袁州区。海拔 100~1000 米，疏林、路旁水库边、灌丛、水库边、溪边。安徽、福建、广东、广西、江苏、江西、四川、台湾、云南、浙江。

白马骨 *Serissa serissoides* (Candolle) Druce Rep

岳俊三等，2816。(NAS NAS00252916)

常绿灌木。安福县、分宜县、莲花县。海拔 200~600 米，荒地或草坪。安徽、福建、广东、广西、湖北、江苏、江西、台湾、浙江。日本。

鸡仔木属 *Sinoadina* Ridsdale

鸡仔木 *Sinoadina racemosa* Ridsdale Blumea

赖书坤等，1898。(KUN 334768)

落叶乔木。安福县。海拔 500~1000 米，山林中或水边。安徽、福建、广东、广西、贵州、湖南、江苏、江西、四川、台湾、云南、浙江。日本、缅甸、泰国。

乌口树属 *Tarenna* Gaertner

尖萼乌口树 *Tarenna acutisepala* How ex W. C. Chen

《江西林业科技》。

常绿灌木。安福县、芦溪县。海拔 600~1500 米，山坡或山谷溪边林中或灌丛中。福建、广东、广西、湖北、湖南、江苏、江西、四川。

白花苦灯笼 *Tarenna mollissima* (Hooker & Arnott) B. L. Robinson

陈功锡、张代贵等，LXP-06-0129、0474、1566、2385、2514 等。

常绿灌木。安福县、茶陵县、分宜县、芦溪县、上高县、攸县。海拔 100~630 米，路旁、灌丛、阴处、溪边。福建、广东、广西、贵州、海南、湖南、江西、云南、浙江。越南。

钩藤属 *Uncaria* Schreber

钩藤 *Uncaria rhynchophylla* (Miquel) Miquel ex Haviland J. Linnaeus

陈功锡、张代贵等，LXP-06-0414、1176、1474、2113、2558 等。

藤本。安福县、茶陵县、芦溪县。海拔 280~1550 米，疏林、灌丛、路旁、溪边。福建、广东、广西、贵州、湖北、湖南、江西、云南、浙江。日本。

125. 爵床科 Acanthaceae

十万错属 *Asystasiella* Blume

白接骨 *Asystasiella neesiana* (Wallich) Lindau

陈功锡、张代贵等，LXP-06-0312、1493、1516、1677、2078 等。

多年生草本。安福县。海拔 200~700 米，疏林、灌丛溪边、密林、溪边。安徽、福建、广东、广西、贵州、湖北、湖南、江苏、江西、四川、台湾、云南、浙江。印度、印度尼西亚、老挝、马来西亚、缅甸、泰国、越南。

黄猄草属 *Championella* Bremek.

黄猄草 *Championella tetrasperma* (Champ. ex Benth.) Bremek.

多年生草本。安福县。海拔 100~300 米，生于密林中。四川（万源、天全、雅安、峨眉山），重庆（南川金佛山、巴县、奉节、巫溪），贵州（黄平、瓮安），湖北（宣恩、咸丰神农架），湖南（永顺、保靖、黔阳、沅陵、江华、宜章），江西（萍乡、庐山、龙南、铅山），福建（南平、连城、武夷山、闽南），广东（乳源、怀集、珠海、深圳），香港，海南（保亭、儋州），广西（百色）。

水蓑衣属 *Hygrophila* R. Brown

水蓑衣 *Hygrophila salicifolia* (Linnaeus) R. Brown

陈功锡、张代贵等，LXP-06-2232、5271、5940 等。

一年生草本。茶陵县、攸县。海拔 100~800 米，疏林、阴处、溪边等。安徽、重庆、福建、广东、广西、贵州、海南、河南、湖北、湖南、江苏、江西、四川、台湾、云南、浙江。不丹、柬埔寨、印度、印度尼西亚、日本、老挝、马来西亚、缅甸、尼泊尔、巴基斯坦、菲律宾、泰国、越南。

爵床属 *Justicia* Linnaeus

圆苞杜根藤 *Justicia championii* T. Anderson

赖书绅等，1883。（PE 01545316）

多年生草本。安福县。海拔 500~1200 米，山坡丛林下。安徽、福建、广东、广西、贵州、海南、湖北、湖南、江西、云南、浙江。

爵床 *Justicia procumbens* Linnaeus

陈功锡、张代贵等，LXP-06-2219、2349、2419、3129、5230。

一年生草本。安福县、茶陵县、分宜县、芦溪县、攸县、袁州区。海拔 90~800 米，路旁、灌丛、路旁溪边、阴处、路旁水库边、溪边、草地。安徽、重庆、福建、广东、广西、贵州、海南、河北、河南、湖北、湖南、江苏、江西、陕西、四川、台湾、西藏、云南、浙江。孟加拉国、不丹、柬埔寨、印度、印度尼西亚、日本、老挝、马来西亚、缅甸、尼泊尔、菲律宾、斯里兰卡、泰国、越南。

杜根藤 *Justicia quadrifaria* (Nees) T. Anderson

陈功锡、张代贵等，LXP-06-0274、2496。

多年生草本。安福县、莲花县、芦溪县。海拔 200~1000 米，密林、草地。重庆、广东、广西、贵州、海南、湖北、湖南、四川、云南。印度、印度尼西亚、老挝、缅甸、泰国、越南。

拟地皮消属 *Leptosiphonium* F. v. Muell

拟地皮消 *Leptosiphonium venustum* (Hance) E. Hossaia

姚淦等，9232。（NAS NAS00245777）

草本。安福县、分宜县。海拔 300~800 米，林下或山坡草地。产广东、福建、江西。

观音草属 *Peristrophe* Nees

九头狮子草 *Peristrophe japonica* (Thunberg) Bremekamp Boissiera

陈功锡、张代贵等，LXP-06-0481、5974、6364、6938 等。

多年生草本。安福县、分宜县、袁州区。海拔 100~1100 米，疏林、溪边、灌丛、路旁。福建、广东、广西、贵州、海南、河南、湖北、湖南、江苏、江西、四川、台湾、云南、浙江。日本。

芦莉草属 *Ruellia* Linnaeus

飞来蓝 *Ruellia venusta* Hance

《江西植物志》。

多年生草本。分宜县。海拔 200~700 米，林下或山坡草地。安徽、福建、广东、广西、湖北、湖南、江西。

马蓝属 *Strobilanthes* Blume

翅柄马蓝 *Strobilanthes atropurpurea* Nees

赖书坤等，1956。（PE 01620602）

多年生草本。安福县。海拔 800~1500 米，山坡竹林。重庆、广东、广西、贵州、湖北、湖南、江西、四川、台湾、西藏、云南、浙江。不丹、印度、缅甸、尼泊尔、巴基斯坦、越南。

球花马蓝 *Strobilanthes dimorphotricha* Hance

陈功锡、张代贵等，LXP-06-2464、2519。

多年生草本。芦溪县。海拔 300~600 米，山坡、林缘、山谷、溪旁阴湿处。重庆、福建、广东、广西、贵州、海南、湖北、湖南、江西、四川、台湾、云南、浙江。印度、老挝、缅甸、泰国、越南。

薄叶马蓝 *Strobilanthes labordei* H. Léveillé

岳俊三等，3626。（IBSC 0561859）

多年生草本。安福县。海拔 600~1500 米，山坡草地。重庆、福建、广东、广西、贵州、海南、湖北、湖南、江西、四川、台湾、云南、浙江。印度、老挝、缅甸、泰国、越南。

少花马蓝 *Strobilanthes oligantha* Miquel

陈功锡、张代贵等，LXP-06-1800、6883。

多年生草本。分宜县。海拔 400~900 米，密林、路旁。安徽、福建、江西、浙江。日本、朝鲜。

126. 狸藻科 Lentibulariaceae

狸藻属 *Utricularia* Linnaeus

黄花狸藻 *Utricularia aurea* Loureiro

岳俊三等，3794。（NAS NAS00243875）

多年生草本。安福县。海拔 200~1700 米，水田中或静水池塘的浅水地方。安徽、福建、广东、广西、贵州、海南、湖北、湖南、江苏、江西、山东、台湾、云南、浙江。柬埔寨、印度、印度尼西亚、日本、克什米尔、朝鲜、老挝、尼泊尔、巴基斯坦、巴布亚新几内亚、菲律宾、斯里兰卡、泰国、越南；澳大利亚。

南方狸藻 *Utricularia australis* R. Brown

岳俊三等，3794。（PE 01542913）

一年生草本。安福县。海拔 200~1800 米，池塘、湖泊、稻田。安徽、重庆、福建、广东、广西、贵州、海南、湖北、湖南、江苏、江西、陕西、四川、台湾、西藏、云南、浙江。阿富汗、不丹、印度、印度尼西亚、日本、克什米尔、朝鲜、蒙古、缅甸、尼泊尔、巴基斯坦、巴布亚新几内亚、菲律宾、俄罗斯、斯里兰卡；非洲、亚洲、澳大利亚、欧洲、太平洋群岛。

挖耳草 *Utricularia bifida* Linnaeus

陈功锡、张代贵等，LXP-06-0350、0748、2118 等。

一年生草本。安福县、茶陵县、芦溪县。海拔 600~1200 米，溪边、灌丛、草地。安徽、重庆、福建、广东、广西、贵州、海南、河南、湖北、湖南、江苏、江西、山东、台湾、云南、浙江。孟加拉国、柬埔寨、印度、印度尼西亚、日本、朝鲜、老挝、马来西亚、缅甸、尼泊尔、巴布亚新几内亚、菲律宾、斯里兰卡、泰国、越南；澳大利亚、太平洋群岛。

圆叶挖耳草 *Utricularia striatula* J. Smith

陈功锡、张代贵等，LXP-06-2069。

多年生草本。芦溪县。海拔 300~400 米，溪边。安徽、重庆、福建、广东、广西、贵州、海南、湖北、湖南、江西、四川、台湾、西藏、云南、浙江。不丹、印度、印度尼西亚、马来西亚、缅甸、尼泊尔、巴布亚新几内亚、菲律宾、斯里兰卡、泰国、越南；热带非洲、印度洋群岛。

127. 透骨草科 Phrymaceae

透骨草属 *Phryma* Linnaeus

透骨草 *Phryma leptostachya* Linnaeus subsp. *asiatica* (H. Hara) Kitamura

《江西植物志》。

多年生草本。安福县。海拔 400~1800 米，阴湿山谷或林下。安徽、重庆、福建、甘肃、广西、贵州、河北、黑龙江、河南、湖北、湖南、江苏、江西、吉林、辽宁、内蒙古、陕西、山东、山西、四川、台湾、西藏、云南、浙江。不丹、印度、日本、克什米尔、朝鲜、尼泊尔、巴基斯坦、俄罗斯、越南。

128. 车前科 Plantaginaceae

车前属 *Plantago* Linnaeus

疏花车前 *Plantago asiatica* (Wallich) Z. Yu Li Fl

陈功锡、张代贵等，LXP-06-4564、4832、3887 等。

多年生草本。安福县、莲花县。海拔 100~900 米，山坡草地、河岸、沟边、田边。重庆、福建、广东、广西、贵州、湖北、湖南、青海、山西、四川、西藏、云南。孟加拉国、不丹、印度、尼泊尔、斯里兰卡。

车前 *Plantago asiatica* Linnaeus

陈功锡、张代贵等，LXP-06-0781、1404、2332、2457、3034 等。

多年生草本。安福县、茶陵县、分宜县、莲花县、芦溪县、上高县、攸县、袁州区。海拔 100~1200 米，灌丛、阳处溪边、路旁、灌丛、草地、阴处。安徽、重庆、福建、甘肃、广东、广西、贵州、海南、河北、黑龙江、河南、湖北、湖南、江苏、江西、吉林、辽宁、内蒙古、青海、山东、山西、四川、台湾、新疆、西藏、云南、浙江。孟加拉国、不丹、印度、印度尼西亚、日本、朝鲜、马来西亚、尼泊尔、斯里兰卡。

平车前 *Plantago depressa* Willdenow

陈功锡、张代贵等，LXP-06-7278。

一年生草本。安福县、上高县、渝水区。海拔 300~500 米，草地、河滩、沟边、田间、路旁。安徽、甘肃、河北、黑龙江、河南、湖北、江苏、江西、吉林、辽宁、内蒙古、宁夏、青海、山东、山西、四川、新疆、西藏、云南。阿富汗、不丹、印度、克什米尔、哈萨克斯坦、朝鲜、吉尔吉斯斯坦、蒙古、巴基斯坦、俄罗斯。

长叶车前 *Plantago lanceolata* Linnaeus

《江西大岗山森林生物多样性研究》。

多年生草本。安福县、分宜县。海拔 200~600 米，海滩、河滩、草原湿地、山坡多石处或沙质地、路边、荒地。甘肃、河南、江苏、江西、辽宁、山东、台湾、新疆、云南、浙江。不丹、印度、日本、哈萨克斯坦、朝鲜、吉尔吉斯斯坦、蒙古、尼泊尔、巴基斯坦、俄罗斯、塔吉克斯坦、土库曼斯坦；非洲、亚洲、欧洲、北美洲。

129. 桔梗科 Campanulaceae

沙参属 *Adenophora* Fischer

杏叶沙参 *Adenophora hunanensis* (Nannfeldt) D. Y. Hong & S. Ge

陈功锡、张代贵等，LXP-06-0494、1776、5730 等。

多年生草本。安福县、茶陵县、芦溪县、攸县。海拔 500~1500 米，路旁、草地、灌丛。重庆、广东、广西、贵州、河北、河南、湖北、湖南、江西、陕西、山西、四川。

沙参 *Adenophora stricta* Miquel

岳俊三等，3504。(NAS NAS00274854)

多年生草本。安福县。海拔 200~1800 米，低山草丛中和岩石缝中。安徽、重庆、福建、甘肃、广西、贵州、河南、湖北、湖南、江苏、江西、陕西、四川、云南、浙江。朝鲜，引入日本。

无柄沙参 *Adenophora stricta* Miquel subsp. *sessilifolia* Hong

陈功锡、张代贵等，LXP-06-0389、5721。

多年生草本。安福县。海拔 900~2000 米，草地、溪边。重庆、甘肃、广西、贵州、河南、湖北、湖南、陕西、四川、云南。

轮叶沙参 *Adenophora tetraphylla* (Thunberg) Fischer

陈功锡、张代贵等，LXP-06-0374、0390、1780、7729。

多年生草本。安福县、莲花县、芦溪县、袁州区。海拔 500~2000 米，草地、路旁。安徽、福建、广东、广西、贵州、河北、黑龙江、河南、湖南、江苏、江西、吉林、辽宁、内蒙古、山东、山西、四川、台湾、云南、浙江。日本、朝鲜、老挝、俄罗斯、越南。

聚叶沙参 *Adenophora wilsonii* Nannfeldt

陈功锡、张代贵等，LXP-06-6913。

多年生草本。安福县。海拔 400~500 米。重庆、甘肃、贵州、湖北、陕西、四川。

金钱豹属 *Campanumoea* Blume

金钱豹 *Campanumoea javanica* Blume

陈功锡、张代贵等，LXP-06-0471、6992、7396、8290、8616 等。

藤本。安福县、袁州区。海拔 300~700 米，路旁。安徽、福建、甘肃、广东、广西、贵州、海南、湖北、湖南、江西、四川、台湾、云南、浙江。不丹、印度、印度尼西亚、日本、老挝、缅甸、尼泊尔、泰国、越南。

党参属 *Codonopsis* Wallich

羊乳 *Codonopsis lanceolata* (Siebold & Zuccarini) Trautvetter

陈功锡、张代贵等，LXP-06-0532、0799、2889 等。

多年生草本。安福县、分宜县、莲花县、上高县、袁州区。海拔 100~1100 米，疏林、灌丛、溪边等。安徽、福建、河北、河南、湖北、湖南、江苏、山东、山西、浙江。日本、朝鲜、俄罗斯。

轮钟花属 *Cyclocodon* Griffith ex J. D. Hooker & Thomson

轮钟花 *Cyclocodon lancifolius*

(Roxburgh) Kurz Flora

陈功锡、张代贵等，LXP-06-9150。

多年生草本。芦溪县。海拔 500~600 米，路旁。重庆、福建、广东、广西、贵州、海南、湖北、湖南、江西、四川、台湾、云南。孟加拉国、柬埔寨、印度、印度尼西亚、日本、老挝、菲律宾、越南。

半边莲属 *Lobelia* Linnaeus

半边莲 *Lobelia chinensis* Loureiro

陈功锡、张代贵等，LXP-06-0592、2546、3740、3803、5103 等。

多年生草本。安福县、上高县、攸县、渝水区。海拔 90-200 米，路旁、草地、草地池塘边、阴处、水库边。安徽、福建、广东、广西、贵州、海南、湖北、湖南、江苏、江西、四川、台湾、云南、浙江。孟加拉国、柬埔寨、印度、日本、朝鲜、老挝、马来西亚、尼泊尔、斯里兰卡、泰国、越南。

江南山梗菜 *Lobelia davidii* Franchet

陈功锡、张代贵等，LXP-06-0341、2710、5640、6138 等。

多年生草本。安福县、攸县、袁州区。海拔 200~800 米，草地、路旁、灌丛溪边。安徽、福建、广东、广西、贵州、湖北、湖南、江西、四川、西藏、云南、浙江。不丹、印度、缅甸、尼泊尔。

线萼山梗菜 *Lobelia melliana* F. E. Wimmer

《江西林业科技》。

多年生草本。分宜县、芦溪县。海拔 200~800 米，谷、道路旁、水沟边或林中潮湿地。福建、广东、湖北、湖南、江苏、江西、浙江。

铜锤玉带草 *Lobelia nummularia* Lamarck Encycl

陈功锡、张代贵等，LXP-06-1457、3343、4071。

多年生草本。茶陵县、芦溪县。海拔 200~800 米，田边、路旁以、丘陵、低山草披、疏林中的潮湿地。湖北、湖南、广西、台湾、西藏。孟加拉国、不丹、印度、印度尼西亚、老挝、马来西亚、缅甸、尼泊尔、新几内亚、菲律宾、斯里兰卡、泰国、越南。

桔梗属 *Platycodon* A. Candolle

桔梗 *Platycodon grandiflorus* (Jacquin) A. Candolle

姚淦等，9492。(NAS NAS00277286)

多年生草本。分宜县。海拔 200~1600 米，草丛、灌丛、林下。安徽、重庆、福建、广东、广西、贵州、河北、黑龙江、河南、湖北、湖南、江苏、江西、吉林、辽宁、内蒙古、陕西、山东、山西、四川、云南、浙江。日本、朝鲜、俄罗斯，广泛栽培世界其他地区。

蓝花参属 *Wahlenbergia* Schrader

蓝花参 *Wahlenbergia marginata* (Thunberg) A. Candolle

陈功锡、张代贵等，LXP-06-1449、1533、3449、3792 等。

多年生草本。安福县、茶陵县、芦溪县。海拔 100~1000 米，灌丛、路旁、草地。安徽、重庆、福建、广东、广西、贵州、湖北、湖南、江苏、江西、四川、台湾、云南、浙江。不丹、印度、印度尼西亚、日本、朝鲜、老挝、马来西亚、缅甸、尼泊尔、巴布亚新几内亚、菲律宾、斯里兰卡、越南，引入太平洋群岛和北美洲。

130. 五福花科 Adoxaceae

接骨木属 *Sambucus* Linnaeus

接骨草 *Sambucus chinensis* Blume

陈功锡、张代贵等，LXP-06-0659、1415、1536、2436、2861 等。

草本。安福县、茶陵县、莲花县、芦溪县、攸县、袁州区。海拔 100~800 米，疏林、路旁、灌丛、草地、路旁溪边、溪边。安徽、福建、甘肃、广东、广西、贵州、海南、河南、湖北、湖南、江苏、江西、陕西、四川、台湾、西藏、云南、浙江。印度、印度尼西亚、日本、老挝、马来西亚、缅甸、菲律宾、泰国、越南。

接骨木 *Sambucus williamsii* Hance

《安福木本植物》。

落叶灌木或小乔木。安福县。海拔 1100 米以下的山坡林下、灌丛、路旁或沙滩。黑龙江、吉林、辽宁、河北、山西、陕西、甘肃、山东、江苏、安徽、浙江、福建、河南、湖北、湖南、广东、广西、四川、贵州、云南。

荚蒾属 *Viburnum* Linnaeus

金腺荚蒾 *Viburnum chunii* Hsu

《安福木本植物》。

常绿灌木。安福县。海拔 500 米以下丘陵地球林地、路旁、灌丛。海拔 500 米以下丘陵地球林地、路旁、灌丛。安徽南部、浙江东部至南部、江西南部和西部、福建北部、湖南、广东、广西及贵州东南部（榕江）。

伞房荚蒾 *Viburnum corymbiflorum* Hsu et S. C. Hsu

陈功锡、张代贵等，LXP-06-9641。

灌木或小乔木。安福县、芦溪县。海拔 900~1400 米。福建、广东、广西、贵州、湖北、湖南、江西西南部、四川、云南、浙江。

粤赣荚蒾 *Viburnum dalzielii* W. W. Smith Notes Roy

熊耀国等，07982。（LBG 00029485）

落叶灌木。安福县。海拔 500~1000 米，山坡灌丛或山谷林中。广东、江西。

荚蒾 *Viburnum dilatatum* Thunberg

陈功锡、张代贵等，LXP-06-0042、0204、0272、0791 等。

落叶灌木。安福县、茶陵县、分宜县、莲花县、芦溪县、攸县、袁州区。海拔 100~1300 米，疏林、河边、密林、灌丛、溪边。安徽、福建、广东、广西、贵州、河北、河南、湖北、湖南、江苏、江西、陕西、四川、台湾、云南、浙江。日本、朝鲜。

宜昌荚蒾 *Viburnum erosum* Thunberg

陈功锡、张代贵等，LXP-06-3463。

落叶灌木。安福县、莲花县、芦溪县。海拔 200~400 米，灌丛、山坡。安徽、福建、广东、广西、贵州、河南、湖北、湖南、江苏、江西、陕西、山东、四川、台湾、云南、浙江。日本、朝鲜。

直角荚蒾 *Viburnum foetidum* (Graebner) Rehder

陈功锡、张代贵等，LXP-06-0522、8445。

落叶灌木。安福县。海拔 100~300 米，疏林、路旁。广东、广西、贵州、河南、湖北、湖南、江西、陕西、四川、台湾、西藏、云南。

南方荚蒾 *Viburnum fordiae* Hance

陈功锡、张代贵等，LXP-06-7755。

落叶灌木。安福县、分宜县、莲花县。海拔 1000~1500 米，灌丛、山谷、溪涧疏林安徽、福建、广东、广西、贵州、湖南、江西、云南、浙江。

毛枝台中荚蒾 *Viburnum formosanum* P. S. Hsu

熊耀国等，9038。(LBG 00029561)

灌木。安福县、莲花县。海拔 100~700 米，山谷溪涧旁疏林、密林中、林缘灌丛中。广东、湖南、江西。

衡山荚蒾 *Viburnum hengshanicum* Tsiang ex P. S. Hsu

陈功锡、张代贵等，LXP-06-2044、2193、2388、2664、2744 等。

落叶灌木。安福县、茶陵县、芦溪县、攸县、袁州区。海拔 80~1000 米，密林、灌丛、路旁、阳处、溪边、灌丛溪边、路旁溪边、疏林。安徽、广西、贵州、湖南、江西、浙江。

巴东荚蒾 *Viburnum henryi* Hemsley

岳俊三等，3673。(NAS NAS00267219)

落叶灌木。安福县。海拔 1000~1600 米，山谷密林中或湿润草坡上。福建、广西、贵州、湖北、江西、陕西、四川、浙江。

吕宋荚蒾 *Viburnum luzonicum* Rolfe

《安福木本植物》。

落叶灌木。安福县。海拔 600 米以下山坡灌丛。浙江南部、江西东南部、福建、台湾、广东、广西和云南（富宁）。

绣球荚蒾 *Viburnum macrocephalum* Fortune

赖书绅等，1404。(LBG 00029694)

落叶灌木。安福县、莲花县。海拔 500~900 米，丘陵、山坡林下或灌丛中。安徽、湖北、湖南、江苏、江西、浙江。

黑果荚蒾 *Viburnum melanocarpum* P. S. Hsu

江西队，00736。(PE 01067848)

落叶灌木。安福县。海拔 200~900 米，山地林中或山谷溪涧旁灌丛中。安徽、河南、江苏、江西、浙江。

濒危等级：NT

珊瑚树 *Viburnum odoratissinum* Ker. -Gawl.

《安福木本植物》，赖书绅，1830。

常绿灌木或小乔木。安福县。海拔 300 米左右溪边。溪边。福建东南部、湖南南部、广东、海南和广西。

蝴蝶戏珠花 *Viburnum plicatum* Y. C. Liu & C. H. Ou

陈功锡、张代贵等，LXP-06-2810、4915。

落叶灌木。安福县、莲花县、芦溪县。海拔 800~1400 米，灌丛、路旁。陕西南部、安徽南部和西部、浙江、江西、福建、台湾、河南、湖北、湖南、广东北部、广西东北部、四川、贵州及云南。

常绿荚蒾 (坚荚树) *Viburnum sempervirens* K. Koch

《安福木本植物》。

常绿灌木。安福县。海拔 200~1500 米。山谷密林或疏林中、溪涧旁或丘陵地灌丛中。江西南部、广东和广西南部。

茶荚蒾 *Viburnum setigerum* Hance

陈功锡、张代贵等，LXP-06-0021、2308、2356、2572、2588 等。

落叶灌木。安福县、茶陵县、分宜县、莲花县、芦溪县、上高县、袁州区。海拔

500~1500 米，水库边、灌丛、路旁、溪边、草地、路旁石上。安徽、福建、广东、广西、贵州、河南、湖北、湖南、江苏、江西、陕西、四川、台湾、云南、浙江。

合轴荚蒾 *Viburnum sympodiale* Graebner

陈功锡、张代贵等，LXP-06-9447。

落叶灌木或小乔木。安福县。海拔 1000~1400 米，疏林。安徽、福建、甘肃、广东、广西、贵州、河南、湖北、湖南、江西、陕西、四川、台湾、云南、浙江。

壶花荚蒾 *Viburnum urceolatum* Siebold & Zuccarini

岳俊三等，3331。（NAS NAS00269827）

落叶灌木。袁州区。海拔 800~1600 米，山谷林中溪涧旁阴湿处。福建、广东、广西、贵州、湖南、江西、台湾、云南、浙江。日本。

131. 锦带花科 Diervillaceae

锦带花属 *Weigela* Thunberg

锦带花 *Weigela florida* (Bunge) Candolle

陈功锡、张代贵等，LXP-06-3091、6149。

常绿灌木。安福县、攸县。海拔 300~800 米，草地、灌丛。河北、黑龙江、河南、江苏、吉林、辽宁、内蒙古、陕西、山东、山西。日本、朝鲜。

半边月 *Weigela japonica* Thunberg

陈功锡、张代贵等，LXP-06-0495、2691、4671、4875、5077。

落叶灌木。安福县、袁州区。海拔 460~1200 米，路旁、灌丛。安徽、福建、广东、广西、贵州、海南、湖北、湖南、江西、四川、浙江。日本、朝鲜。

132. 忍冬科 Caprifoliaceae

忍冬属 *Lonicera* Linnaeus

淡红忍冬 *Lonicera acuminata* Wallich

陈功锡、张代贵等，LXP-06-1473。

藤本。安福县、茶陵县。海拔 300~400 米，草地、山坡、山谷林中、灌丛。安徽、福建、甘肃、广东、广西、贵州、河南、湖北、湖南、江西、陕西、四川、台湾、西藏、云南、浙江。不丹、印度、缅甸、尼泊尔、菲律宾。

郁香忍冬 *Lonicera fragrantissima* Lindley & Paxton

《江西大岗山森林生物多样性研究》。

落叶灌木。安福县、分宜县。海拔 200~1400 米，山坡灌丛中。安徽、甘肃、贵州、河北、河南、湖北、湖南、江苏、江西、陕西、山东、山西、四川、浙江。

菰腺忍冬 *Lonicera hypoglauca* Miquel

岳俊三等，3273。（IBSC 0501129）

藤本。安福县、分宜县、莲花县。海拔 400~1500 米，灌丛或疏林中。安徽、福建、广东、广西、贵州、湖北、湖南、江西、四川、台湾、云南、浙江。日本、克什米尔、尼泊尔。

忍冬 *Lonicera japonica* Thunberg

陈功锡、张代贵等，LXP-06-1927、2689、3822、4654 等。

藤本。安福县、茶陵县、莲花县、上高县、渝水区、袁州区。海拔 100~1000 米，灌丛、树上、溪边等。安徽、福建、甘肃、广东、广西、贵州、河北、河南、湖北、湖南、江苏、江西、吉林、辽宁、陕西、山东、山西、四川、台湾、云南、浙江。日本、朝鲜；广泛栽培于亚洲，引入北美洲。

大花忍冬 *Lonicera macrantha* (D. Don) Spreng 【灰毡毛忍冬 *Lonicera macranthoides* Handel-Mazzetti 】

《安福木本植物》。

半常绿藤本。安福县。海拔 400~500 米。生于林缘、溪边、灌丛。浙江南部，江西（武宁、德兴），福建，台湾，湖南（宜章），广东，广西东部，四川（南川），贵州（遵义、榕江），云南东南部（西畴、屏边）和西藏（墨脱）。

短柄忍冬 *Lonicera pampaninii* Léveillé

岳俊三等，2884。（IBSC 0537436）

藤本。安福县。海拔 200~800 米，林下或灌丛中。安徽南部、浙江、江西西北部和东北部、福建北部、湖北西南部、湖南、广东北部、广西东北部和东南部、四川东南部、贵州东部至北部及云南南部。

细毡毛忍冬 *Lonicera similis* Hemsley

陈功锡、张代贵等，LXP-06-0055、0231、0640 等。

藤本。安福县、茶陵县、莲花县、芦溪县、上高县、攸县。海拔 100~900 米，疏林、河边、溪边等。安徽、福建、甘肃、广西、贵州、湖北、湖南、陕西、山西、四川、云南、浙江。缅甸。

133. 北极花科 Linnaeaceae

糯米条属 *Abelia* R. Brown

糯米条 *Abelia chinensis* R. Brown

陈功锡、张代贵等，LXP-06-0411、2327、6562、7570。

落叶灌木。安福县、分宜县、上高县、渝水区。海拔 100~800 米，路旁、灌丛、山地。福建、广东、广西、贵州、河南、湖北、湖南、江苏、江西、四川、台湾、云南、浙江。日本。

二翅糯米条 *Abelia macrotera* (Graebner & Buchwald) Rehder

落叶灌木。茶陵县、攸县，海拔 700~1300 米，山坡脊薄地或石壁上。广西、湖北、贵州、河南、湖南、陕西、四川、云南。

六道木属 *Zabelia* (Rehder) Makino

南方六道木 *Zabelia dielsii* (Graebner) Makino

落叶灌木。茶陵县、攸县，海拔 1000~1300 米，山顶灌丛。黄河以南的河北、山西、陕西、宁夏南部、甘肃东南部、安徽、浙江、江西、福建、河南、湖北、四川、贵州、云南、西藏。

134. 败酱科 Valerianaceae

败酱属 *Patrinia* Jussieu

墓回头 *Patrinia heterophylla* Bunge Enum

陈功锡、张代贵等，LXP-06-0395、3069、6412。

多年生草本。安福县。海拔 200~1700 米，草地、路旁溪边。安徽、重庆、甘肃、贵州、河北、河南、湖北、湖南、江苏、江西、吉林、辽宁、内蒙古、宁夏、青海、陕西、山东、山西、四川、浙江。

少蕊败酱 *Patrinia monandra* C. B. Clarke

陈功锡、张代贵等，LXP-06-0398、2459。

多年生草本。安福县、茶陵县、莲花

县、芦溪县、上高县、袁州区。海拔200~1600米，草地、灌丛。安徽、重庆、甘肃、广西、贵州、河南、湖北、湖南、江苏、江西、辽宁、陕西、山东、四川、台湾、云南、浙江。不丹、印度、尼泊尔。

败酱 *Patrinia scabiosifolia* Link Enum

陈功锡、张代贵等，LXP-06-1979、6234。

多年生草本。安福县、茶陵县、莲花县。海拔460~600米，路旁、灌丛、路边、草地。全国广布，除广东、海南、宁夏、青海、新疆、西藏。日本、朝鲜、蒙古、俄罗斯。

攀倒甑 *Patrinia villosa* (Thunberg) Dufresne Hist

陈功锡、张代贵等，LXP-06-2317、2511、3385、6001等。

多年生草本。安福县、分宜县、芦溪县、攸县、袁州区。海拔100~600米，灌丛、山坡、草地。安徽、重庆、福建、广东、广西、贵州、河南、湖北、湖南、江苏、江西、辽宁、台湾、浙江。日本。

缬草属 *Valeriana* Linnaeus

长序缬草 *Valeriana hardwickii* Wallich

岳俊三等，3744。(KUN 0298019)

多年生草本。安福县。海拔1000~1800米，草坡、林缘或林下、溪边。重庆、福建、广西、贵州、湖北、湖南、江西、四川、西藏、云南。不丹、印度、印度尼西亚、老挝、缅甸、尼泊尔、巴基斯坦、泰国、越南。

缬草 *Valeriana officinalis* Linnaeus

《江西林业科技》。

多年生草本。安福县、芦溪县。海拔200~1700米，山坡草地、林下、沟边。安徽、重庆、甘肃、贵州、河北、河南、湖北、湖南、江西、内蒙古、青海、陕西、山东、山西、四川、台湾、西藏、浙江。日本、俄罗斯；欧洲。

135. 番荔枝科 Annonaceae

瓜馥木属 *Fissistigma* Griffith

瓜馥木 *Fissistigma oldhamii* (Hemsley) Merrill

陈功锡、张代贵等，LXP-06-6223、8253。

常绿灌木。安福县、芦溪县。海拔400~500米，灌丛、溪边。福建、广东、广西、海南、湖南、江西、台湾、云南、浙江。

136. 小檗科 Berberidaceae

小檗属 *Berberis* Linnaeus

华东小檗 *Berberis chingii* S. S. Cheng

岳俊三等，3577。(KUN 0175823)

常绿灌木。安福县。海拔400~1600米，山沟杂木林下、水沟边、山坡灌丛中、石灰岩山坡。福建、广东、湖南、江西。

南岭小檗 *Berberis impedita* C. K. Schneider

陈功锡、张代贵等，LXP-06-9027。

常绿灌木。安福县。海拔1300~1500米，灌丛、路旁溪边、阳处、路边、疏林。广东、广西、湖南、江西、四川。

江西小檗 *Berberis jiangxiensis* C. M. Hu Bull

陈功锡、张代贵等，LXP-06-9271。

常绿灌木。安福县。海拔1000~1300米，疏林、密林、水沟边。江西。

豪猪刺 *Berberis julianae* Schneid.

《安福木本植物》。

常绿灌木。安福县。海拔 1100~2100 米。生于山坡、沟边、林中、林缘、灌丛中或竹林中。湖北、四川、贵州、湖南、广西。

庐山小檗 *Berberis virgetorum* Schneider

叶华谷、曾飞燕，LXP-10-918

落叶灌木。安福县、分宜县、袁州区。海拔 250~1400 米，生于山坡、山地灌丛中、河边、林中或村旁。江西、浙江、安徽、福建、湖北、湖南、广西、广东、陕西、贵州。

鬼臼属 *Dysosma* Woodson

八角莲 *Dysosma versipellis* (Hance) M. Cheng

岳俊三等，3219。(PE 01035703)

多年生草本。安福县。海拔 500~1800 米，坡林下、灌丛中、溪旁阴湿处、竹林下或石灰山常绿林下。安徽、广东、广西、贵州、河南、湖北、湖南、江西、山西、云南、浙江。

保护级别：二级保护（第二批次）

濒危等级：VU

淫羊藿属 *Epimedium* Linnaeus

时珍淫羊藿 *Epimedium lishihchenii* Stearn

陈功锡、张代贵等，LXP-06-9648。

多年生草本。芦溪县。海拔 800~1500 米，山坡林中。江西。

三枝九叶草 *Epimedium sagittatum* (Siebold & Zuccarini) Maximowicz

熊耀国等，07879。(LBG 00013774)

多年生草本。安福县。海拔 400~1600 米，山坡草丛中、林下、灌丛中、水沟边或岩边石缝中。安徽、福建、甘肃、广东、广西、贵州、湖北、湖南、江西、陕西、四川、浙江。

濒危等级：NT

十大功劳属 *Mahonia* Nuttall Gen

阔叶十大功劳 *Mahonia bealei* (Fortune) Carrière

陈功锡、张代贵等，LXP-06-0918、2875、6401。

常绿灌木。安福县、茶陵县。海拔 200~1600 米，林下、林缘、草坡、溪边、灌丛、路旁溪边。安徽、福建、广东、广西、河南、湖北、湖南、江苏、江西、陕西、四川、浙江。

小果十大功劳 *Mahonia bodinieri* Gagnepain

岳俊三等，2720。(NAS NAS00315022)

常绿灌木。安福县。海拔 200~1700 米，绿阔叶林、常绿落叶阔叶混交林和针叶林下、灌丛中、林缘或溪旁。广东、广西、贵州、湖南、江西、四川、浙江。

十大功劳 *Mahonia fortunei* (Lindley) Fedde

赖书绅等，505。(LBG 00013867)

常绿灌木。安福县。海拔 500~1800 米，山坡沟谷林中、灌丛中、路边或河边。重庆、广西、贵州、湖北、湖南、江西、四川、台湾、浙江。

南天竹属 *Nandina* Thunberg

南天竹 *Nandina domestica* Thunberg

陈功锡、张代贵等，LXP-06-0122、0524、0887、1613、1942 等。

落叶灌木。安福县、茶陵县、分宜县、莲花县、芦溪县、上高县、攸县、袁州区。海拔 100~600 米，疏林、阴处、灌丛、溪边。安徽、福建、广东、广西、贵州、河南、湖北、湖南、江苏、江西、山西、山东、陕西、四川、云南、浙江。印度、日本。

137. 菊科 Asteraceae

下田菊属 *Adenostemma* J. R. Forster & G. Forster

下田菊 *Adenostemma lavenia* (Linnaeus) Kuntze

陈功锡、张代贵等，LXP-06-2285、2426、2696 等。

一年生草本。安福县、茶陵县、芦溪县、攸县、袁州区。海拔 30~900 米，灌丛、草地、疏林等。安徽、福建、甘肃、广东、广西、贵州、海南、河南、湖北、湖南、江苏、江西、南海诸岛、陕西、四川、台湾、西藏、云南、浙江。印度、日本、朝鲜、缅甸、尼泊尔、菲律宾、泰国；广泛分布于亚洲、澳大利亚。

宽叶下田菊 *Adenostemma lavenia* var. *latifolium* (D. Don) Handel- Mazzetti

陈功锡、张代贵等，LXP-06-0719、7948、8279、8397、8540。

多年生草本。安福县、袁州区。海拔 200~900 米，溪边、路旁。福建、广东、广西、贵州、海南、湖北、湖南、江苏、南海诸岛、四川、台湾、西藏、云南、浙江。印度、日本、朝鲜。

藿香蓟属 *Ageratum* Linnaeus

藿香蓟 *Ageratum conyzoides* Linnaeus

陈功锡、张代贵等，LXP-06-0313、1388、2282、2630 等。

一年生草本。安福县。海拔 90~700 米，疏林、路旁溪边、路旁、草地、溪边。安徽、福建、广东、广西、贵州、海南、河南、江苏、江西、南海诸岛、陕西、四川、台湾、云南。

兔儿风属 *Ainsliaea* Candolle

杏香兔儿风 *Ainsliaea fragrans* Champion

陈功锡、张代贵等，LXP-06-2845、2956、6155 等。

多年生草本。安福县、莲花县、攸县、袁州区。海拔 300~1000 米，路旁、灌丛、疏林。安徽、福建、广东、广西、贵州、湖北、湖南、江苏、江西、四川、台湾、云南、浙江。日本。

纤枝兔儿风 *Ainsliaea gracilis* Franchet

陈功锡、张代贵等，LXP-06-1347、1359、1581。

多年生草本。安福县、茶陵县、芦溪县。海拔 200~1300 米，路旁、溪边、密林。重庆、广东、广西、贵州、湖北、湖南、江西、四川。

粗齿兔儿风 *Ainsliaea grossedentata* Franchet

岳俊三等，3727。(KUN 0036076)

多年生草本。安福县。海拔 1300-1700 米，林或密林下。重庆、广西、贵州、湖北、湖南、江西、四川。

长穗兔儿风 *Ainsliaea henryi* Diels

多年生草本。安福县。海拔 700~1200 米，坡地或林下沟边。云南、贵州、四川、湖北、湖南、广西、广东、海南、福建、台湾。

灯台兔儿风 *Ainsliaea kawakamii* Hayata

陈功锡、张代贵等，LXP-06-2017、2847。

一年生草本。安福县、茶陵县。海拔300~1600米，路旁、山坡、河谷林下、湿润草丛。安徽、福建、广东、湖南、台湾、浙江。

香青属 *Anaphalis* Candolle

黄腺香青 *Anaphalis aureopunctata* Lingelsheim & Borza

岳俊三等，3296。（PE 01576781）

多年生草本。安福县、袁州区。海拔1200~1900米，林下、林缘、草地、河谷、泛滥地及石砾地。甘肃、广东、广西、贵州、河南、湖北、湖南、江西、青海、陕西、山西、四川、云南。

珠光香青 *Anaphalis margaritacea* (Linnaeus) Bentham & J. D. Hooker

陈功锡、张代贵等，LXP-06-2883。

多年生草本。安福县。海拔200~600米，路旁、溪边。甘肃、广东、广西、贵州、河北、河南、湖北、湖南、江西、青海、山西、四川、台湾、西藏、云南。不丹、印度、日本、朝鲜、缅甸、尼泊尔、俄罗斯、泰国、越南；美洲北部，广泛引入欧洲。

黄褐珠光香青 *Anaphalis margaritacea* (Candolle) Herder ex Maximo- wicz

赖书坤、户向恒等，1965。（KUN 0039082）

多年生草本。安福县。海拔800~1800米，低山或亚高山灌丛、草地、山坡和溪岸。甘肃、广东、广西、贵州、湖北、湖南、江西、山西、四川、西藏、云南。不丹、印度、缅甸、尼泊尔。

香青 *Anaphalis sinica* Hance

陈功锡、张代贵等，LXP-06-1787。

多年生草本。安福县、芦溪县、袁州区。海拔1400~1900米，草地、灌丛、草地、山坡、溪岸。安徽、福建、甘肃、广西、贵州、河北、河南、湖北、湖南、江苏、江西、陕西、山东、山西、四川、云南、浙江。日本、朝鲜、尼泊尔。

牛蒡属 *Arctium* Linnaeus

牛蒡 *Arctium lappa* Linnaeus

赖书坤、户向恒等，1438。（KUN 0040113）

多年生草本。莲花县、袁州区。海拔800~2000米，山坡、山谷、林缘、林中、灌木丛中、河边潮湿地、村庄路旁或荒地。广布于全国（除海南、台湾、西藏）。阿富汗、不丹、印度、日本、尼泊尔、巴基斯坦；亚洲、欧洲。

蒿属 *Artemisia* Linnaeus

黄花蒿 *Artemisia annua* Linnaeus

陈功锡、张代贵等，LXP-06-2960、5434、7095、7513、8517。

一年生草本。安福县、茶陵县、攸县。海拔90~400米，路旁。安徽、福建、甘肃、广东、广西、贵州、河北、黑龙江、河南、湖北、湖南、江苏、江西、吉林、辽宁、内蒙古、宁夏、青海、陕西、山东、山西、四川、台湾、新疆、西藏、云南、浙江。广泛分布于非洲、亚洲、欧洲、北美洲。

奇蒿 *Artemisia anomala* S. Moore

陈功锡、张代贵等，LXP-06-0314、0342、1402、2320等。

多年生草本。安福县、分宜县。海拔100~900米，疏林、草地、溪边、灌丛。

安徽、福建、广东、广西、贵州、河南、湖北、湖南、江苏、江西、四川、台湾、浙江。

艾 *Artemisia argyi* H. Léveillé & Vaniot

《江西林业科技》。

多年生草本。安福县、芦溪县。海拔200~1400米，荒地、路旁河边及山坡等地、也见于森林草原及草原地区。安徽、福建、甘肃、广东、广西、贵州、河北、黑龙江、河南、湖北、湖南、江苏、江西、吉林、辽宁、内蒙古、宁夏、青海、陕西、山东、山西、四川、云南、浙江。朝鲜、蒙古、俄罗斯。

茵陈蒿 *Artemisia capillaris* Thunberg

陈功锡、张代贵等，LXP-06-2991、7659。

一年生草本。安福县、上高县。海拔100~400 米，疏林、路旁。安徽、福建、广东、广西、河北、河南、湖北、湖南、江苏、江西、辽宁、陕西、山东、四川、台湾、云南、浙江。柬埔寨、印度尼西亚、日本、朝鲜、马来西亚、尼泊尔、菲律宾、俄罗斯、越南。

青蒿 *Artemisia carvifolia* Buchanan-Hamilton

陈功锡、张代贵等，LXP-06-1419。

一年生草本。茶陵县。海拔 300~700 米，湿润的河岸边砂地、山谷、林缘、路旁等。安徽、福建、广东、广西、贵州、河北、河南、湖北、湖南、江苏、江西、吉林、辽宁、陕西、山东、四川、云南、浙江。印度、日本、朝鲜、缅甸、尼泊尔、越南。

五月艾 *Artemisia indica* Willdenow

陈功锡、张代贵等，LXP-06-2653、5523、6122 等。

多年生草本。安福县、攸县、袁州区。海拔 100~900 米，草地、路旁。安徽、福建、甘肃、广东、广西、贵州、海南、河北、河南、湖北、湖南、江苏、江西、吉林、辽宁、内蒙古、陕西、山东、山西、四川、台湾、西藏、云南、浙江。印度、印度尼西亚、日本、朝鲜、缅甸、菲律宾、泰国、越南；美洲北部和中部、大洋洲。

牡蒿 *Artemisia japonica* Thunberg

陈功锡、张代贵等，LXP-06-0386、2261。

多年生草本。安福县、茶陵县。海拔200~2000 米，沼泽、路旁。安徽、福建、甘肃、广东、广西、贵州、海南、河北、黑龙江、河南、湖北、湖南、江苏、江西、辽宁、陕西、山东、山西、四川、台湾、西藏、云南、浙江。阿富汗、不丹、印度、日本、朝鲜、老挝、缅甸、尼泊尔、巴基斯坦、菲律宾、俄罗斯、泰国、越南。

白苞蒿 *Artemisia lactiflora* Wallich

陈功锡、张代贵等，LXP-06-0387、1785、2109、2153、2728 等。

多年生草本。安福县、芦溪县、攸县、袁州区。海拔 300~2000 米，石上、路旁、灌丛、草地、疏林、溪边、灌丛溪边。安徽、福建、甘肃、广东、广西、贵州、海南、河南、湖北、湖南、江苏、江西、陕西、四川、台湾、云南、浙江。柬埔寨、印度、印度尼西亚、老挝、新加坡、泰国。

矮蒿 *Artemisia lancea* Vaniot

赖书坤、户向恒等，1931。（KUN 0041352）

多年生草本。安福县。海拔 400~1600 米，林缘、路旁、荒坡及疏林下。安徽、福建、甘肃、广东、广西、贵州、河北、黑龙江、河南、湖北、湖南、江苏、江西、吉林、辽宁、内蒙古、陕西、山东、山西、四川、台湾、云南、浙江。印度、日本、朝鲜、俄罗斯。

野艾蒿 *Artemisia lavandulaefolia* Candolle

陈功锡、张代贵等，LXP-06-6100。

多年生草本。攸县。海拔 100~600 米，路旁、溪边。安徽、甘肃、广东、广西、贵州、河北、黑龙江、河南、湖北、湖南、江苏、江西、吉林、辽宁、内蒙古、陕西、山东、山西、四川、云南。日本、朝鲜、蒙古、俄罗斯。

魁蒿 *Artemisia princeps* Pampanini

陈功锡、张代贵等，LXP-06-2993。

多年生草本。安福县。海拔 100~1400 米，疏林、山坡、灌丛、林缘、沟边。安徽、甘肃、广东、广西、贵州、河北、河南、湖北、湖南、江苏、江西、辽宁、内蒙古、陕西、山东、山西、四川、台湾、云南。日本、朝鲜。

猪毛蒿 *Artemisia scoparia* Waldstein & Kitaibel

《江西大岗山森林生物多样性研究》。

多年生草本。安福县、分宜县。海拔 200~2000 米，山坡、林缘、路旁、草原、黄土高原、荒漠边缘。安徽、福建、甘肃、广东、广西、贵州、河北、黑龙江、河南、湖北、湖南、江苏、江西、吉林、辽宁、内蒙古、宁夏、青海、陕西、山东、山西、四川、新疆、西藏、云南、浙江。阿富汗、印度、日本、朝鲜、巴基斯坦、俄罗斯、泰国；亚洲、欧洲。

阴地蒿 *Artemisia sylvatica* Maximowicz

《江西大岗山森林生物多样性研究》。

多年生草本。安福县、分宜县。海拔 200~1200 米，海拔湿润地区的林下、林缘或灌丛下荫蔽处。安徽、甘肃、贵州、河北、黑龙江、河南、湖北、湖南、江苏、江西、吉林、辽宁、内蒙古、青海、陕西、山东、山西、四川、云南、浙江。朝鲜、蒙古、俄罗斯。

紫菀属 *Aster* Linnaeus

白舌紫菀 *Aster baccharoides* (Bentham) Steetz

岳俊三等，3343。(KUN 0043528)

多年生草本。袁州区。海拔 200~900 米，山坡路旁、草地和沙地。福建、广东、广西、湖南、江西、浙江。

狗娃花 *Aster hispidus* Thunberg [*Heteropappus hispidus* Maximowicz]

《江西植物志》。

多年生草本。安福县。海拔 200~2000 米，荒地、路旁、林缘及草地。安徽、福建、甘肃、河北、黑龙江、湖北、江苏、江西、吉林、内蒙古、陕西、山东、山西、四川、台湾、浙江。日本、朝鲜、蒙古、俄罗斯。

马兰 *Aster indicus* Linnaeus [*Kalimeris indica* (Linnaeus) Schultz Bipontinus；]

陈功锡、张代贵等，LXP-06-0206、2637、2919、3022 等。

多年生草本。安福县、莲花县、上高县、袁州区。海拔 100~700 米，河边、疏林、草地、灌丛、溪边、路旁溪边。安徽、福建、甘肃、广东、广西、贵州、海南、河北、河南、湖北、湖南、江苏、江西、宁夏、陕西、山东、山西、四川、台湾、云南、浙江。印度、日本、朝鲜、老挝、马来西亚、缅甸、俄罗斯、泰国、越南。

琴叶紫菀 *Aster panduratus* Nees

赖书绅等，1991。(KUN 0043528)

多年生草本。安福县。海拔 200~1300 米，山坡灌丛、草地、溪岸、路旁。福建、广东、广西、贵州、湖北、湖南、江苏、江西、四川、浙江。

全叶马兰 *Aster pekinensis* (Hance) F. H. Chen [*Kalimeris integrifolia* Turczaninow ex Candolle]

《江西植物志》。

多年生草本。安福县。海拔 200~1500 米，山坡、林缘、灌丛、路旁。安徽、甘肃、河北、黑龙江、河南、湖北、湖南、江苏、江西、吉林、辽宁、内蒙古、陕西、山东、山西、四川、云南、浙江。朝鲜、俄罗斯。

东风菜 *Aster scaber* Thunberg [*Doellingeria scabra* (Thunberg) Nees]

陈功锡、张代贵等，LXP-06-5717、7209。

多年生草本。安福县。海拔 290~900 米，溪边、路旁。安徽、福建、广东、广西、贵州、河北、黑龙江、河南、湖北、湖南、江苏、江西、吉林、辽宁、内蒙古、陕西、山东、山西、四川、浙江。日本、朝鲜、俄罗斯。

毡毛马兰 *Aster shimadae* (Kitamura) Nemoto [*Kalimeris shimadai* (Kitamura) Kitamura]

赖书坤等，1797。(KUN 489889)

多年生草本。安福县、莲花县。海拔 200~1800 米，林缘、草坡、溪岸。安徽、福建、甘肃、河南、湖北、湖南、江苏、江西、陕西、山东、山西、四川、台湾、浙江。

三脉紫菀 *Aster trinervius* (Turczaninow) Grierson

陈功锡、张代贵等，LXP-06-2160、2209、2418 等。

多年生草本。安福县、茶陵县、芦溪县、上高县、袁州区。海拔 200~1300 米，疏林、灌丛、溪边等。安徽、福建、广东、广西、贵州、湖北、湖南、江苏、江西、四川、云南、浙江。越南。

毛枝三脉紫菀 *Aster trinervius* subsp. *ageratoides* var. *lasiocladus* (Hayata) Handel-Mazzetti

陈功锡、张代贵等，LXP-06-7552、8878。

多年生草本。上高县、袁州区。海拔 200~300 米，路旁。台湾、福建、江西、安徽、湖南、贵州、广西、广东、海南、云南东南部。

陀螺紫菀 *Aster turbinatus* S. Moore

《江西大岗山森林生物多样性研究》。

多年生草本。安福县、分宜县、袁州区。海拔 200~800 米，低山山谷、溪岸或林荫地。安徽、福建、江苏、江西、浙江。

秋分草 *Aster verticillatus* (Reinwardt) Brouillet【*Rhynchospermum verticillatum* Reinwardt】

陈功锡、张代贵等，LXP-06-2144、2520、2995。

多年生草本。安福县、芦溪县。海拔 100~400 米，疏林、草地。福建、广东、广西、贵州、湖北、湖南、江西、四川、台湾、西藏、云南。不丹、印度、印度尼西亚、日本、马来西亚、缅甸、尼泊尔、越南。

苍术属 *Atractylodes* Candolle

白术 *Atractylodes macrocephala* Koidzumi

陈功锡、张代贵等，LXP-06-2350。

多年生草本。安福县、分宜县、芦溪

县。海拔 400~500 米，灌丛、草地。安徽、重庆、福建、贵州、湖北、湖南、江西、浙江。

豚草属 *Ambrosia Linnaeus*

豚草 *Ambrosia artemisiifolia* Linnaeus

陈功锡、张代贵等，LXP-06-0058。

一年生草本。安福。海拔 400~600 米，路边、宅旁。本种原产热带美洲，广泛分布于亚洲和欧洲。

鬼针草属 *Bidens* Linnaeus

婆婆针 *Bidens bipinnata* Linnaeus

一年生草本。广布种，海拔 100~600 米，路边、园边、宅旁。本种原产热带美洲。东北、华北、华中、华东、华南、西南及陕西、甘肃等地。广布于美洲、亚洲、欧洲及非洲东部。

金盏银盘 *Bidens biternata* (Loureiro) Merrill

陈功锡、张代贵等，LXP-06-6411、8511。

一年生草本。安福县。海拔 100~400 米，路旁、溪边。安徽、福建、甘肃、广东、广西、贵州、海南、河北、河南、湖北、湖南、江西、辽宁、陕西、山东、山西、台湾、云南、浙江。非洲、亚洲、大洋洲。

大狼杷草 *Bidens frondosa* Linnaeus

陈功锡，张代贵等，LXP-06-6526。

一年生草本。武功山地区广布。海拔 200~500 米，生于田野湿润处。原产于美国北部，广东、江苏、江西、上海各省市逸生。

鬼针草 *Bidens pilosa* Linnaeus

陈功锡、张代贵等，LXP-06-2783、3537、6015、7080、7900。

一年生草本。安福县、茶陵县、芦溪县、攸县、袁州区。海拔 100~500 米，路旁、草地。安徽、福建、甘肃、广东、广西、贵州、海南、河北、河南、湖北、湖南、江西、辽宁、陕西、山东、山西、四川、台湾、西藏、云南、浙江。热带和亚热带地区。

狼杷草 *Bidens tripartita* Linnaeus

岳俊三等，3511。(WUK 0220580)

一年生草本。安福县、莲花县、芦溪县。海拔 200~700 米，路边荒野及水边湿地。安徽、福建、甘肃、贵州、河北、黑龙江、河南、湖北、湖南、江苏、江西、吉林、辽宁、内蒙古、宁夏、青海、陕西、山东、四川、台湾、新疆、西藏、云南、浙江。不丹、印度、印度尼西亚、日本、朝鲜、马来西亚、蒙古、尼泊尔、菲律宾、俄罗斯；非洲、澳大利亚、欧洲、北美洲。

艾纳香属 *Blumea* Candolle

台北艾纳香 *Blumea formosana* Kitamura

陈功锡、张代贵等，LXP-06-2210、2468、2531 等。

草本。安福县、茶陵县、芦溪县、攸县、袁州区。海拔 100~900 米，灌丛、草地、溪边等。福建、广东、广西、湖南、江西、台湾。

毛毡草 *Blumea hieracifolia* (Sprengel) Candolle

赖书绅等，1570。(LBG 00025928)

草本。莲花县。海拔 400~1100 米，田边、路旁、草地或低山灌丛中。福建、广东、广西、贵州、海南、江西、四川、台湾、云南、浙江。印度、印度尼西亚、日本、缅甸、尼泊尔、新几内亚、巴基斯坦、菲律宾、泰国。

东风草 *Blumea megacephala* (Randeria) C. C. Chang & Y. Q. Tseng

陈功锡、张代贵等，LXP-06-7407。

藤本。安福县。海拔 300~400 米，路旁。福建、广东、广西、贵州、湖南、江西、四川、台湾、云南、浙江。日本、泰国、越南。

拟毛毡草 *Blumea sericans* (Kurz) J. D. Hooker

赖书坤、户向恒等，1570。（KUN 0046479）

一年生草本。莲花县。海拔 300~1000 米，路旁、荒地、田边、山谷及丘陵地带草丛中。福建、广东、广西、贵州、湖南、江西、台湾、浙江。印度、印度尼西亚、缅甸、菲律宾、越南。

天名精属 *Carpesium* Linnaeus

天名精 *Carpesium abrotanoides* Linnaeus

陈功锡、张代贵等，LXP-06-2628、5441、5522 等。

多年生草本。安福县、上高县、攸县、渝水区、袁州区。海拔 100~500 米，溪边、草地、灌丛等。安徽、福建、甘肃、广东、广西、贵州、海南、河南、湖北、湖南、江苏、江西、陕西、四川、台湾、西藏、云南、浙江。阿富汗、不丹、印度、日本、朝鲜、缅甸、尼泊尔、俄罗斯、越南；亚洲、欧洲。

烟管头草 *Carpesium cernuum* Linnaeus

岳俊三等，3232。（IBSC 0579665）

多年生草本。安福县。海拔 200~800 米，路边荒地及山坡、沟边等处。安徽、福建、甘肃、广东、广西、贵州、河北、河南、湖北、湖南、江苏、江西、吉林、辽宁、陕西、山东、山西、四川、台湾、西藏、云南、浙江。阿富汗、印度、印度尼西亚、日本、朝鲜、巴基斯坦、巴布亚新几内亚、菲律宾、俄罗斯、越南；澳大利亚、亚洲、欧洲。

金挖耳 *Carpesium divaricatum* Siebold & Zuccarini

陈功锡、张代贵等，LXP-06-0349、2706、6229、6712、7875。

多年生草本。安福县、莲花县、袁州区。海拔 400~900 米，灌丛、草地溪边、草地、路旁。安徽、福建、广东、贵州、河南、湖北、湖南、江西、吉林、辽宁、四川、台湾、浙江。日本、朝鲜。

石胡荽属 *Centipeda* Loureiro

石胡荽 *Centipeda minima* (Linnaeus) A. Braun & Ascherson

陈功锡、张代贵等，LXP-06-0228、5406、5593 等。

一年生草本。安福县、攸县。海拔 100~500 米，河边、水库边、路旁。安徽、重庆、福建、广东、广西、贵州、海南、河南、湖北、湖南、江苏、江西、陕西、山东、四川、台湾、云南、浙江。印度、印度尼西亚、日本、巴布亚新几内亚、菲律宾、俄罗斯、泰国；澳大利亚、太平洋群岛。

茼蒿属 *Chrysanthemum* Cassini

野菊 *Chrysanthemum indicum* Linnaeus

陈功锡、张代贵等，LXP-06-1999、7733。

多年生草本。安福县、茶陵县。海拔100~1500米，路旁。安徽、福建、广东、广西、贵州、河北、黑龙江、河南、湖北、湖南、江苏、江西、山东、四川、台湾、云南。不丹、印度、日本、朝鲜、尼泊尔、俄罗斯、乌兹别克斯坦。

蓟属 *Cirsium* Miller

绿蓟 *Cirsium chinense* Gardner & Champion

《江西植物志》。

多年生草本。安福县。海拔200~1500米，坡草丛中。福建、广东、广西、河北、江苏、江西、辽宁、内蒙古、山东、四川、浙江。

蓟 *Cirsium japonicum* Candolle

陈功锡、张代贵等；LXP-06-0384、5899。

多年生草本。安福县。海拔100~2000米，路旁、荒地、草地、路旁、灌丛，重庆、福建、广东、广西、贵州、河北、湖北、湖南、江苏、江西、内蒙古、青海、陕西、山东、四川、台湾、云南、浙江。日本、朝鲜、俄罗斯、越南。

线叶蓟 *Cirsium lineare* (Thunberg) Schultz Bipontinus

陈功锡、张代贵等，LXP-06-7417。

多年生草本。安福县。海拔500~800米，山地草坡、路旁。安徽、重庆、福建、甘肃、广东、贵州、河北、河南、湖北、湖南、江西、陕西、四川、台湾、云南、浙江。日本、泰国、越南。

刺儿菜 *Cirsium setosum* Wimmer & Grabowski

《江西林业科技》。

多年生草本。安福县、芦溪县。海拔200~1500米，平原、丘陵和山地。生于山坡、河旁或荒地、田间。安徽、重庆、福建、甘肃、贵州、河北、黑龙江、河南、湖北、湖南、江苏、江西、吉林、辽宁、内蒙古、宁夏、青海、陕西、山东、山西、四川、新疆、浙江。日本、朝鲜、蒙古、俄罗斯；亚洲、欧洲。

假还阳参属 *Crepidiastrum* Nakai

黄瓜假还阳参 *Crepidiastrum denticulatum* (Houttuyn) Pak & Kawano

陈功锡、张代贵等，LXP-06-2218、2312、2697、2962等。

多年生草本。安福县、茶陵县、分宜县、袁州区。海拔300~900米，路旁、疏林。安徽、重庆、福建、广东、广西、贵州、河北、黑龙江、河南、湖北、湖南、江苏、江西、吉林、辽宁、山东、山西、四川、云南、浙江。日本、朝鲜、蒙古、俄罗斯、越南。

鱼眼草属 *Dichrocephala* L'Héritier

鱼眼草 *Dichrocephala auriculata* (Linnaeus f.) Kuntze

陈功锡、张代贵等，LXP-06-5113、8117、3387等。

一年生草本。安福县。海拔100~300米，山坡、山谷草地、溪边、路旁、田边荒地。福建、广东、广西、贵州、海南、湖北、湖南、江西、陕西、四川、台湾、西藏、云南、浙江。柬埔寨、印度、印度尼西亚、老挝、马来西亚、缅甸、尼泊尔、新几内亚、菲律宾、泰国、越南；热带非洲、亚洲（伊朗），引入亚洲、澳大利亚、太平洋群岛。

羊耳菊属 *Duhaldea* Candolle

羊耳菊 *Duhaldea cappa* (Buchanan-Hamilton ex D. Don) Pruski 【*Inula cappa* (Buchanan-Hamilton ex D. Don) Candolle】

陈功锡、张代贵等，LXP-06-2597、5392、5878 等。

常绿灌木。安福县、莲花县、芦溪县、攸县。海拔 50~800 米，灌丛、阳处。福建、广东、广西、贵州、海南、四川、云南、浙江。不丹、印度、马来西亚、尼泊尔、巴基斯坦、泰国、越南。

一点红属 *Emilia* Cassini

一点红 *Emilia sonchifolia* (Linnaeus) Candolle

陈功锡、张代贵等，LXP-06-0682、1863、3917 等。

一年生草本。安福县、茶陵县。海拔 200~600 米，草地、沼泽、路旁。安徽、福建、广东、贵州、海南、河北、河南、湖北、湖南、江苏、陕西、四川、台湾、云南、浙江。遍布于热带。

白酒草属 *Eschenbachia* Moench

白酒草 *Eschenbachia japonica* (Thunberg) J. Koster

陈功锡、张代贵等，LXP-06-4616、4926。

一年生草本。莲花县。海拔 700~900 米，路旁、山谷田边、山坡草地、林地边缘。安徽、福建、广东、广西、贵州、湖南、江苏、江西、四川、台湾、西藏、云南、浙江。阿富汗、不丹、印度、日本、马来西亚、缅甸、尼泊尔、巴基斯坦、泰国、越南。

泽兰属 *Eupatorium* Linnaeus

多须公 *Eupatorium chinense* Linnaeus

陈功锡、张代贵等，LXP-06-1982、2159、2928、3040、3083 等。

多年生草本。安福县、茶陵县、攸县、袁州区。海拔 100~900 米，路旁、疏林、路旁溪边、灌丛、草地、阴处。安徽、福建、甘肃、广东、广西、贵州、海南、河南、湖北、湖南、江苏、江西、陕西、四川、台湾、云南、浙江。印度、日本、朝鲜、尼泊尔。

佩兰 *Eupatorium fortunei* Turczaninow

岳俊三等，3164。(IBSC 0600455)

多年生草本。安福县。海拔 200~1600 米，路边灌丛及山沟路旁。安徽、福建、广东、广西、贵州、海南、河南、湖北、湖南、江苏、江西、陕西、山东、四川、云南、浙江。引入日本、朝鲜、泰国、越南。

白头婆 *Eupatorium japonicum* Thunberg

陈功锡、张代贵等，LXP-06-0076、0100、0517、0801、0805 等。

多年生草本。安福县、茶陵县、莲花县、攸县、袁州区。海拔 400~1300 米，疏林、密林、路旁、灌丛。安徽、福建、广东、贵州、海南、黑龙江、河南、湖北、江苏、江西、吉林、辽宁、陕西、山东、山西、四川、云南、浙江。日本、朝鲜。

林泽兰 *Eupatorium lindleyanum* Candolle

陈功锡、张代贵等，LXP-06-5358、6977、7463。

多年生草本。安福县、攸县、袁州区。海拔 80~400 米，路旁、溪边、灌丛。广布于全国（除新疆）。日本、朝鲜、缅甸、菲律宾、俄罗斯。

鼠麹草属 *Gnaphalium* Linnaeus

细叶鼠麹草 *Gnaphalium japonicum*

Thunberg

《江西大岗山森林生物多样性研究》。

一年生草本。安福县、分宜县、芦溪县。海拔 300~1500 米，海拔的草地或耕地上。安徽、福建、广东、广西、贵州、河南、湖北、湖南、江苏、江西、陕西、四川、台湾、云南、浙江。日本、朝鲜；大洋洲。

菊三七属 *Gynura* Cassini

菊三七 *Gynura japonica* (Thunberg) Juel

《江西植物志》。

草本。安福县、莲花县、芦溪县。海拔 1300~1600 米，山谷、山坡草地、林下或林缘。安徽、福建、广西、贵州、河北、河南、湖北、湖南、江苏、江西、陕西、四川、台湾、云南、浙江。日本、尼泊尔、泰国。

泥胡菜属 *Hemistepta* Bunge ex Fischer & C. A. Meyer

泥胡菜 *Hemistepta lyrata* (Bunge) Fischer & C. A. Meyer

陈功锡、张代贵等，LXP-06-4583、4830。

一年生草本。安福县。海拔 100~900 米，山坡、山谷、林缘、林下、草地、田间、河边。安徽、福建、甘肃、广东、广西、贵州、海南、河北、黑龙江、河南、湖北、湖南、江苏、吉林、辽宁、山西、山东、陕西、四川、台湾、云南、浙江。孟加拉国、不丹、印度、日本、朝鲜、老挝、缅甸、尼泊尔、泰国、越南；澳大利亚。

山柳菊属 *Hieracium* Linnaeus

山柳菊 *Hieracium umbellatum* Linnaeus

《江西武功山山地草甸植物多样性研究》。

多年生草本。安福县。海拔 500~1500 米，山麓、原野、沟边有积水或潮湿的地方。广西、贵州、河北、黑龙江、河南、湖北、湖南、江西、辽宁、内蒙古、陕西、山东、山西、四川、新疆、西藏、云南。印度、日本、哈萨克斯坦、蒙古、巴基斯坦、俄罗斯、乌兹别克斯坦；亚洲、欧洲、北美洲。

须弥菊属 *Himalaiella* Raab-Straube

三角叶须弥菊 *Himalaiella deltoidea* (Candolle) Raab-Straube

《江西植物志》。

多年生草本。安福县、芦溪县。海拔 800~1800 米，山坡草地。安徽、福建、广东、广西、贵州、河南、湖北、湖南、江西、陕西、四川、台湾、西藏、云南、浙江。不丹、印度、老挝、缅甸、尼泊尔、巴基斯坦、泰国、越南。

旋覆花属 *Inula* Linnaeus

旋覆花 *Inula japonica* Thunberg

《江西林业科技》。

多年生草本。安福县、芦溪县。海拔 200~1800 米，山坡路旁、湿润草地、河岸和田埂上。安徽、福建、甘肃、广东、广西、河北、黑龙江、河南、湖北、江苏、江西、吉林、辽宁、内蒙古、陕西、山东、山西、四川、浙江。日本、朝鲜、蒙古、俄罗斯。

小苦荬属 *Ixeridium* (A. Gray) Tzvelev

小苦荬 *Ixeridium dentatum* (Thunberg) Tzvelev

《江西植物志》。

多年生草本。安福县。海拔 400~1000 米，山坡、山坡林下、潮湿处或田边。安徽、福建、广东、河北、黑龙江、湖北、江苏、江西、吉林、辽宁、山东、浙江。日本、朝鲜、俄罗斯。

苦荬菜属 *Ixeris* Cassini

中华苦荬菜 *Ixeris chinensis* (Thunberg) Kitagawa

《江西大岗山森林生物多样性研究》。

多年生草本。安福县、分宜县。海拔200~2000米，山坡路旁、田野、河边灌丛或岩石缝隙中。安徽、重庆、福建、甘肃、广东、广西、贵州、海南、河北、黑龙江、河南、湖北、湖南、江苏、江西、吉林、辽宁、内蒙古、宁夏、青海、陕西、山东、山西、四川、台湾、新疆、西藏、云南、浙江。柬埔寨、日本、朝鲜、老挝、蒙古、俄罗斯、泰国、越南。

多色苦荬 *Ixeris chinensis* subsp. *versicolor* (Fischer ex Link) Kitamura

陈功锡、张代贵等，LXP-06-4572。

多年生草本。安福县。海拔1300~1400米，路旁。安徽、福建、甘肃、贵州、河北、黑龙江、河南、湖北、湖南、江苏、江西、吉林、内蒙古、青海、陕西、山东、山西、四川、新疆、西藏、云南、浙江。朝鲜、蒙古、俄罗斯。

苦荬菜 *Ixeris polycephala* Cassini

《江西林业科技》。

一年生草本。安福县。海拔200~1800米，平原、山坡、河边。安徽、重庆、福建、广东、广西、贵州、河南、湖北、湖南、江苏、江西、陕西、山东、四川、台湾、云南、浙江。阿富汗、不丹、柬埔寨、印度、日本、克什米尔、老挝、缅甸、尼泊尔、越南。

莴苣属 *Lactuca* Linnaeus

台湾翅果菊 *Lactuca formosana* Maximowicz

陈功锡、张代贵等，LXP-06-5119。

一年生草本。安福县。海拔100~300米，山坡草地、田间、路旁。安徽、福建、广东、广西、贵州、河南、湖北、湖南、江苏、江西、宁夏、陕西、四川、台湾、云南、浙江。

翅果菊 *Lactuca indica* Linnaeus

陈功锡、张代贵等，LXP-06-2347、2601、3033、6005、6314等。

一年生草本。安福县、分宜县、芦溪县、上高县、攸县、袁州区。海拔90~650米，灌丛、路旁、疏林、密林。安徽、福建、广东、广西、贵州、海南、河北、黑龙江、河南、湖南、江苏、江西、吉林、辽宁、陕西、山东、山西、四川、台湾、西藏、云南、浙江。不丹、印度、印度尼西亚、日本、朝鲜、菲律宾、俄罗斯、泰国、越南；引入其他地区。

毛脉翅果菊 *Lactuca raddeana* Maximowicz

陈功锡、张代贵等，LXP-06-2796。

多年生草本。芦溪县。海拔1500~1600米，灌丛、潮湿处、山坡林缘、田间。安徽、福建、甘肃、广东、广西、贵州、河北、河南、湖北、湖南、江西、吉林、辽宁、陕西、山东、山西、四川、云南。日本、朝鲜、俄罗斯、越南。

六棱菊属 *Laggera* Schultz Bipontinus

六棱菊 *Laggera alata* (D. Don) Schultz Bipontinus

《江西大岗山森林生物多样性研究》。

多年生草本。安福县、分宜县。海拔

200~1900 米，旷野、路旁以及山坡阳处地。福建、广西、贵州、海南、湖北、湖南、江西、台湾、云南、浙江。不丹、印度、印度尼西亚、老挝、缅甸、尼泊尔、巴基斯坦、菲律宾、斯里兰卡、泰国、越南；非洲、马达加斯加岛。

稻槎菜属 *Lapsana* Pak & K.Bremer

稻槎菜 *Lapsana apogonoides* Maximowicz

陈功锡、张代贵等，LXP-06-1012、1281、5097。

一年生草本。安福县、芦溪县。海拔 100~1500 米，路旁。安徽、福建、广东、广西、湖南、江苏、江西、陕西、台湾、云南、浙江。日本、朝鲜；引入北美洲。

橐吾属 *Ligularia* Cassini

狭苞橐吾 *Ligularia intermedia* Nakai

陈功锡、张代贵等，LXP-06-2977、7750、9010。

多年生草本。安福县、芦溪县、袁州区。海拔 300~1500 米，疏林、路旁。甘肃、广西、贵州、河北、黑龙江、河南、湖北、湖南、吉林、辽宁、内蒙古、陕西、山西、四川、云南。朝鲜。

大头橐吾 *Ligularia japonica* (Thunberg) Lessing

赖书绅等，1942。(PE 00531241)

多年生草本。安福县。海拔 700~1800 米，水边、山坡草地及林下。安徽、福建、广东、广西、贵州、河南、湖北、湖南、江西、台湾、浙江。印度、日本、朝鲜；种植于美洲北部。

窄头橐吾 *Ligularia stenocephala* (Maximowicz) Matsumura

陈功锡、张代贵等，LXP-06-3092。

多年生草本。安福县。海拔 300~400 米，草地、山坡、水边、林中、岩石下。安徽、福建、广东、广西、河北、河南、湖北、江苏、江西、山东、山西、四川、台湾、西藏、云南、浙江。日本。

离舌橐吾 *Ligularia veitchiana* (Hemsley) Greenman

陈功锡、张代贵等，LXP-06-0382。

多年生草本。安福县。海拔 1100~2000 米，石上、河边、山坡、林下。甘肃、贵州、河南、湖北、陕西、四川、云南。

紫菊属 *Notoseris* C. Shih Acta Phytotax

光苞紫菊 *Notoseris macilenta* C. Shih Acta Phytotax

陈功锡、张代贵等，LXP-06-1432。

多年生草本。茶陵县。海拔 700~750 米，灌丛。重庆、广西、贵州、湖北、湖南、江西、云南。

假福王草属 *Paraprenanthes* C. C. Chang

假福王草 *Paraprenanthes sororia* (Miquel) C. Shih

陈功锡、张代贵等，LXP-06-3377、3395、3523。

一年生草本。安福县、莲花县、芦溪县。海拔 200~400 米，灌丛、疏林。安徽、重庆、福建、广东、广西、贵州、海南、湖北、湖南、江苏、江西、四川、台湾、西藏、云南、浙江。日本、越南。

蟹甲草属 *Parasenecio* W. W. Smith

黄山蟹甲草 *Parasenecio hwangshanicus* (Y. Ling) C. I Peng & S. W. Chung

岳俊三等，3687。(PE 00846667)

多年生草本。安福县。海拔 1500~1800 米，山顶草地或山坡阴湿处。安徽、江西、台湾、浙江。

矢镞叶蟹甲草 *Parasenecio rubescens* (S. Moore) Y. L. Chen

岳俊三等，3641。(PE 00847247)

多年生草本。安福县。海拔 800~1400 米，林下阴湿处、沟边。安徽、福建、湖南、江西。

帚菊属 *Pertya* Schultz

心叶帚菊 *Pertya cordifolia* Mattfeld

《江西林业科技》。

亚灌木。安福县、芦溪县。海拔 800~1500 米，山地林缘或灌丛中。安徽、湖南、江西。

蜂斗菜属 *Petasites* Miller

蜂斗菜 *Petasites japonicus* Miller

陈功锡、张代贵等，LXP-06-1169。

多年生草本。芦溪县。海拔 900~1000 米，路旁。安徽、福建、河南、湖北、江苏、江西、陕西、山东、四川、浙江。日本、朝鲜、俄罗斯。

拟鼠麹草属 *Pseudognaphalium* Kirpicznikov Trudy

宽叶拟鼠麹草 *Pseudognaph- alium adnatum* (Candolle) Y. S. Chen【宽叶鼠麹草 *Gnaphalium adnatum* Kitam】

陈功锡、张代贵等，LXP-06-2655、6443、7791、9173。

草本。安福县、芦溪县、袁州区。海拔 200~1100 米，灌丛、路旁。台湾、福建、江苏、浙江、江西、湖南、广东、广西、贵州、云南、四川。

拟鼠麹草 *Pseudognaphalium affine* Kirpicznikov

《江西植物志》。

多年生草本。安福县、莲花县、芦溪县、袁州区。海拔 300~700 米，山坡草地。世界广布，大多分布于南美洲、北美洲、温带地区。

秋拟鼠麹草 *Pseudognaph-alium hypoleucum* (Candolle) Hilliard & B. L. Burtt

《江西植物志》。

多年生草本。安福县、莲花县、芦溪县。海拔 200~800 米，山坡草地。产我国台湾、华东、华南、华中、西北及西南各省区。

风毛菊属 *Saussurea* Candolle

心叶风毛菊 *Saussurea cordifolia* Hemsley

陈功锡、张代贵等，LXP-06-2698、6922。

多年生草本。安福县、袁州区。海拔 500~900 米，路旁石上。安徽、重庆、贵州、河南、湖北、湖南、陕西、四川、浙江。

风毛菊 *Saussurea japonica* (Thunberg) de Candolle

岳俊三等，3642。(PE 01716414)

多年生草本。安福县。海拔 300~2000 米，山坡、林下、荒坡。安徽、福建、甘肃、广东、广西、贵州、河北、黑龙江、河南、湖北、湖南、江苏、江西、吉林、辽宁、内蒙古、宁夏、青海、陕西、山东、山西、四川、台湾、云南、浙江。日本、朝鲜、蒙古。

千里光属 *Senecio* Linnaeus

林荫千里光 *Senecio nemorensis* Linnaeus

陈功锡、张代贵等，LXP-06-0377、0497、1586、1789 等。

多年生草本。安福县、茶陵县、芦溪县。海拔 100~2000 米，草地、路旁。安徽、福建、甘肃、贵州、河北、河南、湖北、吉林、内蒙古、陕西、山东、山西、四川、台湾、新疆、浙江。日本、哈萨克斯坦、朝鲜、吉尔吉斯斯坦、蒙古、俄罗斯；欧洲。

千里光 *Senecio scandens* Buchanan-Hamilton

陈功锡、张代贵等，LXP-06-0867、2224、2370、2448、3012 等。

多年生草本。安福县、茶陵县、分宜县、芦溪县、袁州区。海拔 100~900 米，密林、灌丛、溪边、草地。安徽、福建、甘肃、广东、广西、贵州、海南、河南、湖北、湖南、江苏、江西、青海、陕西、四川、台湾、西藏、云南、浙江。不丹、柬埔寨、印度、日本、老挝、缅甸、尼泊尔、菲律宾、斯里兰卡、泰国、越南。

闽粤千里光 *Senecio stauntonii* de Candolle

陈功锡、张代贵等，LXP-06-9419。

多年生草本。茶陵县。海拔 100~500 米，山坡、田野、灌丛、水边疏林。广东、广西、湖南。

豨莶属 *Siegesbeckia* Linnaeus

毛梗豨莶 *Siegesbeckia glabrescens* Makino

陈功锡、张代贵等，LXP-06-3186、6191、3、6300 等。

一年生草本。安福县、攸县、袁州区。海拔 100~1500 米，溪边、灌丛、路旁。安徽、福建、广东、广西、贵州、海南、河南、湖北、湖南、江苏、江西、辽宁、四川、台湾、云南、浙江。日本、朝鲜。

豨莶 *Siegesbeckia orientalis* Linnaeus

陈功锡、张代贵等，LXP-06-2581、2902、3135 等。

一年生草本。安福县、芦溪县、上高县、袁州区。海拔 100~800 米，路旁、溪边、草地等。安徽、福建、甘肃、广东、广西、贵州、海南、河南、湖北、湖南、江苏、江西、陕西、四川、台湾、西藏、云南、浙江。不丹、印度、日本、老挝、马来群岛、尼泊尔、俄罗斯、泰国、越南；非洲、热带美洲、澳大利亚、大洋洲。

腺梗豨莶 *Siegesbeckia pubescens* Makino

陈功锡、张代贵等，LXP-06-2374。

一年生草本。芦溪县。海拔 300~600 米，山坡、山谷林缘、灌丛林下的草坪中、河谷、溪边。安徽、福建、甘肃、广东、广西、贵州、海南、河北、河南、湖北、湖南、吉林、辽宁、江苏、江西、内蒙古、陕西、四川、台湾、西藏、云南、浙江。印度、日本、朝鲜。

蒲儿根属 *Sinosenecio* B. Nordens-tam

九华蒲儿根 *Sinosenecio jiuhuashanicus* C. Jeffrey

陈功锡、张代贵等，LXP-06-9435。

草本。安福县、芦溪县、袁州区。海拔 1200~1400 米，草地。安徽、湖南、江西。

白背蒲儿根 *Sinosenecio l atouchei* (J. F. Jeffrey) B. Nord

陈功锡、张代贵等，LXP-06-0502、4871、9176。

一年生草本。安福县、芦溪县、袁州区。海拔 770~1200 米，路旁、山谷潮湿处。福建、江西。

蒲儿根 *Sinosenecio oldhamianus* (Maximowicz) B. Nord

陈功锡、张代贵等，LXP-06-2427、3542、3842、4532 等。

多年生草本。安福县、芦溪县、上高县。海拔 100~1200 米，草地、河边、路旁。安徽、重庆、福建、甘肃、广东、广西、贵州、河南、湖北、湖南、江苏、江西、陕西、山西、四川、云南、浙江。缅甸、泰国、越南。

一枝黄花属 *Solidago* Linnaeus

一枝黄花 *Solidago decurrens* Loureiro

陈功锡、张代贵等，LXP-06-6847、7751、9016 等。

多年生草本。安福县、芦溪县。海拔 500~1500 米，生阔叶林缘、林下、灌丛中、山坡草地。安徽、福建、广东、广西、贵州、湖北、湖南、江苏、江西、陕西、山东、四川、台湾、云南、浙江。印度、日本、朝鲜、老挝、尼泊尔、菲律宾、越南。

苦苣菜属 *Sonchus* Linnaeus

长裂苦苣菜 *Sonchus brachyotus* Candolle

一年生草本。茶陵县。海拔 400~800 米，路旁。福建、甘肃、广东、广西、河北、黑龙江、河南、湖南、江苏、江西、吉林、辽宁、内蒙古、宁夏、青海、陕西、山东、山西、四川、新疆、西藏、云南、浙江。日本、哈萨克斯坦、吉尔吉斯斯坦、蒙古、俄罗斯、泰国。

苦苣菜 *Sonchus oleraceus* Linnaeus

陈功锡、张代贵等，LXP-06-4595、4980、5446。

多年生草本。上高县、攸县。海拔 100~900 米，路旁、林下、山坡、平地田间。引入安徽、福建、甘肃、广西、贵州、海南、河北、河南、湖北、湖南、江苏、江西、辽宁、宁夏、青海、陕西、山东、山西、四川、台湾、新疆、西藏、云南、浙江。大概来源于欧洲地中海地区。

苣荬菜 *Sonchus wightianus* Candolle

陈功锡、张代贵等，LXP-06-5206。

多年生草本。攸县。海拔 100~200 米，路旁、草地、湿地。福建、广东、广西、贵州、海南、湖北、湖南、江苏、宁夏、陕西、四川、台湾、新疆、西藏、云南、浙江。阿富汗、不丹、印度、印度尼西亚、克什米尔、老挝、马来西亚、缅甸、尼泊尔、巴基斯坦、菲律宾、斯里兰卡、泰国、越南。

联毛紫菀属 *Symphyotrichum* Nees

钻叶紫菀 *Symphyotrichum subulatum* (Michaux) G. L. Nesom 【*Aster subulatus* Michaux】

陈功锡、张代贵等，LXP-06-1067、8312、6026 等。

多年生草本。安福县、莲花县、攸县。海拔 100~1200 米，路旁。安徽、福建、广西、贵州、河北、河南、香港、湖北、湖南、江苏、江西、陕西、山东、四川、台湾、云南、浙江。非洲与美洲的南部、中部和北部。

合耳菊属 *Synotis* (C. B. Clarke) C. Jeffrey et Y. L. Chen

褐柄合耳菊 *Synotis fulvipes* (Ling) C. Jeffrey et Y. L. Chen

岳俊三等，1670（PE）

直立或有时攀援，或多少藤状多年生草本，灌木状草本或亚灌木。安福县。海拔 1200~1500 米，山谷密林中。产江西（武功山）和湖南（溆浦、源陵、花垣、衡阳、安化、大坪）。

锯叶合耳菊 *Synotis nagensium* (C. B. Clarke) C. Jeffrey & Y. L. Chen

多年生草本。茶陵县、攸县、安福，海拔 300~800 米，山坡林缘。西藏、四川（都江堰、峨眉山、乐山）、云南（昆明、富民、弥勒、腾冲、玉溪），贵州（安顺、清镇、贵阳、湄潭、石阡、江口、普安、安龙、平塘、荔波），湖北（恩施），湖南（武岗、江华），甘肃（文县），广东（怀集）、重庆（城口、南川）。印度东北部（阿萨姆）、缅甸北部。

山牛蒡属 *Synurus* Iljin

山牛蒡 *Synurus deltoides* (Ait.) Nakai

岳三俊等，3659。（WUK 0219897）

多年生草本。安福县。海拔 600~1800 米，林下、山坡林缘、草甸。安徽、重庆、甘肃、河北、黑龙江、河南、湖北、湖南、江西、吉林、辽宁、内蒙古、陕西、山东、山西、云南、浙江。日本、朝鲜、蒙古、俄罗斯。

女菀属 *Turczaninowia*Candolle Prodr

女菀 *Turczaninowia fastigiata* (Fisch.) DC.

《生态科学》。

多年生草本。海拔 50~150 米。生于荒地、山坡、路旁。广泛分布于我国东北部及河北、山西、山东、河南、陕西、湖北、湖南、江西、安徽、江苏、浙江等省。

斑鸠菊属 *Vernonia* Schreber

夜香牛 *Vernonia cinerea* (Linnaeus) Lessing

陈功锡、张代贵等，LXP-06-0126、0578、2049 等。

一年生草本。安福县、茶陵县、芦溪县、攸县、袁州区。海拔 100~800 米，灌丛、疏林、密林等。福建、广东、广西、湖北、湖南、江西、四川、台湾、云南、浙江。印度、印度尼西亚、日本、马来西亚、缅甸、巴布亚新几内亚、菲律宾、斯里兰卡、泰国、越南；非洲、阿拉伯半岛、澳大利亚、太平洋群岛，引入美洲。

苍耳属 *Xanthium* Linnaeus

苍耳 *Xanthium sibiricum* Patrin ex Widder

陈功锡、张代贵等，LXP-06-1885、2603、2992、5223、5514 等。

一年生草本。安福县、茶陵县、上高县、攸县、渝水区、袁州区。海拔 90~700 米，灌丛、路旁、疏林、草地水库边、草地。安徽、福建、广东、广西、贵州、海南、河北、黑龙江、河南、湖北、湖南、江苏、江西、吉林、辽宁、内蒙古、宁夏、青海、陕西、山东、山西、四川、台湾、新疆、西藏、云南、浙江。

黄鹌菜属 *Youngia* Cassini

异叶黄鹌菜 *Youngia heterophylla* (Hemsley) Babcock & Stebbins

一年生草本。广布种，海拔 200~500 米，山坡林缘沟边。陕西（略阳），江西（遂川），湖南（新宁、黔阳），湖北（宣恩、钟祥），四川（天全、泸定、石棉、都江堰、峨边、峨眉），重庆（城口、巫山、南川），贵州（凯里、安龙），云南（漾濞、蒙自、罗平）。

黄鹌菜 *Youngia japonica* (Linnaeus) de Candolle

陈功锡、张代贵等，LXP-06-2449、3013、3024、4979、6673 等。

一年生草本。安福县、芦溪县、上高县、袁州区。海拔 100~500 米，路旁、灌丛。安徽、重庆、福建、甘肃、广东、广西、贵州、海南、河北、河南、湖北、湖南、江苏、江西、陕西、山东、四川、台湾、西藏、云南、浙江。

川西黄鹌菜 *Youngia pratti* (Babcock) Babcock et Stebbins

陈功锡、张代贵等，LXP-06-9299

多年生草本。芦溪县。海拔 1000~1200 米，山坡灌丛或草地。陕西、陕西、河南、湖北、江西、四川。

138. 禾本科 Poaceae

芨芨草属 *Achnatherum* P. Beauvois

大叶直芒草 *Achnatherum coreanum* (Honda) Ohwi

岳俊三等，3542。（KUN 387222）

多年生草本。安福县。海拔 500~1400 米，山坡、山谷林下、山沟草丛及路旁。安徽、河北、湖北、江苏、江西、陕西、浙江。日本、朝鲜。

獐毛属 *Aeluropus* Trinius

獐毛 *Aeluropus sinensis* (Debeaux) Tzvelev

陈功锡、张代贵等，LXP-06-1361。

多年生草本。安福县。海拔 100~200 米，河边。甘肃、河北、河南、江苏、辽宁、内蒙古、宁夏、山东、山西、新疆。

剪股颖属 *Agrostis* Linnaeus

台湾剪股颖 *Agrostis canina* Hayata

《江西大岗山森林生物多样性研究》。

多年生草本。安福县、分宜县。海拔 200~1800 米，山坡、田野之潮湿处。安徽、福建、广东、贵州、河南、湖北、湖南、江苏、江西、四川、台湾、云南、浙江。

巨序剪股颖 *Agrostis gigantea* Roth

《江西植物志》。

多年生草本。安福县、莲花县、芦溪县。海拔 200~600 米，低海拔的潮湿处、山坡、山谷和草地上。安徽、甘肃、河北、黑龙江、河南、湖北、江苏、江西、吉林、辽宁、内蒙古、宁夏、青海、陕西、山东、山西、四川、新疆、西藏、云南、浙江。阿富汗、印度、日本、朝鲜、蒙古、尼泊尔、巴基斯坦、俄罗斯；非洲、亚洲、欧洲。

看麦娘属 *Alopecurus* Linnaeus

看麦娘 *Alopecurus aequalis* Sobolewski

岳俊三等，3654。（IBSC 0098801）

一年生草本。安福县、莲花县。海拔 200~1800米，海拔较低之田边及潮湿之地。安徽、福建、广东、贵州、河北、黑龙江、河南、湖北、江苏、江西、内蒙古、陕西、山东、四川、台湾、新疆、西藏、云南、浙江。不丹、日本、克什米尔、哈萨克斯坦、朝鲜、吉尔吉斯斯坦、蒙古、尼泊尔、俄罗斯、塔吉克斯坦、土库曼斯坦；亚洲、欧洲、北美洲。

日本看麦娘 *Alopecurus japonicus* Steudel

陈功锡、张代贵等，LXP-06-1021、1283、4627。

一年生草本。安福县、芦溪县。海拔 400~1500 米，草丛、草甸、沟边、开阔地、湿地、水边、田边潮湿地、田中。安徽、福建、广东、贵州、河南、湖北、江苏、陕西、四川、云南、浙江。日本、朝鲜。

楔颖草属 *Apocopis* Nees

瑞氏楔颖草 *Apocopis wrightii* Munro

岳俊三等，3810。（IBSC 0099313）

多年生草本。安福县。海拔 200~1000 米，山坡草地。安徽、福建、广东、广西、江西、云南、浙江。泰国。

荩草属 *Arthraxon* P. Beauvois

荩草 *Arthraxon hispidus* (Thunberg) Makino

陈功锡、张代贵等，LXP-06-2481、6764、7883、7935、8050 等。

一年生草本。安福县、芦溪县、袁州区。海拔 100~700 米，路旁、草地。安徽、福建、广东、贵州、海南、河北、黑龙江、河南、湖北、江苏、江西、内蒙古、宁夏、陕西、山东、四川、台湾、新疆、云南、浙江。不丹、印度、印度尼西亚、日本、哈萨克斯坦、朝鲜、吉尔吉斯斯坦、马来西亚、尼泊尔、新几内亚、巴基斯坦、菲律宾、俄罗斯、斯里兰卡、塔吉克斯坦、泰国、乌兹别克斯坦；非洲、亚洲、澳大利亚。

茅叶荩草 *Arthraxon prionodes* (Steudel) Dandy

陈功锡、张代贵等，LXP-06-2322、2660、8287。

一年生草本。安福县、分宜县、袁州区。海拔 100~800 米，草地、灌丛、路旁。安徽、北京、贵州、河南、湖北、江苏、陕西、山东、四川、西藏、云南、浙江。阿富汗、不丹、印度、缅甸、巴基斯坦、泰国、越南；非洲、亚洲。

野古草属 *Arundinella* Raddi

溪边野古草 *Arundinella fluviatilis* Handel-Mazzetti

陈功锡、张代贵等，LXP-06-2169、2534、5087 等。

多年生草本。安福县、茶陵县、上高县、渝水区。海拔 50~300 米，草地、水库边、路旁。贵州、湖北、湖南、江西、四川。

毛秆野古草 *Arundinella hirta* (Thunberg) Tanaka

陈功锡、张代贵等，LXP-06-0831、1847、2141 等。

多年生草本。安福县、茶陵县、莲花县、芦溪县。海拔 100~2000 米，草地、密林、疏林等。安徽、福建、广东、广西、贵州、河北、黑龙江、河南、湖北、湖南、江苏、江西、吉林、辽宁、内蒙古、宁夏、陕西、山东、四川、台湾、云南、浙江。日本、朝鲜、俄罗斯。

刺芒野古草 *Arundinella setosa* Trinius

岳俊三等，3110。（IBSC 0101425）

多年生草本。安福县。海拔 300~1800 米，山坡草地、灌丛、松林或松栎林下。安徽、福建、广东、广西、贵州、海南、河南、湖北、湖南、江苏、江西、四川、台湾、云南、浙江。不丹、印度、印度尼西亚、马来西亚、缅甸、尼泊尔、新几内亚、菲律宾、斯里兰卡、泰国、越南；澳大利亚。

燕麦属 *Avena* Linnaeus

野燕麦 *Avena fatua* Linnaeus

陈功锡、张代贵等，LXP-06-4987。

多年生草本。上高县。海拔 900~1200 米，路旁、田间。安徽、福建、广东、广西、贵州、河北、黑龙江、河南、湖北、湖南、江苏、江西、内蒙古、宁夏、青海、陕西、四川、台湾、新疆、西藏、云南、浙江。阿富汗、不丹、印度、哈萨克斯坦、吉尔吉斯斯坦、尼泊尔、巴基斯坦、俄罗斯、塔吉克斯坦、土库曼斯坦；非洲、亚洲、欧洲。

簕竹属 *Bambusa* Schreber

花竹 *Bambusa albo-lineata* L. C. Chia

陈功锡、张代贵等，LXP-06-1103。

多年生草本。芦溪县。海拔 400~500 米，灌丛、溪边。福建、广东、江西、台湾、浙江。

菵草属 *Beckmannia* Host

菵草 *Beckmannia syzigachne* (Steudel) Fernald

陈功锡、张代贵等，LXP-06-3370、3747、4951 等。

一年生草本。安福县、芦溪县、上高县、渝水区。海拔 100~300 米，路旁、草地。安徽、福建、甘肃、贵州、河北、黑龙江、湖北、江苏、吉林、辽宁、内蒙古、青海、山东、四川、西藏、云南、浙江。日本、哈萨克斯坦、朝鲜、吉尔吉斯斯坦、蒙古、俄罗斯；欧洲、美洲北部。

孔颖草属 *Bothriochloa* Kuntze

白羊草 *Bothriochloa ischaemum* (Linnaeus) Keng

《江西大岗山森林生物多样性研究》。

多年生草本。安福县、分宜县。海拔 200~1200 米，山坡草地和荒地。安徽、福建、广东、贵州、海南、河北、河南、湖北、湖南、江西、内蒙古、宁夏、青海、陕西、山东、四川、台湾、新疆、西藏、云南、浙江。阿富汗、不丹、印度、哈萨克斯坦、朝鲜、吉尔吉斯坦、蒙古、尼泊尔、巴基斯坦、俄罗斯、塔吉克斯坦、土库曼斯坦；非洲、亚洲、欧洲，引入美国。

臂形草属 *Brachiaria* (Trinius) Grisebach

毛臂形草 *Brachiaria villosa* (Lamarck) A. Camus

岳俊三等，2855。(IBSC 0102106)

一年生草本。安福县。海拔 200~800 米，田野和山坡草地。安徽、福建、甘肃、广东、广西、贵州、河南、湖北、湖南、江西、陕西、四川、台湾、云南、浙江。不丹、印度、印度尼西亚、日本、缅甸、尼泊尔、菲律宾、泰国、越南；非洲。

雀麦属 *Bromus* Linnaeus

雀麦 *Bromus japonica* Thunberg

陈功锡、张代贵等，LXP-065188。

一年生草本。安福县、茶陵县、分宜县。海拔 100~300 米，草地、山坡林缘、荒野路旁。安徽、甘肃、河北、河南、湖北、湖南、江苏、江西、辽宁、内蒙古、陕西、山东、山西、四川、台湾、新疆、西藏、云南。日本、哈萨克斯坦、吉尔吉斯斯坦、蒙古、俄罗斯、塔吉克斯坦、土库曼斯坦；非洲、亚洲、欧洲，引入北美洲。

疏花雀麦 *Bromus remotiflorus* (Steudel) Ohwi

陈功锡、张代贵等，LXP-06-3887、3934、4032 等。

多年生草本。安福县、莲花县。海拔100~500 米，山坡、林缘、路旁、河边草地。安徽、福建、贵州、河南、湖北、湖南、江苏、江西、青海、陕西、四川、西藏、云南、浙江。日本、朝鲜。

拂子茅属 *Calamagrostis* Adanson

拂子茅 *Calamagrostis epigeios* (Linnaeus) Roth

陈功锡、张代贵等，LXP-06-0644、2321、4947、6544。

多年生草本。安福县、分宜县、莲花县、上高县、渝水区。海拔 90~200 米，疏林、草地、路旁。中国各地常见。日本、克什米尔、哈萨克斯坦、吉尔吉斯斯坦、蒙古、巴基斯坦、俄罗斯、塔吉克斯坦、土库曼斯坦；亚洲、欧洲。

细柄草属 *Capillipedium* Stapf

硬秆子草 *Capillipedium assimile* (Steudel) A. Camus

陈功锡、张代贵等，LXP-06-5453。

多年生草本。攸县。海拔 200~300 米，河边、林中、湿地。福建、广东、广西、贵州、海南、河南、湖北、湖南、江西、山东、四川、台湾、西藏、云南、浙江。孟加拉国、不丹、印度、印度尼西亚、日本、马来西亚、缅甸、尼泊尔、泰国、越南。

细柄草 *Capillipedium parviflorum* (R. Brown) Stapf

陈功锡、张代贵等，LXP-06-3200、5635、6554 等。

多年生草本。安福县、上高县、袁州区。海拔 50~700 米，溪边、路旁、灌丛。安徽、福建、广东、广西、贵州、海南、河北、河南、湖北、陕西、山东、四川、台湾、西藏、云南、浙江。不丹、印度、印度尼西亚、日本、缅甸、尼泊尔、新几内亚、巴基斯坦、菲律宾、泰国；非洲、亚洲、澳大利亚。

方竹属 *Chimonobambusa* Makino

狭叶方竹 *Chimonobambusa angustifolia* C. D. Chu et C. S. Chao

陈功锡、张代贵等，LXP-06-1129。

多年生草本。芦溪县。海拔 400~1000 米，路旁。广西、贵州、湖北、山西。

方竹 *Chimonobambusa quadrangularis* (Franceschi) Makino

《江西大岗山森林生物多样性研究》。

多年生草本。芦溪县、分宜县。海拔 600~900 米，喜光、喜肥沃、湿润排水良好的土壤。安徽、福建、广西、湖南、江苏、江西、台湾、浙江。日本，栽培于欧洲、北美洲。

隐子草属 *Cleistogenes* Keng

朝阳隐子草 *Cleistogenes hackelii* (Honda) Honda

陈功锡、张代贵等，LXP-06-9576。

多年生草本。分宜县。海拔 500~1300 米，山坡林中、林缘。安徽、福建、甘肃、贵州、河北、黑龙江、河南、湖北、江苏、辽宁、内蒙古、宁夏、青海、陕西、山东、山西、四川、浙江、韩国。日本。

薏苡属 *Coix* Linnaeus

薏苡 *Coix lacrymajobi* Linnaeus

陈功锡、张代贵等，LXP-06-0622、1427、2060 等。

一年生草本。安福县、茶陵县、莲花县、芦溪县、袁州区。海拔 50~600 米，溪边、阴处、草地等。安徽、福建、广东、广西、贵州、海南、河北、黑龙江、河南、湖北、湖南、江苏、江西、辽宁、内蒙古、宁夏、陕西、山东、山西、四川、台湾、新疆、云南、浙江。不丹、印度、印度尼西亚、老挝、马来西亚、缅甸、尼泊尔、新几内亚、菲律宾、斯里兰卡、泰国、越南。

香茅属 *Cymbopogon* Sprengel

橘草 *Cymbopogon goeringii* (Steudel) A. Camus

陈功锡、张代贵等，LXP-06-5343、5595、5677、6059、7094 等。

多年生草本。安福县、茶陵县、上高县、攸县、袁州区。海拔 80~900 米，阳处、草地水库边、溪边、灌丛、路旁。安徽、福建、贵州、河北、河南、香港、湖北、湖南、江苏、江西、山东、台湾、云南、浙江。日本、朝鲜。

狗牙根属 *Cynodon* Richard

狗牙根 *Cynodon dactylon* (Linnaeus) Persoon.

陈功锡、张代贵等，LXP-06-3670。

草本。袁州区。海拔 200~300 米，路旁。福建、甘肃、广东、海南、湖北、江苏、陕西、山西、四川、台湾、云南、浙江。世界热带和温带地区。

弓果黍属 *Cyrtococcum* Stapf

弓果黍 *Cyrtococcum patens* (Linnaeus) A. Camus

陈功锡、张代贵等，LXP-06-1583。

一年生草本。茶陵县。海拔 1200~1300 米，密林、草地阴处。福建、广东、广西、贵州、海南、湖南、江西、四川、台湾、西藏、云南。孟加拉国、不丹、印度、印度尼西亚、日本、马来西亚、缅甸、尼泊尔、菲律宾、斯里兰卡、泰国、越南；太平洋群岛。

野青茅属 *Deyeuxia* Clarion

野青茅 *Deyeuxia arundinacea* (Host) Veldkamp

陈功锡、张代贵等，LXP-06-6104、6104、6569 等。

多年生草本。安福县、茶陵县、上高县、攸县、袁州区。海拔 100~800 米，灌丛、路旁。安徽、福建、甘肃、广东、广西、贵州、河北、河南、黑龙江、湖北、湖南、吉林、江苏、江西、辽宁、内蒙古、青海、陕西、山东、山西、四川、台湾、新疆、西藏、云南、浙江。日本、克什米尔、朝鲜、巴基斯坦、俄罗斯；欧洲。

大叶章 *Deyeuxia purpurea* (Trinius) Kunth

陈功锡、张代贵等，LXP-06-2157、2375。

多年生草本。芦溪县、袁州区。海拔 400~900 米，疏林、路旁。河北、黑龙江、湖北、吉林、辽宁、内蒙古、陕西、山西、四川、新疆。日本、朝鲜、蒙古、俄罗斯；欧洲、美洲北部。

马唐属 *Digitaria* Haller.

纤毛马唐 *Digitaria ciliaris* (Retzius) Koeler

岳俊三等，2758。(KUN 384893)

一年生草本。安福县。海拔 800~1000 米，山坡草地。安徽、福建、甘肃、广东、广西、贵州、海南、河北、黑龙江、河南、湖北、湖南、江苏、江西、吉林、辽宁、内蒙古、宁夏、陕西、山东、山西、四川、台湾、新疆、西藏、云南、浙江。贯穿热带和亚热带地区，非洲很少。

长花马唐 *Digitaria longiflora* (Retzius) Persoon

《江西大岗山森林生物多样性研究》。

多年生草本。安福县、分宜县。海拔700~1000米，田边草地。福建、广东、贵州、海南、湖南、江西、四川、台湾、云南。不丹、印度、印度尼西亚、马来西亚、缅甸、尼泊尔、巴基斯坦、斯里兰卡、泰国、越南；旧大陆热带地区、美洲。

红尾翎 *Digitaria radicosa* (J. Presl) Miquel

《江西大岗山森林生物多样性研究》。

一年生草本。安福县、分宜县、芦溪县。海拔300~600米，丘陵、路边、湿润草地上。安徽、福建、广东、广西、海南、江西、台湾、云南、浙江。印度、印度尼西亚、日本、马来西亚、缅甸、尼泊尔、菲律宾、泰国；澳大利亚、印度洋群岛、马达加斯加岛、太平洋群岛，引入巴基斯坦、坦桑尼亚和其他一些地方。

马唐 *Digitaria sanguinalis* (Linnaeus) Scopoli

陈功锡、张代贵等，LXP-06-0599、3611、3727、3962、6020等。

一年生草本。安福县、攸县、袁州区。海拔100~600米，溪边、草地、路旁。安徽、甘肃、贵州、河北、黑龙江、河南、湖南、湖北、江西、江苏、宁夏、陕西、山东、山西、四川、台湾、新疆、西藏。暖温带泛热带、亚热带地区。

紫马唐 *Digitaria violascens* Link

陈功锡、张代贵等，LXP-06-2283、7451。

一年生草本。安福县。海拔50~200米，路旁、水库边。安徽、福建、广东、广西、贵州、海南、河北、河南、湖北、湖南、江苏、江西、青海、山东、山西、四川、台湾、新疆、西藏、云南、浙江。不丹、印度、印度尼西亚、马来西亚、缅甸、尼泊尔、巴基斯坦、菲律宾、斯里兰卡、泰国、越南；澳大利亚、南美洲。

稗属 *Echinochloa* P. Beauvois

长芒稗 *Echinochloa caudate* Roshevitz

陈功锡、张代贵等，LXP-06-0833。

一年生草本。安福县。海拔200~400米，溪边、田边、路旁、河边湿润处。安徽、贵州、河北、黑龙江、河南、湖南、江苏、江西、吉林、内蒙古、山西、四川、新疆、云南、浙江。日本、朝鲜、蒙古、俄罗斯。

光头稗 *Echinochloa colona* (Linnaeus) Link

《江西大岗山森林生物多样性研究》。

一年生草本。安福县、分宜县、芦溪县。海拔200~400米，田野、园圃、路边湿润地上。安徽、福建、广东、广西、贵州、海南、河北、河南、湖北、湖南、江苏、江西、陕西、四川、台湾、新疆、西藏、云南、浙江。世界暖温带地区。

稗 *Echinochloa crusgalli* (Linnaeus) P. Beauvois

陈功锡、张代贵等，LXP-06-1827、3141、3729、3731、3954等。

一年生草本。安福县、茶陵县、上高县、攸县、渝水区。海拔100~800米，灌丛、路旁、草地、草地沼泽。全国广布。世界暖温带和亚热带地区。

无芒稗 *Echinochloa crusgalli* (Pursh) Petermann

陈功锡、张代贵等，LXP-06-0052、

3730。

一年生草本。安福县。海拔 100~300 米，疏林、草地。全国广布。世界暖温带和亚热带地区。

䅟属 *Eleusine* Gaertner

牛筋草 *Eleusine indica* (Linnaeus) Gaertner

陈功锡、张代贵等，LXP-06-0608、1570、1571、2341 等。

一年生草本。安福县、茶陵县、分宜县、攸县、渝水区、袁州区。海拔 100~800 米，溪边、草地、水库旁。安徽、北京、福建、广东、贵州、海南、黑龙江、河南、湖北、湖南、江西、陕西、山东、上海、四川、台湾、天津、西藏、云南、浙江。热带和亚热带地区。

披碱草属 *Elymus* Linnaeus

纤毛披碱草 *Elymus ciliaris* (Trinius ex Bunge) Tzvelev

《江西植物志》。

多年生草本。安福县、芦溪县。海拔 1300~1500 米，山坡草地。安徽、福建、甘肃、贵州、河北、黑龙江、河南、湖北、湖南、江苏、江西、辽宁、内蒙古、宁夏、山西、山东、陕西、四川、云南、浙江。日本、朝鲜、蒙古、俄罗斯。

柯孟披碱草 *Elymus kamoji* (Ohwi) S. L. Chen

陈功锡、张代贵等，LXP-06-3373、3664、4955。

多年生草本。芦溪县、上高县、渝水区、袁州区。海拔 100~300 米，路旁。安徽、福建、广西、贵州、河北、黑龙江、河南、湖北、内蒙古、青海、陕西、山东、四川、新疆、西藏、云南、浙江。日本、朝鲜、俄罗斯。

画眉草属 *Eragrostis* Wolf

珠芽画眉草 *Eragrostis bulbillifera* Steudel

岳俊三等，3129。

多年生草本。安福县、芦溪县。海拔 300~500 米，路边田野。安徽、福建、广东、广西、贵州、湖北、江苏、台湾、云南、浙江。日本；亚洲、澳大利亚。

知风草 *Eragrostis ferruginea* (Thunberg) P. Beauvois

陈功锡、张代贵等，LXP-06-0821。

多年生草本。安福县。海拔 1500~1800 米，路边、山坡草地。安徽、北京、福建、贵州、河南、湖北、陕西、山东、台湾、西藏、云南、浙江。不丹、印度锡金、日本、朝鲜、老挝、尼泊尔、越南。

乱草 *Eragrostis japonica* (Thunberg) Trinius

陈功锡、张代贵等，LXP-06-3107、5229、5525、6888 等。

一年生草本。安福县、攸县、袁州区。海拔 100~600 米，溪边、路旁、草地。安徽、福建、广东、广西、贵州、河南、湖北、江苏、江西、台湾、云南、浙江。不丹、印度、印度尼西亚、日本、马来西亚、缅甸、尼泊尔、新几内亚、菲律宾、泰国、越南。

画眉草 *Eragrostis pilosa* (Linnaeus) P. Beauvois

陈功锡、张代贵等，LXP-06-1848、2624、3199、5838 等。

多年生草本。安福县、茶陵县、袁州区。海拔 90~600 米，密林、溪边、水库边、路旁。安徽、北京、福建、贵州、海南、黑龙江、河南、湖北、内蒙古、宁夏、陕西、山东、台湾、西藏、云南、浙江。亚洲、非洲、澳大利亚、欧洲，引入美洲。

多毛知风草 *Eragrostis pilosissima* Link

《江西大岗山森林生物多样性研究》。

多年生草本。安福县、分宜县、芦溪县。海拔 200~600 米，山坡草地。福建、广东、海南、江西、台湾。亚洲。

蜈蚣草属 *Eremochloa* Buse

假俭草 *Eremochloa ophiuroides* (Munro) Hackel

陈功锡、张代贵等，LXP-06-1534、5457。

多年生草本。茶陵县、攸县。海拔 100~300 米，路旁、潮湿草地。安徽、福建、广东、广西、贵州、海南、河南、湖北、湖南、江苏、江西、四川、台湾、浙江。越南。

黄金茅属 *Eulalia* Kunth

金茅 *Eulalia speciosa* (Debeaux) Kuntze

《江西大岗山森林生物多样性研究》。

多年生草本。安福县、分宜县、芦溪县。海拔 200~600 米，山坡草地。安徽、福建、广东、贵州、海南、河南、湖北、江西、陕西、山东、四川、台湾、云南、浙江。柬埔寨、印度、日本、朝鲜、马来西亚、缅甸、菲律宾、泰国、越南。

牛鞭草属 *Hemarthria* R. Brown

牛鞭草 *Hemarthria altissima* (Gandoger) Ohwi

《江西林业科技》。

多年生草本。安福县、芦溪县。海拔 100~400 米，田地、水沟、河滩等湿润处。安徽、广东、广西、贵州、河北、湖北、湖南、江苏、江西、辽宁、山东、浙江。日本、朝鲜、巴基斯坦、俄罗斯。

扁穗牛鞭草 *Hemarthria compressa* (Gandoger) Ohwi

岳俊三等，2812。(KUN 338661)

多年生草本。安福县。海拔 200~1500 米，田边、路旁湿润处。福建、广东、广西、贵州、海南、内蒙古、陕西、四川、台湾、云南。阿富汗、孟加拉国、不丹、印度、日本、老挝、马来西亚、缅甸、尼泊尔、巴基斯坦、斯里兰卡、泰国、越南；亚洲。

黄茅属 *Heteropogon* Persoon

黄茅 *Heteropogon contortus* (Linnaeus) P. Beauvois ex Roemer & Schultes

岳俊三等，3800。(PE 00537092)

多年生草本。安福县、上高县、渝水区。海拔 500~1800 米，山坡草地，尤其干热草坡。福建、甘肃、广东、广西、贵州、海南、河南、湖北、湖南、江西、陕西、四川、台湾、西藏、云南、浙江。世界热带和亚热带地区，延伸至地中海地区及其他温带地区。

白茅属 *Imperata* Cirillo

白茅 *Imperata cylindrica* (Linnaeus) Raeuschel

陈功锡、张代贵等，LXP-06-0970、2189、3871。

多年生草本。安福县、茶陵县。海拔 150~500 米，草地。安徽、福建、广东、广西、贵州、海南、河北、黑龙江、河南、湖北、湖南、江苏、江西、辽宁、内蒙古、陕西、山东、山西、四川、台湾、新疆、西藏、云南、浙江。阿富汗、不丹、印度、印度尼西亚、日本、哈萨克斯坦、朝鲜、吉尔吉斯斯坦、马来西亚、缅甸、尼泊尔、新几内亚、巴基斯坦、菲律宾、俄罗斯、斯里兰卡、泰国、土库曼斯坦、越南；非洲、亚洲、澳大利亚、欧洲。

大白茅 *Imperata cylindrica* var. *major* (Nees) C. E. Hubbard

岳俊三等，3014。（IBSC 0115016）

多年生草本。安福县、上高县、渝水区。海拔 200~600 米，草地。安徽、福建、广东、广西、贵州、海南、河北、黑龙江、河南、湖北、湖南、江苏、江西、辽宁、内蒙古、陕西、山东、山西、四川、台湾、新疆、西藏、云南、浙江。阿富汗、印度、印度尼西亚、日本、朝鲜、马来西亚、缅甸、新几内亚、巴基斯坦、菲律宾、斯里兰卡、泰国、越南、伊朗；澳大利亚。

箬竹属 *Indocalamus* Nakai

阔叶箬竹 *Indocalamus latifolius* (Keng) McClure

《安福木本植物》。

灌木状。安福县。海拔 300~1400 米，生于山坡、山谷、疏林下。山东、江苏、安徽、浙江、江西、福建、湖北、湖南、广东、四川。

箬竹 *Indocalamus tessellates* (Munro) Keng f.

《安福木本植物》。

灌木状。安福县。海拔 300~1400 米。生于山坡路旁。浙江西天目山、衢州和湖南零陵阳明山。

柳叶箬属 *Isachne* R. Brown

柳叶箬 *Isachne globosa* (Thunberg) Kuntze

陈功锡、张代贵等，LXP-06-0835、0838、5325、5499、6876。

多年生草本。安福县、攸县。海拔 80~1200 米，密林、路旁、阳处。安徽、福建、广东、广西、贵州、河北、河南、湖北、湖南、江苏、江西、辽宁、陕西、山东、台湾、云南、浙江。孟加拉国、不丹、印度、印度尼西亚、日本、朝鲜、马来西亚、尼泊尔、新几内亚、菲律宾、斯里兰卡、泰国、越南；澳大利亚、太平洋群岛。

浙江柳叶箬 *Isachne hoi* P. C. Keng

陈功锡、张代贵等，LXP-06-7735。

多年生草本。安福县。海拔 1200 ~ 1500 米，山坡林荫草地、山谷水旁阴湿处。广东、湖南、江西、浙江。

日本柳叶箬 *Isachne nipponensis* Ohwi

陈功锡、张代贵等，LXP-06-2158、3084、3169、5930 等。

多年生草本。安福县、攸县、袁州区。海拔 100-900 米，疏林、草地、溪边。福建、广东、广西、贵州、湖南、江西、四川、台湾、浙江。日本、朝鲜。

鸭嘴草属 *Ischaemum* Linnaeus

有芒鸭嘴草 *Ischaemum aristatum* Linnaeus

岳俊三等，2833。（IBSC 0115472）

多年生草本。安福县。海拔 200~900 米，水边湿地。安徽、福建、广东、广西、贵州、海南、河北、河南、湖北、湖南、江苏、江西、辽宁、山东、台湾、云南、浙江。日本、朝鲜、越南。

粗毛鸭嘴草 *Ischaemum barbatum* Retzius

《江西大岗山森林生物多样性研究》。

多年生草本。安福县、分宜县。海拔200~900米，山坡草地。安徽、福建、广东、广西、贵州、海南、湖北、湖南、江苏、江西、台湾、云南、浙江。柬埔寨、印度、印度尼西亚、日本、老挝、马来西亚、缅甸、新几内亚、菲律宾、斯里兰卡、泰国、越南；非洲、澳大利亚。

细毛鸭嘴草 *Ischaemum ciliare* Retzius

陈功锡、张代贵等，LXP-06-2181、5336、5451等。

多年生草本。安福县、茶陵县、攸县、袁州区。海拔50~900米，草地、水库边、溪边等。安徽、福建、广东、广西、贵州、海南、湖北、湖南、江苏、四川、台湾、云南、浙江。印度、印度尼西亚、马来西亚、缅甸、斯里兰卡、泰国、越南；引入美洲。

假稻属 *Leersia* Solander ex Swartz

李氏禾 *Leersia hexandra* Swartz

《生态学报》。

多年生草本。茶陵县。海拔150~300米，生于河沟田岸水边湿地。产广西、广东、海南、台湾、福建。分布于全球热带地区。

假稻 *Leersia japonica* (Makino ex Honda) Honda

陈功锡、张代贵等，LXP-06-5328、5328、74628483。

多年生草本。安福县、攸县。海拔80~200米，阳处、水库边、路旁。安徽、广西、贵州、河北、河南、湖北、湖南、江苏、陕西、山东、四川、云南、浙江。日本、朝鲜。

秕壳草 *Leersia sayanuka* Ohwi

陈功锡、张代贵等，LXP-06-5847。

多年生草本。安福县。海拔300~400米，溪边。安徽、福建、广东、广西、贵州、湖北、江苏、山东、浙江。日本、朝鲜。

千金子属 *Leptochloa* P. Beauvois

千金子 *Leptochloa chinensis* (Linnaeus) Nees

陈功锡、张代贵等，LXP-06-3114、5511、6090。

多年生草本。安福县、攸县。海拔100~800米，路旁、溪边。安徽、福建、广东、广西、贵州、海南、河南、湖北、湖南、江苏、江西、陕西、山东、四川、台湾、云南、浙江。不丹、柬埔寨、印度、印度尼西亚、日本、马来西亚、缅甸、菲律宾、斯里兰卡、泰国、越南；非洲。

淡竹叶属 *Lophatherum* Brongniart

淡竹叶 *Lophatherum gracile* Brongn

陈功锡、张代贵等，LXP-06-0358、1497、1655、2281、2582等。

多年生草本。安福县、茶陵县、莲花县、芦溪县、上高县、攸县、渝水区、袁州区。海拔100~900米，灌丛溪边、路旁、疏林、阴处、灌丛、草地。安徽、福建、广东、广西、贵州、海南、湖北、湖南、江苏、江西、四川、台湾、云南、浙江。柬埔寨、印度、印度尼西亚、日本、朝鲜、马来西亚、缅甸、尼泊尔、新几内亚、菲律宾、斯里兰卡、泰国、越南；澳大利亚、太平洋群岛。

中华淡竹叶 *Lophatherum sinense* Rendle

岳俊三等，2736。(IBSC 0121483)

多年生草本。安福县。海拔 0 米，山坡林下溪旁荫处。湖南、江苏、江西、浙江。日本、朝鲜。

莠竹属 *Microstegium* Nees

刚莠竹 *Microstegium ciliatum* (Trinius) A. Camus

《江西大岗山森林生物多样性研究》。

多年生草本。安福县、分宜县。海拔 200~1100 米，阴坡林缘。福建、广东、广西、贵州、海南、湖南、江西、四川、台湾、云南。不丹、印度、马来西亚、缅甸、尼泊尔、斯里兰卡、泰国、越南。

竹叶茅 *Microstegium nudum* (Trinius) A. Camus

《江西大岗山森林生物多样性研究》。

一年生草本。安福县、分宜县。海拔 200~1100 米，疏林下或山地阴湿沟边。安徽、福建、贵州、河北、河南、湖北、湖南、江苏、江西、陕西、四川、台湾、西藏、云南、浙江。不丹、印度、日本、尼泊尔、巴基斯坦、菲律宾、越南；非洲、澳大利亚。

柔枝莠竹 *Microstegium vimineum* (Trinius) A. Camus

陈功锡、张代贵等，LXP-06-6075、6075、7102。

一年生草本。茶陵县、上高县、攸县、渝水区。海拔 100~500 米，林缘与阴湿草地。安徽、福建、广东、广西、贵州、河北、河南、湖北、湖南、江苏、江西、吉林、陕西、山东、山西、四川、台湾、云南、浙江。不丹、印度、日本、朝鲜、缅甸、尼泊尔、菲律宾、俄罗斯、越南；亚洲 (伊朗)；引入美洲其他地方。

芒属 *Miscanthus* Andersson.

五节芒 *Miscanthus floridulus* (Labillardière) Warburg ex K. Schumann & Lauterbach

陈功锡、张代贵等，LXP-06-6067。

多年生草本。攸县。海拔 100~300 米，灌丛、丘陵林中湿地、山顶、山坡草丛中、山坡草甸、山坡林缘。安徽、福建、广东、广西、贵州、海南、河南、湖北、江苏、四川、台湾、云南、浙江。亚洲。

荻 *Miscanthus sacchariflorus* (Maximowicz) Hackel

陈功锡、张代贵等，LXP-06-0702、6030。

多年生草本。安福县、攸县。海拔 100~200 米，路旁、草地。甘肃、河北、河南、陕西。日本、朝鲜、俄罗斯。

芒 *Miscanthus sinensis* Andersson

陈功锡、张代贵等，LXP-06-0376、2661、7104、7969。

多年生草本。安福县、茶陵县、袁州区。海拔 300~2000 米，草地、灌丛、路旁。安徽、福建、广东、广西、贵州、海南、河北、湖北、江苏、江西、吉林、陕西、山东、四川、台湾、云南、浙江。日本、朝鲜。

乱子草属 *Muhlenbergia* Schreber

多枝乱子草 *Muhlenbergia ramosa* (Hackel ex Matsumura) Makino

岳俊三等，3742。(PE 00573823)

多年生草本。安福县。海拔 200~1200

米，山谷疏林下或山坡路旁潮湿处。安徽、福建、贵州、湖北、湖南、江苏、江西、山东、四川、云南、浙江。日本。

类芦属 *Neyraudia* J. D. Hooker.

山类芦 *Neyraudia montana* Keng

陈功锡、张代贵等，LXP-06-0001、0568、0631 等。

多年生草本。安福县、茶陵县、攸县、袁州区。海拔 100~800 米，路旁河边、疏林、溪边等。安徽、福建、湖北、江西、浙江。

类芦 *Neyraudia reynaudiana* (Kunth) Keng ex Hitchcock

岳俊三等，3773。

多年生草本。安福县。海拔 500~1200 米，河边、山坡或砾石草地。安徽、福建、甘肃、广东、广西、贵州、海南、湖北、湖南、江苏、江西、四川、台湾、西藏、云南、浙江。不丹、柬埔寨、印度、印度尼西亚、日本、老挝、马来西亚、缅甸、尼泊尔、泰国、越南。

求米草属 *Oplismenus* P. Beauvois

求米草 *Oplismenus undulatifolius* (Arduino) Roemer & Schultes

陈功锡、张代贵等，LXP-06-2200、2432、5226、5621 等。

多年生草本。安福县、茶陵县、芦溪县、攸县、袁州区。海拔 100~600 米，路旁池塘边、草地。安徽、福建、广东、广西、贵州、河北、河南、湖北、湖南、江苏、江西、陕西、山东、山西、四川、台湾、云南、浙江。北半球的暖温带和亚热带地区、非洲。

日本求米草 *Oplismenus undulatifolius* (Steudel) G. Koidzumi

陈功锡、张代贵等，LXP-06-2266、2835。

多年生草本。安福县。海拔 100~1200 米，密林、林下草地阴湿处。安徽、福建、广东、广西、河北、江苏、江西、陕西、山东、四川、云南、浙江。日本。

稻属 *Oryza* Linnaeus

野生稻 *Oryza rufipogon* Griffith

陈功锡、张代贵等，LXP-06-2177。

多年生草本。茶陵县。海拔 100~300 米，溪沟、藕塘、稻田、沟渠、沼泽。广东、广西、湖南、海南、台湾、云南。孟加拉国、柬埔寨、印度、印度尼西亚、马来西亚、缅甸、新几内亚、斯里兰卡、菲律宾、泰国、越南、澳大利亚。

保护级别：二级保护（第一批次）

濒危等级：CR

黍属 *Panicum* Linnaeus

糠稷 *Panicum bisulcatum* Thunberg

陈功锡、张代贵等，LXP-06-2172、2539、2854、3190 等。

一年生草本。安福县、茶陵县、芦溪县、上高县、攸县、渝水区、袁州区。海拔 90~800 米，草地、灌丛、路旁、溪边、草地水库边、路旁溪边。安徽、福建、广东、贵州、海南、黑龙江、河南、湖北、湖南、江苏、山东、四川、台湾、云南、浙江。印度、日本、朝鲜、菲律宾、澳大利亚、太平洋群岛。

短叶黍 *Panicum brevifolium* Linnaeus

《江西大岗山森林生物多样性研究》。

一年生草本。安福县、分宜县。海拔

200~800 米，阴湿地和林缘。福建、广东、广西、贵州、江西、台湾、云南。不丹、印度、印度尼西亚、马来西亚、缅甸、斯里兰卡、泰国、越南；热带非洲。

雀稗属 *Paspalum* Linnaeus

双穗雀稗 *Paspalum paspaloides* Linnaeus

陈功锡、张代贵等，LXP-06-0017、1815、2275 等。

多年生草本。安福县、攸县。海拔 100~400 米，水库边、河边、灌丛、草地等。安徽、福建、广西、贵州、海南、河南、香港、湖北、湖南、江苏、山东、四川、台湾、云南、浙江。热带和暖温带地区。

圆果雀稗 *Paspalum scrobiculatum* var. *Orbiculare* (G. Forster) Hackel

《江西大岗山森林生物多样性研究》。

多年生草本。分宜县。海拔 200~500 米，山坡、路旁、田野。福建、广东、广西、贵州、湖北、江苏、江西、四川、台湾、云南、浙江。东南亚、澳大利亚、太平洋岛屿。

雀稗 *Paspalum thunbergii* Kunth ex Steudel

陈功锡、张代贵等，LXP-06-3142、3597、3867、5216 等。

多年生草本。安福县、攸县。海拔 100~800 米，草地、阴处、溪边等。安徽、福建、广东、广西、贵州、河南、湖北、湖南、江苏、江西、陕西、山东、四川、台湾、云南、浙江。不丹、印度、日本、朝鲜。

狼尾草属 *Pennisetum* Richard

狼尾草 *Pennisetum alopecuroides* (Linnaeus) Sprengel

岳俊三等，3663。(IBSC 0124589)

多年生草本。安福县、攸县、袁州区。海拔 90~800 米，田岸、荒地、道旁及小山坡上。安徽、北京、福建、甘肃、广东、广西、贵州、海南、黑龙江、河南、湖北、江苏、江西、陕西、山东、四川、台湾、天津、西藏、云南、浙江。印度、印度尼西亚、日本、朝鲜、马来西亚、缅甸、菲律宾；澳大利亚、太平洋群岛。

显子草属 *Phaenosperma* Munro ex Bentham

显子草 *Phaenosperma globosa* Munro ex Bentham

陈功锡、张代贵等，LXP-06-3946。

多年生草本。安福县、莲花县。海拔 200~500 米，灌丛溪边。安徽、甘肃、广西、湖北、江苏、江西、陕西、四川、台湾、西藏、云南、浙江。印度、日本、朝鲜。

芦苇属 *Phragmites* Adanson

芦苇 *Phragmites australis* (Cavanilles) Trinius ex Steudel

陈功锡、张代贵等，LXP-06-3071。

多年生草本。安福县。海拔 300~400 米，路旁。广布于全国。

刚竹属 *Phyllostachys* Siebold & Zuccarini

桂竹 *Phyllostachys bambusoides* (Ruprecht) K. Koch

熊耀国等，8676。

多年生草本。安福县、芦溪县。海拔 200~1500 米，草地。福建、广东、广西、贵州、河南、湖北、湖南、江苏、江西、陕西、山东、四川、台湾、云南、浙江。日本。

毛竹 *Phyllostachys edulis* (Carrière) J. Houzeau

《江西林业科技》。

多年生草本。安福县、茶陵县、芦溪县、袁州区。海拔 200~1500 米，草地。安徽、福建广东、广西、贵州、河南、湖北、湖南、江苏、江西、陕西、四川、台湾、云南、浙江。引入朝鲜、日本、菲律宾、越南、北美洲。

假毛竹 *Phyllostachys kwangsiensis* W. Y. Hsiung et al.

《安福木本植物》。

乔木状。安福县。海拔 600 米左右。广东、广西、湖南、江苏、浙江。

水竹 *Phyllostachys heteroclada* Oliver

陈功锡、张代贵等，LXP-06-9409。

多年生草本。茶陵县。海拔 100~400 米，河岸、湖旁灌丛中、岩石山坡。安徽、福建、甘肃、广东、广西、贵州、河南、湖北、湖南、江苏、江西、陕西、四川、云南、浙江。

篌竹 *Phyllostachys nidularia* Munro

丁小平等，052。(PE 01645561)

多年生草本。分宜县。海拔 200~1200 米，草地。广东、广西、河南、湖北、江西、陕西、云南、浙江。引入欧洲和北美洲。

紫竹 *Phyllostachys nigra* (Lodd.) Munro

《安福木本植物》。

灌木至小乔木状。安福县。海拔 300~400 左右林中、林缘。湖南、广西，各地多有栽培。引入印度、日本及欧美国家。

毛金竹 *Phyllostachys nigra* var. *henonis* (Mitford) Stapf ex Rendle

陈功锡、张代贵等，LXP-06-9453。

多年生草本。安福县。海拔 1200~1500 米，疏林。原产湖南，栽培于安徽、福建、甘肃、广东、广西、河南、湖北、江苏、江西、陕西、四川、西藏、云南、浙江。引入印度、日本、朝鲜、菲律宾、越南；欧洲、北美洲。

刚竹 *Phyllostachys sulphurea* R. A. Young

陈功锡、张代贵等，LXP-06-9421。

多年生草本。茶陵县。海拔 100~400 米，路旁。安徽、福建、河南、湖南、江苏、江西、陕西、山东、浙江。

苦竹属 *Pleioblastus* Nakai

苦竹 *Pleioblastus amarus* (Keng) P. C. Keng

陈功锡、张代贵等，LXP-06-9411。

多年生草本。茶陵县。海拔 100~600 米，路旁、向阳山坡、平原、林下。安徽、福建、贵州、湖北、湖南、江苏、江西、四川、云南、浙江。

斑苦竹 *Pleioblastus maculatus* (McClure) C. D. Chu & C. S. Chao

熊耀国，7809。(LBG 00033361)

多年生草本。安福县。海拔 200~700 米，密丛林中或偏阴的山坡。福建、广东、广西、贵州、江苏、江西、四川、云南，向北栽培到陕西。

早熟禾属 *Poa* Linnaeus

白顶早熟禾 *Poa acroleuca* Steudel

陈功锡、张代贵等，LXP-06-1280。

一年生草本。芦溪县。海拔 600~1500 米，路旁、沟边阴湿处。安徽、福建、广东、广西、贵州、河南、湖北、湖南、江苏、江西、陕西、山东、四川、台湾、西藏、云南、浙江。朝鲜、日本。

早熟禾 *Poa annua* Linnaeus

陈功锡、张代贵等，LXP-06-4844、4897。

一年生草本。分宜县、莲花县、袁州区。海拔 800~1200 米，草地、田野水沟。安徽、福建、甘肃、广东、广西、贵州、海南、河北、黑龙江、河南、湖北、湖南、江苏、江西、吉林、辽宁、内蒙古、青海、陕西、山东、山西、四川、台湾、新疆、西藏、云南、浙江。阿富汗、不丹、印度、印度尼西亚、日本、哈萨克斯坦、朝鲜、吉尔吉斯斯坦、马来西亚、蒙古、缅甸、尼泊尔、新几内亚、巴基斯坦、俄罗斯、斯里兰卡、塔吉克斯坦、土库曼斯坦、越南；非洲、亚洲、澳大利亚、欧洲、美洲。

金发草属 *Pogonatherum* P. Beauvois

金丝草 *Pogonatherum crinitum* (Thunberg) Kunth

岳俊三，2989。(IBSC 0126042)

多年生草本。安福县。海拔 200~1600 米，田硬、山边、路旁、河、溪边、石缝瘠土或灌木下阴湿地。安徽、福建、广东、广西、贵州、海南、湖北、湖南、江西、四川、台湾、云南、浙江。不丹、印度、印度尼西亚、日本、马来西亚、尼泊尔、新几内亚、巴基斯坦、菲律宾、斯里兰卡、泰国、越南；澳大利亚。

金发草 *Pogonatherum paniceum* (Lamarck) Hackel

陈功锡、张代贵等，LXP-06-0077、0930、5373。

草本。安福县、攸县。海拔 80~800 米，疏林、路旁。广东、广西、贵州、湖北、湖南、四川、台湾、云南。阿富汗、不丹、印度、印度尼西亚、老挝、马来西亚、缅甸、尼泊尔、巴基斯坦、泰国、越南、阿拉伯半岛；澳大利亚。

棒头草属 *Polypogon* Desfontaines

棒头草 *Polypogon fugax* Nees ex Steudel

陈功锡、张代贵等，LXP-06-1333、3371、3807、4565、5981。

一年生草本。安福县、莲花县。海拔 160~1200 米，路旁、草地、池塘边。安徽、福建、广东、广西、贵州、河南、湖北、江西、江苏、陕西、山东、山西、四川、台湾、新疆、西藏、云南、浙江。不丹、印度、日本、哈萨克斯坦、朝鲜、吉尔吉斯斯坦、缅甸、尼泊尔、巴基斯坦、俄罗斯、塔吉克斯坦、土库曼斯坦，引入其他地区。

矢竹属 *Pseudosasa* Makino ex Nakai

茶竿竹 *Pseudosasa amabilis* (McClure) Keng

《安福木本植物》。

乔木状。安福县。海拔 300~900 米，石滩、灌丛或林中。江西、福建、湖南、广东、广西，江苏、浙江等有引种栽培。

筒轴茅属 *Rottboellia* Linnaeus

筒轴茅 *Rottboellia cochinchinensis* (Loureiro) Clayton

陈功锡、张代贵等，LXP-06-0147、8956。

一年生草本。安福县、袁州区。海拔 300~400 米，河边、路旁。福建、广东、广西、贵州、海南、湖南、四川、台湾、云南、浙江。遍及旧大陆热带地区；引入加勒比地区。

甘蔗属 *Saccharum* Linnaeus

斑茅 *Saccharum arundinaceum* Retzius

陈功锡、张代贵等，LXP-06-0985、2292、2442、2634、7300。

多年生草本。安福县、芦溪县。海拔140~450米，溪边、阴处、灌丛。安徽、福建、甘肃、广东、广西、贵州、海南、河北、河南、湖北、江西、陕西、四川、台湾、西藏、云南、浙江。不丹、印度、印度尼西亚、老挝、马来西亚、缅甸、斯里兰卡、泰国、越南。

囊颖草属 *Sacciolepis* Nash

囊颖草 *Sacciolepis indica* (Linnaeus) Chase

陈功锡、张代贵等，LXP-06-0018、0726、0834、1556、1851等。

一年生草本。安福县、茶陵县、袁州区。海拔100~800米，水库边、溪边、密林、草地、阴处。安徽、福建、广东、贵州、海南、黑龙江、河南、湖北、江西、山东、四川、台湾、云南、浙江。不丹、印度、日本、缅甸、尼泊尔、泰国、越南；非洲、澳大利亚、太平洋群岛。

裂稃草属 *Schizachyrium* Nees

裂稃草 *Schizachyrium brevifolium* (Swartz) Nees ex Buse

陈功锡、张代贵等，LXP-06-5456。

一年生草本。攸县。海拔200~300米，路旁、阴湿山坡、草地。安徽、福建、广东、贵州、海南、河北、河南、湖北、湖南、江苏、山东、四川、台湾、西藏、浙江。孟加拉国、不丹、印度、印度尼西亚、日本、朝鲜、老挝、马来西亚、缅甸、尼泊尔、菲律宾、泰国、越南；非洲、美洲、亚洲。

狗尾草属 *Setaria* P. Beauvois

莩草 *Setaria chondrachne* (Steudel) Honda

陈功锡、张代贵等，LXP-06-2351。

多年生草本。安福县、茶陵县、分宜县、芦溪县、上高县、袁州区。海拔300~650米，路旁、溪边、灌丛。安徽、广西、贵州、河南、湖北、湖南、江苏、江西、四川、云南、浙江。日本、朝鲜。

大狗尾草 *Setaria faberii* R. A. W. Herrmann

赖书坤、户向恒、1574。(KUN 318135)

一年生草本。莲花县。海拔200~800米，山坡、路旁、田园或荒野。安徽、福建、广西、贵州、黑龙江、河南、湖北、湖南、江苏、江西、吉林、山东、四川、台湾、云南、浙江。日本、朝鲜，引入北美洲。

金色狗尾草 *Setaria glauca* (Poiret) Roemer

陈功锡、张代贵等，LXP-06-0576、5515、7838、8090、8528等。

多年生草本。安福县。海拔100~800米，疏林、路旁。安徽、北京、福建、广东、贵州、海南、黑龙江、河南、湖北、湖南、江西、宁夏、陕西、山东、上海、四川、台湾、新疆、西藏、云南、浙江。

棕叶狗尾草 *Setaria palmifolia* (J. König) Stapf

陈功锡、张代贵等，LXP-06-2626、3159、5238等。

多年生草本。安福县、莲花县、攸县、袁州区。海拔100~800米，山坡、谷地林下阴湿处。安徽、福建、广东、广西、贵州、海南、湖北、湖南、江西、四川、台湾、西藏、云南、浙江。非洲、热带亚洲。

皱叶狗尾草 *Setaria plicata* (Lamarck) T. Cooke

陈功锡、张代贵等，LXP-06-7847。

多年生草本。安福县。海拔 500~800 米，山坡林下、沟谷地阴湿处、草地。安徽、福建、广东、广西、贵州、海南、湖北、湖南、江苏、江西、四川、台湾、西藏、云南、浙江。印度、中南半岛、日本、马来西亚、尼泊尔、泰国。

狗尾草 *Setaria viridis* (Linnaeus) P. Beauvois

陈功锡、张代贵等，LXP-06-1381、2949、3689、3790、3864 等。

一年生草本。安福县、茶陵县、攸县。海拔 90~500 米，路旁溪边、草地。安徽、福建、甘肃、广东、贵州、河北、黑龙江、河南、湖北、湖南、江苏、江西、吉林、内蒙古、宁夏、青海、陕西、山东、山西、四川、台湾、新疆、西藏、云南、浙江。由旧大陆温带和亚热带地区引入其他地区。

高粱属 *Sorghum* Moench

光高粱 *Sorghum nitidum* (Vahl) Persoon

《江西大岗山森林生物多样性研究》。

多年生草本。安福县、分宜县。海拔 400~1200 米，向阳山坡草丛中。安徽、福建、广东、广西、贵州、海南、湖北、湖南、江苏、江西、山东、四川、台湾、云南、浙江。不丹、印度、印度尼西亚、日本、朝鲜、缅甸、新几内亚、菲律宾、斯里兰卡、泰国；澳大利亚、太平洋群岛。

稗荩属 *Sphaerocaryum* Nees ex J. D. Hooker

稗荩 *Sphaerocaryum malaccense* (Trinius) Pilger

《江西武功山山地草甸植物多样性研究》。

一年生草本。安福县、芦溪县。海拔 200~1300 米，丛或草甸中。安徽、福建、广东、广西、江西、台湾、云南、浙江。印度、印度尼西亚、马来西亚、缅甸、菲律宾、斯里兰卡、泰国、越南。

大油芒属 *Spodiopogon* Trinius

油芒 *Spodiopogon cotulifer* (Thunberg) Hackel

陈功锡、张代贵等，LXP-06-2361、2709、2862。

多年生草本。安福县、茶陵县、分宜县、袁州区。海拔 200~900 米，草地、疏林、草地等。安徽、福建、甘肃、广东、广西、贵州、湖北、湖南、江苏、江西、陕西、四川、台湾、云南、浙江。印度、日本、克什米尔、朝鲜。

大油芒 *Spodiopogon sibiricus* Trinius

《江西大岗山森林生物多样性研究》。

多年生草本。安福县、茶陵县、分宜县、莲花县、芦溪县、袁州区。海拔 200~900 米，向阳的石质山坡或干燥的沟谷底。安徽、甘肃、广东、贵州、海南、河北、黑龙江、河南、湖北、湖南、江苏、江西、吉林、辽宁、内蒙古、宁夏、陕西、山西、山东、四川、浙江。日本、朝鲜、蒙古、俄罗斯。

鼠尾粟属 *Sporobolus* R. Brown

鼠尾粟 *Sporobolus fertilis* R. Brown

陈功锡、张代贵等，LXP-06-2904、3131、3207 等。

多年生草本。安福县、袁州区。海拔 100~800 米，草地、溪边、水库边等。安徽、福建、甘肃、广东、贵州、海南、河南、湖北、湖南、江苏、江西、陕西、山东、四川、台湾、西藏、云南、浙江。不丹、印度、印度尼西亚、日本、马来西亚、缅甸、尼泊尔、菲律宾、斯里兰卡、泰国、越南。

菅属 *Themeda* Forsskål

苞子草 *Themeda candata* (Nees) A. Camus

陈功锡、张代贵等，LXP-06-8070。

多年生草本。安福县。海拔 300~400 米，路旁、草地。福建、广东、广西、贵州、海南、湖北、江西、四川、台湾、西藏、云南、浙江。不丹、印度、印度尼西亚、马来西亚、缅甸、尼泊尔、菲律宾、斯里兰卡、泰国、越南。

黄背草 *Themeda triandra* Forsskål

陈功锡、张代贵等，LXP-06-7661。

多年生草本。安福县、莲花县、上高县。海拔 100~200 米，路旁、灌丛。安徽、福建、贵州、海南、河北、河南、湖北、湖南、江苏、江西、陕西、山东、四川、台湾、西藏、云南、浙江。不丹、印度、印度尼西亚、日本、朝鲜、马来西亚、缅甸、尼泊尔、菲律宾、斯里兰卡、泰国、越南；非洲、亚洲、澳大利亚。

菅 *Themeda villosa* (Poiret) A. Camus

陈功锡、张代贵等，LXP-06-1401、5416。

多年生草本。安福县、茶陵县、攸县。海拔 80~300 米，灌丛溪边、路旁。福建、广东、广西、贵州、海南、河南、湖北、湖南、江西、四川、西藏、云南、浙江。孟加拉国、不丹、印度、印度尼西亚、马来西亚、尼泊尔、菲律宾、斯里兰卡、泰国。

锋芒草属 *Tragus* Haller

虱子草 *Tragus bertesonianus* Schultes

陈功锡、张代贵等，LXP-06-0683。

草本。安福县。海拔 200~500 米，林下阴湿岩石、树干。安徽、甘肃、河北、江苏、内蒙古、陕西、四川。阿富汗、巴基斯坦；非洲、美洲、亚洲。

三毛草属 *Trisetum* Persoon

三毛草 *Trisetum bifidum* (Thunberg) Ohwi

岳俊三等，3338。(IBSC 0108884)

多年生草本。安福县、袁州区。海拔 600~1700 米，山坡路旁、林荫处及沟边湿草地。安徽、福建、甘肃、广东、广西、贵州、河南、湖北、湖南、江苏、江西、陕西、山东、四川、台湾、西藏、云南、浙江。日本、朝鲜、新几内亚。

鼠茅属 *Vulpia* C. C. Gmelin

鼠茅 *Vulpia myuros* (Linnaeus) C. C. Gmelin

聂敏祥，7097。(PE 00037793)

多年生草本。莲花县。海拔 200~1900 米，路边、山坡、沙滩、石缝及沟边。安徽、福建、江苏、江西、台湾、西藏、浙江。阿富汗、不丹、吉尔吉斯斯坦、巴基斯坦、俄罗斯、塔吉克斯坦、土耳其、乌兹别克斯坦；非洲、亚洲、欧洲。

玉山竹属 *Yushania* P. C. Keng

庐山玉山竹 *Yushania varians* T. P. Yi

多年生草本。安福县，海拔 1600~1700，松林下。江西。

菰属 *Zizania* Linnaeus.

菰 *Zizania latifolia* (Grisebach) Turczaninow

陈功锡、张代贵等，LXP-06-3045。

多年生草本。安福县。海拔 300~400 米，湿地。安徽、福建、广东、广西、贵州、海南、河北、河南、湖北、湖南、江苏、江西、吉林、辽宁、陕西、山东、四川、台湾、云南、浙江。印度、日本、朝鲜、缅甸、俄罗斯。

139. 菖蒲科 Acoraceae

菖蒲属 *Acorus* Linnaeus

菖蒲 *Acorus calamus* Linnaeus

陈功锡、张代贵等，LXP-06-9603。

多年生草本。安福县、分宜县。海拔 300~1500 米，沼泽地、溪流或水田边。中国广布。阿富汗、孟加拉国、不丹、印度、印度尼西亚、日本、朝鲜、马来西亚、蒙古、尼泊尔、巴基斯坦、俄罗斯、斯里兰卡、泰国、越南；亚洲、欧洲、北美洲。

金钱蒲 *Acorus gramineus* Linnaeus

陈功锡、张代贵等，LXP-06-1073、3425、4007、4862。

多年生草本。安福县、芦溪县、袁州区。海拔 200~800 米，路旁溪边、路旁、疏林溪边。安徽、福建、甘肃、广东、广西、贵州、海南、河南、湖北、湖南、江苏、江西、宁夏、青海、山东、山西、四川、台湾、新疆、西藏、云南、浙江。柬埔寨、印度、日本、朝鲜、老挝、缅甸、菲律宾、俄罗斯、泰国、越南。

宽叶菖蒲 *Acorus latifolius* Z. Y. Zhu（金钱蒲 *Acorus gramineus* Solander ex Aiton Hortus Kew）

陈功锡、张代贵等，LXP-06-9603。

多年生草本。分宜县，海拔 400~500 米，林下小溪沟。浙江、江西、湖北、湖南、广东、广西、陕西、甘肃、四川、贵州、云南、西藏。

140. 天南星科 Araceae

蘑芋属 *Amorphophallus* Blume

东亚蘑芋 *Amorphophallus kiusianus* (Makino) Makino

陈功锡、张代贵等，LXP-06-9424。

多年生草本。茶陵县。海拔 100~700 米，草地。安徽、福建、广东、湖南、江西、台湾、浙江。日本。

天南星属 *Arisaema* Martius

一把伞南星 *Arisaema erubescens* (Wallich) Schott

陈功锡、张代贵等，LXP-06-1443、1754、4507。

多年生草本。茶陵县、芦溪县。海拔 700~1200 米，疏林、溪边、灌丛。安徽、福建、甘肃、广东、广西、贵州、河北、河南、湖北、湖南、江西、陕西、山东、山西、四川、台湾、云南、浙江。不丹、印度、老挝、缅甸、尼泊尔、泰国、越南。

天南星 *Arisaema heterophyllum* Blume

陈功锡、张代贵等，LXP-06-2040。

多年生草本。茶陵县、莲花县。海拔 300~800 米，密林、林下、灌丛、草地。广布于全国（除西藏）。日本、朝鲜。

湘南星 *Arisaema hunanense* Handel-Mazzetti

陈功锡、张代贵等，LXP-06-1096、1097、1220 等。

多年生草本。茶陵县、芦溪县。海拔 300~500 米，路旁、阴处、草地。重庆、广东、湖北、湖南、四川。

灯台莲 *Arisaema sikokianum* Engler

岳俊三等，3262。（WUK 0219845）

草本。安福县。海拔 800~1300 米，山坡林下或谷沟岩石上。安徽、福建、广东、广西、贵州、河南、湖北、湖南、江苏、江西、浙江。

半夏属 *Pinellia* Tenore

滴水珠 *Pinellia cordata* N. E. Brown

岳俊三等，3253。（PE 01436286）

草本。安福县。海拔 200~800 米，林下溪旁、潮湿草地、岩石边、岩隙中或岩壁上。安徽、福建、广东、广西、贵州、湖北、湖南、江西、浙江。

湖南半夏 *Pinellia hunanensis* C. L. Long & X. J. Wu

陈功锡、张代贵等，LXP-06-9428。

草本。茶陵县。海拔 100~200 米，草地。安徽、福建、广西、贵州、黑龙江、湖北、湖南、江西、吉林、内蒙古、山东、四川、云南、浙江。日本、朝鲜。

虎掌 *Pinellia pedatisecta* Schott

多年生草本。广布种，海拔 200~600 米，路边石缝、荒地、废弃宅基地。安徽、福建、广西、贵州、河北、河南、湖北、湖南、江苏、陕西、山东、山西、四川、云南、浙江。

半夏 *Pinellia ternata* (Thunberg) Tenore

陈功锡、张代贵等，LXP-06-3422、4644、4814。

多年生草本。安福县、芦溪县。海拔 150~610 米，石上、路旁。全国广布，除内蒙古、青海、新疆、西藏。日本、朝鲜，引入欧洲、北美洲。

大漂属 *Pistia* Linnaeus

大漂 *Pistia stratiotes* Linnaeus

陈功锡、张代贵等，LXP-06-0371。

多年生草本。安福县。海拔 600~700 米，疏林。原产福建、广东、广西、台湾、云南等地；安徽、湖北、湖南、江苏、江西、山东、四川广泛栽培。热带和亚热带地区。

犁头尖属 *Typhonium* Schott

犁头尖 *Typhonium blumei* Nicolson & Sivadasan

《江西林业科技》。

一年生草本。安福县、茶陵县、芦溪县。海拔 200~1000 米，地边、田头、草坡、石隙中。福建、广东、广西、贵州、海南、湖北、湖南、江西、四川、台湾、云南、浙江。柬埔寨、印度、印度尼西亚、日本、缅甸、泰国、越南；引入非洲、尼泊尔、热带地区、菲律宾、太平洋群岛。

141. 浮萍科 Lemnaceae

浮萍属 *Lemna* Linnaeus

稀脉浮萍 *Lemna aequinoctialis* Welwitsch

《江西植物志》。

草本。安福县、袁州区。海拔 200~1500 米，池沼中。安徽、福建、广东、贵州、河北、河南、湖北、江苏、江西、辽宁、青海、陕西、山东、山西、台湾、云南、浙江。世界广布。

紫萍属 *Spirodela* Schleiden Linnaea

紫萍 *Spirodela polyrrhiza* (Linnaeus) Schleid

岳俊三，3646。(PE 00032708)

一年生草本。安福县。海拔 200~1700 米，水田、水塘、湖湾、水沟。安徽、福建、广东、广西、贵州、河北、黑龙江、河南、湖北、湖南、江苏、江西、吉林、辽宁、青海、陕西、山东、山西、四川、台湾、云南、浙江。广泛分布。

142. 泽泻科 Alismataceae

泽泻属 *Alisma* Linnaeus

窄叶泽泻 *Alisma canaliculatum* A. Braun & C. D. Bouché

陈功锡、张代贵等，LXP-06-7624。

多年生草本。上高县、渝水区。海拔 400~500 米，溪边、沼泽、湖泊。安徽、福建、贵州、河南、湖北、湖南、江苏、江西、山东、四川、台湾、浙江。印度、日本、朝鲜。

东方泽泻 *Alisma orientale* (Samuelsson) Juzepczuk

《江西大岗山森林生物多样性研究》。

多年生草本。安福县、茶陵县、分宜县。海拔 200~1800 米，湖泊、水塘、沟渠、沼泽中。安徽、福建、甘肃、广东、广西、贵州、河北、黑龙江、河南、湖北、湖南、江苏、江西、吉林、辽宁、内蒙古、宁夏、青海、陕西、山东、山西、四川、新疆、云南、浙江。印度、日本、克什米尔、朝鲜、蒙古、缅甸、尼泊尔、俄罗斯、越南。

泽薹草属 *Caldesia* Parlatore

泽薹草 *Caldesia parnassifolia* (Bassi ex Linnaeus) Parlatore

陈功锡、张代贵等，LXP-06-0291。

草本。茶陵县、莲花县。海拔 300~500 米，沼泽。黑龙江、湖南、江苏、内蒙古、山西、云南、浙江。印度、日本、朝鲜、尼泊尔、巴基斯坦、俄罗斯、泰国、越南；非洲、澳大利亚、欧洲。

濒危等级：CR

毛茛泽泻属 *Ranalisma* Stapf

长喙毛茛泽泻 *Ranalisma rostrata* Stapf

《生态学报》。

多年生草本。茶陵县。海拔 200~400 米，池沼浅水中。湖南、江西、浙江。印度、马来西亚、越南。

保护级别：一级保护（第一批次）

濒危等级：CR

慈姑属 *Sagittaria* Linnaeus

冠果草 *Sagittaria guyanensis* (D. Don) Bogin

陈功锡、张代贵等，LXP-06-1739。

多年生草本。安福县、芦溪县。海拔 600~650 米，密林。安徽、福建、广东、广西、贵州、海南、湖北、湖南、江西、台湾、云南、浙江。阿富汗、柬埔寨、印度、印度尼西亚、马来西亚、尼泊尔、巴基斯坦、泰国、越南；非洲。

濒危等级：EN

小慈姑 *Sagittaria potamogetonifolia* Merrill

《生物多样性》。

多年生草本。安福县、茶陵县。海拔

100~400 米，水田、沼泽、溪沟浅水处。安徽、福建、广东、广西、海南、湖北、湖南、江西、云南、浙江。

濒危等级：VU

矮慈姑 *Sagittaria pygmaea* Miquel

《江西林业科技》。

一年生草本。安福县、芦溪县。海拔 200~400 米，沼泽、水田、沟溪浅水处。安徽、福建、广东、广西、贵州、海南、河南、湖北、湖南、江苏、江西、陕西、山东、四川、台湾、云南、浙江。日本、朝鲜、泰国、越南。

野慈姑 *Sagittaria trifolia* Linnaeus

陈功锡、张代贵等，LXP-06-0170、0286、1557 等。

多年生草本。安福县、茶陵县、攸县。海拔 50~800 米，阳处、沼泽、灌丛等。安徽、北京、福建、甘肃、广东、广西、贵州、海南、河南、湖北、江苏、辽宁、青海、陕西、山东、四川、台湾、新疆、云南、浙江。阿富汗、印度、印度尼西亚、日本、哈萨克斯坦、朝鲜、吉尔吉斯斯坦、老挝、马来西亚、缅甸、尼泊尔、巴基斯坦、菲律宾、俄罗斯、塔吉克斯坦、泰国、乌兹别克斯坦、越南；亚洲、欧洲。

143. 水鳖科 Hydrocharitaceae

水筛属 *Blyxa* Noronha

有尾水筛 *Blyxa echinosperma* (C. B. Clarke) J. D. Hooker

3058（KUN 0330013）

沉水草本。安福县、茶陵县。海拔 150~300 米，生于水田、沟渠中。陕西南部、江苏、安徽、江西、福建、台湾、湖南、广东、广西、四川、贵州等。印度、斯里兰卡、缅甸、越南、马来西亚、菲律宾、印度尼西亚爪哇、日本、朝鲜、澳大利亚。

水筛 *Blyxa japonica* (Miquel) Maximowicz

《生物多样性》。

草本。安福县、茶陵县。海拔 300~800 米，水田、池塘和水沟中。安徽、福建、广东、广西、贵州、海南、湖北、湖南、江苏、江西、辽宁、四川、台湾、浙江。孟加拉国、印度、日本、朝鲜、马来西亚、缅甸、尼泊尔、新几内亚、泰国、越南；欧洲。

黑藻属 *Hydrilla* Richard

黑藻 *Hydrilla verticillata* (Linnaeus f.) Royle Ill

陈功锡、张代贵等，LXP-06-5609。

草本。安福县。海拔 100~200 米，池塘边。安徽、福建、广东、广西、贵州、海南、河北、黑龙江、河南、湖北、湖南、江苏、江西、辽宁、陕西、山东、四川、台湾、西藏、云南、浙江。阿富汗、孟加拉国、不丹、印度、印度尼西亚、日本、哈萨克斯坦、朝鲜、马来西亚、缅甸、尼泊尔、新几内亚、巴基斯坦、菲律宾、俄罗斯、斯里兰卡、泰国、越南；非洲、亚洲、澳大利亚、欧洲，引入北美洲。

水鳖属 *Hydrocharis* Linnaeus

水鳖 *Hydrocharis dubia* (Blume) Backer Handb

《江西林业科技》。

草本。安福县、茶陵县、芦溪县。海拔 200~400 米，静水池沼中。安徽、福建、广东、广西、海南、河北、黑龙江、河南、湖北、湖南、江苏、江西、吉林、辽宁、陕西、山东、四川、台湾、云南、浙江。

孟加拉国、印度、印度尼西亚、日本、朝鲜、缅甸、新几内亚、菲律宾、泰国、越南；澳大利亚。

茨藻属 *Najas* Linnaeus

纤细茨藻 *Najas gracillima* (A. Braun ex Engelmann) Magnus

《生物多样性》。

一年生草本。茶陵县。海拔 300~1500 米，水沟和池塘的浅水处。福建、广西、贵州、海南、河北、湖北、江西、吉林、辽宁、内蒙古、台湾、云南、浙江。日本；北美洲。

小茨藻 *Najas minor* Allioni

陈功锡、张代贵等，LXP-06-9434。

《生物多样性》。

一年生草本。茶陵县。海拔 100~400 米，池塘、湖泊、水沟、稻田。安徽、福建、广东、广西、海南、河北、黑龙江、河南、湖北、湖南、江苏、江西、吉林、辽宁、内蒙古、山东、台湾、新疆、云南、浙江。阿富汗、印度、印度尼西亚、日本、哈萨克斯坦、朝鲜、尼泊尔、巴基斯坦、菲律宾、斯里兰卡、塔吉克斯坦、泰国、乌兹别克斯坦、越南；非洲、亚洲、欧洲，引入北美洲。

海菜花属 *Ottelia* Persoon

龙舌草 *Ottelia alismoides* (Linnaeus) Persoon

岳俊三，3008。(IBSC 0616696)

多年生草本。安福县。海拔 200~800 米，湖泊、沟渠、水塘、水田以及积水洼地。安徽、福建、广东、广西、贵州、海南、河北、黑龙江、河南、湖北、湖南、江苏、江西、四川、台湾、云南、浙江。柬埔寨、印度、印度尼西亚、日本、朝鲜、老挝、马来西亚、缅甸、尼泊尔、新几内亚、菲律宾、泰国、斯里兰卡、越南；非洲、澳大利亚，引入北美洲。

濒危等级：VU

苦草属 *Vallisneria* Linnaeus

苦草 *Vallisneria natans* (Loureiro) H. Hara

《江西大岗山森林生物多样性研究》。

多年生草本。安福县、分宜县。海拔 200~400 米，溪沟、河流、池塘、湖泊。安徽、福建、广东、广西、贵州、河北、河南、湖北、湖南、江苏、江西、吉林、辽宁、陕西、山东、四川、台湾、云南、浙江。印度、日本、朝鲜、马来西亚、尼泊尔、俄罗斯、越南；亚洲、澳大利亚。

144. 眼子菜科 Potamogetonaceae

眼子菜属 *Potamogeton* Linnaeus

菹草 *Potamogeton crispus* Linnaeus

陈功锡、张代贵等，LXP-06-9427。

多年生草本。安福县、茶陵县。海拔 100~600 米，池塘、水沟、水稻田。福建、贵州、河北、黑龙江、河南、湖北、江苏、吉林、辽宁、内蒙古、宁夏、青海、陕西、山东、山西、四川、台湾、新疆、西藏、云南、浙江。阿富汗、孟加拉国、不丹、印度、印度尼西亚、日本等。

鸡冠眼子菜 *Potamogeton cristatus* Regel & Maack

陈功锡、张代贵等，LXP-06-2868、9285。

多年生草本。安福县、茶陵县。海拔 100~500 米，草地。安徽、福建、河北、黑龙江、河南、湖北、湖南、江苏、江西、辽宁、四川、台湾、浙江。日本、朝鲜、俄罗斯。

眼子菜 *Potamogeton distinctus* Regel & Maack

陈功锡、张代贵等，LXP-065184。

多年生草本。安福县、茶陵县。海拔100~200 米，草地、河边。福建、甘肃、广东、贵州、河北、黑龙江、河南、湖北、湖南、江苏、江西、吉林、辽宁、内蒙古、青海、陕西、山东、山西、四川、台湾、新疆、西藏、云南、浙江。不丹、印度尼西亚、日本、朝鲜、马来西亚、尼泊尔、菲律宾、俄罗斯、泰国、越南；太平洋群岛。

光叶眼子菜 *Potamogeton lucens* Linnaeus

《江西林业科技》。

多年生草本。安福县、芦溪县、袁州区。海拔 200~400 米，湖泊、沟塘等静水水体。安徽、甘肃、河北、黑龙江、河南、湖北、江苏、江西、吉林、内蒙古、宁夏、青海、陕西、山东、山西、新疆、西藏、云南。阿富汗、印度、哈萨克斯坦、吉尔吉斯斯坦、缅甸、尼泊尔、巴基斯坦、菲律宾、俄罗斯、塔吉克斯坦、土库曼斯坦；非洲、亚洲、欧洲。

竹叶眼子菜 *Potamogeton malaianus* Morong

陈功锡、张代贵等，LXP-06-5607。

多年生草本。安福县、茶陵县。海拔100~500 米，溪边、河边。安徽、福建、河北、黑龙江、河南、湖北、湖南、吉林、辽宁、内蒙古、宁夏、青海、陕西、山东、山西、四川、台湾、新疆、云南、浙江。印度、印度尼西亚、日本、哈萨克斯坦、朝鲜、老挝、马来西亚、缅甸、新几内亚、巴基斯坦、菲律宾、俄罗斯、泰国、越南；太平洋群岛。

145. 棕榈科 Arecaceae

棕榈属 *Trachycarpus* H. Wendland

棕榈 *Trachycarpus fortunei* (Hooker) H. Wendland

陈功锡、张代贵等，LXP-06-0601、1008、1483。

常绿乔木。安福县、茶陵县。海拔200~500 米，溪边、灌丛。秦岭和长江的南部。不丹、印度、缅甸、尼泊尔、越南。

146. 香蒲科 Typhaceae

黑三棱属 *Sparganium* Linnaeus

黑三棱 *Sparganium stoloniferum* (Buchanan-Hamilton ex Graebner) Buchanan-Hamilton ex Juzepczuk

Yok Chin Shan, 3763。(IBSC 0637546)

多年生草本。安福县。海拔 200~1800 米，湖泊、河沟、沼泽、水塘边浅水处。安徽、甘肃、河北、黑龙江、河南、湖北、江苏、江西、吉林、辽宁、内蒙古、陕西、山东、山西、新疆、西藏、云南、浙江。阿富汗、日本、哈萨克斯坦、朝鲜、蒙古、巴基斯坦、俄罗斯、塔吉克斯坦、乌兹别克斯坦；亚洲、北美洲。

香蒲属 *Typha* Linnaeus.

东方香蒲 *Typha orientalis* C. Presl

陈功锡、张代贵等，LXP-06-1959、3070、3869、5327、8482。

多年生草本。安福县、茶陵县、攸县。海拔 80~350 米，灌丛溪边、路旁、草地沼泽、阳处。安徽、广东、贵州、河北、黑龙江、河南、湖北、江苏、江西、吉林、辽宁、内蒙古、陕西、山东、山西、台湾、云南、浙江。日本、朝鲜、蒙古、缅甸、菲律宾、俄罗斯；澳大利亚。

147. 莎草科 Cyperaceae

球柱草属 *Bulbostylis* Kunth Enum

球柱草 *Bulbostylis barbata* (Rottboll) Kunth

岳俊三等，2980。(IBSC 0631261)

一年生草本。安福县。海拔 200~1700 米，海边沙地或河滩沙地上、有时亦生长于田边、沙田中的湿地上。安徽、福建、广东、广西、海南、河北、河南、湖北、湖南、江苏、江西、辽宁、内蒙古、山东、台湾、浙江。不丹、柬埔寨、印度、印度尼西亚、日本、克什米尔、朝鲜、老挝、尼泊尔、巴基斯坦、巴布亚新几内亚、菲律宾、斯里兰卡、泰国、越南；非洲、大西洋群岛、澳大利亚、印度洋群岛。

丝叶球柱草 *Bulbostylis densa* (Wallich) Handel-Mazzetti

岳俊三等，2980。(PE 01860428)

一年生草本。安福县、袁州区。海拔 200~1800 米，海边、河边沙地的、也有生长在荒坡上、路边及松林下。安徽、重庆、福建、广东、广西、贵州、河北、黑龙江、河南、湖北、湖南、江苏、江西、辽宁、山东、四川、台湾、西藏、云南、浙江。孟加拉国、不丹、印度、印度尼西亚、日本、克什米尔、缅甸、尼泊尔、巴布亚新几内亚、菲律宾、俄罗斯、斯里兰卡、泰国、越南；热带非洲、澳大利亚、太平洋群岛。

薹草属 *Carex* Linnaeus

广东薹草 *Carex adrienii* E. G. Camus

叶华谷、曾飞燕，LXP10-349 (IBSC 0775300)。

多年生草本。安福县。生于常绿阔叶林林下、水旁或阴湿地，海拔 500~1200 米。福建、湖南、广东、广西、重庆（金佛山）、云南东南部。越南、老挝。

浆果薹草 *Carex baccans* Nees

陈功锡、张代贵等，LXP-06-5063。

多年生草本。安福县。海拔 500~600 米，路旁。福建、广东、广西、江西、贵州、海南、四川、台湾、云南。柬埔寨、印度、老挝、马来西亚、尼泊尔、泰国、越南。

青绿薹草 *Carex brevicalmis* R. Brown

陈功锡、张代贵等，LXP-06-9404。

多年生草本。茶陵县。海拔 100~800 米，石上、山坡、草地、路边、山谷沟边。安徽、福建、甘肃、广东、贵州、河北、黑龙江、河南、湖北、湖南、江苏、江西、吉林、辽宁、陕西、山东、山西、四川、台湾、云南、浙江。印度、日本、朝鲜、缅甸、俄罗斯。

褐果薹草 *Carex brunnea* Thunberg

陈功锡、张代贵等，LXP-06-1343，7867。

多年生草本。安福县、安福县。海拔 700~1500 米，密林、灌丛、河边、阴处、阳处。安徽、福建、甘肃、广东、广西、贵州、湖北、湖南、江苏、江西、陕西、四川、台湾、西藏、云南、浙江。印度、日本、朝鲜、尼泊尔、菲律宾、越南；澳大利亚。

丝叶薹草 *Carex capilliformis* Franchet

陈功锡、张代贵等，LXP-06-1352。

多年生草本。芦溪县。海拔 400~1000 米，山坡林下路旁。陕西、四川。

中华薹草 *Carex chinensis* Retzius

陈功锡、张代贵等，LXP-06-1339、

1356、3378 等。

多年生草本。芦溪县。海拔 200~1500 米，阴处、灌丛。福建、广东、贵州、湖南、江西、陕西、四川、云南、浙江。

十字薹草 *Carex cruciata* Wahlenberg

陈功锡、张代贵等，LXP-06-0317、0397、0933 等。

多年生草本。安福县。海拔 100~1700 米，疏林、溪边、草地、灌丛等。福建、广东、广西、贵州、海南、湖北、江西、四川、台湾、西藏、云南、浙江。不丹、印度、印度尼西亚、日本、尼泊尔、泰国、越南；马达加斯加岛。

蕨状薹草 *Carex filicina* Nees

江西队，1096。多年生草本。

安福县。海拔 1300~1800 米，林间或林边湿润草地。福建、广东、广西、贵州、海南、湖北、江西、四川、台湾、西藏、云南、浙江。印度、印度尼西亚、马来西亚、缅甸、尼泊尔、菲律宾、斯里兰卡、泰国、越南。

穿孔薹草 *Carex foraminata* C. B. Clarke

陈功锡、张代贵等，LXP-06-9456。

草本。安福县。海拔 700~900 米，草地、沟边。安徽、福建、贵州、江西、浙江。

穹隆薹草 *Carex gibba* Wahlenberg

陈功锡、张代贵等，LXP-06-3548、4679、4983。

多年生草本。安福县、莲花县、上高县、袁州区。海拔 200~900 米，草地、路旁。安徽、福建、甘肃、广东、广西、贵州、河南、湖北、湖南、江苏、江西、辽宁、陕西、山西、四川、浙江。日本、朝鲜。

长梗薹草 *Carex glossostigma* Handel-Mazzetti

《江西植物志》。

多年生草本。安福县、茶陵县、分宜县、芦溪县。海拔 100~1500 米，山坡沙地或多岩石的草地。安徽、福建、广东、广西、湖南、江西、浙江。

长囊薹草 *Carex harlandii* Boott

陈功锡、张代贵等，LXP-06-1355、9410。

多年生草本。茶陵县、芦溪县。海拔 500~1500 米，灌木丛中、溪边湿地、岩石上、以、山坡草地。安徽、福建、广东、广西、海南、湖北、江西、浙江。印度尼西亚、缅甸、泰国、越南。

大披针薹草 *Carex lanceolata* Boott

《江西植物志》。

草本。安福县。海拔 500~1500 米，林下、林缘草地、阳坡干燥草地。甘肃、河北、湖北、辽宁、内蒙古、宁夏、陕西、山西、四川。日本、俄罗斯。

弯喙薹草 *Carex laticeps* C. B. Clarke

《江西大岗山森林生物多样性研究》。

多年生草本。安福县、分宜县。海拔 300~900 米，山坡林下、路旁、水沟边。安徽、福建、湖北、湖南、江苏、江西、浙江。日本、朝鲜。

舌叶薹草 *Carex ligulata* Nees

陈功锡、张代贵等，LXP-06-3379、4982、4499 等。

多年生草本。安福县、上高县、攸县 。海拔 100~400 米，灌丛、山坡、草地、山谷沟边、河边湿地。福建、贵州、河南、湖北、湖南、江苏、陕西、山西、四川、台湾、云南、浙江。印度、日本、尼泊尔、斯里兰卡。

条穗薹草 *Carex nemostachys* Steudel

《江西植物志》。

多年生草本。安福县、茶陵县、上高县、袁州区。海拔 100~1200 米，小溪旁、沼泽地、林下阴湿处。安徽、福建、广东、贵州、湖北、湖南、江苏、江西、云南、浙江。孟加拉国、柬埔寨、印度、日本、缅甸、泰国、越南。

柄状薹草 *Carex pediformis* C. A. Meyer

陈功锡、张代贵等，LXP-06-0957、3009、3432、5472、6054 等。

草本。安福县、芦溪县、上高县、攸县、渝水区。海拔 100~600 米，溪边、疏林、灌丛、路旁。甘肃、河北、黑龙江、吉林、内蒙古、陕西、山西、新疆。朝鲜、蒙古、俄罗斯。

镜子薹草 *Carex phacota* Sprengel

陈功锡、张代贵等，LXP-06-9582。

草本。分宜县。生于沟边草丛中，水边和路旁潮湿处。产山东、江苏、安徽、浙江、江西、福建、台湾、湖南、广东、海南、广西、四川、贵州、云南。尼泊尔、印度、印度尼西亚、马来西亚、斯里兰卡和日本。

粉被薹草 *Carex pruinosa* Boott

陈功锡、张代贵等，LXP-06-3431、4566、4656、4896 等。

多年生草本。安福县、莲花县、芦溪县、上高县。海拔 170~1200 米，石上、路旁、疏林。安徽、福建、广东、广西、贵州、河南、湖南、江苏、江西、山东、四川、云南、浙江。不丹、印度、印度尼西亚、泰国。

花葶薹草 *Carex scaposa* C. B. Clarke

陈功锡、张代贵等，LXP-06-0940、4533、4631、5033、6901 等。

多年生草本。安福县、分宜县、芦溪县。海拔 400~1500 米，路旁、灌丛。福建、广东、广西、贵州、湖南、江西、四川、云南、浙江。越南。

仙台薹草 *Carex sendaica* Franchet

《江西大岗山森林生物多样性研究》。

多年生草本。安福县、分宜县。海拔 200~1600 米，灌木丛中、草丛中、山坡阴处、山沟边或岩石缝中。贵州、河南、湖北、湖南、江苏、江西、陕西、四川、浙江。日本。

宽叶薹草 *Carex siderosticta* Hance

《江西植物志》。

多年生草本。安福县。海拔 800~1300 米，针阔叶混交林或阔叶林下或林缘。安徽、河北、黑龙江、江苏、江西、吉林、辽宁、陕西、山东、山西、浙江。日本、朝鲜、俄罗斯。

长柱头薹草 *Carex teinogyna* Boott

岳俊三等，3718。（IBSC 0653315）

多年生草本。安福县。海拔 600~1700 米，山谷疏林下、溪旁、水沟边潮湿处或岩石或沙地上。安徽、广东、广西、湖南、江西、云南、浙江。印度、日本、朝鲜、缅甸、越南。

藏薹草 *Carex thibetica* Franchet

陈功锡、张代贵等，LXP-06-1081、1106、1142、5128、9266。

多年生草本。安福县、芦溪县。海拔 150~900 米，密林溪边、路旁、密林、草地。重庆、广西、贵州、河南、湖北、湖南、陕西、四川、云南、浙江。

三穗薹草 *Carex tristachya* Thunberg

陈功锡、张代贵等，LXP-06-7737、7862。

多年生草本。安福县。海拔 800~1500 米，路旁、疏林。安徽、福建、广东、广西、海南、湖南、江苏、江西、四川、台湾、浙江。日本、朝鲜。

截鳞薹草 *Carex truncatigluma* C. B. Clarke

《江西林业科技》。

草本。安福县、芦溪县。海拔 700-1000 米，林中、山坡草地或溪旁。安徽、福建、广东、广西、贵州、海南、湖南、江西、四川、台湾、云南、浙江。马来西亚、菲律宾、越南。

莎草属 *Cyperus* Linnaeus

阿穆尔莎草 *Cyperus amuricus* Maximowicz

陈功锡、张代贵等，LXP-06-2180、5614、5681、6894、7856 等。

一年生草本。安福县、茶陵县。海拔 200~800 米，草地、路旁、溪边。安徽、重庆、福建、广西、贵州、河北、河南、湖北、湖南、江苏、江西、吉林、辽宁、陕西、山东、山西、台湾、西藏、云南、浙江。日本、朝鲜、俄罗斯。

扁穗莎草 *Cyperus compressus* Linnaeus

陈功锡、张代贵等，LXP-06-7887、8729。

一年生草本。安福县、袁州区。海拔 330~500 米，路旁、溪边。安徽、重庆、福建、甘肃、广东、广西、贵州、海南、河北、河南、湖北、湖南、江苏、江西、辽宁、南沙群岛、山东、山西、四川、台湾、西沙群岛、西藏、云南、浙江。阿富汗、孟加拉国、不丹、印度、印度尼西亚、日本、克什米尔、老挝、缅甸、尼泊尔、巴基斯坦、巴布亚新几内亚、菲律宾、斯里兰卡、泰国、越南；非洲、澳大利亚、美洲中部、北部和南部、印度洋群岛、马达加斯加岛、太平洋群岛。

砖子苗 *Cyperus cyperoides* (Linnaeus) Kuntze

陈功锡、张代贵等，LXP-06-4094、6469。

一年生草本。安福县、袁州区。海拔 200~500 米，山坡阳处、路旁、草地、溪边。安徽、重庆、福建、甘肃、广东、广西、贵州、海南、河南、湖北、湖南、江苏、江西、陕西、四川、台湾、西沙群岛、西藏、云南、浙江。不丹、印度、印度尼西亚、日本、克什米尔、朝鲜、老挝、马来西亚、缅甸、尼泊尔、巴基斯坦、巴布亚新几内亚、菲律宾、斯里兰卡、泰国、越南；热带非洲、大西洋群岛、澳大利亚、印度洋群岛、马达加斯加岛、太平洋群岛。

异型莎草 *Cyperus difformis* Linnaeus

《江西植物志》。

一年生草本。安福县、茶陵县、攸县、袁州区。海拔 50~500 米，稻田中或水边潮湿处。安徽、重庆、福建、甘肃、广东、广西、贵州、海南、河北、黑龙江、河南、湖北、湖南、江苏、江西、吉林、辽宁、内蒙古、宁夏、陕西、山东、山西、四川、台湾、新疆、云南、浙江。阿富汗、孟加拉国、不丹、印度、印度尼西亚、日本、克什米尔、哈萨克斯坦、朝鲜、吉尔吉斯斯坦、马来西亚、缅甸、尼泊尔、巴基斯坦、巴布亚新几内亚、菲律宾、俄罗斯、斯里兰卡、塔吉克斯坦、泰国、乌兹别克斯坦、越南；非洲、亚洲、澳大利亚、欧洲、印度洋群岛、马达加斯加岛、太平洋群岛。

高秆莎草 *Cyperus exaltatus* Retzius

陈功锡、张代贵等，LXP-06-5145。

一年生草本。安福县。海拔 300~350

米，路旁。安徽、福建、广东、贵州、海南、湖北、江苏、吉林、山东、台湾、浙江。孟加拉国、印度、印度尼西亚、日本、克什米尔、朝鲜、马来西亚、缅甸、尼泊尔、巴基斯坦、巴布亚新几内亚、斯里兰卡、泰国、越南；热带非洲、澳大利亚、印度洋群岛。

畦畔莎草 *Cyperus haspan* Linnaeus

《江西大岗山森林生物多样性研究》。

一年生草本。安福县、茶陵县、分宜县。海拔 200~1300 米，水田或浅水塘等多水的地方。安徽、福建、广东、广西、海南、河南、湖北、湖南、江苏、江西、台湾、西藏、云南、浙江。不丹、柬埔寨、印度、印度尼西亚、日本、克什米尔、朝鲜、老挝、马来西亚、缅甸、尼泊尔、巴基斯坦、巴布亚新几内亚、菲律宾、斯里兰卡、泰国、越南；非洲、热带美洲、亚洲、澳大利亚、印度洋群岛、马达加斯加岛、北美洲、太平洋群岛。

碎米莎草 *Cyperus iria* Linnaeus

陈功锡、张代贵等，LXP-06-0553、1386、2173、3108 等。

一年生草本。安福县、茶陵县、分宜县、攸县、袁州区。海拔 100~600 米，溪边、草地、沼泽等。安徽、重庆、福建、甘肃、广东、广西、贵州、海南、河北、黑龙江、河南、湖北、湖南、江苏、江西、吉林、辽宁、陕西、山东、山西、四川、台湾、新疆、西藏、云南、浙江。阿富汗、孟加拉国、不丹、印度、印度尼西亚、日本、克什米尔、朝鲜、老挝、马来西亚、缅甸、尼泊尔、巴基斯坦、巴布亚新几内亚、菲律宾、斯里兰卡、泰国、土库曼斯坦、越南；热带非洲、亚洲、澳大利亚、印度洋群岛、马达加斯加岛、太平洋群岛。

旋鳞莎草 *Cyperus michelianus* (Linnaeus) Link

陈功锡、张代贵等，LXP-06-0171、0700、6093 等。

一年生草本。安福县、上高县、攸县。海拔 50~400 米，阳处、溪边、水库边等。安徽、福建、广东、广西、河北、黑龙江、河南、湖北、湖南、江苏、吉林、辽宁、山东、新疆、西藏、云南、浙江。印度、日本、克什米尔、哈萨克斯坦、朝鲜、老挝、缅甸、尼泊尔、巴基斯坦、巴布亚新几内亚、菲律宾、俄罗斯、泰国、越南；非洲、亚洲、澳大利亚、欧洲。

具芒碎米莎草 *Cyperus microiria* Steudel

《江西大岗山森林生物多样性研究》。

一年生草本。安福县、分宜县。海拔 200~1600 米，河岸边、路旁或草原湿处。安徽、重庆、福建、甘肃、广东、广西、贵州、河北、河南、湖北、湖南、江苏、江西、吉林、辽宁、内蒙古、陕西、山东、山西、四川、云南、浙江。印度、日本、朝鲜、泰国、越南。

白鳞莎草 *Cyperus nipponicus* Franchet & Savatier

陈功锡、张代贵等，LXP-06-7628。

一年生草本。上高县。海拔 100~150 米，路旁。安徽、河北、河南、湖北、湖南、江苏、江西、辽宁、山东、山西、浙江。日本、朝鲜、俄罗斯。

三轮草 *Cyperus orthostachyus* Franchet & Savatier

陈功锡、张代贵等，LXP-06-6125。

一年生草本。攸县。海拔 100~300 米，稻田、河岸、沼泽地、草丛等。安徽、重庆、福建、贵州、河北、黑龙江、河南、湖北、湖南、江苏、江西、吉林、辽宁、内蒙古、陕西、山东、浙江。日本、朝鲜、俄罗斯、越南。

毛轴莎草 *Cyperus pilosus* Vahl

熊耀国，09100。（LBG 00036670）

一年生草本。安福县。海拔 200~1700 米，路旁、溪边等潮湿地方。安徽、重庆、福建、广东、广西、贵州、海南、湖北、湖南、江苏、江西、山西、四川、台湾、西藏、云南、浙江。孟加拉国、不丹、印度、印度尼西亚、日本、马来西亚、缅甸、尼泊尔、巴布亚新几内亚、菲律宾、斯里兰卡、泰国、越南；澳大利亚、太平洋群岛。

香附子 *Cyperus rotundus* Linnaeus

陈功锡、张代贵等，LXP-06-3359。

一年生草本。安福县、芦溪县、上高县、攸县、渝水区。海拔 50~300 米，路旁、草地、灌丛、阴处等。安徽、重庆、东沙群岛、福建、甘肃、广东、广西、贵州、海南、河北、河南、湖北、湖南、江苏、江西、辽宁、南沙群岛、陕西、山东、山西、四川、台湾、西沙群岛、西藏、云南、浙江。阿富汗、不丹、印度、印度尼西亚、日本、哈萨克斯坦、朝鲜、吉尔吉斯斯坦、马来西亚、缅甸、尼泊尔、巴基斯坦、巴布亚新几内亚、菲律宾、斯里兰卡、塔吉克斯坦、泰国、乌兹别克斯坦、越南；非洲，亚洲，澳大利亚，美洲中部、北部和南部，欧洲，印度洋群岛，马达加斯加岛、太平洋群岛。

水莎草 *Cyperus serotinus* Rottboll

陈功锡、张代贵等，LXP-06-3090、5497、8686。

多年生草本。安福县。海拔 300~400 米，草地、灌丛。安徽、重庆、福建、甘肃、广东、广西、贵州、河北、黑龙江、河南、湖北、湖南、江苏、江西、吉林、辽宁、内蒙古、宁夏、陕西、山东、山西、台湾、新疆、云南、浙江。阿富汗、印度、日本、克什米尔、哈萨克斯坦、朝鲜、吉尔吉斯斯坦、巴基斯坦、俄罗斯、土库曼斯坦、越南；亚洲、欧洲。

荸荠属 *Eleocharis* R. Brown

锐棱荸荠 *Eleocharis acutangula* (Roxburgh) Schultes

《生物多样性》。

多年生草本。茶陵县。海拔 500~1500 米，生长于水田以及潮湿地区。福建、湖南、广西、海南、香港、台湾；柬埔寨、印度、印度尼西亚、日本、马来西亚、缅甸、尼泊尔、巴布亚新几内亚、菲律宾、斯里兰卡、泰国、越南；热带非洲、美国、澳大利亚、马达加斯加。

渐尖穗荸荠 *Eleocharis attenuate* (Franchet & Savatier) Palla

陈功锡、张代贵等，LXP-06-9214。

多年生草本。茶陵县。海拔 150~200 米，水田中、水塘边。安徽、福建、广西、河南、湖北、湖南、江苏、陕西、四川、浙江。日本、朝鲜、巴布亚新几内亚、俄罗斯、越南。

透明鳞荸荠 *Eleocharis pellucida* J. Presl & C. Presl

陈功锡、张代贵等，LXP-06-4700、5998。

多年生草本。上高县、渝水区。海拔 100~200 米，路旁、草地、水库边。安徽、福建、广东、广西、贵州、海南、河南、湖北、湖南、江苏、江西、辽宁、陕西、山西、四川、云南、浙江。印度、印度尼西亚、日本、朝鲜、马来西亚、缅甸、菲律宾、俄罗斯、斯里兰卡、泰国。

龙师草 *Eleocharis tetraquetra* Nees

岳俊三，3068。(IBSC 0658619)

多年生草本。安福县。海拔 200~1600 米，水塘边或沟旁水边。安徽、福建、广东、广西、贵州、海南、黑龙江、河南、湖南、江苏江西、辽宁、四川、台湾、云南、浙江。阿富汗、不丹、印度、印度尼西亚、日本、尼泊尔、巴基斯坦、巴布亚新几内亚、菲律宾、俄罗斯、斯里兰卡、泰国、越南；澳大利亚。

牛毛毡 *Eleocharis yokoscensis* (Franchet et Savatier) Tang

陈功锡、张代贵等，LXP-06-1014、2175、5099、8344 等。

草本。安福县、茶陵县、袁州区。海拔 100~900 米，草地、路旁。安徽、福建、广东、广西、贵州、河北、黑龙江、河南、湖北、湖南、江苏、江西、吉林、辽宁、陕西、山东、山西、四川、台湾、新疆、云南、浙江。印度、印度尼西亚、日本、朝鲜、蒙古、缅甸、菲律宾、俄罗斯、越南。

飘拂草属 *Fimbristylis* Vahl Enum

秋飘拂草 *Fimbristylis autumnalis* (Linnaeus) Roemer & Schultes

《江西植物志》。

一年生草本。安福县。海拔 100~500 米，草丛。江西、辽宁、台湾。日本；美洲中部、北部、南部。

扁鞘飘拂草 *Fimbristylis complanata* (Retzius) Link

岳俊三，2894。(IBSC 0659078)

一年生草本。安福县。海拔 100~1800 米，山谷潮湿处、草地、山径旁和小溪旁。安徽、福建、广东、广西、贵州、海南、河南、湖北、湖南、江苏、江西、山东、四川、台湾、西藏、云南、浙江。不丹、印度、印度尼西亚、日本、朝鲜、马来西亚、尼泊尔、巴基斯坦、巴布亚新几内亚、菲律宾、斯里兰卡、泰国、越南；热带非洲、亚洲、澳大利亚、美洲中部和南部、印度洋群岛、太平洋群岛。

两歧飘拂草 *Fimbristylis dichotoma* (Linnaeus) Vahl Enum

陈功锡、张代贵等，LXP-06-0440、0727、1782、5360 等。

一年生草本。安福县、芦溪县、攸县、袁州区。海拔 80~2000 米，溪边、草地、阳处、路旁。安徽、重庆、福建、甘肃、广东、广西、贵州、海南、河北、河南、湖北、湖南、江苏、江西、辽宁、内蒙古、山西、山东、陕西、四川、台湾、新疆、西沙群岛、西藏、云南、浙江。阿富汗、不丹、印度、印度尼西亚、日本、朝鲜、吉尔吉斯斯坦、马来西亚、尼泊尔、巴基斯坦、巴布亚新几内亚、菲律宾、斯里兰卡、泰国、乌兹别克斯坦、越南；非洲，亚洲，澳大利亚，美洲中部、北部和南部，印度洋群岛，马达加斯加岛，太平洋群岛。

拟二叶飘拂草 *Fimbristylis diphylloides* Makino

岳俊三，2949。(IBSC 0660892)

一年生草本。安福县。海拔 200~1800 米，路边稻田埂上、溪旁、山沟潮湿地、水塘中或水稻田中。安徽、重庆、福建、广东、广西、贵州、河南、湖北、湖南、江苏、江西、山东、四川、浙江。日本、朝鲜。

宜昌飘拂草 *Fimbristylis henryi* C. B. Clarke

陈功锡、张代贵等，LXP-06-0287。

一年生草本。安福县。海拔 600~800 米，沼泽、沼泽地中、河边、山溪边。安徽、广东、广西、贵州、河南、湖北、湖南、江苏、江西、陕西、四川、云南、浙江。

水虱草 *Fimbristylis miliacea* Gaudichaud

陈功锡、张代贵等，LXP-06-0167、1310、3808 等。

一年生草本。安福县、攸县、袁州区。海拔 100~900 米，阳处、草地、池塘边等。安徽、重庆、福建、甘肃、广东、广西、贵州、海南、河北、河南、湖北、湖南、江苏、江西、青海、陕西、山东、四川、台湾、云南、浙江。阿富汗、不丹、印度、印度尼西亚、日本、朝鲜、马来西亚、尼泊尔、巴基斯坦、巴布亚新几内亚、菲律宾、斯里兰卡、越南；非洲，亚洲，澳大利亚，美洲中部、北部和南部，印度洋群岛，马达加斯加岛，太平洋群岛。

结壮飘拂草 *Fimbristylis rigidula* Nees

《江西大岗山森林生物多样性研究》。

多年生草本。安福县、分宜县。海拔 400~1800 米，山坡上、路旁、草地、荒地或林下。安徽、广东、广西、贵州、河南、湖北、湖南、江苏、江西、四川、云南、浙江。孟加拉国、印度、克什米尔、缅甸、尼泊尔、巴基斯坦、菲律宾、泰国、越南。

黑莎草属 *Gahnia* J. R. Forster & G. Forster

黑莎草 *Gahnia tristis* Nees

《江西大岗山森林生物多样性研究》。

一年生草本。安福县、分宜县、芦溪县。海拔 200~1900 米，干燥荒山坡或山脚灌木丛中。福建、广东、广西、贵州、海南、湖南、江苏、江西、台湾、浙江。印度、印度尼西亚、日本、马来西亚、泰国、越南。

水蜈蚣属 *Kyllinga* Rottboll

短叶水蜈蚣 *Kyllinga brevifolia* Rottboll

陈功锡、张代贵等，LXP-06-1834、2656、3042、3367、3604 等。

草本。袁州区、安福县、茶陵县、芦溪县、攸县。海拔 100~900 米，草地、灌丛、路旁、草地、疏林、阳处、溪边、路旁溪边。安徽、重庆、福建、甘肃、广东、广西、贵州、海南、河北、黑龙江、河南、湖北、湖南、江苏、江西、吉林、辽宁、陕西、山东、山西、四川、台湾、西沙群岛、西藏、云南、浙江。阿富汗、孟加拉国、不丹、印度、印度尼西亚、日本、朝鲜、老挝、马来西亚、缅甸、尼泊尔、巴基斯坦、巴布亚新几内亚、菲律宾、俄罗斯、斯里兰卡、泰国、越南；热带非洲，大西洋群岛，澳大利亚，美洲中部、北部和南部，印度洋群岛，马达加斯加岛，太平洋群岛。

藨草属 *Scirpus* Ohwi

庐山藨草 *Scirpus lushanensis* Ohwi

陈功锡、张代贵等，LXP-06-9420。

草本。茶陵县。海拔 100~600 米，石上。安徽、重庆、福建、广东、广西、贵州、河南、湖北、湖南、江苏、江西、吉林、辽宁、陕西、山东、四川、西藏、云南、浙江。印度、印度尼西亚、日本、朝鲜、俄罗斯、泰国、越南。

百球藨草 *Scirpus rosthornii* Diels

草本。分宜县。生长于海拔 600~1400 米林中、林缘、山坡、山脚、路旁、湿地、溪边及沼泽地。浙江、湖北、福建、广东、四川及云南。

湖瓜草属 *Lipocarpha* R. Brown

湖瓜草 *Lipocarpha microcephala* (R. Brown) Kunth

《江西林业科技》。

一年生草本。安福县、芦溪县。海拔600~1600米，生于水边和沼泽中。安徽、福建、广东、广西、贵州、海南、河北、河南、湖北、湖南、江苏、江西、辽宁、山东、四川、台湾、云南、浙江。柬埔寨、印度、印度尼西亚、日本、朝鲜、老挝、马来西亚、缅甸、巴布亚新几内亚、菲律宾、泰国、越南；澳大利亚、太平洋群岛。

扁莎属 *Pycreus* P. Beauvois

球穗扁莎 *Pycreus globosus* (Retzius) T. Koyama

陈功锡、张代贵等，LXP-06-2438、6280、7909。

一年生草本。安福县、芦溪县、袁州区。海拔400~800米，水边湿地、田边、沟边。安徽、重庆、福建、甘肃、广东、广西、贵州、海南、河北、黑龙江、河南、湖北、湖南、江苏、江西、吉林、辽宁、内蒙古、宁夏、青海、陕西、山东、山西、四川、台湾、新疆、西藏、云南、浙江。阿富汗、孟加拉国、不丹、柬埔寨、印度、印度尼西亚、日本、克什米尔、哈萨克斯坦、朝鲜、老挝、马来西亚、缅甸、尼泊尔、巴基斯坦、巴布亚新几内亚、菲律宾、俄罗斯、斯里兰卡、塔吉克斯坦、泰国、土库曼斯坦、越南；非洲、亚洲、澳大利亚、欧洲、印度洋群岛、马达加斯加岛。

矮扁莎 *Pycreus pumilus* (Linnaeus) Nees

《江西大岗山森林生物多样性研究》。

一年生草本。安福县、分宜县。海拔100~500米，田野稍阴湿处。福建、广东、广西、海南、湖南、江西、台湾。孟加拉国、不丹、印度、印度尼西亚、克什米尔、马来西亚、缅甸、尼泊尔、巴基斯坦、巴布亚新几内亚、菲律宾、斯里兰卡、泰国、越南；非洲、澳大利亚、印度洋群岛、马达加斯加岛。

红鳞扁莎 *Pycreus sanguinolentus* (Vahl) Nees

陈功锡、张代贵等，LXP-06-1311、8303。

一年生草本。安福县。海拔200~300米，路旁、灌丛。安徽、重庆、福建、甘肃、广东、广西、贵州、海南、河北、黑龙江、河南、湖北、湖南、江苏、江西、吉林、辽宁、内蒙古、宁夏、青海、陕西、山东、山西、四川、台湾、新疆、西藏、云南、浙江。不丹、印度、印度尼西亚、日本、克什米尔、哈萨克斯坦、朝鲜、吉尔吉斯斯坦、马来西亚、缅甸、尼泊尔、巴基斯坦、巴布亚新几内亚、菲律宾、俄罗斯、斯里兰卡、塔吉克斯坦、泰国、土库曼斯坦、越南；非洲、亚洲、澳大利亚、太平洋群岛。

刺子莞属 *Rhynchospora* Vahl

刺子莞 *Rhynchospora rubra* (Loureiro) Makino

陈功锡、张代贵等，LXP-06-3087。

多年生草本。安福县。海拔340~400米，草地。安徽、福建、广东、广西、贵州、海南、湖北、湖南、江苏、江西、台湾、云南、浙江。印度、印度尼西亚、日本、朝鲜、老挝、马来西亚、尼泊尔、巴布亚新几内亚、菲律宾、斯里兰卡、泰国、越南；非洲、澳大利亚、印度洋群岛、马达加斯加岛、太平洋群岛。

水葱属 *Schoenoplectus* (Reichenbach) Palla

水毛花 *Schoenoplectus mucronatus* (Miquel) T. Koyama

陈功锡、张代贵等，LXP-06-0292、1521、2166 等。

多年生草本。茶陵县、莲花县、上高县、渝水区。海拔 100~800 米，沼泽、灌丛、草地等。安徽、福建、广东、广西、贵州、海南、黑龙江、河南、湖北、湖南、江苏、江西、陕西、山东、山西、四川、台湾、西藏、云南、浙江。印度、印度尼西亚、日本、朝鲜、马来西亚、斯里兰卡；非洲、欧洲、马达加斯加岛。

猪毛草 *Schoenoplectus wallichii* (Nees) T. Koyama

陈功锡、张代贵等，LXP-06-0701。

多年生草本。安福县。海拔 100~500 米，稻田中、溪边、河旁。安徽、福建、广东、广西、贵州、湖北、湖南、江苏、江西、台湾、云南、浙江。印度、日本、朝鲜、马来西亚、缅甸、菲律宾、越南。

萤蔺 *Scirpus juncoides* (Roxburgh) Palla

陈功锡、张代贵等，LXP-06-0145、0771、2053 等。

多年生草本。安福县、茶陵县、莲花县。海拔 400~1300 米，河边、灌丛、密林。安徽、重庆、福建、甘肃、广东、广西、贵州、海南、河北、河南、湖北、湖南、江苏、江西、陕西、山东、山西、四川、台湾、新疆、西藏、云南、浙江。不丹、印度、印度尼西亚、日本、克什米尔、朝鲜、马来西亚、尼泊尔、巴基斯坦、巴布亚新几内亚、菲律宾、斯里兰卡、塔吉克斯坦、泰国、乌兹别克斯坦；亚洲、澳大利亚、印度洋群岛、马达加斯加岛、太平洋群岛。

珍珠茅属 *Scleria* P. J. Bergius

黑鳞珍珠茅 *Scleria hookeriana* Boeckeler

陈功锡、张代贵等，LXP-06-0724、0990、2273。

多年生草本。安福县。海拔 100~800 米，溪边、灌丛。重庆、福建、广东、广西、贵州、湖北、湖南、江西、四川、云南、浙江。印度、越南。

毛果珍珠茅 *Scleria levis* Retzius Observ

岳俊三，3073。（IBSC 0693895）

多年生草本。安福县。海拔 200~1300 米，干燥处、山坡草地、密林下、潮湿灌木丛中。安徽、福建、广东、广西、贵州、海南、湖北、湖南、江苏、江西、四川、台湾、西藏、云南、浙江。孟加拉国、柬埔寨、印度、印度尼西亚、日本、老挝、马来西亚、缅甸、尼泊尔、巴布亚新几内亚、菲律宾、斯里兰卡、泰国、越南；澳大利亚、太平洋群岛。

针蔺属 *Trichophorum* Persoon

玉山针蔺 *Trichophorum subcapitatum* (Thwaites & Hooker) D. A. Simpson

陈功锡、张代贵等，LXP-06-1114、1366、2013 等。

多年生草本。安福县、茶陵县、芦溪县、袁州区。海拔 300~1200 米，路旁溪边、灌丛等。安徽、重庆、福建、广东、广西、贵州、湖北、湖南、江西、台湾、浙江。印度、印度尼西亚、日本、马来西亚、巴布亚新几内亚、菲律宾、斯里兰卡、泰国、越南。

148. 谷精草科 Eriocaulaceae

谷精草属 *Eriocaulon* Linnaeus

谷精草 *Eriocaulon buergerianum* Körnicke

陈功锡、张代贵等，LXP-06-0293。

一年生草本。安福县、莲花县。海拔500~1300米，沼泽。安徽、福建、广东、广西、贵州、湖北、湖南、江苏、江西、四川、台湾、浙江。日本、朝鲜。

白药谷精草 *Eriocaulon cinereum* R. Brown

陈功锡、张代贵等，LXP-06-0745、5682、6304、6886、7783等。

一年生草本。安福县、袁州区。海拔470~800米，溪边、路旁。安徽、福建、甘肃、广东、广西、贵州、河南、湖北、湖南、江苏、江西、陕西、四川、台湾、云南、浙江。阿富汗、不丹、柬埔寨、印度、印度尼西亚、日本、朝鲜、老挝、缅甸、尼泊尔、巴基斯坦、菲律宾、斯里兰卡、泰国、越南；非洲、澳大利亚。

江南谷精草 *Eriocaulon faberi* Ruhland

赖书绅，1928。（PE 01789163）

一年生草本。安福县。海拔100~300米，稻田、水沟、沼泽地。福建、湖北、湖南、江苏、江西、浙江。

149. 鸭跖草科 Commelinaceae

鸭跖草属 *Commelina* Linnaeus

饭包草 *Commelina bengalensis* Linnaeus

陈功锡、张代贵等，LXP-06-2373、5412、08336、857。

多年生草本。安福县、分宜县、攸县。海拔80~600米，路旁。安徽、福建、广东、广西、贵州、海南、河北、河南、湖北、湖南、江苏、江西、陕西、山东、四川、台湾、云南、浙江。热带和亚热带非洲。

鸭跖草 *Commelina communis* Linnaeus

陈功锡、张代贵等，LXP-06-1802、2307、2934等。

一年生草本。安福县、茶陵县、分宜县、莲花县、攸县、袁州区。海拔100~1000米，密林、河边、阴处等。广布于全国（除青海、新疆、西藏）。柬埔寨、日本、朝鲜、老挝、马来西亚、俄罗斯、泰国、越南。

节节草 *Commelina diffusa* N. L. Burman

多年生草本。安福县、莲花县。海拔200~1800米，林中、灌丛中或溪边或潮湿的旷野。广东、广西、贵州、海南、西藏、云南。全世界的热带和亚热带地区。

聚花草属 *Floscopa* Loureiro

聚花草 *Floscopa scandens* Loureiro

陈功锡、张代贵等，LXP-06-5932、7284。

多年生草本。安福县。海拔100~400米，路旁、溪边。福建、广东、广西、海南、湖南、江西、四川、西藏、云南、浙江。不丹、印度、老挝、缅甸、泰国、越南；大洋洲。

水竹叶属 *Murdannia* Royle

疣草 *Murdannia keisak* (Hasskarl) Handel-Mazzetti

陈功锡、张代贵等，LXP-06-0344、1541、2179等。

一年生草本。安福县、茶陵县、芦溪县、攸县、袁州区。海拔 50~700 米，灌丛、草地、路旁。福建、江西、吉林、辽宁、浙江。日本、朝鲜。

水竹叶 *Murdannia triquetra* (Wallich ex C. B. Clarke) Brückner

陈功锡、张代贵等，LXP-06-5502、5895、6124 等。

多年生草本。安福县、茶陵县、攸县、袁州区。海拔 100~700 米，疏林、草地、路旁等。安徽、福建、广东、广西、贵州、海南、河南、湖北、湖南、江苏、江西、陕西、四川、台湾、云南、浙江。印度、老挝、缅甸、泰国、越南。

杜若属 *Pollia* Thunberg

杜若 *Pollia japonica* Thunberg

陈功锡、张代贵等，LXP-06-0464、0483、2079、2088、6980 等。

多年生草本。安福县、莲花县、芦溪县。海拔 240~1500 米，溪边、疏林、路旁。安徽、福建、广东、广西、贵州、湖北、湖南、江西、四川、台湾、浙江。日本、朝鲜。

竹叶吉祥草属 *Spatholirion* Ridley

竹叶吉祥草 *Spatholirion longifolium* (Gagnepain) Dunn

岳俊三，3630。(IBSC 0634677)

多年生草本。安福县。海拔 200~1800 米，山谷密林下、少在疏林或山谷草地中、多攀援于树干上。福建、广东、广西、贵州、湖北、湖南、江西、四川、云南。越南。

150. 雨久花科 Pontederiaceae

雨久花属 *Monochoria* C. Presl

鸭舌草 *Monochoria vaginalis* (N. L. Burman) C. Presl

陈功锡、张代贵等，LXP-06-3046、3143、3157 等。

多年生草本。安福县、攸县、袁州区。海拔 50~800 米，灌丛、阳处、草地等。广布于全国。不丹、柬埔寨、印度、印度尼西亚、日本、朝鲜、老挝、马来西亚、缅甸、尼泊尔、巴基斯坦、菲律宾、俄罗斯、斯里兰卡、泰国、越南；非洲、澳大利亚。

151. 灯心草科 Juncaceae

灯心草属 *Juncus* Linnaeus

翅茎灯心草 *Juncus alatus* Franchet & Savatier

陈功锡、张代贵等，LXP-06-1864、3612、3955、4586、4657 等。

多年生草本。安福县、茶陵县、莲花县。海拔 150~900 米，路旁、草地、草地沼泽、疏林。安徽、福建、甘肃、广东、广西、贵州、河北、河南、湖北、湖南、江苏、江西、山东、山西、四川、云南、浙江。日本、朝鲜。

灯心草 *Juncus effusus Linnaeus*

岳俊三，2762。(IBSC 0640762)

多年生草本。安福县、袁州区。海拔 300~1700 米，河边、池旁、水沟、稻田旁、草地及沼泽湿处。安徽、福建、甘肃、广东、广西、贵州、河北、黑龙江、河南、湖北、湖南、江苏、江西、吉林、辽宁、山东、四川、台湾、西藏、云南、浙江。不丹、印度、印度尼西亚、日本、朝鲜、老挝、马来西亚、尼泊尔、斯里兰卡、泰国、越南；温带和山地热带地区。

扁茎灯心草 *Juncus gracillimus* (Buchenau) V. I . Kreczetowicz & Gontscharow

《江西大岗山森林生物多样性研究》。

多年生草本。安福县、分宜县、芦溪县。海拔 500~1500 米，河岸、塘边、田埂上、沼泽及草原湿地。甘肃、河北、黑龙江、河南、江苏、江西、吉林、辽宁、内蒙古、青海、山东、山西。日本、朝鲜、蒙古、巴基斯坦、俄罗斯；欧洲。

野灯心草 *Juncus setchuensis* Buchenau

陈功锡、张代贵等，LXP-06-0053、1845、2772 等。

多年生草本。安福县、茶陵县、分宜县、莲花县、上高县、渝水区、袁州区。海拔 100~1200 米，疏林、密林、沼泽、草地等。安徽、福建、甘肃、广东、广西、贵州、河南、湖北、湖南、江苏、江西、山东、山西、四川、西藏、云南、浙江。日本、朝鲜。

地杨梅属 *Luzula* de Candolle

多花地杨梅 *Luzula multiflora* (Ehrhart) Lejeune

陈功锡、张代贵等，LXP-06-4684。多年生草本。

莲花县。海拔 1000~1300 米，阳处。安徽、福建、甘肃、贵州、黑龙江、河南、湖北、湖南、江苏、江西、吉林、辽宁、青海、陕西、四川、台湾、新疆、西藏、云南、浙江。不丹、印度、日本、蒙古、尼泊尔、俄罗斯；欧洲、北美洲、大洋洲。

152. 百部科 Stemonaceae

百部属 *Stemona* Loureiro

百部 *Stemona japonica* (Blume) Miquel

《江西大岗山森林生物多样性研究》。

多年生草本。安福县、分宜县、莲花县。海拔 300~400 米，山坡草丛、路旁和林下。安徽、福建、湖北、江苏、江西、浙江。日本。

大百部 *Stemona tuberosa* Loureiro

岳俊三等，3756。(PE 00110836)

多年生草本。安福县。海拔 400~1600 米，山坡丛林下、溪边、路旁以及山谷和阴湿岩石中。福建、广东、广西、贵州、海南、湖北、湖南、江西、四川、台湾、云南。孟加拉国、柬埔寨、印度、老挝、缅甸、菲律宾、泰国、越南。

153. 百合科 Liliaceae

粉条儿菜属 *Aletris* Linnaeus

短柄粉条儿菜 *Aletris scopulorum* Dunn

《江西大岗山森林生物多样性研究》。

多年生草本。安福县、分宜县。海拔 100~400 米，生荒地或草坡上。福建、广东、湖南、江西、浙江。日本。

粉条儿菜 *Aletris spicata* (Thunberg) Franchet

陈功锡、张代贵等，LXP-06-3310、5054。

多年生草本。安福县、芦溪县。海拔 270~600 米，路旁、山坡上、灌丛、草地。安徽、福建、甘肃、广东、广西、贵州、河北、河南、湖北、湖南、江苏、江西、陕西、山西、四川、台湾、云南、浙江。日本、马来西亚、菲律宾。

葱属 *Allium* Linnaeus

藠头 *Allium chinense*

陈功锡、张代贵等，LXP-06-6388。

多年生草本。安福县。海拔 450~500 米，灌丛。安徽、福建、广东、广西、贵州、海南、河南、湖北、湖南、江西、浙江。

宽叶韭 *Allium hookeri* Thwaites

陈功锡、张代贵等，LXP-06-1786。

草本。安福县、芦溪县。海拔 1400~1900 米，山坡林下、溪边、草甸。四川、西藏、云南。不丹、印度、缅甸、斯里兰卡。

薤白 *Allium macrostemon* Bunge

《江西大岗山森林生物多样性研究》。

多年生草本。安福县、分宜县。海拔 200~1600 米，山坡、丘陵、山谷或草地上。广布于全国、除海南、青海、新疆地区。日本、朝鲜、蒙古、俄罗斯。

细叶韭 *Allium tenuissimum* Linnaeus

陈功锡、张代贵等，LXP-06-5401。

多年生草本。攸县。海拔 50~500 米，灌丛溪边、山坡、草地、沙丘。甘肃、河北、黑龙江、河南、江苏、吉林、辽宁、内蒙古、宁夏、陕西、山东、山西、四川、新疆、浙江。哈萨克斯坦、蒙古、俄罗斯。

韭 *Allium tuberosum* Rottler

陈功锡、张代贵等，LXP-06-5603。

一年生草本。安福县。海拔 100~200 米，池塘边。广泛分布于中国。亚洲热带地区。

天门冬属 *Asparagus* Linnaeus

天门冬 *Asparagus cochinchinensis* (Loureiro) Merrill

岳俊三等，3608。（PE 00157208）

草本。安福县。海拔 100~1500 米，山坡、路旁、疏林下、山谷或荒地上。安徽、福建、甘肃、广东、广西、贵州、海南、河北、河南、湖北、湖南、江苏、江西、陕西、山东、山西、四川、台湾、西藏、云南、浙江。日本、朝鲜、老挝、越南。

绵枣儿属 *Barnardia* Lindley

绵枣儿 *Barnardia japonica* (Thunberg) Schultes

陈功锡、张代贵等，LXP-06-5400。

多年生草本。攸县。海拔 80~200 米，阳处、山坡、草地、路旁或林缘。广东、广西、河北、黑龙江、河南、湖北、湖南、江苏、江西、吉林、辽宁、内蒙古、山西、四川、台湾、云南。日本、朝鲜、俄罗斯。

开口箭属 *Campylandra* Baker

开口箭 *Campylandra chinensis* (Baker) M. N. Tamura

陈功锡、张代贵等，LXP-06-3160。

多年生草本。安福县。海拔 700~800 米，路旁、林阴处、溪边。安徽、福建、广东、广西、河南、湖北、湖南、江西、陕西、四川、台湾、云南。

筒花开口箭 *Campylandra delavayi* (Franchet) M. N. Tamura

陈功锡、张代贵等，LXP-06-0818、1143。

多年生草本。芦溪县。海拔 800~900 米，溪边、灌丛。广西、贵州、湖北、湖南、江西、四川、云南。

大百合属 *Cardiocrinum* (Endlicher) Lindley

荞麦叶大百合 *Cardiocrinum cathayanum* (E. H. Wilson) Stearn

江西调查队，1327。（PE 00111057）

多年生草本。安福县。海拔 600~1600 米，山坡林下阴湿处。安徽、福建、河南、湖北、湖南、江苏、江西、浙江。

竹根七属 *Disporopsis* Hance

散斑竹根七 *Disporopsis aspersa* (Hua) Engler

岳俊三等，3619。(IBSC 0621767)

多年生草本。安福县、芦溪县。海拔1200~1500 米，林下、荫蔽山谷或溪边。广西、湖北、湖南、江西、四川、云南。

竹根七 *Disporopsis fuscopicta* Hance

陈功锡、张代贵等，LXP-06-6832、9125。

多年生草本。安福县、分宜县、芦溪县。海拔 400~700 米，溪边、路旁石上。福建、广东、广西、贵州、湖南、江西、四川、云南。菲律宾。

深裂竹根七 *Disporopsis pernyi* (Hua) Diels

岳俊三等，3543。(WUK 0220564)

多年生草本。安福县。海拔 300~1700 米，林下石山或荫蔽山谷水旁。广东、广西、贵州、湖南、江西、四川、台湾、云南、浙江。

万寿竹属 *Disporum* Salisbury

短蕊万寿竹 *Disporum bodinieri* (H. Léveillé& Vaniot) F. T. Wang & T. Tang

《江西大岗山森林生物多样性研究》。

多年生草本。安福县、分宜县、芦溪县。海拔 1200~1800 米，生灌丛中或林下。贵州、湖南、四川、西藏、云南。

长蕊万寿竹 *Disporum longistylum* (H. Léveillé & Vaniot) H. Hara

陈功锡、张代贵等，LXP-06-0506。

多年生草本。安福县、芦溪县。海拔1000~1400 米，疏林、灌丛、竹林中、林下岩石上。甘肃、贵州、湖北、陕西、四川、西藏、云南。

少花万寿竹 *Disporum uniflorum* Baker ex S. Moore

陈功锡、张代贵等，LXP-06-0370。

多年生草本。安福县。海拔 400~900 米，疏林。安徽、河北、湖北、江苏、江西、辽宁、陕西、山东、四川。朝鲜。

萱草属 *Hemerocallis* Linnaeus.

黄花菜 *Hemerocallis citrina* Baroni

《江西林业科技》。

多年生草本。安福县、芦溪县。海拔100~1500 米，山坡、山谷、荒地或林缘。安徽、河北、河南、湖北、湖南、江苏、江西、内蒙古、陕西、山东、四川、浙江。日本、朝鲜。

萱草 *Hemerocallis fulva* Linnaeus

陈功锡、张代贵等，LXP-06-2072、1309、1463 等。

多年生草本。茶陵县、芦溪县。海拔300~1500 米，溪边、阴处、灌丛。安徽、福建、广东、广西、贵州、河北、河南、湖北、湖南、江苏、江西、陕西、山东、山西、四川、台湾、西藏、云南、浙江。印度、日本、朝鲜、俄罗斯。

肖菝葜属 *Heterosmilax* Kunth

肖菝葜 *Heterosmilax japonica* Kunth

《安福木本植物》。

攀援灌木。安福县。生于山坡密林中或路边杂木林下，海拔 500~1800 米。安徽、浙江、江西、福建、台湾、广东、湖南、四川、云南、陕西（秦岭北坡）和甘肃（南部）。

短柱肖菝葜 *Heterosmilax septemnervia* F. T. Wang & Tang

陈功锡、张代贵等，LXP-06-0911、1930、2383、2390、2574 等。

多年生草本。安福县、茶陵县、芦溪县、攸县。海拔 200~550 米，灌丛、疏林、阴处、溪边。广东、广西、贵州、湖北、湖南、四川、云南。越南。

异黄精属 *Heteropolygonatum*

武功山异黄精 *Heteropolygonatum wugongshanensis* G. X. Chen，Y. Meng et J. W. Xiao

陈功锡、张代贵等，LXP-06-9253。

多年生草本。安福县。海拔 1500~1600 米，岩石。江西。

玉簪属 *Hosta* Trattinnick

紫萼 *Hosta ventricosa* (Salisbury) Stearn

陈功锡、张代贵等，LXP-06-0391、1783、5861 等。

多年生草本。安福县、茶陵县、芦溪县。海拔 300~1900 米，草地、灌丛、溪边。安徽、福建、广东、广西、贵州、湖北、湖南、江苏、江西、四川。

百合属 *Lilium* Linnaeus

百合 *Lilium brownii* Baker

陈功锡、张代贵等，LXP-06-1460。

多年生草本。安福县、茶陵县、莲花县。海拔 780~800 米，路旁。安徽、福建、甘肃、广西、贵州、河北、河南、湖北、湖南、江苏、江西、陕西、山西、四川、云南、浙江。

药百合 *Lilium speciosum* Baker

《江西大岗山森林生物多样性研究》。

多年生草本。安福县、分宜县、芦溪县。海拔 600~900 米，山地阴湿林下、山坡草丛中、野生。安徽、广西、湖南、江西、台湾、浙江。

卷丹 *Lilium tigrinum* Ker Gawler

《江西大岗山森林生物多样性研究》。

多年生草本。安福县、分宜县。海拔 500~1800 米，山坡灌木林下、草地、路边或水旁。安徽、甘肃、广西、河北、河南、湖北、湖南、江苏、江西、吉林、青海、陕西、山东、山西、四川、西藏、浙江。日本、朝鲜。

山麦冬属 *Liriope* Loureiro

禾叶山麦冬 *Liriopegraminifolia* (L.) Baker

江西调查队，2471。(PE 01574834)

多年生草本。安福县。生于海拔几十米至 2300 米的山坡、山谷林下、灌丛中或山沟阴处、石缝间及草丛中。河北、山西、陕西、甘肃、河南、安徽、湖北、贵州、四川、江苏、浙江、江西、福建、台湾和广东。

阔叶山麦冬 *Liriope muscari* (Decaisne) L. H. Bailey

陈功锡、张代贵等，LXP-06-0044、0112、0482、0971 等。

多年生草本。安福县、茶陵县、分宜县、芦溪县、攸县。海拔 80~1100 米，疏林、密林、路旁溪边、灌丛。安徽、福建、广东、广西、贵州、河南、湖北、湖南、江苏、江西、山东、四川、台湾、浙江。日本。

山麦冬 *Liriope spicata* (Thunberg) Loureiro

江西调查队，1346。(IBSC 0643636)

多年生草本。安福县、莲花县。海拔 100~1500 米，山坡、山谷林下、路旁或湿地。安徽、福建、甘肃、广东、广西、贵州、海南、河北、河南、湖北、湖南、江苏、江西、陕西、山东、山西、四川、台湾、云南、浙江。日本、朝鲜、越南。

舞鹤草属 *Maianthemum* F. H. Wiggers

鹿药 *Maianthemum japonicum* (A. Gray) LaFrankie

江西调查队，965。(PE 00086155)

多年生草本。安福县。海拔 1000~1500 米，林下、林缘、灌丛和水旁湿地等阴湿处。安徽、福建、甘肃、广西、贵州、河北、黑龙江、河南、湖北、湖南、江苏、江西、吉林、辽宁、陕西、山东、山西、四川、浙江。日本、朝鲜、俄罗斯。

沿阶草属 *Ophiopogon* Ker Gawler

麦冬 *Ophiopogon japonicus* (Linnaeus f.) Ker Gawler

陈功锡、张代贵等，LXP-06-0540、0905、0955、2988、3049 等。

多年生草本。安福县、芦溪县、袁州区。海拔 200~1300 米，溪边、路旁溪边、疏林、灌丛、草地。安徽、福建、广东、广西、贵州、河北、河南、湖北、湖南、江苏、江西、陕西、山东、四川、台湾、云南、浙江。日本、朝鲜。

西南沿阶草 *Ophiopogon mairei* H. Léveillé

陈功锡、张代贵等，LXP-06-8415。

多年生草本。安福县。海拔 100-600 米，山坡沟谷岩石边。贵州、湖北、四川、云南。

重楼属 *Paris* Linnaeus

球药隔重楼 *Paris fargesii* Franchet

陈功锡、张代贵等，LXP-06-6176。

多年生草本。安福县、攸县。海拔 700~1100 米，灌丛、林下。广东、广西、贵州、湖北、湖南、江西、四川、云南。越南。

保护级别：二级保护（第二批次）

濒危等级：NT

七叶一枝花 *Paris polyphylla* Smith

陈功锡、张代贵等，LXP-06-1904。

多年生草本。茶陵县。海拔 800~1000 米，灌丛、山坡林下。安徽、福建、甘肃、广东、广西、贵州、河南、湖北、湖南、江苏、江西、陕西、山西、四川、台湾、西藏、云南、浙江。不丹、印度、老挝、缅甸、尼泊尔、泰国、越南。

保护级别：二级保护（第二批次）

濒危等级：NT

华重楼 *Paris polyphylla* var. *chinensis* (Franchet) H. Hara

陈功锡、张代贵等，LXP-06-2807。

多年生草本。安福县、分宜县、芦溪县。海拔 1300~1400 米，灌丛。安徽、福建、广东、广西、贵州、湖北、湖南、江苏、江西、四川、台湾、云南。老挝、缅甸、泰国、越南。

濒危等级：VU

狭叶重楼 *Paris polyphylla* var. *stenophylla* Franchet

江西调查队，1654。(PE 00290649)

多年生草本。安福县。海拔 100~2000 米，林下或草丛阴湿处。安徽、福建、甘肃、广西、贵州、湖北、湖南、江苏、江西、陕西、山西、四川、台湾、西藏、云南、浙江。不丹、印度、缅甸、尼泊尔。

濒危等级：NT

黄精属 *Polygonatum* Miller

多花黄精 *Polygonatum cyrtonema* Hua

陈功锡、张代贵等，LXP-06-0143、1935、1987、3429、3658 等。

多年生草本。安福县、茶陵县、分宜县、莲花县、芦溪县、袁州区。海拔 200~1200

米，河边、灌丛、疏林、路旁。安徽、福建、广东、广西、贵州、河南、湖北、湖南、江苏、江西、陕西、四川、浙江。

濒危等级：NT

长梗黄精 *Polygonatum filipes* Merrill ex C. Jeffrey & McEwan

岳俊三等，3601。(PE 00223879)

多年生草本。安福县。海拔 200~600 米，生林下、灌丛或草坡。安徽、福建、广东、广西、湖南、江苏、江西、浙江。

玉竹 *Polygonatum odoratum* (Miller) Druce

陈功锡、张代贵等，LXP-06-0908。

多年生草本。安福县。海拔 200~300 米，阴处、山野疏林、灌丛。安徽、甘肃、广西、河北、黑龙江、河南、湖北、湖南、江苏、江西、辽宁、内蒙古、青海、陕西、山东、山西、台湾、浙江。日本、朝鲜、蒙古、俄罗斯；欧洲。

黄精 *Polygonatum sibiricum* Redouté

陈功锡、张代贵等，LXP-06-3825。

多年生草本。安福县。海拔 100~200 米，灌丛、林下、灌丛、阴处。安徽、甘肃、河北、黑龙江、河南、吉林、辽宁、内蒙古、宁夏、陕西、山东、山西、江西、浙江。朝鲜、蒙古、俄罗斯。

湖北黄精 *Polygonatum zanlanscianense* Pampanini.

《江西林业科技》。

多年生草本。安福县、芦溪县。海拔 800~1600 米，生林下或山坡阴湿地。甘肃、广西、贵州、河南、湖北、湖南、江苏、江西、陕西、四川、浙江。

吉祥草属 *Reineckia* Kunth

吉祥草 *Reineckia carnea* (Andrews) Kunth

陈功锡、张代贵等，LXP-06-1233。

多年生草本。安福县、芦溪县。海拔 1400~1500 米，路旁、山谷、密林。安徽、广东、广西、贵州、河南、湖北、湖南、江苏、江西、陕西、四川、云南、浙江。日本。

万年青属 *Rohdea* Roth

万年青 *Rohdea japonica* (Thunberg) Roth

《江西大岗山森林生物多样性研究》。

多年生草本。安福县、分宜县。海拔 700~1700 米，生林下潮湿处或草地上。广西、贵州、湖北、湖南、江苏、江西、山东、四川、浙江。日本。

菝葜属 *Smilax* Linnaeus

尖叶菝葜 *Smilax arisanensis* Hayata

江西队，1368。(PE 00333591)

常绿灌木。安福县。海拔 100~1500 米，林中、灌丛下或山谷溪边荫蔽处。福建、广东、广西、贵州、江西、四川、台湾、云南、浙江。越南。

菝葜 *Smilax china* Linnaeus

陈功锡、张代贵等，LXP-06-1413、1840、3843、3949、3968。

常绿灌木。安福县、茶陵县、莲花县、攸县。海拔 100~1400 米，路旁、灌丛树上、灌丛、阳处。安徽、福建、广东、广西、贵州、河南、湖北、湖南、江苏、江西、辽宁、山东、四川、台湾、云南、浙江。缅甸、菲律宾、泰国、越南。

柔毛菝葜 *Smilax chingii* F. T. Wang & Tang

陈功锡、张代贵等，LXP-06-0784。

常绿灌木。莲花县。海拔 900~1300 米，林下、灌丛中、山坡、河谷阴处。福建、广东、广西、贵州、湖北、湖南、江西、四川、云南。

银叶菝葜 *Smilax cocculoides* Warburg

陈功锡、张代贵等，LXP-06-1181、1814。

常绿灌木。安福县、芦溪县。海拔 600~1000 米，疏林、密林。广东、广西、贵州、湖北、湖南、四川、云南。

光叶菝葜 *Smilax corbularia* (Merrill) T. Koyama

陈功锡、张代贵等，LXP-06-0368。

常绿灌木。安福县。海拔 650~700 米，疏林。海南。印度尼西亚、马来西亚。

小果菝葜 *Smilax davidiana* A. de Candolle

赖书绅，1752。（LBG 00044992）

常绿灌木。安福县。海拔 500~1600 米，林下、灌丛中或山坡、路边阴处。福建、贵州、湖南、江西、浙江。日本。

托柄菝葜 *Smilax discotis* Warburg

《江西林业科技》。

常绿灌木。分宜县、芦溪县。海拔 700~1600 米，林下、灌丛中或山坡阴处。安徽、福建、甘肃、贵州、河南、湖北、湖南、江西、陕西、四川、云南、浙江。

土伏苓 *Smilax glabra* Roxburgh

陈功锡、张代贵等，LXP-06-2041、3041、5275 等。

常绿灌木。安福县、茶陵县、莲花县、上高县、攸县、袁州区。海拔 100~500 米，密林、灌丛、水库旁等。安徽、福建、甘肃、广东、广西、贵州、海南、湖北、湖南、江苏、江西、陕西、四川、台湾、西藏、云南、浙江。印度、缅甸、泰国、越南。

黑果菝葜 *Smilax glaucochina* Warburg

陈功锡、张代贵等，LXP-06-0073、1926、2120、2743、4874 等。

常绿灌木。安福县、茶陵县、莲花县、芦溪县、上高县、袁州区。海拔 200~1500 米，疏林、灌丛、路旁。安徽、甘肃、广东、广西、贵州、河南、湖北、湖南、江苏、江西、陕西、山西、四川、台湾、浙江。

马甲菝葜 *Smilax lanceifolia* Roxburgh

陈功锡、张代贵等，LXP-06-0191、0203、0609、0633、1038 等。

常绿灌木。安福县、茶陵县、芦溪县。海拔 100~1600 米，疏林、河边、溪边、密林、灌丛溪边、阴处、灌丛。福建、广东、广西、贵州、海南、湖北、湖南、江西、四川、台湾、云南、浙江。不丹、柬埔寨、印度、印度尼西亚、老挝、马来西亚、缅甸、菲律宾、泰国、越南。

暗色菝葜 *Smilax lanceifolia* A. de Candolle

江西调查队，1423。（PE 00433038）

常绿灌木。安福县、分宜县。海拔 200~1000 米，林下、灌丛中或山坡阴处、海拔。福建、广东、广西、贵州、海南、湖南、江西、台湾、云南、浙江。柬埔寨、印度尼西亚、老挝、马来西亚、泰国、越南。

矮菝葜 *Smilax nana* F. T. Wang

陈功锡、张代贵等，LXP-06-2352、2469、7586。

常绿灌木。分宜县、芦溪县、上高县、渝水区。海拔 450~500 米，路旁。云南。

濒危等级：EN

白背牛尾菜 *Smilax nipponica* Miquel

陈功锡、张代贵等，LXP-06-4854、

6366、9287。

一年生草本。安福县、袁州区。海拔400~900米，路旁、灌丛、草地。安徽、福建、广东、贵州、河南、湖南、江西、辽宁、山东、四川、台湾、云南、浙江。日本、朝鲜。

武当菝葜 *Smilax outanscianensis* Pampanini.

陈功锡、张代贵等，LXP-06-5067。

常绿灌木。安福县。海拔500~800米，路旁、林下、灌丛中、河谷阴处。湖北、江西、四川。

红果菝葜 *Smilax polycolea* Warburg

陈功锡、张代贵等，LXP-06-7440、7700。

落叶灌木。安福县、袁州区。海拔400~600米，灌丛、路边。广西、贵州、湖北、湖南、四川。

尖叶牛尾菜 *Smilax riparia* (C. H. Wright) F. T. Wang & Tang

陈功锡、张代贵等，LXP-06-0454、0611、0758、1491、1718等。

藤本。安福县、茶陵县、芦溪县、袁州区。海拔100~700米，溪边、灌丛、灌丛溪边、路旁、疏林溪边、草地。河南、湖北、陕西、四川。

牛尾菜 *Smilax riparia* A. de Candolle

陈功锡、张代贵等，LXP-06-3674。

藤本。安福县、分宜县、莲花县、袁州区。海拔100~300米，灌丛溪边、林下、灌丛、山沟、山坡草丛。安徽、福建、甘肃、广东、广西、贵州、河北、黑龙江、河南、湖北、湖南、江苏、江西、吉林、辽宁、内蒙古、陕西、山东、山西、四川、台湾、云南、浙江。日本、朝鲜、菲律宾。

短梗菝葜 *Smilax scobinicaulis* C. H. Wright

陈功锡、张代贵等，LXP-06-7611。

落叶灌木。安福县、上高县、渝水区。海拔450~500米，路旁、林下、灌丛、阴处。甘肃、贵州、河北、河南、湖北、湖南、江西、陕西、山西、云南。

三脉菝葜 *Smilax trinervula* Miquel

陈功锡、张代贵等，LXP-06-0837、1312、2214等。

灌木。安福县、茶陵县、袁州区。海拔200~1300米，疏林、密林、灌丛等。福建、贵州、湖南、江西、浙江。日本。

油点草属 *Tricyrtis* Wallich

油点草 *Tricyrtis macropoda* Miquel

陈功锡、张代贵等，LXP-06-0394、1779、7706。

多年生草本。安福县、莲花县、芦溪县、袁州区。海拔500~1900米，草地、路旁。安徽、福建、广东、广西、贵州、湖北、湖南、江苏、江西、陕西、浙江。日本。

黄花油点草 *Tricyrtis pilosa* Wallich

陈功锡、张代贵等，LXP-06-7030。

多年生草本。攸县。海拔400~500米，密林、林下、路旁。甘肃、广西、贵州、河北、河南、湖北、湖南、陕西、四川、云南。不丹、印度、尼泊尔。

郁金香属 *Tulipa* Linnaeus

老鸦瓣 *Tulipa edulis* (Miquel) Baker

《江西大岗山森林生物多样性研究》。

多年生草本。安福县、分宜县、莲花县、芦溪县、袁州区。海拔100~1500米，山坡或杂草丛中、阔叶树林下。安徽、湖北、湖南、江苏、江西、辽宁、陕西、山东、浙江。日本、朝鲜。

藜芦属 *Veratrum* Linnaeus

毛叶藜芦 *Veratrum grandiflorum* (Maximowicz ex Baker) Loesener

《江西大岗山森林生物多样性研究》。

多年生草本。安福县、分宜县、芦溪县。海拔 1500~1700 米，山坡林下或湿生草丛中。湖北、湖南、江西、四川、云南、浙江。

藜芦 *Veratrum nigrum* Linnaeus

陈功锡、张代贵等，LXP-06-0378。

多年生草本。安福县。海拔 1200~1800 米，草地、山坡林下。甘肃、贵州、河北、黑龙江、河南、湖北、吉林、辽宁、内蒙古、陕西、山东、山西、四川。哈萨克斯坦、蒙古、俄罗斯；欧洲。

长梗藜芦 *Veratrum oblongum* Loesener

陈功锡、张代贵等，LXP-06-1790、1350、2342 等。

多年生草本。芦溪县。海拔 1500~1700 米，草地、石上、疏林等。湖北、江西、四川。

牯岭藜芦 *Veratrum schindleri* Loesener

陈功锡、张代贵等，LXP-06-2802。

多年生草本。分宜县、芦溪县。海拔 700~1400 米，灌丛、阴处。安徽、福建、广东、广西、河南、湖北、湖南、江苏、江西、浙江。

丫蕊花属 *Ypsilandra* Franchet

丫蕊花 *Ypsilandra thibetica* Franchet

陈功锡、张代贵等，LXP-06-4520。

多年生草本。安福县。海拔 1000~1300 米，灌丛、林中、路边湿地。广西、湖南、四川、台湾。

154. 石蒜科 Amaryllidaceae

仙茅属 *Curculigo* Gaertner

仙茅 *Curculigo orchioides* Gaertner

岳俊三，2787。(IBSC 0639896)

多年生草本。安福县。海拔 200~1500 米，林中、草地或荒坡上。福建、广东、广西、贵州、湖南、江西、四川、台湾、浙江。柬埔寨、印度、印度尼西亚、日本、老挝、缅甸、巴基斯坦、巴布亚新几内亚、菲律宾、泰国、越南。

小金梅草属 *Hypoxis* Linnaeus

小金梅草 *Hypoxis aurea* Loureiro

岳俊三等，2787。(KUN 435154)

多年生草本。安福县。海拔 200~1800 米，山野荒地。安徽、福建、广东、广西、贵州、湖北、湖南、江苏、江西、四川、台湾、云南、浙江。不丹、柬埔寨、印度、印度尼西亚、日本、朝鲜、老挝、缅甸、尼泊尔、巴基斯坦、巴布亚新几内亚、菲律宾、泰国、越南。

石蒜属 *Lycoris* Herbert

石蒜 *Lycoris radiata* (L'Héritier) Herbert

陈功锡、张代贵等，LXP-06-0538、3028、3152。

多年生草本。安福县。海拔 200~800 米，溪边、灌丛、疏林。安徽、福建、广东、广西、贵州、河南、湖北、湖南、江苏、江西、山东、陕西、四川、云南、浙江。日本、朝鲜、尼泊尔。

155. 薯蓣科 Dioscoreaceae

薯蓣属 *Dioscorea* Linnaeus

黄独 *Dioscorea bulbifera* Linnaeus

陈功锡、张代贵等，LXP-06-0298、0433、1971、2297。

藤本。安福县、茶陵县。海拔 100~600 米，路旁溪边、溪边、灌丛溪边、阴处。安徽、福建、甘肃、广东、广西、贵州、海南、河南、湖北、湖南、江苏、江西、陕西、四川、台湾、西藏、云南、浙江。不丹、柬埔寨、印度、日本、朝鲜、缅甸、泰国、越南；非洲、大洋洲。

薯莨 *Dioscorea cirrhosa* Loureiro

岳俊三等，2719。（PE 00153607）

藤本。安福县。海拔 200~900 米，坡、路旁、河谷边的杂木林中、阔叶林中、灌丛中或林边。福建、广东、广西、贵州、海南、湖南、江西、四川、台湾、西藏、云南、浙江。泰国、越南。

粉背薯蓣 *Dioscorea collettii* (Palibin) C. T. Ting

《江西大岗山森林生物多样性研究》。

藤本。安福县、茶陵县、分宜县。海拔 200~1300 米，山腰陡坡、山谷缓坡或水沟边阴处的混交林边缘或疏林下。安徽、福建、广东、广西、河南、湖北、湖南、江西、台湾、浙江。

纤细薯蓣 *Dioscorea gracillima* Miquel

《江西大岗山森林生物多样性研究》。

藤本。安福县、分宜县。海拔 200~1700 米，山坡疏林下、较阴湿的山谷或河谷地带。安徽、福建、湖北、湖南、江西、浙江。日本。

濒危等级：NT

日本薯蓣 *Dioscorea japonica* Thunberg

陈功锡、张代贵等，LXP-06-0570、0652、1853 等。

藤本。安福县、茶陵县、分宜县、莲花县、攸县。海拔 100~1000 米，疏林、密林、灌丛、草地等。安徽、福建、广东、广西、贵州、湖北、湖南、江苏、江西、四川、台湾、浙江。日本、朝鲜。

细叶日本薯蓣 *Dioscorea japonica* Uline ex R. Knuth

陈功锡、张代贵等，LXP-06-0268、0369、1423 等。

藤本。安福县、茶陵县。海拔 400~800 米，阳处、疏林、密林、灌丛。广东、广西、台湾。

穿龙薯蓣 *Dioscorea nipponica* Makino

岳俊三等，3468。（IBSC 0630336）

藤本。安福县。海拔 200~1400 米，灌丛、林缘。安徽、甘肃、贵州、河北、黑龙江、河南、湖北、江西、吉林、辽宁、内蒙古、宁夏、青海、陕西、山东、山西、四川、浙江。日本、朝鲜、俄罗斯。

保护级别：二级保护（第二批次）

薯蓣 *Dioscorea polystachya* Turczaninow

陈功锡、张代贵等，LXP-06-0050、0459、3785 等。

藤本。安福县、茶陵县、分宜县、芦溪县。海拔 100~500 米，疏林、溪边、灌丛等。安徽、福建、甘肃、广东、广西、贵州、河北、河南、湖北、湖南、江苏、江西、吉林、辽宁、陕西、山东、四川、台湾、云南、浙江。日本、朝鲜。

细柄薯蓣 *Dioscorea tenuipes* Franchet & Savatier

《江西大岗山森林生物多样性研究》。

藤本。安福县、分宜县。海拔 800~1100 米，海滨岩石、山谷疏林或内陆山凹、溪畔灌丛中。安徽、福建、广东、湖南、江西、浙江。日本、朝鲜。

濒危等级：VU

山萆薢 *Dioscorea tokoro* Makino

《江西大岗山森林生物多样性研究》。

藤本。分宜县、芦溪县。海拔 100~1000 米，山沟林下潮湿处。分布于河南南部、安徽南部、江苏宜溧山区、浙江、福建、江西南部、湖北、湖南、四川宜宾地区及贵州。

盾叶薯蓣 *Dioscorea zingiberensis* C. H. Wright

陈功锡、张代贵等，LXP-06-0809。

藤本。芦溪县。海拔 600~700 米，溪边。甘肃、河南、湖北、湖南、陕西、四川、云南。

保护级别：二级保护（第二批次）

156. 鸢尾科 Iridaceae

射干属 *Belamcanda* Adanson

射干 *Belamcanda chinensis* (Linnaeus) Redouté

陈功锡、张代贵等，LXP-06-0331、1459、1597 等。

多年生草本。安福县。海拔 100~800 米，草地、溪边、疏林等。安徽、福建、甘肃、广东、广西、贵州、海南、河北、黑龙江、河南、湖北、湖南、江苏、江西、吉林、辽宁、宁夏、陕西、山东、山西、四川、台湾、西藏、云南、浙江。不丹、印度、日本、朝鲜、缅甸、尼泊尔、菲律宾、俄罗斯、越南、亚洲。

鸢尾属 *Iris* Linnaeus.

蝴蝶花 *Iris japonica* Thunberg

陈功锡、张代贵等，LXP-06-1501、3375、3663。

多年生草本。安福县、茶陵县、分宜县、莲花县、芦溪县、袁州区。海拔 200~300 米，灌丛溪边、灌丛。安徽、福建、甘肃、广东、广西、贵州、海南、湖北、湖南、江苏、江西、青海、陕西、山西、四川、西藏、云南、浙江。日本、缅甸。

小花鸢尾 *Iris speculatrix* Hance

陈功锡、张代贵等，LXP-06-1818。

多年生草本。茶陵县、莲花县。海拔 700~1000 米，山地、路旁、林缘、疏林下。安徽、福建、广东、广西、贵州、海南、湖北、湖南、江苏、江西、青海、陕西、山西、四川、西藏、云南、浙江。

鸢尾 *Iris tectorum* Maximowicz

陈功锡、张代贵等，LXP-06-9622。

多年生草本。分宜县。海拔 300~500 米，生于向阳坡地、林缘及水边湿地。产山西、安徽、江苏、浙江、福建、湖北、湖南、江西、广西、陕西、甘肃、四川、贵州、云南、西藏。

157. 姜科 Zingiberaceae

山姜属 *Alpinia* Roxburgh

山姜 *Alpinia japonica* (Thunberg) Miquel

陈功锡、张代贵等，LXP-06-0465、0917、1496、1675 等。

多年生草本。安福县、茶陵县、莲花县。海拔 200~800 米，草地、溪边、密林等。福建、广东、广西、贵州、江苏、江西、四川、台湾、云南、浙江。日本。

华山姜 *Alpinia oblongifolia* Hayata

岳俊三等，2791。（PE 00059627）

多年生草本。安福县。海拔 200~1700 米，林荫下。福建、广东、广西、海南、湖南、江西、四川、台湾、云南、浙江。老挝、越南。

豆蔻属 *Amomum* Roxburgh

三叶豆蔻 *Amomum austrosinense* D. Fang

陈功锡、张代贵等，LXP-06-1670、1696、2067 等。

草本。安福县、茶陵县、芦溪县。海拔 200~700 米，密林、灌丛、路旁。广东、广西。

舞花姜属 *Globba* Linnaeus

峨眉舞花姜 *Globba emeiensis* Z. Y. Zhu

陈功锡、张代贵等，LXP-06-1699。

多年生草本。芦溪县。海拔 600~650 米，密林、林地沟边、荒坡、阴处。四川。

濒危等级：VU

舞花姜 *Globba racemosa* Smith

陈功锡、张代贵等，LXP-06-0520、6740、6924。

多年生草本。安福县、袁州区。海拔 200~700 米，疏林、溪边、路旁。广东、广西、贵州、湖南、四川、西藏、云南。不丹、印度、缅甸、尼泊尔、泰国。

姜属 *Zingiber* Miller.

蘘荷 *Zingiber mioga* (Thunberg) Roscoe

岳俊三等，2739。（PE 00075691）

多年生草本。安福县。海拔 200~600 米，林荫下、溪边。安徽、广东、广西、贵州、湖南、江苏、江西、云南、浙江。日本。

阳荷 *Zingiber striolatum* Diels

陈功锡、张代贵等，LXP-06-0277、1450、2111 等。

多年生草本。安福县、茶陵县、芦溪县、袁州区。海拔 300~1600 米，密林、疏林、溪边等。广东、广西、贵州、海南、湖北、湖南、江西、四川。

158. 兰科 Orchidaceae

开唇兰属 *Anoectochilus* Blume

金线兰 *Anoectochilus roxburghii* (Wallich) Lindley

陈功锡、张代贵等，LXP-06-0941、1695。

多年生草本。安福县、芦溪县。海拔 600~700 米，路旁、密林。福建、广东、广西、海南、湖南、江西、四川、西藏、云南、浙江。孟加拉国、不丹、印度、日本、老挝、尼泊尔、泰国、越南。

保护级别：二级保护（第二批次）

濒危等级：EN

白及属 *Bletilla* H. G. Reichenbach

白及 *Bletilla striata* (Thunberg) H. G. Reichenbach

《江西大岗山森林生物多样性研究》。

多年生草本。安福县、分宜县。海拔 200~1800 米，草丛。安徽、福建、甘肃、广东、广西、贵州、湖北、湖南、江苏、江西、陕西、四川、浙江。日本、朝鲜、缅甸。

保护级别：二级保护（第二批次）

濒危等级：EN

石豆兰属 *Bulbophyllum* Thouars

广东石豆兰 *Bulbophyllum kwangtungense* Schlechter

岳俊三，3765。（IBSC 0624200）

多年生草本。安福县。海拔 800~1200 米，山坡林下岩石上。福建、广东、广西、贵州、湖北、湖南、江西、云南、浙江。

保护级别：二级保护（第二批次）

齿瓣石豆兰 *Bulbophyllum levinei* Schlechter

《江西大岗山森林生物多样性研究》。

多年生草本。安福县、分宜县。海拔200~800米，山地林中树干上或沟谷岩石上。福建、广东、广西、湖南、江西、云南、浙江。越南。

保护级别：二级保护（第二批次）

虾脊兰属 *Calanthe* R. Brown

虾脊兰 *Calanthe discolor* Lindley

赖书绅，0045。（LBG 00043568）

多年生草本。分宜县。海拔800~1500米，常绿阔叶林下。安徽、福建、广东、贵州、湖北、湖南、江苏、江西、浙江。日本、朝鲜。

保护级别：二级保护（第二批次）

钩距虾脊兰 *Calanthe graciliflora* Hayata

陈功锡、张代贵等，LXP-06-0108、0284、0320、2091等。

多年生草本。安福县、茶陵县、莲花县、芦溪县。海拔270~1200米，路旁、密林、疏林石上、灌丛。安徽、福建、广东、广西、贵州、湖北、湖南、江西、四川、台湾、云南、浙江。

保护级别：二级保护（第二批次）

濒危等级：NT

疏花虾脊兰 *Calanthe henryi* Rolfe

陈功锡、张代贵等，LXP-06-9459。

草本。安福县。海拔1000~1400米，草地、山地常绿阔叶林。湖北、四川。

保护级别：二级保护（第二批次）

濒危等级：VU

头蕊兰属 *Cephalanthera* Richard

金兰 *Cephalanera falcate* (Thunberg) Blume

陈功锡、张代贵等，LXP-06-9263。

草本。安福县。海拔800~1500米，草地。安徽、福建、广东、广西、贵州、湖北、湖南、江苏、江西、四川、云南、浙江。日本、朝鲜。

保护级别：二级保护（第二批次）

独花兰属 *Changnienia* S. S. Chien

独花兰 *Changnienia amoena* S. S. Chien

《江西林业科技》。

多年生草本。安福县、芦溪县。海拔400~1300米，疏林下腐殖质丰富的土壤上或沿山谷荫蔽的地方。安徽、湖北、湖南、江苏、江西、陕西、四川、浙江。

保护级别：二级保护（第二批次）

濒危等级：EN

吻兰属 *Collabium* Blume

吻兰 *Collabium chinense* (Rolfe) Tang & F. T. Wang

陈功锡、张代贵等，LXP-06-2877。

多年生草本。安福县。海拔1000~1200米，密林、谷密林下阴湿处、沟谷阴湿岩石上。福建、广东、广西、江西、海南、台湾、西藏、云南。泰国、越南。

保护级别：二级保护（第二批次）

台湾吻兰 *Collabium formosanum* Hayata

陈功锡、张代贵等，LXP-06-2798。

草本。芦溪县。海拔500~800米，密林下地上、石上。台湾、湖北、湖南南部、广东北部和西南部、广西东北部至西北部、贵州东北部和云南东南部。

保护级别：二级保护（第二批次）

杜鹃兰属 *Cremastra* Lindley

杜鹃兰 *Cremastra appendicu- lata* (D. Don) Makino

《江西林业科技》。

多年生草本。安福县、芦溪县。海拔500~1700 米，林下湿地或沟边湿地上。安徽、重庆、甘肃、广东、广西、贵州、河南、湖北、湖南、江苏、江西、陕西、山西、四川、台湾、西藏、云南、浙江。不丹、印度、日本、朝鲜、尼泊尔、泰国、越南。

保护级别：二级保护（第二批次）

濒危等级：NT

兰属 *Cymbidium* Swartz

建兰 *Cymbidium ensifolium* (Linnaeus) Swartz

《江西林业科技》。

多年生草本。安福县、芦溪县。海拔600~1800 米，疏林下、灌丛中、山谷旁或草丛中。安徽、福建、广东、广西、贵州、海南、湖北、湖南、江西、四川、台湾、西藏、云南、浙江。柬埔寨、印度、印度尼西亚、日本、老挝、马来西亚、巴布亚新几内亚、菲律宾、斯里兰卡、泰国、越南。

保护级别：一级保护（第二批次）

濒危等级：VU

蕙兰 *Cymbidium faberi* Rolfe

《江西林业科技》。

多年生草本。安福县、分宜县、莲花县。海拔 700~1800 米，湿润但排水良好的透光处。安徽、福建、甘肃、广东、广西、贵州、河南、湖北、湖南、江西、陕西、四川、台湾、西藏、云南、浙江。印度、尼泊尔。

保护级别：一级保护（第二批次）

多花兰 *Cymbidium floribundum* Lindley

《江西林业科技》。

多年生草本。安福县。海拔 200~1900 米，林中或林缘树上、或溪谷旁透光的岩石上或岩壁上。福建、广东、广西、贵州、湖北、湖南、江西、四川、台湾、西藏、云南、浙江。越南。

保护级别：一级保护（第二批次）

濒危等级：VU

春兰 *Cymbidium goeringii* (Rchb. f.) Rchb. f.

《江西林业科技》。

多年生草本。安福县、芦溪县。海拔300~1700 米，多石山坡、林缘、林中透光处。安徽、福建、甘肃、广东、广西、贵州、河南、湖北、湖南、江苏、江西、陕西、四川、台湾、云南、浙江。不丹、印度、日本、朝鲜。

保护级别：一级保护（第二批次）

濒危等级：VU

寒兰 *Cymbidium kanran* Makino

《江西林业科技》。

多年生草本。安福县。海拔 500~1700 米，林下、溪谷旁或稍荫蔽、湿润、多石之土壤上。安徽、福建、广东、广西、贵州、海南、湖南、江西、四川、台湾、西藏、云南、浙江。日本、朝鲜。

保护级别：一级保护（第二批次）

濒危等级：VU

杓兰属 *Cypripedium* Linnaeus

扇脉杓兰 *Cypripedium japonicum* Thunberg

《江西大岗山森林生物多样性研究》。

多年生草本。安福县、分宜县、莲花县。海拔 1100~1600 米，林下、灌木林下、林缘、溪谷旁、荫蔽山坡等湿润和腐殖质丰富的土壤上。安徽、甘肃、贵州、湖北、湖南、江西、陕西、四川、浙江。日本。

保护级别：一级保护（第二批次）

石斛属 *Dendrobium* Swartz

细茎石斛 *Dendrobium moniliforme* (Linnaeus) Swartz

岳俊三等，3083。（WUK 0221119）

草本。安福县。海拔 800~1200 米，阔叶林中树干上或山谷岩壁上。安徽、福建、甘肃、广东、广西、贵州、河南、湖南、江西、陕西、四川、台湾、云南、浙江。不丹、印度、日本、朝鲜、缅甸、尼泊尔、越南。

保护级别：一级保护（第二批次）

山珊瑚属 *Galeola* Loureiro

毛萼山珊瑚 *Galeola lindleyana*（J. D. Hooker & Thomson）H. G. Reichenbach

陈功锡、张代贵等，LXP-06-3096。

多年生草本。攸县。海拔 100~200 米，草地、疏林、灌丛。安徽、广东、广西、贵州、河南、湖南、陕西、四川、台湾、西藏、云南。不丹、印度、印度尼西亚、尼泊尔。

保护级别：二级保护（第二批次）

斑叶兰属 *Goodyera* R. Brown

多叶斑叶兰 *Goodyera foliosa* (Lindlly) Bentham

陈功锡、张代贵等，LXP-06-4017。

多年生草本。安福县、袁州区。海拔 400~500 米，阴处溪边。福建、广东、广西、四川、台湾、西藏、云南。不丹、印度、日本、朝鲜、缅甸、尼泊尔、越南。

保护级别：二级保护（第二批次）

斑叶兰 *Goodyera schlechtendaliana* H. G. Reichenbach

陈功锡、张代贵等，LXP-06-1148、3208、6862、7423、9168。

多年生草本。安福县、芦溪县。海拔 460~1100 米，疏林、溪边、路旁。安徽、福建、甘肃、广东、广西、贵州、海南、河南、湖北、湖南、江苏、江西、陕西、山西、四川、台湾、西藏、云南、浙江。不丹、印度、印度尼西亚、日本、朝鲜、尼泊尔、泰国、越南。

保护级别：二级保护（第二批次）

濒危等级：NT

绒叶斑叶兰 *Goodyera velutina* Maximowicz

陈功锡、张代贵等，LXP-06-1797。

多年生草本。芦溪县。海拔 1200~1600 米，密林、林下阴湿处。福建、广东、广西、海南、湖北、湖南、四川、台湾、云南、浙江。日本、朝鲜。

保护级别：二级保护（第二批次）

玉凤花属 *Habenaria* Willdenow

毛葶玉凤花 *Habenaria ciliolaris* Kraenzlin

《江西大岗山森林生物多样性研究》。

多年生草本。安福县、分宜县、芦溪县。海拔 200~1600 米，山坡或沟边林下阴处。福建、甘肃、广东、广西、贵州、海南、湖北、湖南、江西、四川、台湾、云南、浙江。越南。

保护级别：二级保护（第二批次）

线叶十字兰 *Habenaria linearifolia* Maximowicz

陈功锡、张代贵等，LXP-06-0132、0743。

多年生草本。安福县。海拔 300~800

米，路旁、溪边。安徽、福建、河北、黑龙江、河南、湖南、江苏、江西、吉林、辽宁、内蒙古、山东、浙江。日本、朝鲜、俄罗斯。

濒危等级：NT

裂瓣玉凤花 *Habenaria petelotii* Gagnepain

陈功锡、张代贵等，LXP-06-0832。

多年生草本。安福县。海拔 600~700 米，密林、山坡、沟谷林下。安徽、福建、广东、广西、贵州、湖南、江西、四川、云南、浙江。越南。

保护级别：二级保护（第二批次）

十字兰 *Habenaria schindleri* Schlechter

《江西大岗山森林生物多样性研究》。

多年生草本。安福县、分宜县、芦溪县、袁州区。海拔 600~1500 米，山坡林下或沟谷草丛中。安徽、福建、广东、河北、湖南、江苏、江西、吉林、辽宁、浙江。日本、朝鲜。

保护级别：二级保护（第二批次）

濒危等级：VU

角盘兰属 *Herminium* Linnaeus

叉唇角盘兰 *Herminium lanceum* (Thunberg ex Swartz) Vuijk

岳俊三等，3689。（PE 00341042）

草本。安福县。海拔 800~1600 米，山坡杂木林至针叶林下、竹林下、灌丛下或草地中。安徽、福建、甘肃、广东、广西、贵州、河南、湖北、湖南、江西、陕西、四川、台湾、云南、浙江。印度、印度尼西亚、日本、克什米尔、朝鲜、马来西亚、缅甸、尼泊尔、菲律宾、泰国、越南。

保护级别：二级保护（第二批次）

羊耳蒜属 *Liparis* Richard

镰翅羊耳蒜 *Liparis bootanensis* Griffith

《江西林业科技》。

多年生草本。安福县、芦溪县。海拔 800~1600 米，林缘、林中或山谷阴处的树上或岩壁上。福建、广东、广西、贵州、海南、湖南、江西、四川、台湾、西藏、云南。不丹、印度、印度尼西亚、日本、马来西亚、缅甸、菲律宾、泰国、越南。

保护级别：二级保护（第二批次）

羊耳蒜 *Liparis campylostalix* H. G. Reichenbach

陈功锡、张代贵等，LXP-06-0219、2243。

多年生草本。安福县、茶陵县。海拔 200~500 米，沼泽、灌丛、溪边等。甘肃、贵州、河北、黑龙江、河南、湖北、吉林、辽宁、内蒙古、山东、山西、四川、台湾、西藏、云南。日本、朝鲜、俄罗斯。

保护级别：二级保护（第二批次）

见血青 *Liparis nervosa* (Thunberg) Lindley

陈功锡、张代贵等，LXP-06-0134、3312。

多年生草本。安福县、芦溪县。海拔 200~400 米，路旁、林下、溪边、阴处、岩石覆土上。福建、广东、广西、贵州、湖北、湖南、江西、四川、台湾、西藏、云南、浙江。

保护级别：二级保护（第二批次）

柄叶羊耳蒜 *Liparis petiolata* (D. Don) P. F. Hunt

岳俊三等，3747。(PE 00522157)

多年生草本。安福县。海拔 1000~1600 米，林下、溪谷旁或阴湿处。广西、湖南、江西、西藏、云南。不丹、印度、尼泊尔、泰国、越南。

保护级别：二级保护（第二批次）

濒危等级：VU

沼兰属 *Malaxis* Blume

小沼兰 *Malaxis microtatantha* (Schlechter) Szlachetko

陈功锡、张代贵等，LXP-06-9432。

草本。茶陵县。海拔 100~300 米，石上、林下。福建、江西、台湾。

保护级别：二级保护（第二批次）

濒危等级：NT

石仙桃属 *Pholidota* Lindley

细叶石仙桃 *Pholidota cantonensis* Rolfe

《江西大岗山森林生物多样性研究》。

多年生草本。分宜县、芦溪县。海拔 200~900 米，林中或荫蔽处的岩石上。福建、广东、广西、湖南、江西、台湾、浙江。

保护级别：二级保护（第二批次）

舌唇兰属 *Platanthera* Richard De Orchid.

密花舌唇兰 *Platanthera hologlottis* Maximowicz

《江西大岗山森林生物多样性研究》。

多年生草本。安福县、分宜县。海拔 500~1600 米，山坡林下或山沟潮湿草地。安徽、福建、广东、河北、黑龙江、河南、湖南、江苏、江西、吉林、辽宁、内蒙古、山东、四川、云南、浙江。日本、朝鲜、俄罗斯。

保护级别：二级保护（第二批次）

尾瓣舌唇兰 *Platanthera mandarinorum* H. G. Reichenbach

《江西大岗山森林生物多样性研究》。

多年生草本。安福县、分宜县。海拔 500~1500 米，山坡林下或草地。安徽、福建、广东、广西、贵州、河南、湖北、湖南、江苏、江西、山东、四川、台湾、云南、浙江。日本、朝鲜。

小舌唇兰 *Platanthera minor* (Miquel) H. G. Reichenbac

岳俊三等，3574。(PE 00729219)

多年生草本。安福县。海拔 300~1800 米，山坡林下或草地。安徽、福建、广东、广西、贵州、海南、河南、湖北、湖南、江苏、江西、四川、台湾、云南、浙江。日本、朝鲜。

保护级别：二级保护（第二批次）

东亚舌唇兰 *Platanthera ussuriensis* (Regel) Maximowicz

《江西大岗山森林生物多样性研究》。

多年生草本。安福县、分宜县、芦溪县。海拔 500~1600 米，山坡林下或草地。安徽、福建、广西、河北、河南、湖北、湖南、江苏、江西、吉林、陕西、四川、浙江。日本、朝鲜、俄罗斯。

独蒜兰属 *Pleione* D. Don

独蒜兰 *Pleione bulbocodioides* (Franchet) Rolfe

陈功锡、张代贵等，LXP-06-4540、9437、9440。

多年生草本。安福县。海拔 1300~1400 米，灌丛、石上。安徽、福建、甘肃、广东、广西、贵州、湖北、湖南、陕西、四川、西藏、云南。

保护级别：二级保护（第二批次）

朱兰属 *Pogonia* Jussieu

朱兰 *Pogonia japonica* H. G. Reichenbach

岳俊三等，3459。（PE 00729856）

草本。安福县。海拔 1200~1700 米，草丛。安徽、福建、广西、贵州、黑龙江、湖北、湖南、江西、吉林、内蒙古、山东、四川、云南、浙江。日本、朝鲜。

保护级别：二级保护（第二批次）

濒危等级：NT

苞舌兰属 *Spathoglottis* Blume

苞舌兰 *Spathoglottis pubescens* Lindley

Anonymous，1952。（PE 00804899）

草本。安福县。海拔 500~1500 米，山坡草丛中或疏林下。福建、广东、广西、贵州、湖南、江西、四川、云南、浙江。柬埔寨、印度、老挝、缅甸、泰国、越南。

保护级别：二级保护（第二批次）

绶草属 *Spiranthes* Richard

绶草 *Spiranthes sinensis* (Persoon) Ames

《江西林业科技》。

多年生草本。安福县、芦溪县。海拔 300~1600 米，山坡林下、灌丛下、草地或河滩沼泽草甸、时令性湿地中。广布于全国。阿富汗、不丹、印度、日本、克什米尔、朝鲜、马来西亚、蒙古、缅甸、尼泊尔、菲律宾、俄罗斯、泰国、越南、澳大利亚。

保护级别：二级保护（第二批次）

带唇兰属 *Tainia* Blume

带唇兰 *Tainia dunnii* Rolfe

《江西大岗山森林生物多样性研究》。

多年生草本。安福县、分宜县。海拔 700~1700 米，绿阔叶林下或山间溪边。福建、广东、广西、贵州、海南、湖南、江西、四川、台湾、浙江。

保护级别：二级保护（第二批次）

濒危等级：NT

主要参考文献

[1] 冯璐, 王浩威, 廖文波, 等. 江西省齐云山地区种子植物新资料[J]. 亚热带植物科学, 2018, 47(1)：72-76.

[2] 湖南植物志编辑委员会. 湖南植物志（第 1~3 卷）[M]. 长沙：湖南科学技术出版社, 2000.

[3] 江西植物志编辑委员会. 江西植物志[M]. 南昌：江西科学技术出版社, 2004.

[4] LI. B Persicaria wugongshanensis (Polygonaceae: Persicarieae), an odoriferous and distylous new species from Jiangxi, eastern China[J]. Phytotaxa, 156(3): 133-144.

[5] 刘贵华, 李伟, 王相磊, 等. 湖南茶陵湖里沼泽种子库与地表植被的关系[J]. 生态学报, 2004, 24(3)：450-456.

[6] 廖铅生, 刘江华, 熊美珍. 萍乡市武功山稀有濒危、特有植物的多样性及其保护[J]. 萍乡高等专科学校学报, 2008, 25(3)：79-83.

[7] 林燕春, 张波, 等. 萍乡武功山樟科植物资源及其利用[J]. 四川林业科技, 2010, 31 (2)：75-77.

[8] 廖铅生, 林燕春, 张波, 等. 萍乡武功山樟科植物资源及其利用[J]. 萍乡高等专科学校学报, 2009, 26(6)：70-73.

[9] 李晓红, 徐健程, 肖宜安, 等. 武功山亚高山草甸群落优势植物野古草和芒异速生长对气候变暖的响应[J]. 植物生态学报, 2016, 40(9)：871-882.

[10] 刘武凡, 彭志强, 佘志勇, 等. 安福木本植物[M]. 南昌：江西科学技术出版社, 2014.

[11] 彭辉武, 刘忠华, 李萍球, 等. 武功山退化山地草甸土壤种子库的研究[J]. 生态科学, 2016, 35(1)：98−102.

[12] 喻晓林, 周德中, 彭益萍, 等. 萍乡武功山林区的药用植物资源[J]. 江西林业科技, 2002, (3)：14-19.

[13] 赵晓蕊, 郭晓敏, 张金远, 等. 武功山山地草甸土壤磷元素分布格局及其与土壤酸度的关系[J]. 江西农业大学学报, 2013, 35(6)：1223-1228.

[14] 肖双燕, 刘仁林, 潜伟萍, 等. 萍乡市种子植物名录[J]. 江西林业科技, 2002, (2)：20-59.

[15] 肖佳伟, 孙林, 谢丹, 张代贵, 陈功锡. 江西省种子植物分布新记录[J]. 云南农业大学学报, 2017, V32 (1)：170-173.

[16] 肖佳伟, 向晓媚, 谢丹, 王冰倩, 张代贵, 陈功锡. 江西药用植物新记录[J]. 中国中药杂志, 2017(22) .

[17] 肖佳伟, 王冰清, 张代贵, 陈功锡. 武功山地区种子植物区系研究[J]. 西北植物学报, 2017 (10) .

[18] XIAO J W, MENG Y, ZHANG D G, et al. *Heteropolygonatum wugongshanensis* (Asparagaceae, Polygonateae), a new species from Jiangxi province of China[J]. Phytotaxa, 2017, 328(2)：189.

[19] 肖佳伟, 陈功锡, 向晓媚. 武功山地区种子植物区系及珍稀濒危保护植物研究[M]. 北京：科学技术文献出版社, 2018.

[20] 向晓媚, 肖佳伟, 张代贵, 陈功锡. 江西省武功山地区种子植物新资料[J]. 生物资源, 2018, 40(5)：450-455.

[21] 王兵, 李静海, 郭泉水, 等. 江西大岗山森林生物多样性研究[M]. 北京：中国林业出版社, 2005.

[22] 汪小凡, 陈家宽. 湖南境内珍稀、濒危水生植物产地的考察[J]. 生物多样性, 1994, 2(4)：193-198.

[23] 中国科学院中国植物志编辑委员会. 中国植物志[M]. 北京：科学出版社, 1986.

[24] 赵万义. 罗霄山脉种子植物区系地理学研究[D]. 广州：中山大学, 2017.

附录一

科、属中文名称索引

D

E

J

M

T

W

X

Y

Z

附录二

科、属英文名称索引

A

B

C

D

E

F

G

H

I

J

K

L

M

N

O

P

Q

R

S

T

U

V

W

X

Y

Z